FORSCHUNG CONTRA LEBENSSCHUTZ?
DER STREIT UM DIE STAMMZELLFORSCHUNG

QUAESTIONES DISPUTATAE

Begründet von
KARL RAHNER UND HEINRICH SCHLIER

Herausgegeben von
PETER HÜNERMANN UND THOMAS SÖDING

233
FORSCHUNG CONTRA LEBENSSCHUTZ?

Internationaler Marken- und Titelschutz: Editiones Herder, Basel

FORSCHUNG CONTRA LEBENSSCHUTZ?

DER STREIT UM DIE STAMMZELLFORSCHUNG

HERAUSGEGEBEN VON
KONRAD HILPERT

HERDER

FREIBURG · BASEL · WIEN

© Verlag Herder GmbH, Freiburg im Breisgau 2009
Alle Rechte vorbehalten
www.herder.de
Umschlaggestaltung: Finken & Bumiller, Stuttgart
Satz: Barbara Herrmann, Freiburg
Herstellung: fgb · freiburger graphische betriebe
www.fgb.de
Gedruckt auf umweltfreundlichem, chlorfrei gebleichtem Papier
Printed in Germany
ISBN 978-3-451-02233-3

Inhalt

1. Anlass

2. Analysen

3. Systematische Nachfragen

4. Konflikte

Mitschuld am Embryonenverbrauch?
Das moraltheologische Prinzip der Mitwirkung und die
Stephan Ernst

5. Perspektiven

Induzierte pluripotente Stammzellen und Totipotenz
Die Bedeutung der Reprogrammierbarkeit von
Körperzellen für die Potentialitätsproblematik in der
Christian Kummer

Der Embryo in kontextueller Perspektive
Zur leiblichen und sozialen Dimension der Entstehung
Claudia Wiesemann

Schutzrhetorik und faktische Instrumentalisierung des
Embryos?
Giovanni Maio

Nachwort

Ein paradigmatischer Konflikt?
Kein abschließendes Wort, sondern Versuch einer
Konrad Hilpert

Anhang

Vorwort

Nur selten hat die Absicht, ein geltendes Gesetz zu ändern, ein so starkes und kontroverses Echo ausgelöst wie im Fall der Novellierung des deutschen Stammzellgesetzes.[1] Die Abstimmung darüber im Deutschen Bundestag am 11. April 2008 und die darauf folgende mehrheitliche Zustimmung durch den Bundesrat am 23. Mai 2008 beendeten – vorläufig – eine heftige öffentliche Debatte, die mit dem Memorandum der Deutschen Forschungsgemeinschaft „Stammzellforschung in Deutschland – Möglichkeiten und Perspektiven"[2] im Oktober 2006 begonnen hatte. In dieser Debatte haben sich auch hohe Repräsentanten der Kirchen, Sprecher kirchlicher Gremien und Verbände sowie Wissenschaftler aus der akademischen Theologie zu Wort gemeldet. Größtenteils fielen diese Kommentare sehr kritisch aus und erfolgten mit starkem Nachdruck.

Für Wissenschaftler ist das Nachdenken über die Probleme, die in einer öffentlichen Debatte zur Sprache kommen, nie nur das zwangsläufige Reagieren auf das Auskunfts- oder gar Orientierungsbedürfnis der Öffentlichkeit. Vielmehr ist Letzteres meist nur der Anlass oder auch die medial generierte Nötigung, sich als Wissenschaftler in einer Debatte zu positionieren. Tatsächlich kommt es bei solchen Positionierungen aus dem Bereich der Wissenschaft darauf an, dass sie im Kontext und in der Kontinuität eines beständigen, gründlichen und offenen Diskurses stehen.

In diesem Sinn haben die deutschen Moraltheologen die Themen, die in der Stammzelldebatte thematisiert wurden, schon seit etlichen Jahren verfolgt, in zahlreichen Tagungsbeiträgen und Publikationen bearbeitet und u. a. bei ihren jährlichen Treffen auf Schloss Hirschberg bei Beilngries erörtert. Dass hierbei immer wieder kontroverse Meinungen aufeinander trafen und treffen, ist unter Wissenschaftlern das Normale. Dass bisweilen nicht alle Gegensätze zwischen

---

[1] Da im Deutschen sowohl von „Stammzellforschung" als auch von „Stammzellenforschung" die Rede ist, wird in den Beiträgen dieses Bandes darauf verzichtet, die Begrifflichkeit zu vereinheitlichen.

[2] Deutscher und englischer Text abrufbar über http://dnb.d-nb.de.

diesen kontroversen Meinungen trotz der Bemühungen um einen argumentativen Diskurs ausgeräumt werden können, ist ein Teil dieser Normalität und letztlich Ausdruck der Erfahrung, dass ethische Erkenntnis immer auch eine vorläufige ist. Gleichwohl soll die Stimme der Ethik, und zwar der theologischen genauso wie der philosophischen, auch dort, wo Kontroverses (zunächst?) verbleibt, nicht einfach verstummen, als hätte sie nichts zu sagen oder als sei alles in rettungslosem Streit. Vielmehr soll dort, wo eine gemeinsame Stellungnahme nicht möglich erscheint, der Prozess des Fragens und Suchens, des Begründens, des Klärens und Sicherns fortgeführt und kultiviert werden, wie es ja auch der Zielsetzung der Reihe „Quaestiones disputatae" bestens entspricht. Davon profitiert letztlich auch die öffentliche Debatte, da sie zumindest streckenweise dem Wettbewerb der Medien um die Meinungsführerschaft und dementsprechend um die Aufmerksamkeit durch vereinfachende Zuspitzungen ausgeliefert ist. Das hat sich gerade in der Stammzelldebatte mehr als deutlich gezeigt.

Eine ruhigere Fortführung der Diskussion unter den Fachleuten für Ethik ist wichtig zunächst einmal für die theologische Ethik selbst, die ja in den Fragen der angewandten Ethik noch stärker als bei der Absicherung ihrer theoretischen Fundamente und Prinzipien auf trans- und interdisziplinäre Kooperation angewiesen ist. Diese Einsicht prägt die Konzeption des vorliegenden Bandes. Wichtig ist die Weiterführung des Diskurses aber auch als Signal in den kirchlichen Raum hinein und in die Öffentlichkeit. Der vorliegende Band versteht sich folglich ebenso als Beitrag zu einer Streitkultur, die das Stellen von Fragen und das Widersprechen zulässt und aushält, ohne dem so Fragenden bzw. Widersprechenden Engagiertheit, Loyalität zur Institution Kirche und Gemeinsamkeit im Anliegen z. B. des größtmöglichen Lebensschutzes abzusprechen. Gerade in konkreten ethischen und erst recht rechtsethischen und politischen Fragen ist es wichtig, sich bewusst zu halten, dass Entweder-oder-Bewertungen weder der Komplexität der Probleme und Handlungslagen noch dem momentan erreichbaren Stand unserer Erkenntnis gerecht werden. Dies ist kein Plädoyer für einen uferlosen Relativismus, sondern Ausdruck des Wissens um die Notwendigkeit des „Muts zur Unvollkommenheit" und der „Bereitschaft zur Selbstkorrektur", die Klaus Demmer als „Markenzeichen" des Moraltheologen einfordert[3]. Nur so kommt es nach und nach zu Klärungen und überzeugenden Lösungen.

---

[3] *Demmer, Klaus*, Angewandte Theologie des Ethischen, Freiburg i.Ue., Freiburg i.Br. 2003, 9.

Der so verstandenen Zielsetzung verdankt sich der vorliegende interdisziplinäre Diskussionsband. Er schließt darin unmittelbar an die Quaestio „Kriterien biomedizinischer Ethik. Theologische Beiträge zum gesellschaftlichen Diskurs" an, den der Herausgeber zusammen mit Dietmar Mieth 2006 veröffentlicht hat. Dass der vorliegende Band innerhalb kürzester Zeit realisiert werden konnte, ist inhaltlich den Kolleginnen und Kollegen geschuldet, die alle sofort ihre Mitarbeit zugesagt und ihre Beiträge innerhalb kürzester Zeit geliefert haben. Was die formale und technische Seite des Projekts betrifft, ist das rasche Erscheinen den Mitarbeitern am Lehrstuhl für Moraltheologie der LMU München, Herrn Dr. Jochen Sautermeister, Herrn Diplom-Theologen Mathias Grandl, Frau Kerstin Pfeiffer M.A., Frau cand. theol. Iris Rechtsteiner, Frau Christine Niedhammer, Herrn cand. theol. David Brähler und Herrn cand. theol. Alexander Hermann zu verdanken, die in nimmermüdem Einsatz die Texte koordiniert, korrigiert, formatiert und auf Stichwörter hin durchgesehen haben. Um die verlegerischen Möglichkeitsbedingungen hat sich Herr Dr. Peter Suchla vom Herder Verlag und Prof. Dr. Peter Hünermann als Herausgeber der Gesamtreihe verdient gemacht.

Das Manuskript für diesen Band wurde im September 2008 abgeschlossen. Während der Zeit, als beim Verlag die Drucklegung vorbereitet wurde, wurde bekannt, dass die Veröffentlichung eines neuen römischen Dokuments bevorstehe, was dann im Dezember auch geschah. Im Blick darauf erschien es als sinnvoll, bis zum Erscheinen dieses Textes zu warten und dann die Beiträge entsprechend zu ergänzen. Das Ziel, auf dem neuesten Stand zu sein, verzögerte das Erscheinen des nun vorliegenden Bandes um mehrere Monate.

München im April 2009   *Konrad Hilpert*

1. Anlass

Der Streit um die Stammzellforschung.

Ein kritischer Rückblick

von Konrad Hilpert

Wie in einer Reihe anderer Staaten bestehen auch in Deutschland für die Forschung mit Stammzellen von Embryonen eigene gesetzliche Regelungen. Das deutsche Stammzellgesetz (StZG), gültig seit dem 1. Juli 2002, war das Ergebnis einer jahrelangen, kontroversen und mit großer Heftigkeit geführten Debatte, in der schließlich ein mehrheitsfähiger rechtlicher Korridor zwischen dem hohen Lebensschutz, wie er im Embryonenschutzgesetz geregelt ist, und dem Nicht-Verbotensein von Forschung an menschlichen Zellen, die ihre Totipotenz verloren haben, gefunden wurde. Das Ziel dieses Gesetzes war es, auch in Deutschland Forschung mit humanen embryonalen Stammzellen zu ermöglichen, die – zumindest auf lange Sicht – im Interesse kranker Menschen liegt. Das StZG ist mit dem umständlich klingenden Namen „Gesetz zur Sicherstellung des Embryonenschutzes im Zusammenhang mit der Einfuhr und Verwendung menschlicher embryonaler Stammzellen" treffend beschrieben: Grundsätzlich nämlich bleibt die Einfuhr und Verwendung solcher Zellen verboten, aber es werden Ausnahmen geduldet, für die dieses Gesetz eine Reihe von Bedingungen aufstellt. Sie betreffen teilweise die Herkunft und die Umstände der Herstellung der zum Import vorgesehenen Zell-Linien, teilweise die Zielsetzung der Forschungsprojekte, teilweise das Genehmigungsverfahren. Die substanziell wichtigsten Bedingungen sind die Hochrangigkeit der beabsichtigten Forschung (§ 5 Abs. 1 StZG), deren Vorklärung in tierischen Zellen oder im Tiermodell („so weit wie möglich", § 5 Abs. 2a) und der Nachweis, dass sich der angestrebte Erkenntnisgewinn „voraussichtlich nur mit embryonalen Stammzellen erreichen lässt" (§ 5 Abs. 2b), also nicht mit anderem Zell-Material wie etwa mit adulten Stammzellen.

Das Vorliegen dieser Kriterien zu überprüfen, ist die Aufgabe einer eigenen, unabhängigen Zentralen Ethikkommission (ZES), die sich aus Wissenschaftlern verschiedener Disziplinen (Naturwissenschaften, Medizin, philosophische Ethik und Medizinethik sowie Theologie) zusammensetzt.[1] Ihr Auftrag besteht nach dem

---

[1] Näheres dazu unter: http://www.rki.de/cln_091/nn_207082/DE/Content/Gesund/Stammzellen/ZES/zes__node.html?__nnn=true (10.09.2008).

Willen des Gesetzgebers nicht darin, einen bestimmten ethischen Ansatz einzufordern und in Gestalt von Entscheidungen durchzusetzen, sondern durch interdisziplinären Austausch anhand der drei genannten, relativ unbestimmten Kriterien zu klären, ob ein Projekt „in diesem Sinne ethisch vertretbar" ist (§ 6 Abs. 4 Nr. 2). Als Kommission ist sie die Instanz, der der Gesetzgeber aufgetragen hat, ein Votum darüber abzugeben, ob ein bestimmtes Forschungsvorhaben in letzter Konsequenz der Intention des StZG entspricht, einerseits das hohe Niveau des Embryonenschutzes in Deutschland und andererseits die grundgesetzlich verbriefte Forschungsfreiheit zu gewährleisten.

Das StZG war das Ergebnis eines Kompromisses, der eine sehr konfliktreiche öffentliche Diskussion beendet hat, die sich auch nicht der Logik der politischen Lager fügen wollte. Wenn man den Erfolg eines Gesetzes nicht allein an der inneren Konsistenz misst, sondern auch daran, ob trotz extremer Gegensätze eine verbindliche Regelung gefunden werden konnte, in der alle interessierten gesellschaftlichen Gruppen und an der politischen Willensbildung beteiligten Kräfte wenigstens einen Teil ihrer Anliegen berücksichtigt sahen, dann kann man den damals gefundenen Kompromiss und seine Bilanz nach fünf Jahren als Erfolg beurteilen. Denn offensichtlich hat er trotz weiter schwelender Gegensätze weitestgehend befriedend gewirkt. Weder ist es zu der im Vorfeld der Gesetzgebung von manchen befürchteten „Antragsflut" gekommen, noch wurde die Forschung an embryonalen Stammzellen des Menschen gänzlich verhindert. Laut Register des Robert Koch-Instituts, das für die Erteilung der Genehmigungen zuständig ist, wurden bis heute (Stand: 10. September 2008) 34 Anträge auf Forschungsvorhaben, in denen humane embryonale Stammzellen benutzt werden, positiv beschieden.[2]

Dennoch ist seit dem Jahr 2006 neue Bewegung in dem nie ganz zum Erliegen gekommenen Disput um das StZG entstanden. Sie ging jedoch nicht von der Politik aus, wo man eine Neuauflage der Diskussion von 2001 und 2002 eher fürchtete und deshalb am liebsten vermieden hätte, sondern von den Kreisen der Forschenden selbst und jener Organisationen, die für die Forschungspolitik in Deutschland zuständig sind (DFG) oder die um eine Einschätzung aus Expertensicht gebeten wurden (Nationaler Ethikrat). Ihre Kritik zielte vor allem auf den so genannten Stichtag, auf die Rechtsunsicherheit für deutsche Forscher bei der Mitarbeit an

---

[2] S. hierzu http://www.rki.de/DE/Content/Gesund/Stammzellen/Register/register_node.html (10.09.2008).

Projekten im Ausland, die nach dem Gesetz in Deutschland selbst nicht zulässig sind, und schließlich auf die Beschränkung der erlaubten Verwendung menschlicher embryonaler Stammzellen auf reine Forschung.

Der Streit um die Stammzellforschung ist – auch wenn er hier am Beispiel Deutschlands dargestellt und analysiert wird – keineswegs ein deutscher Sonderfall.[3] Vielmehr wurde er teilweise zeitgleich, teilweise zeitverschoben auch in anderen Ländern vor allem der westlichen Hemisphäre ausgetragen, etwa in Italien, in der Schweiz, in Australien und in den Vereinigten Staaten. Eine Eigenheit der deutschen Debatte bestand außer in den rechtlichen Regelungen sicher in der Heftigkeit und im Maß der Bekenntnishaftigkeit, mit der sie geführt wurde und die manche sogar von einem neuen „Kulturkampf" sprechen ließ.

Von Anfang an umstritten: Gibt es Alternativen?

Ohne Frage sind humane embryonale Stammzellen „ethisch brisante" Zellen – brisant wegen ihrer Gewinnung aus dem frühen Embryo. Infolgedessen ist es nur konsequent und nahe liegend, nach Alternativen zu suchen. Die am häufigsten genannte und teilweise auch politisch kräftig unterstützte Alternative ist die Forschung mit Stammzellen aus dem Gewebe von Geborenen bzw. Erwachsenen, den sogenannten somatischen (oder adulten) Stammzellen. Die reflexartige Schnelligkeit, mit der diese Alternative von nicht-naturwissenschaftlicher Seite als ethisch unbedenklicher Königsweg von Anfang an empfohlen wurde und bis heute wird, hat durch die Forschungen der letzten Jahre auf diesem Gebiet viel an Überzeugungskraft verloren. Denn abgesehen

---

[3] Eine aktuelle Übersicht über die rechtlichen Regelungen in den europäischen Ländern bot Jochen Taupitz in der Anhörung des Ausschusses für Bildung, Forschung und Technikfolgenabschätzung des Deutschen Bundestages am 3. März 2008. Danach gibt es „nur wenige europäische Länder, in denen die Gewinnung humaner embryonaler Stammzellen explizit oder implizit verboten ist: Deutschland, Irland, Italien, Litauen, Österreich, Polen, Slowakei. Die meisten europäischen Länder lassen die Gewinnung von Stammzellen aus überzähligen Embryonen zu: Belgien, Bulgarien, Dänemark, Estland, Finnland, Frankreich, Griechenland, Großbritannien, Lettland, Niederlande, Norwegen, Schweden, Schweiz, Slowenien, Spanien, Tschechien, Ungarn. Außereuropäisch seien beispielhaft Australien, Brasilien, China, Indien, Israel, Kalifornien, Kanada, Singapur, Südafrika, Südkorea genannt. In Belgien, Finnland, Großbritannien, Schweden und Spanien ist die Gewinnung von Stammzellen darüber hinaus auch durch therapeutisches Klonen zulässig." (A-Drs. 16[18]336d-NEU). S. jetzt auch *Koch, Hans-Georg*, Stammzellforschung aus rechtsvergleichender Sicht, in: Bundesgesundheitsblatt 51 (2008) 985–993.

von dem Problem, adulte Stammzellen in ausreichenden Mengen gewinnen und vermehren zu können, hat sich das ihnen anfangs zugeschriebene Entwicklungspotential zumindest bei vielen Typen dieser Zellen nicht bestätigt. Ihre Qualität nimmt vielmehr mit steigendem Alter ab und auch die adulten Zellen könnten, was auch immer wieder als Einwand gegen die Verwendung embryonaler Stammzellen genannt wird, bei Übertragung auf den Menschen zur Bildung von Tumoren führen.

Zahlreiche Experten halten den Gegensatz zwischen embryonaler und adulter Stammzellenforschung überhaupt für konstruiert und adulte Stammzellen in vielen Bereichen lediglich für eine Scheinalternative, die manchmal auch dazu verwendet werde, medizinischen Erfolgen die Aufmerksamkeit der Öffentlichkeit zu sichern oder die finanziellen Ressourcen für diese Forschung zu akquirieren bzw. zu vermehren. Dennoch sind auch die Forscher, die selbst intensiv an humanen embryonalen Stammzellen arbeiten, auf der Suche nach Alternativen, wie man in der Zukunft pluripotente humane Stammzellen gewinnen könnte, ohne dafür auf Embryonen zurückgreifen zu müssen. Erfolg versprechende Möglichkeiten ergeben sich ganz offensichtlich aus den jüngsten Forschungen zur Reprogrammierung von primären somatischen Zellen, also der Herstellung von pluripotenten aus adulten Zellen, die direkt und ohne Embryonenverbrauch zu Ausgangszellen für Stammzell-Linien werden. Allerdings wird von fast allen Fachleuten die Forschung mit humanen ES-Zellen gleichwohl für bis auf weiteres unverzichtbar erklärt.

und: die Konsistenz des Gesetzes

„Import ja – Herstellung nein", so könnte man die Grundaussage des deutschen StZG zusammenfassen – sicher etwas plakativ und verkürzt, aber im Grundduktus durchaus treffend. Man kann diese Beschränkung auf importierte Zellen von bereits im Ausland vorhandenen Zell-Linien und die Beschränkung ihrer Verwendung auf hochrangige Forschungsprojekte als Konsequenz des Willens verstehen, dass mit Stammzellen, die aus menschlichen frühen Embryonen gewonnen wurden, möglichst sparsam umgegangen wird. Dann wäre diese Restriktion also die Umsetzung einer Sparsamkeitsregel, die sich etwa folgendermaßen formulieren ließe: „So wenig Embryonenverbrauch wie möglich; wenn aber schon Stammzellen aus Embryonen vorhanden sind, dann soll möglichst nur mit diesen geforscht und sollen nicht zusätzlich neue hergestellt werden."

Man kann die getroffene Regelung allerdings auch dahingehend verstehen, dass der deutsche Gesetzgeber mit ihr eine Art moralischer Arbeitsteilung geschaffen hat: Das, was an der Stammzell-Forschung ethisch besonders brisant ist, nämlich die Gewinnung der Stammzellen aus Embryonen, soll dem Ausland überlassen bleiben, während das, was ethisch weniger bedenklich ist, die Forschung mit importierten Zellen, im Inland erlaubt sein soll. Da der Gesetzgeber aber von vornherein wusste, dass die im Inland erlaubte Forschung nur möglich ist aufgrund der im Inland verbotenen, aber im Ausland erlaubten Herstellung, ist die von ihm geschaffene Regelung nicht besonders ehrlich. Manche sprechen deshalb von einer Form von Doppelmoral.

Worum es in den Novellierungsvorschlägen ging

Die beiden Punkte, zu denen am 11. April 2008 eine Änderung der bestehenden Gesetzeslage beschlossen wurde, die vom Bundesrat am 23. Mai die Zustimmung erhielt und am 14. August durch die Unterschrift des Bundespräsidenten in Kraft gesetzt wurde, waren die bisherige Stichtagsregelung und das Strafbarkeitsrisiko für deutsche Forscher, die an ausländischen Forschungsvorhaben beteiligt sind. Während bezüglich der Klärungsbedürftigkeit des Risikos, bestraft zu werden, schon bald weitestgehende Übereinstimmung herrschte, stand die Stichtagsregelung im Zentrum des politischen Streits seit 2006.

Vier Anträge lagen dazu dem Parlament vor. Einer plädierte für die Verschiebung des Stichtags auf den 1. Mai 2007[4], ein zweiter für die Streichung der Stichtagsregelung[5], während ein dritter es beim bisherigen Datum belassen wollte[6]. Eine vierte Gruppe von Abgeordneten setzte sich dafür ein, die Forschung mit embryonalen Stammzellen komplett zu verbieten.[7] Ausgangspunkt der Novellierungsbestrebungen waren die wiederholten Klagen aus Forschungskreisen über die nachlassende Qualität und die im internationalen Vergleich geringe Anzahl der zur Verfügung ste-

---

[4] Gesetzentwurf der Abgeordneten *René Röspel* u. a., Drucksache 16/7981 des Deutschen Bundestags vom 6.2.2008.

[5] Gesetzentwurf der Abgeordneten *Ulrike Flach* u. a., Drucksache 16/7982 des Deutschen Bundestags vom 6.2.2008.

[6] Gesetzentwurf der Abgeordneten *Priska Hinz* u. a., Drucksache 16/7984 und 16/7985 des Deutschen Bundestags vom 6.2.2008.

[7] Gesetzentwurf der Abgeordneten *Hubert Hüppe* u. a., Drucksache 16/7983 des Deutschen Bundestags vom 6.2.2008.

henden stichtagsgerechten Zelllinien sowie die Wahrscheinlichkeit, dadurch über kurz oder lang gegenüber jenen ausländischen Forschern im Nachteil zu sein, die Zugang zu inzwischen mehreren Hundert neuen und besseren Linien haben.

Eine frühe semantische Weichenstellung

Gleich als im politischen Raum die ersten Überlegungen angestellt wurden, wie gewichtig die Probleme der Forschung sind und wie Abhilfe möglich wäre, wurde von Politikern wie auch von den Medienleuten eine folgenreiche Wortwahl gebraucht. Statt nämlich von „Novellierung" oder „Änderung" zu sprechen, wie es bei Gesetzen häufig der Fall ist, verwendete man zur Beschreibung fast ausschließlich Begriffe wie „Liberalisierung" oder „Lockerung des Gesetzes". Es brauchte nur wenig, damit bei diesen Wörtern der Eindruck entstand, bei den entsprechenden Überlegungen ginge es in Wirklichkeit darum, Grenzen zu verschieben und das Niveau des Lebensschutzes abzusenken. Die von Kritikern gern benutzte Formel vom „Aufweichen" brachte diesen schwebenden Vorwurf in ein starkes Bild.

Eine Aufweichung aber musste eine Stichtagsverschiebung mitnichten bedeuten, und selbst die Abschaffung dieser Regelung hätte allenfalls bedingt als „Aufweichung" des Gesetzes betrachtet werden können. Denn die Stichtagsregelung ist nur *eine*, keineswegs die *einzige* Einschränkung, die der Gesetzgeber 2002 für die (als Ausnahme geregelte) Einfuhr und Verwendung menschlicher Stammzellen embryonaler Herkunft festgelegt hatte. Der Sinn dieser speziellen Einschränkung war es, sicher zu stellen, dass nicht für die deutsche Forschung die Zerstörung von Embryonen im Ausland veranlasst wird. Dieses Ziel aber stellte auch innerhalb der befürwortenden Antragsgruppen niemand zur Disposition; es wird ohnehin durch das geltende Embryonenschutzgesetz gewährleistet. Vielmehr wurde die Lage von ihnen und vielen involvierten Fachleuten so eingeschätzt, dass das Festhalten am bisherigen Stichtag im Laufe der Zeit ähnlich wirken würde wie ein Forschungsverbot; und ferner, dass durch eine Stichtagsverschiebung das ursprüngliche Ziel dieser Regelung bei gleichzeitig verbesserten Forschungsmöglichkeiten weiterhin erreicht werden könne (bzw. bei einer Aufhebung des Stichtages nicht automatisch verfehlt werden müsste).

Wie daraus eine Grundsatzdebatte wurde

Es gehört zur Eigenart der zurückliegenden Debatte, dass sich die Kritik großen Teils nicht mit den konkreten Änderungsvorschlägen befasste, sondern auf die spezielle Frage der Stichtagsregelung mit einem sehr grundsätzlichen Argument antwortete. Ganz ausdrücklich erklärten die katholischen deutschen Bischöfe in ihrer gemeinsamen Erklärung vom 14. Februar 2008, bei der Verschiebung des Stichtags gehe es nicht um eine Terminfrage, sondern um eine Grundsatzentscheidung, eine Grundsatzentscheidung nämlich über die Menschenwürde und die Schutzwürdigkeit des Embryos „von Anfang an". Das zugrundeliegende Argument lässt sich etwa so zusammenfassen: Der Herstellung der menschlichen Stammzellen gehe die Vernichtung von frühen Embryonen voraus. Diese seien aber bereits Menschen und unterlägen dem gleichen Lebens- und Würdeschutz wie geborene Menschen, die auch nicht um der Gesundheit anderer willen getötet („geopfert") werden dürften. „Die Tötung embryonaler Menschen kann und darf nicht Mittel und Voraussetzung für eine mögliche Therapie anderer Menschen sein."[8]

Nur scheinbar ist damit alles klar. Denn die Eindeutigkeit und Kürze dieser Position setzt in Wirklichkeit die Beantwortung komplizierter Fragen voraus. Etwa der Frage, ab welchem Zeitpunkt die sich entwickelnde Entität als Mensch oder jedenfalls als individuelles oder personales menschliches Leben anzusehen (und dann auch so zu behandeln) sei. Zweifellos können Argumente dafür angeführt werden, diesen Beginn an der Verschmelzung von Ei- und Samenzelle festzumachen. Aber sind diese Gründe auch zwingend? Etwa angesichts der Tatsache, dass ein Embryo, der sich nicht in die Gebärmutter einer Frau einnistet, zwangsläufig abstirbt? Angesichts der Tatsache, dass eine Jahrhunderte lange philosophische und von großen Theologen wie Thomas von Aquin übernommene Tradition die Menschwerdung (genauer: die Beseelung) als gestuften Prozess verstanden hat? Dies wiederum wirft die Frage auf, wer eigentlich für die Beantwortung zuständig ist. Natürlich trifft es zu, dass weder Rechts- noch Naturwissenschaften die Kompetenz haben, festzulegen, wann menschliches Leben wirklich beginnt. Aber auch Philosophie und Theologie müssen sich darüber bewusst sein, dass auch ihnen letztlich kein anderer

---

[8] Pressebericht des Vorsitzenden der Deutschen Bischofskonferenz, Karl Kardinal Lehmann, im Anschluss an die Frühjahrs-Vollversammlung der Deutschen Bischofskonferenz vom 11. bis 14. Februar 2008 in Würzburg, II. Stellungnahme zur aktuellen Stammzelldebatte, unter: http://www.dbk.de/aktuell/meldungen/01618/index.html#II (10.09.2008).

Weg offen steht, als einen Zeitpunkt zu setzen und ihn durch die Interpretation eines bestimmten biologischen Vorgangs zu plausibilisieren.

Eine andere schwierige Frage, die damit zusammenhängt und ebenso leidenschaftlich und grundsätzlich diskutiert wurde: Sind Embryonen in den ersten Tagen Subjekte im vollen Sinne und damit Träger von Grund- und Menschenrechten? Als Voraussetzung dafür, Rechte zu haben, gilt seit Kant die prinzipielle Fähigkeit, gleiche Rechte anderer, also Pflichten, anerkennen zu können. Darin unterscheidet sich der Mensch vom Tier. Beim Embryo kann ein solches Verhältnis intersubjektiver Anerkennung nur im Vorgriff und advokatorisch zugrundegelegt werden. Das tun die Eltern, die Verwandten und auch die Rechtsgemeinschaft im Blick auf die Potenzialität des Embryos, sich zu einem individuellen Subjekt entwickeln zu können, wenn die Umgebungsbedingungen gegeben sind; ferner im Blick darauf, dass die Erhaltung des Lebens die vitale conditio sine qua non dafür ist, sich – und sei es auch erst in der Zukunft – selbst bestimmen zu können; und schließlich auch im Blick darauf, dass alle geborenen Menschen im Embryo mit einem Entwicklungsstadium konfrontiert werden, das sie selbst einmal durchlaufen haben.

Kann das, was die Annahme eines Anerkennungsverhältnisses sinnvoll und notwendig macht – klassischerweise spricht man von den SKIP-Argumenten (für: Spezieszugehörigkeit, Kontinuität, Identität, Potenzialität) –, zurecht und unzweifelhaft auch beim erst wenige Tage alten menschlichen Embryo in vitro als gegeben vorausgesetzt werden?

Menschenwürde – unumstrittener Bezugspunkt und doch umstritten in ihrer normativen Reichweite

Zweifel geäußert werden vor allem hinsichtlich jener Embryonen, die im Kontext der medizinischen Maßnahmen zur Erfüllung eines Kinderwunsches extrakorporal entstanden sind, aber zu diesem Zweck nun definitiv nicht mehr gebraucht werden und insofern „überzählig" bzw. „verwaist" sind. Für sie gibt es keine Zukunft, und deshalb werden sie im reproduktionsmedizinischen Alltag nach einer gewissen Zeit entsorgt. Lässt sich ihre Entstehung von vornherein vermeiden, wie es die Intention der Vorschriften im deutschen Embryonenschutzgesetz ist? Wenn sie aber dennoch entstehen (im Ausland sogar in großer Menge), lässt sich dann eine alternative Verwendung verantworten?

21

Die Anerkennung der angeborenen Würde des Menschen als unantastbar gilt unbestritten als der oberste Bezugspunkt moderner demokratischer Verfassungen wie des deutschen Grundgesetzes und als das normative Fundament der gesamten staatlichen Ordnung. Es ist insofern konsequent, dass sich der in Artikel 1 des Grundgesetzes zum Ausdruck kommende Anspruch auf Achtung dieser Würde nach der höchstrichterlichen Rechtsprechung auch auf die Zeit vor der Geburt und damit auf die frühen Stadien des Lebens auswirkt. Unabhängig von Auffassungsunterschieden hinsichtlich dogmatischer Verankerung und Reichweite eines solchen Achtungsanspruchs bedeutet dies, dass es verboten ist, Embryonen, die aus einem Zeugungsakt hervorgegangen sind und im Begriff sind, sich im Leib der Mutter zu etablieren, für Forschungen zu benutzen, die ihre Entnahme und Zerstörung beinhalten. Ferner, dass es verboten ist, Embryonen ausschließlich zu dem Zweck zu erzeugen, um sie anschließend zu beforschen; denn damit würde der Vorgang des Ingangsetzens menschlichen Lebens von jeder noch so kleinen oder mittelbaren Chance von vornherein ausgeschlossen, Voraussetzung, Grundlage und Anfang für ein menschliches Subjekt sein zu können. Schließlich ergibt sich aus der Achtung der Menschenwürde auch das strikte Verbot, mit Embryonen, die einer Mutter implantiert werden sollen, zu experimentieren (beispielsweise durch die Manipulation der Keimbahn). Auch dieses Verbot ist im Embryonenschutzgesetz ausdrücklich formuliert.

Es ist ebenfalls diesem Respekt geschuldet, dass der deutsche Gesetzgeber das StZG so konzipiert hat, dass die Stammzelllinien im Inland nicht hergestellt werden dürfen, sondern embryonale Stammzellen, die vor längerer Zeit von solchen Embryonen außerhalb Deutschlands abgeleitet wurden, ausnahmsweise und nur für hochrangige medizinische Forschungszwecke importiert und verwendet werden dürfen und auch das nur, wenn alternative Möglichkeiten der Klärung der Forschungsfragen ausgeschöpft sind.

Fehlende Informationen und diskreditierende Vergleiche

Dass die Forschung mit Stammzellen per Gesetz auf Linien beschränkt ist, die aus überzähligen bzw. verwaisten Embryonen gewonnen wurden, die andernfalls „entsorgt" worden wären, wird von Kritikern der Stammzellenforschung häufig unerwähnt gelassen. Auch die immer wieder in der Presse und in der politischen Auseinandersetzung erwähnte empirische Befragung des Bundesverbandes für Lebensrecht (BVL), nach der 61 Prozent der deutschen Bevölkerung sich gegen die Forschung mit humanen embryonalen Stammzellen aussprechen (2008), hat bei der Fragestellung vermieden, den Befragten diese Information mitzugeben. Im Gegenteil, es entstand – man hat den Eindruck: nicht ungewollt – der Eindruck, dass hier Embryonen eigens für die Forschung erzeugt und zerstört würden. So können bei nicht genau Informierten – und das ist doch der Großteil der Bevölkerung – monströse Vorstellungen entstehen und der Verdacht wachsen, Mütter würden dazu gebracht, Embryonen zu spenden oder gar zu verkaufen, bzw. kleinste menschliche Lebewesen würden in Mengen importiert und dann von den Forschern getötet.

Auch der teils beiläufige, teils gewollt eingebrachte Vergleich mit den Menschenversuchen und der Vernichtung der Juden im Nationalsozialismus gehört zu dieser Kategorie monströser Vorstellungen. Einer der journalistischen Meinungsführer der strikten Gegner der Stammzellforschung hat in einer angesehenen deutschen Tageszeitung gegen den Protest gegen diesen Vergleich die Frage aufgeworfen, ob aus den zwölf Jahren der Lebenswissenschaften von 1933 bis 1945 nichts gelernt werden dürfte.[9] Doch, es darf und soll sogar. Aber auf Personen und Bereiche der demokratischen Gesellschaft gemünzt, ist dieser Vergleich eine vergiftete Waffe. Denn die Parallelisierung unterstellt öffentlich, dass der so Kritisierte nicht sachliche Gründe für eine abweichende Meinung hat, sondern sehenden Auges der Menschenwürde zuwider handelt und sich, wenn auch nicht ideologisch, so doch faktisch in eine Kontinuität mit den nazistischen Akten der Barbarei stellt. Angesichts so massiver Beschuldigungen haben Gegenargumente und Widerworte kaum eine Chance, weil der Betreffende in der durch den Vergleich evozierten Empörung eigentlich nur die Wahl hat, sich global und entschieden vom Unrecht loszusagen oder durch Differenzierungen die unterstellte Nähe zu bestätigen.

Eine Debatte mit hohem Symbolgehalt

Wer den Verlauf der Debatte aufmerksam verfolgt hat, wird feststellen müssen, dass Heftigkeit und Schärfe stetig zugenommen haben. Dicke „Pflöcke" sind eingerammt worden, unversöhnliche Gegensätze markiert und durch starke Metaphern („Dammbrüche", „Wanderdüne", „Öffnen der Büchse der Pandora", „Streber") u. a.

---

[9] Frankfurter Allgemeine Zeitung, Ausgabe vom 17.12.2007.

23

kodiert worden. Sogar neue Wertallianzen zwischen politischen Lagern und religiösen bzw. weltanschaulichen Überzeugungsgruppen wurden an den Horizont gemalt. Und das zum Teil unverhältnismäßig und nicht widerspruchsfrei: Abgeordnete, denen die bestehende Schwangerschaftsabbruchs-Regelung kaum liberal genug ist, setzten sich engagiert dafür ein, den Stichtag nicht zu verschieben. Andere, die jegliche Forschung mit menschlichen ES-Zellen als würdewidrig deklarieren, begründeten ihren Antrag für ein Verbot u. a. mit dem Argument, dass die bisherige Forschung mit humanen ES-Zellen keine einzige Therapie unheilbarer Krankheiten erbracht hätte. Zahlreiche Gegner der Stammzellforschung empfahlen die in der Zwischenzeit möglich gewordene Umwandlung menschlicher Hautzellen in induzierte pluripotente Stammzellen (ipS) umgehend als die Alternative, die die Verwendung von Stammzellen embryonaler Herkunft ab sofort verzichtbar mache; sie nahmen dabei unbesehen in Kauf, dass hieraus ebenfalls gravierende ethische Probleme entstehen könnten, wenn sich nämlich aus diesen Zellen vollkommen unkontrolliert auch männliche und weibliche Keimzellen gewinnen ließen, die ganz neue Möglichkeiten der Fortpflanzung eröffnen, die zudem unter vergleichsweise geringen technischen Anforderungen durchführbar erscheinen.[10]

Solche Beobachtungen deuten darauf hin, dass es bei der zurückliegenden Debatte um mehr ging als nur um Stammzellforschung und Stichtagsregelung. Von Seiten vieler Menschen, die mit diesen Fragen nur gelegentlich zu tun haben, ist Angst im Spiel, die sich aus der Neuartigkeit, der Kleinformatigkeit und der Geschwindigkeit der biomedizinischen Entwicklung speist. Sie fragen sich: „Was beschert uns die Forschung demnächst noch alles, und was wird die Gesellschaft verkraften können?" Von Seiten der engagierten Kritiker, die an die Öffentlichkeit treten, ist oft die Furcht vor einem allen Halt wegfegenden Moralpluralismus im Spiel, der in Beliebigkeit enden könnte. Eine Rolle spielt aber auch – gerade in Kirchen und Parteien – das Bedürfnis nach der Stärkung des erkennbaren Profils der eigenen Überzeugungsgruppen bzw. nach Einheitlichkeit einer bestimmten Position, um in der Öffentlichkeit geschlossener auftreten zu können.

Was kann angesichts dieser Lage getan werden und von wem? Unerlässlich ist als erstes *Informiertheit*. Wer urteilt, fordert oder entscheidet, sollte selbst bestens informiert sein und andere redlich

---

[10] Auf solche Risiken hat mehrfach der „Erfinder" der ipS-Zellen, Shinya Yamanaka, in Interviews aufmerksam gemacht (s. etwa den Bericht von www.DiePresse.com vom 31.3.2008).

informieren, bevor er überzeugen möchte. Ein zweites ist die *Stärkung des Vertrauens.* Die Menschen müssen einerseits die Gewissheit haben dürfen, dass der technologische Fortschritt aufmerksam begleitet, dass ihre Sorgen ernstgenommen und dass Fehlverhalten verfolgt wird. Andererseits haben sie auch ein Recht darauf, dass ihr Vertrauen in die Institutionen und in die Wissenschaft nicht durch prinzipielles Misstrauen in die Zukunft, durch pauschale Vorwürfe und Alles-oder-Nichts-Argumente zerstört wird, die den Eindruck erwecken, als sei die Gesellschaft gegenüber erkannten Gefahren völlig hilflos. Ein drittes ist die *Anstrengung theologischen Denkens.* Das Bekenntnis, dass Gott der Geber und Herr allen Lebens ist, muss angesichts der Möglichkeiten menschlichen Eingreifens, die aber im letzten doch immer bloß ein Assistieren sind, komplexer ausgedeutet werden als zu Zeiten, in denen das Nichtwissen und Nichtkönnen von Menschen schon als solches als Manifestation göttlicher Urheberschaft genommen werden konnte.

Die Aufgabe der Politik

Noch mehr als die Bürger sind die Abgeordneten des Parlaments genötigt, sich bei Fragen wie der Regelung der Stammzellforschung in einer Materie kundig zu machen, die den meisten von ihnen vergleichsweise fern liegt, um sich dann auf dieser Grundlage eine eigene begründete Meinung zu bilden und in den Gesetzgebungsprozess einzubringen. Dabei bildet die Verfassung den festen Rahmen, innerhalb dessen Mehrheiten für das politisch zu Gestaltende gesucht werden müssen. Abgeordnete sind aber zugleich Repräsentanten eines bestimmten politischen Programms und unterliegen in der Demokratie der Rechenschaftslegung gegenüber ihren Wählern.

Der Bundestag hat sich sowohl bei der Verabschiedung des StZG 2002 wie auch bei dessen Novellierung 2008 entschlossen, die Abstimmung vom Fraktionszwang zu befreien. Das hatte nur bei oberflächlicher Betrachtung mit unüberbrückbaren Differenzen innerhalb der politischen Formationen zu tun. In Wirklichkeit war es ein Ausdruck des Respekts: Die Abgeordneten sollten von ihren Parteien weder gezwungen noch gedrängt werden, gegen ihre Gewissensüberzeugung zu stimmen. Und es war auch Ausdruck des gemeinsamen Willens, eine so komplexe und hochsensible Angelegenheit aus Parteiengezänk und Wahlkampf herauszuhalten – also Respekt vor der Gewissensüberzeugung des Einzelnen, nicht wie oft unterstellt kalkulierbarer Pragmatismus.

Am Ende der mit großem Ernst geführten Debatten stand als Ergebnis die „einmalige" Verschiebung des Stichtags auf den 1. Mai 2007. Manche empfanden dies als nur halbherzigen Kompromiss. Man könnte die Verschiebung aber auch als einen Ausdruck für das Bewusstsein interpretieren, dass der Zeitpunkt für eine grundsätzliche und langfristige Lösung noch nicht gekommen ist und man die weitere Entwicklung der Forschung auf diesem Feld aufmerksam begleiten möchte. Es kann selbst der Ausdruck für den Ernst eines Gesetzgebers sein, wenn sich die entsprechenden Akteure bewusst sind, dass sie nur eine vorläufige Regelung formulieren. Der ethischen Tradition jedenfalls war der Gedanke einer provisorischen Moral durchaus nicht unbekannt.

Die Aufgabe der Kirchen

Nach dem Selbstverständnis der großen christlichen Kirchen gehört es übereinstimmend zu ihren genuinen Aufgaben, die Entwicklungen in der Gesellschaft aufmerksam zu begleiten und die Verpflichtung von Staat, Recht und Politik immer wieder anzumahnen, die Menschenwürde, das Recht auf Leben und die Grundrechte zu achten und zu schützen. Deshalb ist es nur konsequent, wenn sie öffentlich und hörbar dafür eintreten, dass menschliches Leben auch in seinen vorgeburtlichen und noch früheren Stadien geschützt werden muss und auch nicht zum Gegenstand forscherlichen Zugriffs gemacht werden darf.

Man wird vielem, vielleicht sogar dem meisten zustimmen, was Kardinäle, Bischöfe, einzelne Theologen und kirchlich engagierte Journalisten in der zurückliegenden Debatte öffentlich zum Lebensschutz gesagt und geschrieben haben. Menschliches Leben darf nicht geringgeschätzt werden. Anlässe, dies mit Nachdruck zu sagen, gibt es bedauerlicherweise jeden Tag genug. Und selbstverständlich darf es nicht sein, dass menschliches Leben zur Sache, zur Materie und zum Rohstoff degradiert wird. Und natürlich bleibt es verboten, einen Menschen zu töten, um die Gesundheit eines anderen zu verbessern. Bei allem Nachdruck der Kritik dürfen aber nicht Projektionen und konstruierte Positionen nahegelegt oder unterstellt werden. Hier, in der Verselbstständigung von Positionen, die niemand so vertritt oder die keinen Bezug mehr haben zu den zur Regelung anstehenden konkreten Fragen, besteht die Gefahr einer Verschiebung auf das nur Grundsätzliche.

Es ist zweifellos das ureigenste Anliegen der Kirchen, dass die grundsätzlichen Linien des Lebensschutzes auch in der breiten Öffentlichkeit eindeutig und erkennbar sein müssen. Aber das entbindet sie nicht von der Pflicht, die kritisierten Positionen fair und erkennbar darzustellen.

Und es rechtfertigt nicht, dass in hochkomplexen Fragen, die auch der verstehen soll, der sich in den Sachverhalten, um die es geht, nicht genau auskennt, nur unterkomplexe Antworten gegeben werden. Schließlich gehört es zu den Erfordernissen kirchlicher und theologischer „Einmischungen" in die öffentlichen Diskussionen ebenfalls, die genuin theologische Berechtigung des Einspruchs deutlich zu machen. Das ist in vielen Stellungnahmen allzu kurz gekommen.

Klärungsbedürftiges in einem positionalisierten Feld

Im Rückblick auf die heftige und kontroverse Debatte, wie sie sich in Deutschland noch mehr als in anderen Ländern weltweit entwickelt hat – ein Sachverhalt, der sicherlich mit der Auseinandersetzung mit der nationalsozialistischen Vergangenheit zu tun hat –, kann der Eindruck entstehen, sämtliche relevanten Argumente, die für die Bewertung der Forschung mit embryonalen Stammzellen relevant sind, seien schon längst vorgetragen und zur Genüge diskutiert worden. Dieser Eindruck ist als subjektive Bilanzierung psychologisch verständlich und legitim, doch wird er der Schärfe der Auseinandersetzung, die ja nicht zu Ende diskutiert wurde, sondern allenfalls vorübergehend abgeklungen ist, ebenso wenig gerecht wie den vielen Argumenten, die bisher als sich selbst erläuternd vorausgesetzt oder nur beiläufig eingestreut benutzt werden.

Für die theologische Ethik kommt hinzu, dass sie zwar in der christlichen Überlieferung einen besonderen Reichtum an sittlichen Einsichten, Erfahrungen und Kultur der Fürsorge zur Verfügung hat, dass sie aber von ihrem eigenen Selbstverständnis der Notwendigkeit unterworfen ist, ihre Überzeugungen und Optionen vor dem Forum der Vernunft verständlich und einsichtig zu machen.[11]

So gesehen gibt es immer noch einen großen „Überschuss" an Fragen, deren Klärung sich die Beiträge des vorliegenden Bandes widmen:

Solche Fragen betreffen zunächst die Begründung des ethischen Rangs der Frage der Erlaubtheit der Forschung mit embryonalen Stammzellen wie auch die methodologischen Denk-, Argumentati-

---

[11] S. dazu die Enzyklika *Johannes Pauls II.* „Fides et ratio" vom 14.9.1998 (deutsche Übersetzung in: Verlautbarungen des Apostolischen Stuhls 135).

ons- und Sprachfiguren, die hierbei jeweils Verwendung finden. („Analysen")

Die Schnittlinie zwischen naturwissenschaftlicher Erkenntnis und anthropologischer Deutung, die ihrerseits wiederum die Grundlage bildet für die ethische Bewertung, verlangt ebenso nach näherer Betrachtung wie die Schnittlinie zwischen Ethik, Recht und Politik, bei welch letzterer die Räume des Möglichen durch Mehrheiten begrenzt sind. („Konflikte")

Theologische Traditionen und kirchliche Verkündigung, die sich in dieser Debatte stark engagiert haben, können und müssen diesen Möglichkeitsraum zweifellos überschreiten. Aber auch sie unterliegen der Verpflichtung, ihre Positionen und Geltungsansprüche in Bezug auf die eigenen Grundlagen, die Überlieferung und die innere Zustimmbarkeit zu erweisen. Deshalb werden in den Beiträgen dieses Buches die im Raum der Kirche vertretenen Überlieferungen und Stellungnahmen nicht einfach vorausgesetzt, sondern selbst zum Gegenstand der Nachfrage, der hermeneutischen Analysen und des Vergleichs gemacht. („Systematische Nachfragen")

Voraussetzung und zugleich eine bleibende Schwierigkeit konkreter ethischer Urteile ist die Kenntnis der Sache. Deshalb ist der Dialog mit Biologen und Medizinern unverzichtbar und stets auf den aktuellen Stand zu bringender Bestandteil jedes Urteils über biomedizinische Probleme. Diesem Ziel fühlen sich sämtliche Beiträge verpflichtet. Schließlich verdient auch der Umstand Beachtung, dass jede Debatte über ihre konkreten Anlässe und die positionellen Aufstellungen hinaus perspektivische Linien hinterlässt, die, wenn der Diskurs glückt, aufgenommen bzw. weitergeführt werden oder sich aus dem Abstand als Verengungen erweisen können. („Perspektiven")

2. Analysen

Möglichkeiten und Chancen der Stammzellenforschung: Stammzellen für Alle?

von Albrecht M. Müller, Nadine Obier, Soon Won Choi, Xiaoli Li, Timo C. Dinger & Nikos Brousos

Die Fähigkeit von embryonalen Stammzellen (ES-Zellen), in jeden denkbaren Zelltyp differenzieren zu können, ermöglicht neue und faszinierende Möglichkeiten für die biomedizinische Grundlagenforschung sowie für die Entwicklung kausaler Therapien, also von medizinischen Behandlungen, die an den tatsächlichen Erkrankungsursachen ansetzen. Viele Erkrankungen mit großer Bedeutung für unsere alternde Gesellschaft basieren auf zellulären Defektkrankheiten: Diabetes, Herzversagen, Schlaganfall, neurodegenerative Erkrankungen und Krankheiten des Blutsystems resultieren aus dem Fehlen kritischer Zellpopulationen, die der Körper nicht erzeugen oder ersetzen kann. Die Möglichkeit, klinisch relevantes Zellmaterial aus embryonalen und somatischen Stammzellen zu erzeugen, ist eine viel versprechende Grundlage für die regenerative Medizin der Zukunft. Die erhofften Einsatzmöglichkeiten von Stammzellen gehen dabei teilweise ins Utopische. Doch wo steht die Forschung an und mit embryonalen und somatischen Stammzellen, was sind ihre Ziele und möglichen Einsatzfelder? Diese Fragen sollen hier beleuchtet werden.

I. Stammzellen: Ursprung und Eigenschaften

Während der Entwicklung von der befruchteten Eizelle (der Zygote), dem frühesten Embryonalstadium, über das Morula- und Blastozystenstadium zum vielzelligen menschlichen Organismus werden ca. 200 verschiedene Zelltypen gebildet (Abbildung 1). Diese Entwicklung ist dadurch charakterisiert, dass Zellen mit höherem Entwicklungspotenzial zu Zellen mit niedrigerem Entwicklungspotenzial differenzieren. Die Zygote und die Zellen der frühen Morula werden als totipotente Zellen bezeichnet, da diese Zellen, in geeigneter Umgebung, einen lebensfähigen Organismus bilden können. Etwa am 4.–5. Tag der humanen Entwicklung reift aus der Morula die Blastozyste heran. Bei der Reifung der Morula zur Blastozyste findet die erste Zellliniendifferenzierung in Zellen der inneren Zellmasse, aus denen später der Embryo heranwächst, sowie in das Trophectoderm, das an der Plazentaentwicklung teilnimmt, statt. Aus der inneren Zellmasse können, wie unten noch näher beschrieben wird, die pluripotenten ES-Zellen etabliert werden. Pluripotente Zellen können spezialisierte Zellen aller Keimblätter sowie Keimzellen bilden. Sie können sich jedoch im Unterschied zu totipotenten Zellen nicht zu einem Organismus entwickeln.

Nach Einnistung der Blastozyste in die Gebärmutterschleimhaut und im Laufe der weiteren Entwicklung entstehen zunächst die drei Keimblätter, Ekto-, Ento- und Mesoderm, und anschließend zu besonderen Entwicklungsphasen und in speziellen Nischen die somatischen (gewebespezifischen oder adulten) Stammzellen wie Blutstammzellen oder neurale Stammzellen. Einhergehend mit der Differenzierung und Spezifizierung von Stammzellen zu den verschiedenen Funktionszellen werden im Zellkern Gene, die für die frühe Entwicklungsphase bedeutend sind, „abgeschaltet" und „verpackt", während parallel andere Gene, die an der späteren Entwicklung beteiligt sind, aktiviert werden. Stammzellen sind ein seltener und wichtiger Zelltyp für den sich entwickelnden Körper, da sie essentiell sind für Gewebebildung während der Embryonal- und Fötalentwicklung. Außerdem sind sie im ausgewachsenen Körper maßgeblich an der Homöostase und Geweberegeneration beteiligt.

Ob nun eine Zelle Stammzellaktivitäten besitzt oder nicht, lässt sich durch Mikroskopieren allein nicht feststellen. Denn Stammzellen sind rein funktionell definiert. Sie können durch Zellteilung neue Stammzellen erzeugen und in eine Reihe hoch spezialisierter Effektorzellen differenzieren. So bilden Blutstammzellen durch Teilung sowohl neue Blutstammzellen als auch rote Blutkörperchen (Erythrozyten) und die Immunzellen (Makrophagen, Lymphozyten), während neurale Stammzellen die drei Hauptzelltypen des Gehirns bilden (Neurone, Astro- und Oligodendrozyten). Dies bedingt, dass Stammzellen auf Funktion getestet werden müssen, um sie sicher nachzuweisen. Auf ihre Existenz kann daher nur geschlossen werden. Im Tierexperiment mit Mäusen reicht eine transplantierte Blutstammzelle aus, um das komplette Blutsystem eines Empfängertieres ein Leben lang zu repopulieren. Es ist sogar möglich, das repopulierte Blutsystem in weitere Empfängertiere zu transplantieren.

Das Entwicklungspotenzial sowohl von pluripotenten ES-Zellen als auch von multipotenten somatischen Stammzellen ist beeindruckend, denn ES-Zellen können in alle Zell- und Gewebetypen des menschlichen Körpers differenzieren, während somatische Stammzellen die Homöostase von Geweben mit hohem Zellumsatz aufrechterhalten können, wie im Blutsystem, der Haut oder dem Darm. Jedoch haben somatische Stammzellen die Fähigkeit verloren, ganze Organe und Extremitäten zu bilden. Die Neubildung von Organen und Extremitäten findet beim Menschen nur während bestimmter Phasen der Embryonal- und Fötalentwicklung statt. Hierbei spielen komplexe Induktions-, Wachstums- und Differenzierungsvorgänge eine maßgebliche Rolle, die nach Transplantation von Stammzellen in bestehende Gewebe nicht rekapituliert werden. Die Fähigkeit der Gewebe- und Organneubildung auch im erwachsenen Organismus ist allerdings in bestimmten Spezies wie dem Salamander und Molch erhalten geblieben. Diese Arten können nach Amputation oder Schädigung ganze Extremitäten oder Augen sowie große Teile des Herzens neu bilden. Die Grundlagenforschung untersucht die spezifischen molekularen Prozesse bei dieser Geweberegeneration und ob diese in höheren Organismen aktiviert werden können.

II. Alleskönner: Embryonale Stammzellen

Die Möglichkeit, aus der Blastozyste stabil wachsende pluripotente ES-Zellen zu etablieren, wurde in den 80er Jahren des letzten Jahrhunderts erstmals beschrieben. Etwa 20 Jahre später konnten auch pluripotente humane ES-Zellen isoliert werden. Humane und Maus ES-Zellen können effizient in der Gewebekultur vermehrt werden, ohne zu differenzieren. Sie behalten hierbei ihre pluripotenten Stammzelleigenschaften. Darüber hinaus haben Maus ES-Zellen die Fähigkeit, auch nach längerer Zeit in Gewebekultur, während der ausgesuchte Gene gezielt mutiert oder anderweitig modifiziert werden können, nach Injektion in Blastozysten an deren Entwicklung teilzuhaben. Infolge der Injektion entwickelt sich ein chimäres Mischwesen, bestehend aus den Nachkommenzellen der Blastozyste und den injizierten ES-Zellen. Durch geeignete Kreuzung können dann Tiere gezüchtet werden, in denen alle Zellen das veränderte Gen tragen. Durch diese experimentelle Strategie werden weltweit Genfunktionen im Kontext eines sich entwickelnden Mausembryos sowie in ausgewachsenen Mäusen studiert. ES-Zellen stellen somit ein wichtiges Handwerkszeug für die biomedizinische Grundlagenforschung dar. Für diese Erkenntnis und für die Methodenentwicklung zur genetischen Modifikation von ES-Zellen wurde 2007 der Nobelpreis für Medizin an O. Smithies, M. Evans und M. Capecchi vergeben[1]. ES-Zellen besitzen aber noch eine zweite herausragende Eigenschaft: Sie können in der Gewebekultur zu reifen gewebespezifischen Effektorzellen differenzieren. Bei dieser Differenzierung bilden ES-Zellen dreidimensionale Strukturen, die *embryoid bodies* genannt werden. Je nach Differenzierungsbedingungen enthalten *embryoid bodies* eine Vielzahl verschiedener und klinisch relevanter Zelltypen wie Blutzellen, Herzmuskelzellen, neurale und pankreatische Inselzellen, aber auch Keimzellvorläufer von Eizellen und Spermien. Mit gezielter Gabe von Wachstumsfaktoren können gewünschte Zellpopulationen selektiv vermehrt werden. Nach Abschluss der Zelldifferenzierungsphase können gewünschte Zelltypen dann anhand spezifischer Oberflächenmerkmale oder infolge der Expression von Indikatorgenen aufgereinigt werden. Von besonderer Bedeutung ist dabei die vollständige Entfernung von nicht differenzierten ES-Zellen, denn diese Zellen können nach Transplantation Tumore bilden, sogenannte Teratome. Die Pluripotenz ist also ein zweischneidiges Schwert. Differenzierte ES-Zellen könnten dann einerseits zum Gewebeersatz bei degenerativen Erkrankungen oder Traumata verwendet werden und andererseits nach genetischer Korrektur auch in Patienten mit erblichen Erkrankungen transplantiert werden. Transplantationen von aus ES-Zellen abgeleiteten Zelltypen in Tiermodellen humaner Erkrankungen zeigen die Potenz dieser Zellen zur Geweberegeneration und partiellen Heilung[2].

Humane ES-Zellen werden aus sogenannten überzähligen Embryonen gewonnen, die bei der In-vitro-Fertilisation (IVF) unverwendet bleiben und keine Chance auf Entwicklung haben. Obwohl es prinzipiell möglich erscheint, auch ES-Zellen aus einzelnen isolierten Zellen der inneren Zellmasse zu etablieren, werden die Blastozysten bei der ES-Zelletablierung typischerweise zerstört[3].

[1] http://nobelprize.org/nobel_prizes/medicine/laureates/2007/press.html (Abrufdatum: 9.3.2009).

[2] *Murry, Charles E., Keller, Gordon*, Differentiation of Embryonic Steam Cells to Clinically Relevant Populations: Lessons from Embryonic Development, in: Cell 132 (February 22, 2008) 661–680.

[3] *Chung, Young, Klimanskaya, Irina, Becker, Sandy, Marh, Joel, Lu, Shi-Jiang, Johnson, Julie, Meisner, Lorraine, Lanza, Robert*, Embryonic and extraembryonic stem cell lines derived from single mouse blastomeres, in: Nature 439 (2006) 216–219.

Wie Maus ES-Zellen können auch humane ES-Zellen in der Gewebekultur in eine Vielzahl von reifen und klinisch bedeutsamen Zelltypen differenzieren. Humane ES-Zellen stellen somit in der biomedizinischen Grundlagenforschung ein wichtiges experimentelles System für die Aufklärung zentraler molekularer Mechanismen der humanen Zell-, Gewebe- und Organbildung dar. Beim Vergleich von humanen ES-Zellen und ES-Zellen der Maus zeigten sich wichtige Unterschiede der Wachstumskontrolle durch externe Faktoren. Dies bedingt, dass die Forschung an humanen ES-Zellen nicht durch Forschung an Maus ES-Zellen ersetzt werden kann.

Des Weiteren sind humane ES-Zellen ein wichtiges experimentelles System für die Aufklärung von Krankheitsursachen. So helfen sie beim Verständnis der molekularen und zellulären Hintergründe, die die Entstehung und Etablierung komplexer Krankheiten verursachen. In den letzten Jahren sind eine Reihe humaner ES-Zellen von Embryonen etabliert worden, die genetische Effekte tragen. Krankheiten, zu denen ES-Zelllinien etabliert wurden, umfassen u. a. beta-Thalassämie, die Huntingtonsche Krankheit und Muskeldystrophie[4]. Diese und andere humane ES-Zelllinien ermöglichen Untersuchungen von zellulären Entwicklungs- und Differenzierungsprozessen des Menschen vor dem Hintergrund eines definierten Krankheitsbildes in der Gewebekultur.

Basierend auf ihrem pluripotenten Status eröffnen ES-Zellen auch interessante Perspektiven für die Testung von Chemikalien und Medikamenten, um ihre Toxizität für den Menschen vorherzusagen[5]. So hat z. B. das britisch-schwedische Biotechnologie-Unternehmen *Cellartis* aus humanen ES-Zellen Herzmuskelzellen erzeugt, die für die Entwicklung und zur Sicherheitsabschätzung von Herzmedikamenten eingesetzt werden[6]. ES-Zell-basierte Zellsysteme übertreffen alternative Teststrategien von Tiermodellen oder humanen Herzmuskelzellen hinsichtlich Verfügbarkeit und Sensitivität.

Darüber hinaus sind mit humanen ES-Zellen viel versprechende Ansätze in Tiermodellen humaner Erkrankungen (z. B. Herzinfarkt, Parkinson, Rückenmarksverletzungen, Diabetes) be-

---

[4] *Verlinsky, Yuri, Strelchenko, Nick, Kukharenko, Valeri, Rechitsky, Svetlana, Verlinsky, Oleg, Galat, Vasily, Kuliev, Anver*, Human embryonic stem cell lines with genetic disorders, in: Reproductive Biomedicine Online 10 (2005) 105–110.

[5] *Davila, Julio C., Cezar, Gabriela G., Thiede, Mark, Strom, Stephen, Miki, Toshio, Trosko, James*, Use and Application of Stem Cells in Toxicology, in: Toxicological Sciences 79 (2004) 214–223.

[6] http://www.cellartis.com/index.php?option=com_content&task=view&id=96&Itemid=68 (Abrufdatum: 9.3.2009).

schrieben worden. So werden bei der Firma *Geron*, einem in Kalifornien beheimateten biopharmazeutischen Unternehmen, von humanen ES-Zellen abgeleitete Oligodendrozyten zur zukünftigen Therapie von Rückenmarksverletzungen, sowie Herzmuskelzellen, Inselzellen, Osteoblasten sowie Knorpel- und Leberzellen hergestellt und untersucht[7]. Diese Zellprodukte befinden sich derzeit in prä-klinischen Effizienz- und Sicherheitsstudien. Neben der weiteren Optimierung der ES-Zelldifferenzierung in gewünschte Richtungen und der Isolation von reifen Zellen steht die effektive Integration von ES-Zelldifferenzierungsprodukten in defizientes Gewebe im Zentrum aktueller Forschung.

III. Spezialisten: Somatische Stammzellen

Im Unterschied zu den Alleskönnern ES-Zellen sind somatische Stammzellen Spezialisten, da sich ihre Entwicklungsfähigkeiten auf ein Stammzellsystem beschränken. So bilden Blutstammzellen alle Zelltypen des Blutes, während neurale Stammzellen die Zelltypen des zentralen und peripheren Nervensystems, Neurone und gliale Zelltypen erzeugen. Die vor einigen Jahren berichtete Plastizität somatischer Stammzellen, derzufolge auch somatische Stammzellen gewebefremde Zelltypen bilden sollen, hat sich in weiteren kritischen Untersuchen nicht bewahrheitet, da erste Ergebnisse vielfach unkritisch interpretiert wurden. Vielmehr zeigen detaillierte Untersuchungen, dass es keine gesicherten experimentellen Hinweise für ein ausgeweitetes Entwicklungspotenzial somatischer Stammzellen gibt. Im Folgenden sollen zwei somatische Stammzelltypen, die sich in klinischer Anwendung befinden bzw. die auf dem Weg dorthin sind, näher vorgestellt werden. Somatische Stammzellen aus weiteren Geweben wie dem Gehirn, dem Darm, dem Herzen oder Stammzellen für männliche oder weibliche Keimzellen sind in der Literatur beschrieben. Ihr klinischer Einsatz erscheint aus heutiger Sicht aber weiter entfernt.

1. Blutstammzellen

Blutstammzellen sind der am besten untersuchte und seit vielen Jahrzehnten im klinischen Einsatz befindliche somatische Stammzelltyp. Alle Blutzelltypen werden von Blutstammzellen gebildet,

---

[7] http://www.geron.com/technology/stemcell/stemcellprogram.aspx (Abrufdatum: 9.3.2009).

die sich beim Erwachsenen im Knochenmark und in geringer Anzahl auch in der peripheren Blutbahn, bei Neugeborenen u. a. im Nabelschnurblut befinden. Aus Blutstammzellen entstehen die Vorstufen der verschiedenen Blutzelltypen und infolge weiterer Differenzierung die reifen Blutzellen (Erythrozyten, Makrophagen, Lymphozyten). Während alle ausgereiften Blutzellen nur eine begrenzte Lebensdauer besitzen, nach einer bestimmten Zeitspanne absterben und ersetzt werden müssen, besitzen die Blutstammzellen Selbsterneuerungspotenzial, um die permanente Nachbildung funktionstüchtiger Blutzellen zu sichern. Sie sind somit die einzigen permanent vorhandenen Zelltypen im Knochenmark. Das Blutstammzellsystem ist das Paradezellsystem für die Erforschung von somatischen Stammzellsystemen. Prinzipielle Funktionen und Aktivitäten somatischer Stammzellen sowie ihre Differenzierungswege über Vorläufer- zu den reifen funktionsfähigen Effektorzellen sind im Blutstammzellsystem erstmals aufgeklärt worden. Auch das Verständnis von molekularen Regulatoren der Zellteilung und der Differenzierung von Stammzellen während der gesunden und malignen Blutbildung ist im Blutsystem am weitesten fortgeschritten.

Bei Funktionsstörungen von Blutstammzellen kann es durch Mangel an roten Blutkörperchen zu Blutarmut (Anämie), durch Mangel an weißen Blutkörperchen zur Störung der Immunabwehr sowie durch Mangel an Blutplättchen zur Störung der Blutgerinnung kommen.

Die Transplantation von Blutstammzellen von einem gesunden in einen kranken Menschen ist eine hochwirksame Behandlung zur Heilung von verschiedenen, meist bösartigen Erkrankungen des Blutes oder des Immunsystems. Seit über 40 Jahren werden Blutstammzelltransplantationen erfolgreich in der Klinik eingesetzt. Durch die Transplantation gesunder Blutstammzellen wird die Funktion geschädigter Blutstammzellen wiederhergestellt und die Blutzellbildung kann neu beginnen. So wurden 2006 in Deutschland ca. 4.600 Blutstammzelltransplantationen durchgeführt[8]. Die Hauptindikationen dieser Transplantationen sind Leukämien und Lymphome sowie solide Tumore.

Zusätzlich werden in klinischen Studien auch Blutstammzellen nach Herzinfarkt in das infarzierte Herz transplantiert mit der Hoffnung, dass die Stammzellen bzw. ihre Differenzierungsprodukte dort positiv auf die Heilung des geschädigten Herzgewebes wirken. Metaanalysen zeigen in der Tat einen positiven Effekt von

---

[8] http://www.drst.de/jb.html (Abrufdatum: 9.3.2009).

Blutstammzelltransplantationen auf die Regeneration des Herzmuskelgewebes und auf die Pumpfunktion[9]. Allerdings beruht die Wirkung nicht auf der Neubildung von Herzmuskelzellen aus den injizierten Blutstammzellen, sondern sie erscheint kurzfristig wirksam und ist wahrscheinlich auf die Sekretion von Wachstumsfaktoren durch die Differenzierungsprodukte injizierter Blutstammzellen zurückzuführen. Weitere kritische Untersuchungen müssen nun zeigen, wie wirksam dieser Ansatz ist.

2. Mesenchymale Stammzellen

Bei lokal begrenzten Knorpelschäden z. B. im Kniegelenk hat das Einbringen von differenzierten Knorpelzellen (Autologe Chondrozyten Transplantation (ACT)) Einzug in die klinische Praxis gehalten. Dennoch braucht es Alternativen zu dieser Methode, um ausreichend Zellmaterial zur Knorpel- und Knochenregeneration erzeugen zu können. Hierbei stehen die mesenchymalen Stammzellen im Vordergrund, welche u. a. in Knorpel- und Knochenzellen differenzieren[10]. Diese Eigenschaften ermöglichen, dass sie als Zelltherapie für zerstörtes Knorpel- und Knochengewebe eingesetzt werden können. Neben dem Knochenmark werden mesenchymale Stammzellen häufig auch aus Fettgewebe sowie aus Nabelschnurblut gewonnen.

Es scheint wahrscheinlich, dass die Zelltherapie mit mesenchymalen Stammzellen zukünftig in der Orthopädie weiter an Bedeutung gewinnen wird, nicht nur zur Behandlung von Knorpeldefekten, sondern auch von Knochen-, möglicherweise auch Bandscheibenschäden. Darüber hinaus gibt es auch Ansätze zur Verwendung von mesenchymalen Stammzellen zur Behandlung erblich bedingter Erkrankungen wie z. B. Glasknochenkrankheit, bei der in ersten Studien positive Effekt auf den Krankheitsverlauf gezeigt wurden. So stehen mesenchymale Stammzellen und ihre Differenzierungsprodukte im Mittelpunkt der Entwicklung neuer Therapien für Krankheiten des Bewegungsapparates und befinden sich gegenwärtig bei der Firma *Osiris Therapeutics Inc.* in klinischen Erprobungsphasen.

Das therapeutische Potenzial mesenchymaler Stammzellen geht aber über die Zell- und Gewebeneubildung hinaus, denn mesenchy-

[9] *Abdel-Latif, Ahmed, Bolli, Roberto, Tleyjeh, Imad M., Montori, Victor M., Perin, Emerson C., Hornung, Carlton A., Zuba-Surma, Ewa K., Al-Mallah, Mouaz, Dawn, Buddhadeb*, Adult Bone Marrow-Derived Cells for Cardiac Repair: A Systematic Review and Meta-analysis, in: Archives of Internal Medicine 167 (2007) 989.
[10] *Caplan, Arnold I.*, Adult Mesenchymal Stem Cells for Tissue Engineering Versus Regenerative Medicine, in: Journal of Cellular Physiology 213(2) (2007) 341–347.

male Stammzellen können auch die Immunantwort modulieren. Dementsprechend gibt es klinische Studien zur positiven Wirkung dieses somatischen Stammzelltyps bei Abstoßungsreaktionen des Immunsystems (GvH: Graft versus Host Disease) und bei Arthritis[11].

IV. Wege zu transplantierbaren Stammzellen

Aufgrund von vererbten Gewebemerkmalen können Zellen nicht beliebig zwischen verschiedenen Menschen übertragen werden, es sei denn, sie sind eineiige Zwillinge. Eine entscheidende Rolle spielen dabei die Humanen Leukozyten Antigene (HLA), welche an der Erkennung von ‚eigen' und ‚fremd' im Immunsystem beteiligt sind. Wegen der hohen Zahl von möglichen HLA-Varianten ist es oft unmöglich, einen hundertprozentig passenden Spender zu finden. Um dennoch Zellen transplantieren zu können, werden Zellbänke aufgebaut, die viele Kombinationen an Gewebemerkmalen einer Gesellschaft abbilden, bzw. werden HLA-Typisierungen durchgeführt und Spenderregister erstellt. Alternativen zu Zellbänken und zu Spenderregister ergeben sich aus jüngsten Fortschritten in der Biomedizin. So ist es gelungen, durch Kerntransfer in entkernte Eizellen sowie durch gezielte Reprogrammierungsstrategien patientenspezifisches Zellmaterial herzustellen.

Im Folgenden sollen Wege zu transplantierbaren bzw. patientenspezifischen Stammzellen kurz vorgestellt werden.

1. Stammzellbänke und Spenderregister

Die Transplantation von Zellen und Geweben zwischen verschiedenen Individuen ist, wie einführend erwähnt, nur bei Übereinstimmung der HLA-Gewebemerkmale möglich. Die Chancen hierfür liegen bei zwei Geschwistern bei 25 Prozent. Wenn kein passender Spender in der Familie vorhanden ist, muss auf einen Fremdspender zurückgegriffen werden, der Zellen mit großer „Passgenauigkeit" besitzt. Hierfür existieren auf nationaler und internationaler Ebene Stammzellbänke für blutbildende Stammzellen aus dem Nabelschnurblut[12] sowie Stammzellspenderregister für Transplantationen von Blutstammzellen adulter Spender[13]. Ba-

---

[11] http://www.osiris.com/products_pipeline.php (Abrufdatum: 9.3.2009).
[12] http://www.stammzellbank.de und http://www.nationalcordbloodprogram.org (Abrufdatum: 9.3.2009).
[13] http://www.dkms.de (Abrufdatum: 9.3.2009).

sierend auf den Gewebemerkmalen kann aus diesen Zellbänken bzw. aus dem Spenderregister ein geeignetes Transplantat identifiziert und ein Spender rekrutiert werden. Blutstammzellen können dann zum Einen aus dem Knochenmark isoliert werden. Zum Anderen können sie nach Mobilisierung aus dem peripheren Blut des Spenders herausgefiltert werden (Stammzellapherese). Vergleichbares ist auch auf der Seite der humanen ES-Zellen denkbar. So existiert in Großbritannien seit 2003 die *UK Stem Cell Bank*[14]. Die Aufgabe dieser Zellbank ist es, humane Stammzellen aus embryonalen, aber auch fötalen und adulten Geweben aufzubewahren und die Distribution von unter hohen Qualitätskriterien etablierten und charakterisierten Stammzelllinien an interessierte Laboratorien aus Wissenschaft, Forschung und Industrie zu ermöglichen.

Daneben existiert seit 2007 das *European Human ES Cell Registry*[15]. Dieses Register enthält frei verfügbare Hintergrundinformationen zu momentan 175 humanen ES-Zelllinien. Obwohl dieses Register vornehmlich für die biomedizinische Grundlagenforschung bestimmt ist, ist es prinzipiell möglich, eine ausreichende Anzahl an ES-Zelllinien herzustellen, die die meisten in einer multiethnischen Population vorhandenen Gewebemerkmale besitzen, und diese in einer Zellbank zu konservieren. So können sie bei Bedarf zur Erzeugung patientenspezifischer und transplantierbarer Zellen und Geweben herangezogen werden.

2. Kerntransfer

Die erfolgreichen Klonexperimente an Fröschen, Schafen und anderen Tieren sind Grundlage für den Ansatz, patientenspezifisches Zellmaterial durch Reprogrammierung mittels Kerntransfer in Eizellen zu erzeugen (somatic cell nuclear transfer, SCNT)[16]. Bei diesem Ansatz sollen Zellkerne von ausdifferenzierten Körperzellen in entkernte Eizellen injiziert werden. Im Anschluss daran kommt es durch Einsatz von IVF-Techniken in der Gewebekultur zur Entwicklung von Morula- und Blastozystenembryonen. Aus der Blastozyste können dann ES-Zellen etabliert werden, die genetische

---

[14] http://www.ukstemcellbank.org.uk (Abrufdatum: 9.3.2009).
[15] http://www.hescreg.eu (Abrufdatum: 9.3.2009).
[16] *Briggs, Robert, King, Thomas J.*, Transplantation of living nuclei from blastula cells into enucleated frogs' eggs, in: Proceedings of the National Academy of Sciences of the United States of America 388 (1952) 455–464, sowie *Wilmut, Ian, Schnieke, Angelika E., McWhir, Jim, Kind, Alex J., Campbell, Keith H.S.*, Viable offspring derived from fetal and adult mammalian cells, in: Nature 385 (1997) 810–813.

Identität zum Zellkernspender besitzen und somit transplantierbar sind. Den Vorgang, bei dem differenzierte Körperzellen wieder zu undifferenzierten Stammzellen werden, nennt man dabei Reprogrammierung. Im Tiermodell ist von der Arbeitsgruppe um R. Jaenisch ein kompletter therapeutischer Klonierungszyklus beschrieben worden. Dabei konnte das Immunsystem von Mäusen, die keine T und B Lymphozyten bilden können, durch Transplantation von aus klonierten ES-Zellen abgeleiteten Blutstammzellen wiederhergestellt werden. Dieser Ansatz umfasste den Austausch des defekten Gens durch eine gesunde Kopie[17]. Während diese Methodik also im Tierversuch erfolgreich angewandt wurde, konnten bisher keine humanen ES-Zellen durch therapeutisches Klonen etabliert werden. Kürzlich publizierte Arbeiten von Hwang und Mitarbeitern erwiesen sich als Fälschungen[18]. Neben gehaltvollen bioethischen Argumenten sowie der geringen Erfolgsquote ist die Tatsache, dass grundlegende zellbiologische Prozesse der frühen Entwicklung menschlicher Zellen noch nicht weit genug geklärt sind, ein wesentliches Argument gegen den Einsatz dieser Methodik für Therapiezwecke.

In England dürfen Embryonen aus menschlichem Erbgut und Eizellen von Tieren für die Stammzellforschung hergestellt werden, um daraus sogenannte Interspezies-chimäre Stammzellen zu gewinnen. Die aus den Kerntransferexperimenten hervorgehenden Embryonen sollen nicht für mehr als 14 Tage in Kultur gehalten werden. Mit diesem Ansatz sollen effektiv molekulare Reprogrammierungsvorgänge studiert werden. Die Herstellung von Interspezies-chimären Zellen ist in Deutschland verboten.

3. Zell-Reprogrammierung

Neben der Reprogrammierung von Körperzellkernen durch Injektion in entkernte Eizellen (SCNT) gibt es seit kurzem einen erfolgreichen alternativen Ansatz, patientenspezifische pluripotente Stammzellen herzustellen, bei dem ausgesuchte ES-Zell-spezifische Gene in Körperzellen eingeschleust und aktiviert werden. Das Labor von Shinya Yamanaka von der Universität Kyoto in Ja-

---

[17] *Rideout, William M., Hochedlinger, Konrad, Kyba, Michael, Daley, George O., Jaenisch, Rudolf*, Correction of a Genetic Defect by Nuclear Transplantation and Combined Cell and Gene Therapy, in: Cell 109 (2002) 17–27.

[18] *Saunders, Rhodri, Savulescu, Julian*, Research ethics and lessons from Hwanggate: what can we learn from the Korean cloning fraud?, in: Journal *of* Medical Ethics 34 (2008) 214–221.

pan ist international bekannt für seine erfolgreiche Suche und Charakterisierung von Genen, die ES-Zellen zu ES-Zellen machen. So wurde unter anderem ein ES-Zell-spezifisches Gen, das später den Namen *Nanog* (nach ‚*Tir na nÒg*': ‚Das Land der ewigen Jugend' aus der keltischen Mythologie) bekam, im Yamanaka Labor entdeckt. Aus der Suche nach der molekularen Ausstattung von ES-Zellen besaßen Yamanaka und Mitarbeiter eine Sammlung teils bekannter, teils unbekannter ES-Zell-spezifischer Gene. Um zu untersuchen, ob adulte Zellen direkt zu embryonalen Zellen reprogrammiert werden können, brachten Yamanaka und Mitarbeiter ihre ES-Zell-spezifischen Gene in Bindegewebszellen der Maus zur Expression. Zur Überraschung vieler wuchsen nach Expression von zuerst 20 und später, nach sukzessiver Reduzierung, von nur 4 ES-Zell-spezifischen Genen Zellen, die wie ES-Zellen aussahen und, wie sich später herausstellte, auch alle funktionellen Eigenschaften pluripotenter ES-Zellen besaßen. Aufgrund ihres Ursprungs werden diese reprogrammierten pluripotenten Zellen nicht ES-Zellen, sondern iPS-Zellen genannt (induzierte pluripotente Stammzellen)[19]. Wie ES-Zellen können iPS-Zellen in der Gewebekultur zu Abkömmlingen aller drei Keimblätter heranreifen und sie können nach Injektion in Blastozysten an der Embryonalentwicklung teilnehmen und chimäre Tiere erzeugen, bei denen auch die Keimbahn besiedelt ist. Sie besitzen somit alle funktionellen Eigenschaften pluripotenter ES-Zellen. Auch konnte die erfolgreiche Induktion von Pluripotenz in humanen Hautgewebezellen demonstriert werden, was die iPS-Strategie als potentielle Methodik zur Herstellung transplantierbarer Zellen und Gewebe interessant macht.

Die vier Gene, die adulte zu pluripotenten iPS-Zellen reprogrammieren, sind *c-myc*, *Oct4*, *Kfl4* und *Sox2*. *Sox2* und *Oct4* sind in der Tat ES-Zell-spezifische Gene, während *c-myc* in sich teilenden Zellen aktiv ist. Zudem ist seit langem bekannt, dass *c-myc* und *Klf4* im Tumorgeschehen eine Rolle spielen können. Es war deshalb wenig überraschend, als sich bei Verwendung der vier Reprogrammierungsfaktoren im Tierexperiment zeigte, dass sich in chimären Tieren Tumore bildeten. Aus diesem Grund war es wichtig, iPS-Zellen ohne die Verwendung von Tumorgenen herzustellen. Weitere Experimente auch von anderen Arbeitsgruppen zeigten bald darauf, dass Zellen auch ohne das Onkogen *c-myc*

---

[19] *Takahashi, Kazutoshi, Yamanaka, Shinya*, Induction of Pluripotent Stem Cells from Mouse Embryonic and Adult Fibroblast Cultures by Defined Factors, in: Cell 126 (2006) 663–676.

reprogrammiert werden können, allerdings mit einer geringeren Frequenz als bei Verwendung des ursprünglichen Reprogrammierungs-Cocktails.

Analog dem therapeutischen Klonierungszyklus mit ES-Zellen konnte auch mit iPS-Zellen im Tiermodell der Sichelzellenanämie eine erfolgreiche Behandlung gezeigt werden. Zellen einer Schwanzbiopsie von kranken Tieren wurden dabei zu iPS-Zellen reprogrammiert. Im Folgenden wurde in der Kultur der genetische Defekt korrigiert und aus den korrigierten iPS-Zellen wurden in der Gewebekultur Blutstammzellen differenziert. Diese wurden in kranke Tiere transplantiert, um das komplette Blutsystem, einschließlich der roten Blutkörperchen durch gesunde Blutzellen zu ersetzen. In einem weiteren Modell einer humanen Erkrankung wurden aus iPS-Zellen neurale Zellen gewonnen, die Krankheitssymptome in einem Parkinson Modell verbesserten[20]. Es besteht somit die begründete Hoffnung, dass mit der iPS-Methode ohne Eizellen- und Embryonenverbrauch transplantierbare Zellen und Gewebe gezüchtet werden können. Außerdem sollte es möglich sein, humane Krankheitsmodelle mit der iPS-Methode in die Kulturschale zu bringen. Denn es ist nun möglich zu versuchen, von Patienten, die eine Erkrankung auf genetischer Grundlage haben, iPS-Zellen abzuleiten. Diese iPS-Zellen mit Krankheitshintergrund können eingesetzt werden, um die Entwicklung komplexer Krankheiten in der Gewebekultur, und damit außerhalb des Körpers, zu studieren.

Die Beobachtung, dass Entwicklungsprozesse durch Expression weniger ausgesuchter molekularer Regulatoren rückgängig gemacht werden können, kam überraschend. Sie ist ein bedeutender Meilenstein in der Stammzellenforschung.

V. Fazit

Forschung ist ein Prozess, bei dem der *status quo*, nicht aber das Endprodukt bekannt ist. Gerade die Stammzellenforschung ist ein hochdynamisches Forschungsfeld, dessen weitere Entwicklungsrichtungen nur schwer vorhersehbar sind. Die Stammzellen-

---

[20] *Werning, Marius, Zhao, Jian-Ping, Pruszak, Jan, Hedlund, Eva, Fu, Dongdong, Soldner, Frank, Broccoli, Vania, Constantine-Paton, Martha, Isacson, Ole, Jaenisch, Rudolf,* Neurons derived form reprogrammed firoblasts functionally integrate into the fetal brain and improve symptoms of rats with Parkinson's diseas, in: Proceedings of the National Academy of Sciences of the United States of America 105, 15 (2008) 5856–5861.

forschung hat in den letzten Jahren wichtige und überraschende Erkenntnisse hervorgebracht mit großer Bedeutung sowohl für die Grundlagenforschung als auch für die regenerative Medizin. Embryonale und somatische Stammzellen sind somit faszinierende Zelltypen für grundlagen- und anwendungsorientierte Forschungszweige. Die Stammzellenforschung ist eine Schlüsseltechnologie für das Verständnis grundlegender Zelldifferenzierungsvorgänge sowie für die regenerative Medizin und für die Biotechnologie der Zukunft. Obwohl Stammzellen keine ‚Wunderwaffe' gegen jede Krankheit darstellen, wird ihr Einsatz in der biomedizinischen Grundlagenforschung und in der Klinik weiter zunehmen. Trotz aller Hoffung in das Potenzial der Stammzellen sollte jedoch nicht vergessen werden, dass das Forschungsgebiet der Stammzellen ein junges Forschungsfeld darstellt. Es ist bisher u. a. unbekannt, ob für jeden Zelltyp eine Stammzellquelle existiert. Wahrscheinlich ist, dass in der Zukunft somatische Stammzellen aus leicht isolierbaren Geweben wie Knochenmark, Haut und Blut für regenerative Ansätze vermehrt eingesetzt werden. Darüber hinaus wird es einen steigenden Bedarf an Geweben geben, für den keine Stammzellen vorhanden sind oder deren Stammzellen nur schwer isolierbar sind. Hierfür wird der Einsatz pluripotenter Stammzellen nötig sein. Diese können prinzipiell aus SCNT-Techniken gewonnen werden, wobei gewichtige bioethische Fragen hinsichtlich des Status eines klonierten Embryos bestehen sowie das Eizellenproblem ungelöst ist. Wahrscheinlicher ist aus heutiger Sicht, dass die pluripotenten Zellen mit der iPS-Methode etabliert werden. Da die iPS-Forschung auf Erkenntnissen aus den letzten Jahren beruht, bleibt unklar, ob die iPS-Zellen alle Bereiche der ES-Zellen komplett abdecken können. Außerdem benötigt auch die iPS-Forschung humane ES-Zellen, denn diese werden als Goldstandard für die Qualität der iPS-Zellen gebraucht. Unsere Hoffnung ist, dass durch Forschung an ES und iPS-Zellen effiziente Methoden entwickelt werden können, mit denen die Gewinnung pluripotenter Zellen aus Embryonen zukünftig weiter reduziert, vielleicht sogar überflüssig wird.

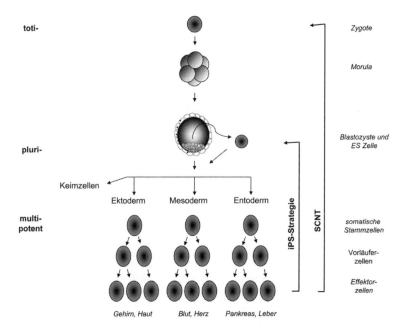

Abbildung 1: Dargestellt ist die Entwicklung der befruchteten Eizelle, der Zygote, über das Morula- und Blastozystenstadium, bis hin zur Entstehung der drei Keimblätter (Ekto-, Meso- und Entoderm) sowie der Entwicklung von somatischen Stammzellsystemen mit Stammzellen, Vorläufern bis hin zu den reifen Effektorzellen. Ebenfalls ist das Entwicklungspotential der verschiedenen Zellpopulationen (toti-, pluri- und multipotent) sowie die Reprogrammierung ausdifferenzierter Zellen durch die iPS- und Kerntransfer- (stem cell nuclear transfer: SCNT) Strategien skizziert.

Ethische Probleme der Stammzellforschung

von Eberhard Schockenhoff

Die ethische Analyse wissenschaftlicher Forschungsvorhaben ist kein nachträgliches Korrolarium, das in deren Beschreibung aus Gründen der Vollständigkeit nicht fehlen darf. Sie ist vielmehr durch das Selbstverständnis des Menschen gefordert, der sein Handeln als moralisches Subjekt rechtfertigen und verantworten muss. Dabei geht es nicht allein um die persönliche Verantwortung des einzelnen Wissenschaftlers oder um individuelle moralische Intuitionen. Sofern sich in diesen die moralischen Standards der jeweiligen Gesellschaft und ihr kulturell akzeptiertes Ethos bekunden, haben moralische Intuitionen *prima facie* eine wichtige Funktion für das moralische Urteilsvermögen. Die Rücksichtnahme auf die gesellschaftliche Akzeptanz, die einzelne Forschungsverfahren in einer gegebenen geschichtlichen Situation finden oder nicht finden, kann jedoch eine ethische Analyse der Forschungspraxis nicht ersetzen. Diese steht unter der Bedingung der rationalen Überprüfbarkeit von Argumenten und praktischen Schlussfolgerungen; sie fragt nicht nach der sozialen Akzeptanzchance oder der faktischen Durchsetzbarkeit von Forschungsinteressen, sondern nach normativer Geltung, nach dem, was sein soll, weil es sich in einem rationalen Diskurs mit intersubjektiv überprüfbaren, verallgemeinerungsfähigen Argumenten rechtfertigen lässt. Dementsprechend zielt eine ethische Analyse nicht nur auf die Beratung von Wissenschaftsorganisationen oder politischen Entscheidungsgremien, sondern auf das moralische Urteilsvermögen des Einzelnen. Sie versteht sich als Anleitung zum besseren moralischen Urteilen-Können, indem sie dazu verhilft, die eigenen moralischen Intuitionen kritisch zu reflektieren, ihre Geltung in einem reflexiven Argumentationsverfahren zu überprüfen und sie am Ende möglicherweise der Revision zu unterwerfen (oder aber sie auf einer reflektierten Metaebene bestätigt zu finden).

Wissenschaft und Ethik wurden lange Zeit als zwei einander nachfolgende Prozesse betrachtet: Danach bezieht sich die ethische Reflexion immer nur restrospektiv auf das, was zuerst erforscht und entdeckt wurde und sich in weiten Teilen der Wissenschaftspraxis bereits etablieren konnte. Das Modell der sukzessiven Abfolge von Forschung und Ethik erweist sich jedoch aus mehreren Gründen als unzureichend. In ihm kommt die ethische Reflexion wie im Märchen von Hase und Igel immer zu spät; sie befindet sich in dem Dilemma, entweder unwirksame Handlungsverbote auszusprechen oder das nachträglich als gerade noch tolerablen Grenzfall zu rechtfertigen, was in vielen Forschungslabors längst geschieht. Zudem wird im Paradigma des Nacheinanders von Forschung und ethischer Bewertung übersehen, dass im Vollzug der Wissenschaftspraxis selbst beides ineinandergreifen muss, sobald die beteiligten Forscher ihr eigenes Handeln und ihre Auftraggeber ihre Erwartungen reflektieren. Eine Aufspaltung des Forschungsprozesses in zwei sukzessive Teilfunktionen, die zudem via Professionalisierung den Angehörigen unterschiedlicher Berufsgruppen – Naturwissenschaftlern und Ärzten auf der einen, Philosophen, Theologen und Rechtswissenschaftlern auf der anderen Seite – zugewiesen werden, bleibt für alle Beteiligten unbefriedigend. Daher ist eine stärkere interdisziplinäre Vernetzung von Wissenschaft und Ethik erstrebenswert. Ein solches Modell der forschungsbegleitenden ethischen Expertise zielt auf eine möglichst frühzeitige Integration von wissenschaftlicher Forschung und ethischer Reflexion, so dass diese bereits prospektiv in der Auswahl von Forschungszielen und Forschungsmethoden wirksam werden kann.

I. Kriterien ethischer Urteilsbildung

Menschliches Handeln unterscheidet sich von biologischen Vorgängen oder einem physikalischen Geschehen in der Natur durch seine intentionale Struktur. Es geht nicht aus Ursachen hervor, sondern ist durch die Gründe bestimmt, die den Handelnden leiten; es ist zielorientiert. Für die Ziele, die er in seinem Handeln verfolgt, ist der Mensch vor sich selbst und vor anderen rechenschaftspflichtig. Darin liegt ein wesentliches Unterscheidungsmerkmal zwischen Handlungen und Naturvorgängen: Während der Mensch sein Handeln verantworten kann und muss, gibt es bei bloßen Naturvorgängen keine Instanz, die dazu in der Lage wäre. Daher beruhen moralische Urteile, die unmittelbar von biologischen Tatsachen oder dem Umstand, dass etwas in der Natur nicht vorkommt, auf die Erlaubtheit oder das Verbot entsprechender menschlicher Handlungen schließen, auf einem Kategorienfehler. Dieser wird als naturalistischer oder im umgekehrten Fall als normativistischer Fehlschluss bezeichnet.

Aus dem Umstand, dass die Natur mit den frühen embryonalen Phasen des menschlichen Lebens wenig achtsam umgeht, folgt daher keineswegs, dass der Mensch es ihr in dieser Hinsicht gleichtun dürfe; ebenso wenig geht aus der biologischen Tatsache, dass die Natur im Bereich der Säugetiere eine Klonbildung durch Embryo-Splitting kennt, die moralische Berechtigung des Menschen hervor, sie darin zu imitieren. Die Beschreibung biologischer Vorgänge kann immer nur zu deskriptiven Erkenntnissen führen, während moralische Urteile präskriptive Aussagen darüber machen, was sein soll oder nicht geschehen darf. Biologische Tatsachen sind zwar in dem Sinn moralisch relevant, dass ihre Kenntnis in moralischen Urteilen vorausgesetzt wird. Nur so kann sich die ethische Analyse des Sachverhaltes vergewissern, auf den sie sich bezieht. Dagegen gibt die Biologie noch keine Auskunft darüber, an welchen Kriterien und Wertmaßstäben sich das ethische Urteil orientieren soll. Dazu bedarf es vielmehr einer Verständigung über das Selbstverständnis des Menschen und die Bedeutung seiner anthropologischen Implikationen (Leiblichkeit, Fehlerhaftigkeit, Endlichkeit, Sozialität) sowie normativer Gerechtigkeitsvorstellungen, die dazu anhalten, die Perspektive aller Betroffenen in das eigene Urteil einzubeziehen.

Jede Handlung ist durch zwei Aspekte gekennzeichnet, die beide für ihre moralische Bewertung bedeutsam sind: Eine Handlung kann in ihrer Außenseite, in dem, *was* der Handelnde tut, oder in ihrer Innenseite, von dem Ziel her betrachtet werden, *wozu* er sie vollzieht. Die Intention einer Handlung darf nicht mit einem bloßen Wünschen oder einer emotionalen Pro-Einstellung gegenüber den Inhalten unserer Wünsche verwechselt werden. Indem eine Person eine bestimmte Handlung intendiert, vollzieht sie einen Akt der inneren Selbstbestimmung, bei dem sie unter ihren Wünschen, Einstellungen und Gefühlen auswählt und darüber entscheidet, an welchen Zielen sie ihr Handeln ausrichten möchte. Im Unterschied zu einem bloßen Wünschen setzt das bewusste Intendieren einer Handlung die rationale Überprüfung möglicher Handlungsziele und ihre rationale Rechtfertigung voraus.

Obwohl der Intention einer Handlung und der Rechtfertigung der Ziele, die in ihr verfolgt werden, eine tragende Rolle unter den Kriterien moralischen Urteilens zukommt, genügt es nicht, allein danach zu fragen, wozu etwas getan wird. Eine beabsichtigte Handlung ist noch nicht vollständig beschrieben, wenn wir nur die Ziele angeben, die wir dadurch erreichen wollen. Vielmehr muss die moralische Bewertung von Handlungen auch ein Urteil über die Mittel einbeziehen, durch die wir unsere Absichten verwirklichen wollen. Die moralische Bewertung der Außenseite einer Handlung, dessen *was* wir tun, indem wir unsere Ziele verfolgen, ist deshalb unerlässlich, weil von unseren Handlungen andere betroffen sein können, deren Rechte durch die Hochrangigkeit der von uns verfolgten Ziele nicht außer Kraft gesetzt werden. Neben die Rechtfertigung der Ziele muss daher die Legitimation der gewählten Mittel oder einer bestimmten Forschungsmethode treten.

Bei der Überprüfung der Mittelwahl scheiden diejenigen Methoden aus dem Kreis zulässiger Mittel aus, die eine Verletzung der Menschenwürde oder fundamentaler menschlicher Rechte implizieren. Wegen der vielfältigen Bedeutungen des Begriffes „Menschenwürde" ist es in einem ethischen Urteil erforderlich, den normativen Kerngehalt der Menschenwürde als engen Minimalbegriff zu definieren, über den sich ein praktischer Konsens erreichen lässt. Danach verstößt es gegen die Würde eines Menschen, ihn als reines Objekt eines fremden Willens zu gebrauchen („Objektverbot") und ihn ausschließlich zur Verwirklichung fremder, seinem Dasein äußerlicher Zwecke zu benutzen („Instrumentalisierungsverbot"). Auf die Forschungsverfahren der regenerativen Medizin bezogen muss daher danach gefragt werden, ob die verschiedenen Formen der Gewinnung menschlicher Stammzellen einen Embryo in irgendeiner Phase des Herstellungsprozesses zum reinen Objekt machen und seine Existenz auf die Erreichung fremder Zwecke reduzieren. Das Urteil über die moralische Zulässigkeit der Forschung mit embryonalen humanen Stammzellen (= hES-Zellen) setzt daher eine Antwort auf die Frage voraus, ob wir den menschlichen Embryo außerhalb des Mutterleibes als Mensch betrachten, dem wir ungeachtet seiner frühen Entwicklungsphase und seiner noch nicht ausgebildeten menschlichen Gestalt die fundamentalen Rechte zugestehen müssen, die jedem Menschen von sich aus, d. h. ohne weitere Vorbedingungen und das Vorhandensein zusätzlicher Eigenschaften zukommen.

II. Die Rechtfertigung der Ziele

Auf der Ebene der Zielsetzungen lassen sich keine plausiblen ethischen Einwände gegen den Versuch erkennen, mit Hilfe der Stammzellforschung Ersatzgewebe zu erzeugen, das die Funktion des erkrankten Organismus an der defekten Stelle übernimmt. Auch wenn diese therapeutischen Einsatzmöglichkeiten noch in weiter Ferne liegen, benennen sie doch hochrangige Forschungsziele, die in vielen Bereichen der Medizin zu neuen Therapieansätzen führen könnten. Sollte es eines Tages tatsächlich möglich sein, die Reprogrammierung menschlicher Gewebezellen gezielt zu steuern, so dass sie sich in Hautzellen, Leberzellen, Herzmuskelgewebe oder Zellen des Gehirns und des zentralen Nervensystems entwickeln, wären derartige Fortschritte der regenerativen Medizin im Interesse der Patienten nur zu begrüßen. Es käme geradezu einem Paradigmenwechsel im medizinischen Denken gleich, wenn krankheits- oder unfallbedingte Funktionsausfälle von Organen nicht mehr durch künstliche Prothesen oder die Transplantation fremder Organe, sondern dadurch behoben werden könnten, dass der Organismus zur Neubildung der entsprechenden Gewebearten „vor Ort" angeregt wird. In einigen Bereichen (z. B. bei Koronarerkrankungen des Herzens oder Leber-, Nieren- oder Lungenerkrankungen) könnte dieser elegante Therapieansatz die bisherige Standardtherapie ersetzen, in anderen deutlich bessere oder überhaupt erst nennenswerte Behandlungsergebnisse ermöglichen.

Die größten Hoffnungen richten sich derzeit darauf, dass es gelingen könnte, körpereigene Gewebestammzellen zu reprogrammieren und zur Heilung von Schlaganfall, Querschnittslähmung oder degenerativen Nervenerkrankungen wie Parkinson, Alzheimer oder Multipler Sklerose einzusetzen. Ebenso ist denkbar, dass aus vergleichenden Untersuchungen Erkenntnisse über Wachstumsfaktoren von Tumorzellen gewonnen werden, die effizientere und schonendere Therapieansätze in allen Bereichen der Onkologie ermöglichen. Erwähnenswert sind schließlich die Aussichten der regenerativen Medizin im Bereich der Plastischen Chirurgie: Wenn es gelingt, wie dies teilweise bereits der Fall ist („Haut aus der Tube"), mit Hilfe der Gewebezucht den Körper zur Neubildung von Hautzellen zu stimulieren, könnten Patienten von Verstümmelungen oder anderen Entstellungen ihres Körpers nach Krankheit, Unfall oder Verbrennung befreit werden. Der Zugewinn an Lebensqualität, der sich für diese Patienten ergeben könnte, lässt sich nur im Rahmen eines holistischen Gesundheitsverständnisses angemessen würdigen, das auch psychische Faktoren der Gesundheit wie das emotionale Gleichgewicht, die Ich-Stärke oder das Selbstwertgefühl in ihrer Bedeutung für das Erleben von Gesundheit berücksichtigen. Gerade weil der Mensch als leib-seelisches Wesen seine personale Identität nur im Zusammenwirken von Leib und Seele findet, so dass der Körper zugleich Selbstausdruck der Person und Medium ihrer Darstellung in der sozialen Welt ist, darf Gesundheit nicht auf ein symptomfreies Funktionieren des Organismus im somatischen Bereich reduziert werden.

Ein möglicher Einwand gegen die Ziele der generativen Medizin verweist auf die utopischen Züge eines erweiterten Gesundheitsbegriffs. Könnten die Möglichkeiten der Neuzüchtung von Organen, sollten sie eines Tages Wirklichkeit werden, nicht zu einer Umdefinition des ärztlichen Selbstverständnisses führen, in deren Mittelpunkt nicht mehr die Heilung von Krankheiten, sondern die Optimierung der menschlichen Natur im Sinne des Enhancement und der Anti-Aging-Medizin stehen? Nährt die regenerative Medizin nicht auch die Hoffnung, mit Hilfe von gezüchteten Organen am Ende den Tod besiegen oder ihn doch immer wieder aufschieben zu können? Die Schreckensszenarien, in denen jeder Mensch sich ein körpereigenes organisches Ersatzteillager anlegt und Eltern schon im Zeugungsvorgang für die genetische Optimierung ihrer Kinder verantwortlich gemacht werden, unterstreichen solche Befürchtungen. Doch handelt es sich dabei um utopische Zukunftshoffnungen, die in der anthropologischen Verfassung des Menschen als eines endlichen, fehlerhaften Wesens keine Grundlage haben. Das Altern und den Tod für immer zu besiegen und auf diese Weise die Grenzen der eigenen Lebenszeit in einer neuen, tendenziell unsterblichen Weise zu überwinden – diesen Traum haben Menschen zu allen Zeiten geträumt. Doch ist es, wie der Wechsel im Krankheitsspektrum und das Entstehen neuer Wohlstandskrankheiten parallel zu den bahnbrechenden Erfolgen der modernen Medizin seit dem 19. Jahrhundert zeigen, ein vergeblicher Traum, der auf die Aufhebung der *Conditio humana* zielt. Die Fortschritte der Medizin haben zu allen Zeiten auch unrealistische Heilungserwartungen geweckt, auf die später Ernüchterung folgte. Wenn die Aussichten der regenerativen Medizin die Phantasie der Menschen beflügeln und – im Guten wie im Schlechten – zu utopischen Träumereien oder zu Horrorszenarien verleiten, sind Philosophie und Theologie aufgefordert, die Bedeutung der Endlichkeit, Begrenztheit und Fehlerhaftigkeit des Lebens für das Verständnis menschlichen Daseins zu erläutern. Doch ergibt sich daraus kein normatives Argument gegen einzelne medizinische Forschungskonzepte. Die anthropologische Problematik einer ehrgeizigen, auf die Verbesserung der menschlichen Natur und die Aufhebung ihrer konstitutiven Grenzen gerichteten Medizin ließe sich auf jeder Stufe des wissenschaftlichen Fortschritts ins Feld führen. Sie stellt daher keinen spezifischen Einwand gegen die Ziele der regenerativen Medizin dar, sondern formuliert eher ein Unbehagen, das die gegenwärtigen Neuaufbrüche des medizinischen Denkens unter einen Generalverdacht stellt.

III. Die Überprüfung der Mittel und Methoden

In den meisten bioethischen Konfliktfällen geht es nicht um die Frage, ob die Ziele biomedizinischer Forschung gerechtfertigt sind, sondern darum, auf welchen Wegen sie erreicht werden dürfen. Im Bereich der regenerativen Medizin stellt sich vor allem die Frage, ob zellbiologische Forschung und Gewebezucht nur mit körpereigenen adulten Stammzellen erfolgen soll, oder ob sie auch auf embryonale Stammzellen zurückgreifen darf. Es übersteigt die genuine Kompetenz der philosophischen oder theologischen Ethik, ein Urteil darüber zu fällen, inwiefern das Entwicklungspotenzial und die Differenzierungsfähigkeit von adulten und embryonalen Stammzellen tatsächlich vergleichbar sind; auch können die normativen Handlungswissenschaften mit ihren Kriterien nicht ermessen, ob im Tierexperiment gewonnene Erkenntnisse über die Reprogrammierung körpereigener Stammzellen der Maus auf den Menschen übertragbar sind. Weder kann die Ethik kontroverse Fragen der Wissenschaft für sich entscheiden noch darf sie einfach die für sie günstigere Variante als realistisch unterstellen.

Ethische Begleitforschung kann aber aus den bereits vorliegenden Ergebnissen der Stammzellforschung Rückschlüsse darüber gewinnen, inwieweit die ursprünglichen wissenschaftsinternen Einschätzungen im weiteren Verlauf des Forschungsprozesses bestätigt wurden. Ein wichtiges Argument für die behauptete Alternativlosigkeit der Forschung mit hES-Zellen lautete, dass sich der Mechanismus der Reprogrammierung ausdifferenzierter Körperzellen *nur* auf diesem Wege verstehen lasse; ein weiterer Nachteil der adulten Stammzellen wurde darin gesehen, dass ihr Vermehrungspotential sowie ihre Fähigkeit, Zellen unterschiedlicher Gewebearten zu bilden, sehr begrenzt sei. Beide Argumente dürfen als widerlegt gelten, seitdem es gelungen ist, Mauszellen so zu reprogrammieren, dass sie den hES-Zellen vergleichbar Gewebe aller drei Keimblätter bilden können. Damit ist der Beweis der grundsätzlichen Machbarkeit (*proof of principle*) einer derartigen Reprogrammierung von adulten Stammzellen erbracht, der gewöhnlich als Durchbruch gilt. Die im Jahre 2007 bekannt gewordenen Erfolge bei der Gewinnung induzierter pluripotenter Stammzellen (= ipS-Zellen), die aus Bindegewebszellen gewonnen wurden, belegen, dass dies auch eine realistische, auf den Menschen anwendbare Forschungsperspektive ist. Die auf künstlichem Wege entstandenen ipS-Zellen besitzen das Potential, sich in spezielle Gewebetypen wie Nerven- oder Leberzellen fortzuentwickeln, verfügen aber nicht über Totipotenz, d. h. sie können sich nicht als neues Individuum zu einem erwachsenen Menschen entwickeln. Der Vorzug derartiger ipS-Zellen gegenüber embryonalen Stammzellen liegt darin, dass sowohl ihre Gewinnung wie auch die Art ihrer Verwendung ethisch unbedenklich sind. Welches Gewicht haben die ethischen Bedenken, die sich gegen die Forschung mit hES-Zellen richten? Da zu deren Gewinnung bei dem derzeitigen Herstellungsverfahren menschliche Embryonen vernichtet werden müssen, hängt die Antwort auf diese Frage davon ab, wie man den moralischen und rechtlichen Status menschlicher Embryonen beurteilt. Die Entscheidung in der Statusfrage muss unabhängig davon getroffen werden, ob das Ergebnis den Interessen von Forschung und Wissenschaft entgegenkommt oder nicht. Keineswegs darf eine „Abwägung" in der Weise erfolgen, dass wir den Embryo in Abhängigkeit von fremden Nutzungsansprüchen einen moralischen und rechtlichen Status zuschreiben, der dessen Eigenperspektive übergeht. Die unumkehrbare Asymmetrie der Beurteilungsebene – wir befinden als bereits Geborene darüber, unter welchem Blickwinkel wir die frühen Lebensphasen eines Embryos betrachten – verpflichtet uns vielmehr zur besonderen Vorsicht und zur advokatorischen Wahrnehmung der Belange des Embryos innerhalb unseres eigenen Urteils. Nur wenn dieses von einem Unparteilichkeitsstandpunkt aus erfolgt, der die Interessen der Forschung an einem möglichst späten Beginn der Schutzwürdigkeit des menschlichen Lebens einklammert, kann es als moralisch begründet gelten.

IV. Die Schutzwürdigkeit menschlicher Embryonen

Die advokatorische Vertretung der Position des Embryos gegenüber den Interessen der Wissenschaft oder von Patientengruppen ist ein Gebot der Unparteilichkeit und damit der Gerechtigkeit; sie kann nicht durch den Hinweis relativiert werden, dass auf Seiten der Wissenschaft besonders hochrangige Güter auf dem Spiel stehen oder dass sich die an lebensbedrohlichen Krankheiten leidenden Patienten in einer existenziellen Notlage befinden. Das moralische Recht zur Tötung in Notwehr setzt voraus, dass von dem Angreifer eine Gefahr für das Leben des Bedrohten ausgeht, die nicht anders als durch die Tötung des Aggressors abwendbar ist. Der Embryo bedroht jedoch niemanden; er ist vielmehr selbst ein unschuldiges, schutzbedürftiges Wesen, das zudem erst durch menschliches Handeln in die prekäre Situation seiner derzeitigen Existenzweise gebracht wurde. Wenn bei der Festlegung des zeitlichen Beginns seiner Schutzwürdigkeit von den humanbiologischen Grundlagen her ein Spielraum bestehen sollte (etwa zwischen dem Abschluss der Befruchtungskaskade und dem Beginn der Nidation), darf dieser nicht stillschweigend zu Lasten des Embryos genutzt werden. Ethische Vernunft legt es vielmehr nahe, von einem Unparteilichkeitsstandpunkt aus nach dem willkürärmsten Zeitpunkt zu suchen. Die Erkenntnisse der modernen Genetik, insbesondere die Entdeckung der DNS und des Vorgangs ihrer Rekombination im Prozess der Befruchtung legen den Schluss nahe, dass dieser willkürärmste Zeitpunkt mit der Verschmelzung von Ei- und Samenzelle gegeben ist. Mit der Konstitution eines neuen, einzigartigen Genoms ist ein qualitativer Sprung gegeben, in dem gegenüber der getrennten Existenzweise der im Zeugungsvorgang zusammenwirkenden Ei- und Samenzellen etwas radikal Neues, Unableitbares entsteht. Daher erscheint es vernünftig, dem Abschluss der Befruchtung den Vorzug gegenüber späteren Zeitpunkten zu geben, die weitere Reifungsvorgänge oder die Überwindung kritischer Gefahrenzonen bezeichnen.

Um die Schutzwürdigkeit des Embryos zu erkennen, ist es nicht erforderlich, die unübersichtliche Diskussionslage in der Statusfrage in allen ihren Verästelungen nachzuzeichnen. Es genügt vielmehr, sich eine entscheidende Perspektive vor Augen zu stellen, die dabei nicht übersehen werden darf. Wir haben als Menschen unabhängig von unseren religiösen, weltanschaulichen oder moralischen Überzeugungen eines gemeinsam: In unserer Lebenszeit gab es eine Anfangsphase, in der wir ein Embryo waren. Unser gegenwärtiges Dasein fände keine zureichende Erklärung, wenn wir von dem kontinuierlichen zeitlichen Zusammenhang absehen wollten, der unsere heutige mit unserer damaligen Existenz verbindet. Wir müssen daher, um uns selbst angemessen verstehen zu können, retrospektiv nach unseren eigenen Herkunftsbedingungen fragen, um die Schutzwürdigkeit jeder Phase des menschlichen Lebens zu erkennen. Wir können heute nur deshalb ein eigenverantwortliches, selbstbestimmtes Leben führen, weil wir bereits zu einem Zeitpunkt, an dem unsere Weiterexistenz biologisch ungesichert war (die wichtigsten Einwände gegen eine frühe Festlegung des Lebensbeginns hätten damals auch gegen unser eigenes Weiterleben ins Feld geführt werden können), in unserem selbstzwecklichen Dasein geachtet wurden. Nach dem Gesetz der Gleichursprünglichkeit und wechselseitigen Anerkennung folgt daraus, dass wir heute denjenigen dieselbe Achtung einräumen müssen, die sich zum jetzigen Zeitpunkt in unserer damaligen Lage befinden. Wir schulden ihnen den Schutz und die Hilfe, die wir damals von unseren Eltern erfahren haben, da wir sie durch unser Handeln in die prekäre Situation ihrer gegenwärtigen Existenzweise gebracht haben.

Für das Leben aller menschlichen Embryonen folgt daraus, dass sie auch in der Frühphase ihrer Existenz und an ihrem extrakorporalen Aufenthaltsort einer Güterabwägung entzogen bleiben müssen. Da es aufseiten des Embryos nicht auf ein Mehr oder Weniger an zumutbaren Beschränkungen, sondern um das Ganze seiner Existenz geht, bietet die Konzeption eines graduellen Lebensschutzes ihm im Zweifelsfall keinen Schutz. Ein abgestufter Schutzanspruch, der sich erst langsam entfaltet, kann in einer möglichen Güterabwägung gegen hochrangige Ziele, wie sie die wissenschaftliche Grundlagenforschung oder die mögliche Rettung Schwerkranker zweifellos darstellen, gerade nicht wirksam werden; er liefert den Embryo vielmehr schutzlos fremden Zugriffen aus. Eine Abwägung zugunsten hochrangiger Forschungsziele zuzulassen liefe auf eine willkürliche Ungleichbehandlung des Embryos gegenüber geborenen Menschen hinaus, die diesen in seinen grundlegenden Rechten verletzt.

Die mitunter auch bei Wissenschaftlern anzutreffende Redeweise, die den Embryo als bloßen Zellverband bezeichnet, der noch kein Mensch „wie du und ich" sein könne, übersieht den Umstand, dass Menschenwürde und Lebensrecht nicht an phänotypische Eigenschaften (wie die Größe der äußeren Gestalt) oder eine bestimmte Lebensphase des Menschen gebunden sind. Wenn die dem Menschen von Natur aus geschuldeten Rechte jedem menschlichen Individuum zustehen, ohne dass deren wirksame Beachtung weitere Eigenschaften, Fähigkeiten oder Leistungsnachweise erfordert, führt kein Weg an der Einsicht vorbei: Weder das Alter (ob zu einem früheren oder späteren Zeitpunkt der Ontogenese) noch der Aufenthaltsort eines Embryos (ob *in vitro* oder *in vivo*) liefern ein stichhaltiges Differenzierungskriterium, das seinen fremdnützigen Gebrauch zu Forschungszwecken rechtfertigen könnte. Für die Anerkennung seiner Würde und seines Lebensrechtes ist es unerheblich, ob ein neuer Mensch als Zygote, als Embryo, als Säugling, als Heranwachsender, als Erwachsener auf dem Zenit seines Lebens oder als alternder Mensch existiert. Einige bürgerlichen Freiheitsrechte wie das Wahlrecht oder das Zeugnisrecht stehen ihm erst von einer bestimmten Altersstufe an zu, andere können ihm aufgrund von Krankheit und Unfall (wie das Recht zur persönlichen Geschäftsführung) in rechtsförmiger Weise wieder aberkannt werden. Doch betrifft die Abstufung des bürgerlichen Rechtsstatus nicht das Menschsein als solches, das die Basis für die Anerkennung jener fundamentalen Rechte bildet, die jedes menschliche Individuum ungeachtet aller weiteren Differenzierungen schützen.

Diese Überlegungen führen zu dem Ergebnis, dass die regenerative Medizin aus ethischen Gründen auf die Nutzung embryonaler humaner Stammzellen verzichten sollte. Die Erprobung aussichtsreicher Forschungsoptionen wird zur moralischen Unmöglichkeit, wenn es dabei erforderlich ist, elementare Rechte und Ansprüche anderer zu verletzen. Ein moralischer Standpunkt wird nämlich erst dann erreicht, wenn die Belange aller Betroffenen in unparteiischer Weise Berücksichtigung finden. Dabei gilt die Präferenzregel, dass der Wahrung elementarer Rechte im Konfliktfall der Vorrang vor einer möglichen Hilfeleistung für andere zukommt. Der Schutz fundamentaler Rechte – vor allem des Rechts auf Leben, dessen Achtung jedem unschuldigen menschlichen Wesen strikt geschuldet ist – wiegt schwerer als die erhofften positiven Folgen für andere. Das Recht auf Heilung, das die Erforschung und experimentelle Nutzung neuer Therapieverfahren einschließt, findet dort eine Grenze, wo seine Durchsetzung die Vernichtung fremden Lebens erfordern würde.

V. Das Schicksal überzähliger Embryonen

Parallel zu den Entwicklungen der modernen Fortpflanzungsmedizin und der verbrauchenden Embryonenforschung hat sich auch in der bioethischen Begleitforschung eine pragmatische Denkweise eingebürgert, die nicht mehr prinzipienorientiert argumentiert, sondern mit vorläufigen Grenzziehungen arbeitet, die in einem sich wandelnden Forschungskontext jederzeit überprüfbar sind und diesem bei Bedarf angepasst werden können. Im Rückblick auf den Diskussionsverlauf der vergangenen Jahrzehnte lässt sich ein schrittweises Abrücken von Positionen, die damals im breiten Konsens vertreten wurden, deutlich erkennen: Die Zulassung der künstlichen Befruchtung wurde allgemein mit dem Leiden kinderloser Ehepaare und der Hochrangigkeit ihres Kinderwunsches begründet; dabei ging man jedoch von der Voraussetzung aus, dass alle *in vitro* erzeugten Embryonen eine vergleichbare Entwicklungschance wie die im Mutterleib gezeugten bekommen müssen. Das deutsche Embryonenschutzgesetz traf deshalb Vorkehrungen, die das Entstehen überzähliger oder verwaister Embryonen nach Möglichkeit verhindern sollten. Eine moralische Schieflage war aber schon damals absehbar, weil die entscheidende Frage unbeantwortet blieb, was mit derartigen Embryonen, sollten sie in Ausnahmefällen entgegen den Intentionen des Embryonenschutzgesetzes dennoch entstehen, am Ende geschehen soll. Diese Embryonen blieben einem ungewissen Schicksal ausgesetzt, das man im Kontext der *In-vitro*-Fertilisation entweder achselzuckend oder mit Bedauern in Kauf nahm.

Katholische Moraltheologen, die sich der kategorischen Ablehnung der künstlichen Befruchtung durch das kirchliche Lehramt widersetzten, hielten ihre Zulassung damals nur unter der Bedingung für vertretbar, dass sich die Frau bereit erklärt, sich alle in ihrem Auftrag erzeugten Embryonen implantieren zu lassen. Die Bereitschaft zu einer eventuellen zweiten Schwangerschaft erschien ihnen in der Abwägung mit dem sicheren Tod des Embryos als eine zumutbare Auflage an das Paar und die Frau, da die prekäre Situation des „überzähligen" Embryos eine Folge ihres eigenen Kinderwunsches ist; zudem ließ sich argumentieren, dass die Geburt von Zwillingen oder gar Drillingen auch beim natürlichen Zeugungsvorgang möglich ist. Dennoch war die moralische Zusatzbedingung, mit der viele Moraltheologen damals ihr vorsichtiges Ja zur künstlichen Befruchtung versahen, realitätsfremd. Da sie sich als unwirksam erwies und es keine rechtliche Handhabe gibt, die Frau zur Implantation überzähliger Embryonen zu zwingen, wurde diese Bedingung später stillschweigend fallen gelassen. Da ihr Sinn heute kaum mehr verstanden wird, lohnt es sich, die damalige Begründung nochmals in Erinnerung zu rufen: Die künstliche Erzeugung eines menschlichen Embryos galt nur unter der doppelten Voraussetzung als ethisch vertretbar, dass mit ihm eine Schwangerschaft eingeleitet werden soll und er vergleichbare Entwicklungschancen wie im natürlichen Zeugungsvorgang erhalten wird. Dabei war allgemein akzeptiert, dass man einen Embryo, weil menschliches Leben zu seiner gedeihlichen Entfaltung von Anfang an auf Annahme, Unterstützung und Hilfestellung angewiesen ist, nicht einer kalten „Unbehaustheit" überlassen darf, die einem sicheren Todesurteil gleichkommt.

Heute argumentieren viele umgekehrt: Sie akzeptieren die Nicht-Annahme des Embryos durch seine Eltern als Ausgangspunkt der Beurteilung und folgern daraus, dass sein Menschsein noch unter einem positiven Zweifel stehe. Das volle Menschsein werde dem Embryo erst durch den Akt der Annahme verliehen, so dass er, solange dieser unterbleibt, allenfalls in einem eingeschränkten Sinn als schutzwürdig gelten könne. Nach dieser Ansicht besitzt der Embryo kein Recht auf Leben und ungehinderte Entwicklung, sondern – im Vorgriff auf sein mögliches künftiges

Menschsein – nur eine Art bedingter Anwartschaft darauf. Folgerichtig wird die Inkaufnahme überzähliger oder verwaister menschlicher Embryonen von vielen überhaupt nicht mehr als ernsthaftes moralisches Problem oder gar als ein auswegloses Dilemma betrachtet. Sie fühlen sich in ihrer pragmatischen Sichtweise dadurch bestärkt, dass sich im Kontext der Stammzellgewinnung andere Verwendungszwecke geradezu aufdrängen. Wenn die Frau aus nachvollziehbaren Gründen handelt, wenn sie die Implantation der Embryonen verweigert, warum sollen wir diese Embryonen nicht für einen anderen Zweck nutzen dürfen? Warum sie „nutzlos" sterben lassen, wo sich doch im Rahmen der Stammzellgewinnung eine sinnvolle Nutzungsmöglichkeit anbietet? Wird ihrer ansonsten sinnlos gewordenen Existenz durch die Umwidmung ihres Lebenszweckes zu einem „Opfergang" für die Menschheit nicht im Nachhinein wieder Sinn zugesprochen?

Einer pragmatischen Betrachtungsweise, die immer nur den nächsten Schritt ins Auge fasst und den vorangegangenen nicht mehr in Frage stellt, wird eine positive Antwort auf diese Fragen nicht schwer fallen. Nachdem wir überzählige Embryonen (wenn auch in Deutschland nur in sehr geringer Zahl) nun einmal haben, liegt es nahe, sie auch zu nutzen. Mehr noch: Fällt es im Wissen um diese segensreichen Nutzungsmöglichkeiten nicht leichter, sich mit der Existenz überzähliger Embryonen abzufinden, so dass diese am Ende nicht mehr bedauert werden muss, sondern als glückliche Fügung des wissenschaftlichen Fortschritts gelten darf? Niemand, der unvoreingenommen nach einem Ausweg aus dem Dilemma der überzähligen Embryonen sucht, wird sich der suggestiven Kraft derartiger Überlegungen entziehen können. Dennoch bleibt ein Unbehagen, das ethische Vernunft artikulieren muss, wenn verantwortungsethisches Abwägen nicht auf ein bloßes Nutzenkalkül oder eine pragmatische Schritt-für-Schritt Argumentation zurückfallen soll.

Eine moralische Betrachtung der Ziele, Mittel und Folgen unseres Handelns hat nicht nur den jeweils nächsten Schritt, sondern die Vernunft des Ganzen ins Auge zu fassen. In dieser Perspektive zeigen sich dem abwägenden Vernunfturteil gute moralische Gründe dafür, auch im Fall der überzähligen Embryonen dem Schutz der Menschenwürde und der Einhaltung des Instrumentalisierungsverbotes den Vorrang vor fremden Nutzungsinteressen einzuräumen. Sie gewinnen durch ein Gedankenexperiment anschauliche Kraft, in dem wir uns die Anwendung des geforderten Abwägungsurteils auf einen erwachsenen Menschen vorstellen. Dabei bietet sich als Vergleichspunkt die moralische Überzeugung an, dass wir einen Schwerkranken oder Sterbenden, dessen naher Tod unabwendbar geworden ist, niemals zum Zwecke fremdnütziger Forschung töten dürfen. Die Beachtung der Menschenwürde erzwingt diesen Verzicht, ohne dass zu der moralischen Einsicht, warum dies der Fall ist, weiteres Abwägen notwendig wäre. Vielmehr ist schon die Vorstellung frevlerisch, die den allgemeinen Nutzen in Betracht ziehen wollte, den eine Verletzung dieses Tabus der Allgemeinheit bringen könnte. Wenn die Menschenwürde und die aus ihr folgenden elementaren Rechte jedes Menschen vor aller Differenzierung nach Alter, Geschlecht, Hautfarbe oder sozialen Status im Menschsein als solchem gründen, geben diese Überlegungen einen Hinweis darauf, warum wir es uns auch im Fall der überzähligen Embryonen versagt sein lassen müssen, sie hochrangigen Zielen der Wissenschaft zu opfern.

VI. *Moral und Erfolg sind keine Gegensätze*

Eine ethische Beurteilung alternativer Forschungskonzepte kann über deren wissenschaftliche Eignung zur Erzielung bestimmter Erkenntnisse keine eigenen Aussagen machen, sondern muss sich diesbezüglich auf die Fachkompetenz der naturwissenschaftlichen Seite und ihre (häufig divergierende) Bewertung stützen. Die jüngste Entwicklung im Bereich der Reprogrammierungsforschung belegt allerdings, dass die Aussicht, die erhofften Erkenntnisse auf einem ethisch vertretbaren Weg gewinnen zu können, größer ist als von vielen bisher angenommen. Das sollte unter allen Beteiligten die Bereitschaft stärken, genuin ethischen Überlegungen ein größeres Gewicht in der Entwicklung von Forschungskonzepten einzuräumen. Ethisch unbedenklichen Forschungsalternativen kommt aus moralischer Perspektive ein prinzipieller Vorrang vor solchen zu, gegen die sich starke ethische Bedenken richten. Wissenschaftliche Forschungsgruppen stehen vor der Frage, wie sie moralische Überlegungen schon bei der Planung ihrer Forschungsstrategien berücksichtigen können. Dabei stellt sich ihnen die Alternative, von vornherein auf ethisch unbedenkliche Forschungskonzepte zu setzen oder in einer pragmatischen Betrachtungsweise darauf zu vertrauen, dass sich die Überschreitung moralischer Grenzen am Ende auszahlt, weil der erhoffte Erfolg ihnen im Nachhinein Recht geben wird. Die Erfolge der regenerativen Medizin zeigen allerdings, dass Forscher nicht zwischen Moral oder Erfolg wählen müssen, sondern erfolgreiche Forschung auch auf moralisch vertretbarem Wege möglich ist und zu beachtlichen Ergebnissen führen kann. Je mehr ethisch vertretbare Forschungsansätze miteinander konkurrieren, desto begründeter erscheint die Aussicht, dass sich die erhofften Erkenntnisgewinne der regenerativen Medizin auch ohne moralische Grenzüberschreitungen einlösen lassen.

(Eine erste Fassung dieses Beitrags erschien in: Stimmen der Zeit 133 [2008] 323–334.)

Zur Frage begrifflicher Klarheit und praxisbezogener Kohärenz in der gegenwärtigen Stammzelldebatte

von Jan P. Beckmann

I. Fragestellung

Die gegenwärtige Debatte um die humane embryonale Stammzellforschung wird vor allem in Deutschland begleitet vom Unverständnis derjenigen, die den Befürwortern einer solchen Forschung fehlenden Respekt vor „embryonalen Menschen" unterstellen, und dem Unverständnis derjenigen, die eine derartige Annahme nicht nachvollziehen können. Im Folgenden geht es um die Frage, ob sich das wechselseitige Unverständnis – zumindest im Ansatz – vermeiden ließe, wenn man sich die definitorische Komplexität des Embryo-Begriffs und die Notwendigkeit praxisbezogener Kohärenz im Umgang mit demselben vor Augen führt.

II. Vorgehen

Ein erster Schritt besteht darin, dass man sich bewusst macht, dass hinter der deutschen Stammzelldebatte ein ungelöstes Problem des seinerzeitigen Bundestagsbeschlusses des Stammzellgesetzes von 2002 steht. Dessen rechtlicher Kern, dass von Deutschland keine Veranlassung zur Tötung von Embryonen ausgehen darf, dass aber im Ausland bereits vorhandene Linien, an deren Entstehung Deutschland nicht beteiligt gewesen ist, unter bestimmten, streng geregelten Bedingungen für hochrangige und alternativlose Forschungszwecke genutzt werden dürfen, mag juristisch widerspruchsfrei sein: ethisch war er es von Anfang an nicht. Denn entweder ist bereits der *frühe* menschliche Embryo, d. h. der Embryo von der Fusionskaskade beider Kerne an bis zum 8-Zell-Stadium (die Zygote und die wenige Tage alte Blastozyste) *Mensch*, dann darf er aus ethischer Sicht weder im In- noch im Ausland einer Abwägung gegen fremdnützige Zwecksetzungen – und seien dieselben noch so hochrangig und alternativlos – ausgesetzt werden; vielmehr ist er wie jeder Mensch *um seiner selbst willen* zu respektieren, und das heißt: Seine Würde ist zu achten, sein Leben zu schützen und keiner wie auch immer gearteten Abwägung zugänglich. Selbst wenn man an der Missachtung seines Lebensschutzes nicht beteiligt ist, ist gleichwohl die Nutzung der Früchte solcher Missachtung ethisch nicht rechtfertigungsfähig. Fazit: Wenn und solange bereits der *extrakorporale* frühe menschliche Embryo (im Folgenden efmE) als *Mensch* („embryonaler Mensch") angesehen bzw. dem geborenen Menschen in Bezug auf den Würde- und Lebensschutz *gleichgestellt* wird, ist die Hinnahme seines Untergangs zu Forschungszwecken ethisch in unauflösbarem Konflikt mit der Achtung vor den Normen der Menschenwürde und des Lebensschutzes.

Strittig ist jedoch, ob es sich beim wenige Tage alten efmE bereits um ein menschliches Wesen („jemand") handelt oder um ein Etwas („im Werden Begriffenes"), das bei ungehinderter Entwicklung zu einem solchen werden kann. Zugunsten der Gleichsetzungshypothese des efmE entweder mit dem geborenen Menschen oder zumindest mit dem eingenisteten Embryo werden in der Diskussion im Prinzip dieselben Gründe angeführt[1]: Es handle sich erstens um *menschliche* DNA, zweitens um einen *kontinuierlich* verlaufenden Entwicklungsprozess in Richtung Geburt; drittens liege bereits die *Identität* des späteren Individuums vor, und viertens besitze der efmE das volle *Potential* zum Menschen. Jedes dieser vier Argumente hat seine eigene Schwierigkeit: Das Spezieszugehörigkeitsargument gilt gleichermaßen von jeder einzelnen Zelle des menschlichen Körpers, das Identitätsargument berücksichtigt nicht den phänotypischen Anteil an der Ausbildung menschlicher Identität, und das Kontinuitäts- wie das Potentialitätsargument treffen auf den sog. „überzähligen"[2] IVF-Embryo nicht zu, weil ihm – obzwar zu Reproduktionszwecken hergestellt – aus ihm fremden Gründen die weitere Entwicklung versagt bleibt.

---

[1] Es handelt sich um die sog. SKIP-Argumente. Vgl. *Damschen, Georg, Schönecker, Dieter* (Hrsg.), Der moralische Status menschlicher Embryonen. Pro und contra Spezies-, Kontinuums-, Identitäts- und Potentialitätsargument. Berlin, New York 2003.
[2] Mit dem Adjektiv „überzählig" („supernumerous") werden Embryonen bezeichnet, die zwar zu Fertilisationszwecken erzeugt worden sind, aber nicht zur Übertragung gelangen, weil entweder bereits ein Implantationserfolg vorliegt oder die Gesundheit der Frau unvorhergesehenerweise keinen Embryotransfer zulässt. Entgegen der möglichen Konnotation von „überzählig" mit „überflüssig" ist im Folgenden mit „überzählig" deskriptiv der „nicht-transferierte" Embryo („not transfered embryo") gemeint.

III. Definitorische Präzisierungsnotwendigkeiten

Die genannten Sachverhalte verlangen nach einer angemessenen begrifflichen Differenzierung[3]. Traditionell gilt der menschliche Embryo als *nasciturus*, d. h. als Mensch im Werden, als ein zukünftig Geborener. Der „überzählige" IVF-Embryo ist aber eben *kein* nasciturus: Zwar besitzt er von sich aus das *intrinsische* Potential zur Weiterentwicklung zum Geborenen, doch fehlt ihm die zentrale *extrinsische* Voraussetzung, die Nidation. Dies macht ihn keineswegs schutzlos, doch ist zu fragen, ob man dem Respekt vor ihm und seinem dauerhaft nicht realisierbaren Lebensschutz nur durch die Entscheidung Geltung verschaffen kann, dass man ihn als Menschen („embryonaler Mensch") betrachtet, oder ob nicht so etwas wie beispielsweise das Schweizer „Respektmodell"[4], wonach die Blastozyste zwar noch nicht Person, doch sicher keine Sache mehr ist, für die Sicherung des erforderlichen Respekts hinreicht. Hilft hier ein Blick auf Definitionen?

Definitionen können eine zweifache Funktion ausüben: Mit ihrer Hilfe lässt sich entweder feststellen, *was* der zu bestimmende Sachverhalt – das Definiendum – ist, oder es lässt sich festlegen, *als was* derselbe anzusehen ist. Das heißt: Definitionen können Gegebenes *beschreiben*, sie können ihren Gegenstand aber auch allererst *erzeugen*. Beschreibende Definitionen *stellen* einen Sachverhalt fest, normierende hingegen *setzen* ihn fest. Die Feststellung eines Sachverhalts ist entweder zutreffend oder unzutreffend; nicht so die Festsetzung: Sie besitzt keinen Wahrheitswert, wohl hingegen einen normativen Status: derselbe kann anspruchsvoll, aber auch anspruchslos ausfallen. Schließlich: Deskriptive Definitionen enthalten in der Regel *Existenzbehauptungen*, normative naturgemäß *Wertzuschreibungen*.

Im Hinblick auf den efmE bedeutet dies: Es gilt zu unterscheiden, ob seine Definition bestimmt, wer oder was er *ist*, oder als wer oder was er *gelten soll*. Schaut man sich die Vielfalt der gängigen Embryo-Definitionen an, so fällt zum einen auf, dass deskriptive neben normativen Charakterisierungen vorkommen, und zum an-

[3] Das Folgende enthält Übernahmen aus *Beckmann, Jan P.*, Ontologische Status- oder pragmatische Umgangsanalyse? Zur Ergänzungsbedürftigkeit des Fragens nach dem Seinsstatus des extrakorporalen frühen menschlichen Embryos in ethischen Analysen, in: *Giovanni Maio* (Hrsg.), Der Status des extrakorporalen menschlichen Embryos, Freiburg i.Br. 2007, 279–309.

[4] Vgl. die entsprechende Bestimmung in der Schweiz: „Der E. in vitro hat am Schutz der Menschenwürde teil; diese kommt ihm aber (noch) nicht in gleichem Maße wie dem geborenen Menschen zu."

deren, dass vom Embryo entweder *unabhängig* von seiner Einnistung die Rede ist oder zwischen dem Embryo *in vitro* und demjenigen *in utero* unterschieden wird. Beispiel für Ersteres ist die Definition des Embryos als „befruchtete Eizelle": Diese Bestimmung ist erstens deskriptiv und verhält sich zweitens indifferent gegenüber der Frage der Nidation. Ähnlich deskriptiv, aber im Unterschied zur vorgenannten nidationsbezogen ist die Definition des Embryo als „menschlicher Keim von der Zeit der Einnistung in die Gebärmutter (…) bis zum Ende der Organentwicklung …".[5] Während der efmE der erstgenannten Charakterisierung zufolge definitorisch ein Embryo ist, fällt er nicht unter die zweitgenannte Definition, weil dieselbe den pränidativen Embryo nicht erfasst. Nicht selten finden sich beide Definitionen nebeneinander, ohne dass die unterschiedliche Konsequenz für die Bestimmung des efmE auffällt oder, falls doch, als beachtenswert gilt. So beschreibt man beispielsweise in Österreich den frühen Embryo einmal als „befruchtete Eizelle", ein andermal als „nasciturus", als „ungeborenes Kind".[6] In Dänemark spricht man deskriptiv vom frühen Embryo als „human fertilized egg", zugleich aber auch normativ von ihm eigenen „traces of intrinsic value".[7]

Das Nebeneinander – vielleicht sollte man genauer sagen: das Beieinander – von deskriptiven und normativen Bestimmungen hat seinen mutmaßlichen Grund in dem Bemühen, der (deskriptiven) Sachdefinition gleich eine (normative) Schutzbestimmung beizufügen. So ist in Frankreich der efmE zwar noch kein Rechtssubjekt, wohl aber ein Schutzobjekt.[8] Auch im Falle der Bestimmung des Embryos als „nasciturus" sind Deskription und Normierung untrennbar miteinander verknüpft: Dem Embryo ist die Zukunftsperspektive des Geborenwerdens zueigen und damit die normative Bestimmung, ein zwar noch „ungeborenes", doch „zukünftiges Kind" zu sein.[9] Hierzu zählt der efmE jedoch nur dann,

[5] *Heywinkel, Elisabeth, Beck, Lutwin,* ‚Embryo', in: *Wilhelm Korff, Lutwin Beck, Paul Mikat* (Hrsg.), Lexikon der Bioethik 1 (1998), 553. – Vgl. Pschyrembel in der 259., neu bearbeiteten Auflage: „Embryo = Frucht in der Gebärmutter während der Embryogenese".

[6] Näheres vgl. *Kopetzki, Christian,* Landesbericht Österreich, in *Jochen Taupitz* (Hrsg.), Das Menschenrechtsübereinkommen zur Biomedizin des Europarates – taugliches Vorbild für eine weltweit geltende Regelung? Berlin, Heidelberg, New York 2002, 197–259, hier 248/9.

[7] Näheres vgl. *Hybel, Ulla,* Country Report Denmark, in *Taupitz* (Hrsg.), Menschenrechtsübereinkommen (s. Anmerkung 6), 487–520, hier 501–503.

[8] Ein Land, das in der Embryo-Definition Deskriptives und Normatives zusammenbringt, ist Belgien: Der frühe Embryo ist ein „Zellverbund mit der Fähigkeit der Entwicklung zu einem menschlichen Wesen".

[9] Zu den unterschiedlichen Embryo-Bestimmungen vgl. *Beckmann, Jan P.,* Der

wenn er *nicht* „überzählig" ist, sondern transferiert wird. In einigen Ländern, zu denen auch Deutschland gehört, wird gleichwohl *jeder* efmE, ob transferierbar oder möglicherweise „überzählig", als Embryo betrachtet bzw. diesem gleichgestellt.[10] Das Bundesverfassungsgericht (BVerfG) hat in seiner Entscheidung vom 25.2.1975 festgestellt, dass ein Embryo „als selbständiges Rechtsgut unter dem Schutz der Verfassung" steht und Träger der Menschenwürde nach Art. 1 sowie Inhaber des Grundrechts auf Leben nach Art. 2 Abs. 2 des Grundgesetzes ist. In der Abtreibungsentscheidung vom 18.5.1993 im Zusammenhang mit der Fristenlösung hat das BVerfG diese Position bekräftigt. Offen ist, ob dies auch vom efmE gilt.

Definitorische Folge der Nichtbeachtung der Rolle der Nidation sowie der Unterscheidung zwischen Beschreibung und Normierung: Der efmE erweist sich mal als eine *Unterart* der Species ‚Embryo', mal stellt er eine *selbständige* Spezies dar: ersteres, solange er Aussicht auf Nidation besitzt, letzteres, sobald er „überzählig" geworden ist. Schließt man in die Definition die zeitliche Bestimmung „von der Einnistung an" ein, fällt der *extrakorporale* frühe menschliche Embryo aus dieser Bestimmung heraus, mit der Folge, dass er nicht, jedenfalls nicht im selben Sinne, „Embryo" genannt werden kann. Vielmehr stellt er eine eigene, von der Spezies „Embryo" verschiedene Art dar.

Der deutsche Gesetzgeber hat im Embryonenschutzgesetz (ESchG) aus dem Jahre 1992 ebenso wie im Stammzellgesetz (StZG) von 2002 – vom Gesetzgeber ausdrücklich „Gesetz zur Sicherstellung des Embryonenschutzes im Zusammenhang mit Einfuhr und Verwendung menschlicher embryonaler Stammzellen" betitelt – festgelegt, dass unter „Embryo" die

> „befruchtete, entwicklungsfähige menschliche Eizelle, vom Zeitpunkt der Kernverschmelzung an, ferner jede einem Embryo entnommene totipotente Zelle, die sich bei Vorliegen der dafür erforderlichen weiteren Voraussetzungen zu teilen und zu einem Individuum zu entwickeln vermag"[11],

zu verstehen ist. Da die Nidation nicht genannt ist, trifft diese Definition sowohl auf den Embryo *in utero* wie *in vitro* zu. Insoweit

---

Schutz von Embryonen in der Forschung mit Bezug auf Art. 18 Abs. 1 und 2 des Menschenrechtsübereinkommens zur Biomedizin des Europarats, in: *Taupitz* (Hrsg.), Menschenrechtsübereinkommen (s. Anmerkung 6), 155–181.

[10] Gesetz zum Schutze von Embryonen vom 13.12.1990 (ESchG) § 8 Abs. 1; Bundesgesetzblatt I, 2746.

[11] Embryonenschutzgesetz (ESchG) § 8, Abs. 1. – Dass. im Stammzellgesetz (StZG) § 3 Satz 4.

jedoch in der genannten Definition von der Bedingung des Vorliegens der „dafür erforderlichen weiteren Voraussetzungen" die Rede ist, trifft diese Definition auf den „überzähligen" efmE *nicht* zu: Ihm fehlen – bzw. werden verweigert – die für seine Weiterentwicklung erforderlichen Voraussetzungen, zu denen vor allem die Nidation gehört. Außerdem macht die Rede von „weiteren" Voraussetzungen, mithin von über den Rahmen der *intrinsischen* Potentialität des Embryo hinausgehenden Sachverhalten, deutlich, dass dieselben nicht schon mit dem efmE gegeben sind.

Überblickt man die unterschiedlichen Embryo-Definitionen, so lassen sich fünf Typen voneinander unterscheiden[12]:

D1: E. = Fusion von Ei- und Samenzelle (= befruchtete Eizelle infolge der Verschmelzung der Kerne)
D2: E. = befruchtete Eizelle mit dem intrinsischen Potential der Entwicklung zu einem Individuum, auch ohne das Gegebensein der äußeren Möglichkeiten
D3: E. = menschlicher Keim/eingenistete befruchtete Eizelle/ Frucht in der Gebärmutter während der Zeit der Organentwicklung bis zur 12. Schwangerschaftswoche (anschl. „Fötus")
D4: E. = der Nasciturus
D5: E = Ungeborenes bzw. das ungeborene Kind (bis zur 12. Woche).

D1 und D2 schließen auch den efmE ein, D3 bis D5 hingegen schließen ihn aus.

Auf der Definitionsebene zeigen sich mithin Unterschiede, die Zweifel entstehen lassen, ob der efmE *in vitro* dem Embryo *in utero* und a fortiori dem Menschen *formal* gleichgestellt werden kann. Die Zweifel verstärken sich, wenn man die jeweiligen *materialen* Beschreibungen in näheren Augenschein nimmt.[13] Im Unterschied zum efmE ist der eingenistete Embryo durch seine symbiotische Einheit mit seiner ihn austragenden künftigen Mutter charakterisiert. Er ist mithin wesentlich durch den Status des *Angewiesenseins* auf seine mütterliche Umgebung bestimmt.[14] Anders die Situation des efmE: Sein Status ist durch eine ihm fremde, künstliche Umgebung *in vitro* gekennzeichnet, mit der Folge, dass er Zugriffsmöglichkeiten von außen unvergleichlich stärker ausgesetzt

---

[12] Vgl. *Beckmann*, Umgangsanalyse (s. Anmerkung 3), 279, Fußnote 5.
[13] Ibid. (s. Anmerkung 3), 280 f.
[14] Eine evtl. Forschung an ihm unterliegt der ausdrücklichen Zustimmung der Frau bzw. werdenden Mutter, die naturgemäß nur solche Handlungen *an ihr selbst* und *ihrem Embryo* zulassen wird, die sie selbst nicht gefährden, wohl aber dem Wohl des Embryos dienen.

ist als der Embryo *in utero*. Sein Abhängigkeitsstatus ist der der *Integration in ein künstliches und überdies anonymes Verfahren*. Auch tritt an die Stelle der *Finalität* des frühen Embryos *in utero* – nämlich ausgetragen und geboren zu werden – die externe *Zwecksetzung* des efmE – nämlich zum möglichen Gegenstand der Wahl zwischen Reproduktion, Forschung, Fremdtherapie oder (dauerhafter?) Kryokonservierung zu werden. Schließlich: Während die Finalität des intrauterinen frühen Embryos *intrinsischer* Natur ist (weil ihm *von ihm selbst her zueigen*), ist die Zwecksetzungsvielfalt des efmE eine *extrinsische* (weil ihm *von außen zukommend*). Unterschiedlicher Abhängigkeitsmodus, natürliche Finalität hier, technische Zwecksetzungsvielfalt dort, intrinsische Natur hier, extrinsische Bestimmung dort lassen eine Gleichsetzung des frühen Embryo *in utero* mit demjenigen *in vitro* kaum zu, sondern machen Differenzierungen erforderlich. Die Feststellung der beiden Bundestagsabgeordneten Maria Böhmer und Margot von Renesse, „Embryonen sind die künftigen Kinder künftiger Eltern",[15] lässt sich auf den sog. „überzähligen" Embryo, dem die Weiterentwicklung versagt bleibt, offensichtlich nicht anwenden. Versucht man dies dennoch, so kommt es unvermeidlich zur Äquivokation des Embryo-Begriffs.

Um Missverständnissen vorzubeugen: Auch wenn man die genannten Unterschiede zwischen dem efmE *in vitro* und dem Embryo *in utero* für so deutlich hält, dass sie sich einer gemeinsamen Definition entziehen, folgt daraus nicht, dass man mit dem efmE nach Belieben verfahren könnte. Wohl aber folgt daraus, dass man nicht *beide* ununterschieden „(embryonaler) Mensch" nennen kann. Denn der Mensch wird „aus dem Weibe geboren", und das trifft auf den „überzähligen" efmE nicht zu.

IV. Ausweg: substanzorientiert oder teleologisch?

Will man trotz der genannten Unterschiede auf der Beschreibungsebene auch den efmE als „embryonalen Menschen" zum Mitglied der menschlichen Gemeinschaft erklären, dann kommt definitorisch zur Beschreibung ein normierendes Element hinzu, indem in seine Definition eine *Existenzbehauptung* aufgenommen wird. Danach besitzt der efmE von der Fusion der Kerne an und damit schon *vor* der weiteren Realisierung seiner Möglichkeiten

---

[15] In einem Schreiben an alle Bundestagabgeordneten vor der Parlamentsdiskussion über das Stammzellgesetz.

einen *substanziell* humanen Charakter: Der efmE *wird* nicht erst durch den Transfer in den Uterus seiner künftigen Mutter Mitglied der menschlichen Gemeinschaft, er *ist* es schon zuvor und als solcher, und zwar *von ihm selbst her*. Schwangerschaft und Geburt und damit die Frau und künftige Mutter werden damit in der Bestimmung des Embryo als („embryonaler") Mensch faktisch nicht berücksichtigt.

Zentral für den substanzorientierten Ansatz ist das *Identitätsargument*: Mit der Fusion der Kerne, so wird gesagt, liegt bereits die Identität des (späteren) Individuums vor. Die bekannte englische Wittgenstein-Schülerin Elisabeth Anscombe hat das auf den Punkt gebracht mit ihrer Aufsatzüberschrift „Were you a Zygote?" – etwa: „Warst Du (es, der) eine Zygote (war)"?[16] Jede Antwort hierauf in der Form „Ja, *ich* war eine Zygote" setzt ein „Ich" bzw. mehr noch: Ich-Kontinuität, voraus. Das mag hinsichtlich rein *numerischer* Identität – sieht man von der zu diesem frühen Zeitpunkt noch offenen Möglichkeit einer Mehrlingsbildung ab – einleuchten. Gemeint ist mit dem Identitätsargument in der Regel jedoch mehr: Identität im Sinne von Bewusstseinskontinuität. Da hierüber der efmE jedoch aktuell noch nicht verfügt, wird das Identitätsargument retrospektiv projiziert. Dies führt jedoch in ein Dilemma zwischen biologistischem Reduktionismus („DNA") einerseits oder ungedeckter bewusstseinsbezogener Frühzuschreibung andererseits.

Diese Schwierigkeiten sucht die ‚teleologisch' zu nennende Definition zu vermeiden, wonach gilt: Nicht was der efmE *ist*, sondern was bzw. wozu er *werden kann*, ist entscheidend. Er ist noch kein „human being", doch bereits „human life", d. h. wesentlich bestimmt durch seine *Potentialität*. Das sog. *Potentialitätsargument* steht denn auch im Mittelpunkt teleologisch orientierter Definitionen. Es besagt: Das Wesen von etwas besteht darin, *zu etwas zu werden*. Hierbei ist jedoch zu unterscheiden zwischen „Potentialität" im Sinne der „Möglichkeit-zu-etwas", sofern die dazu erforderlichen *äußeren* Bedingungen gegeben sind, und „Potentialität" als *intrinsisches* Vermögen. Beides geht nicht notwendig zusammen. So besitzt der efmE die innere Anlage zur Menschwerdung, aber nicht immer erhält er auch die äußere Möglichkeit dazu; vor allem dann nicht, wenn er im Rahmen der IVF „überzählig" wird, d. h. nicht implantiert wird und damit keine Chance zur Weiterentwicklung erhält, ungeachtet des Umstandes, dass er über das (intrinsische) Potential dazu verfügt. Seiner intrinsischen Potentia-

---

[16] *Anscombe, Gertrude Elisabeth Margret*, Were you a Zygote?, in: *Allen Phillips Griffiths* (Hrsg.), Philosophy and Practice, Cambridge 1985, 111–115.

lität nach lässt sich der extrakorporale dem intrakorporalen Embryo gleichstellen, seinen extrinsischen Möglichkeiten nach hingegen ist er von ihm deutlich verschieden.

Das Werdenkönnen des efmE ist offenbar von „externen" Voraussetzungen abhängig, dazu solchen, die sich nicht der Beschreibung, sondern der Normierung verdanken: der Pflicht der „Hersteller" des efmE, ihn nach Möglichkeit zu übertragen, und der Verantwortung seiner künftigen Mutter, ihn auszutragen. Nur wenn diese normierenden Voraussetzungen gegeben sind, kann von einer *kontinuierlichen* Entwicklung gesprochen werden; insoweit ließe sich auf den kurz vor der Übertragung stehenden efmE möglicherweise der Ausdruck „embryonaler Mensch" anwenden. In jedem Fall spielt das *Kontinuitäts-* oder *Kontinuumsargument* für die teleologische Sicht eine wichtige Rolle: Ab der Nidation läuft ein kontinuierlicher Prozess, der nur willkürlich oder künstlich in eine gleichsam „vormenschliche" und eine menschliche Phase unterschieden werden kann. Treten die beiden genannten normierenden Bestimmungen hinzu – die Pflichtübernahme der „Hersteller", ihn zu übertragen, und die Verantwortung der zukünftigen Mutter für seine Austragung – lässt sich dies in gewissem Sinne auch auf den efmE ausdehnen.

Auf den *„überzähligen"* efmE lässt sich das Dargelegte jedoch nicht anwenden. Es fehlen die beiden normierenden Voraussetzungen: Seine „Hersteller" können bzw. wollen ihn nicht übertragen, eine künftige Mutter hat er nicht, Nidation und anschließende Weiterentwicklung zum Fötus sind ihm versagt. Auch lässt sich das *Kontinuitäts-* oder *Kontinuumsargument* auf ihn nicht anwenden. Denn wenn der efmE nicht transferiert wird, ist die Kontinuität seiner Entwicklung unterbrochen; bezeichnet man ihn gar als „überzählig", ist seine Kontinuität abgebrochen.

Der substanzorientierten und der teleologischen Definition des efmE gemeinsam ist die über die Beschreibungsebene hinausgehende Normierung in Form von Existenzzuschreibungen: entweder bereits zu *sein*, was er ist, oder zu *werden*, worauf hin er angelegt ist. Sie unterscheiden sich hinsichtlich der Rechtfertigungsmöglichkeit der jeweiligen Handlungsfolgen. Während der substanzorientiert-normierte Status des efmE keine Abwägung gegenüber noch so hochrangigen Zielsetzungen erlaubt und denselben als grundsätzlich nicht „verrechenbar" erklärt, selbst wenn sich mithilfe der Forschung am nicht-transferierten Embryo gewichtige medizinische Heilverfahren etablieren lassen sollten (Alzheimer, Parkinson, Herzinfarkt, Krebs u.ä.), erlaubt die „teleologisch" genannte Normierung unter bestimmten, streng geregelten Voraussetzungen Güterabwägungen hinsichtlich der Norm des Lebensschutzes: nämlich dann, wenn der efmE im Rahmen einer erfolgreichen IVF „überzählig" wird und sein Untergang unvermeidlich ist, so dass eine vorherige Verwendung zu hochrangigen und alternativlosen Forschungszwecken u. U. als rechtfertigungsfähig erscheint. Dass der „teleologisch" genannte Definitionsansatz mit dem Konzept eines *abgestuften* Lebensschutzes des efmE unter strengen Voraussetzungen vereinbar ist, ist nicht zuletzt darin begründet, dass für diese Sicht die Unterscheidung zwischen intrinsischer Potentialität (die auch der „überzählige" efmE besitzt) und äußerer Ermöglichung (die ihm fehlt) eine wichtige Rolle spielt: Wem die äußere Möglichkeit der Weiterentwicklung seines Potentials nicht gegeben ist, dessen Lebensschutz ist nicht absolut durchsetzbar.

Der Vorzug[17] der Ansätze, in die Embryo-Definition normierende Existenzzuweisungen einzuführen, liegt darin, dass damit, wenn auch in unterschiedlicher Weise, nicht nur gesagt wird, was mit dem efmE *gegeben* ist, sondern zugleich, was der Gesellschaft in ethischer Hinsicht *aufgegeben* ist. Ihre Schwäche hingegen liegt in der *Unvermeidbarkeit ontologisch-kategorialer Konstruktionen* wie „Person", „potentieller oder embryonaler Mensch", „human being"/„être humain", etc. Im Fall des „überzähligen" efmE bereitet insbesondere der Personbegriff bzw. seine Übertragbarkeit auf den Embryo Schwierigkeiten. Dieser notorisch vieldeutige und umstrittene Begriff[18] könnte sich geradezu als eine „Falle" erweisen, denn Person im Sinne eines sittlichen Subjekts wird selbst der Embryo *in utero* zumindest in den ersten Tagen vor der endgültigen Individualisierung kaum genannt werden können; dies nicht deswegen, weil er es nicht potentiell wäre, sondern weil die für den Person-Status entscheidende Individuation noch nicht stattgefunden hat.

Zu fragen ist darüber hinaus, ob die Gleichsetzung des efmE mit Mensch/Person nicht auf einen biologistischen Reduktionismus hinausläuft. Der Mensch ist nicht ein bloß biologisches Naturwesen, er ist vielmehr und vor allem ein sich selbst bestimmendes Kulturwesen. Vom Embryo lässt sich zwar wie vom geborenen Menschen sagen, dass er ein einmaliges Genom besitzt, (noch) nicht aber, wie sich sein Phänotyp entwickeln wird. Der Mensch

[17] Vgl. *Beckmann*, Umgangsanalyse (s. Anmerkung 3), 292/3.
[18] Vgl. *Beckmann, Jan P.*, Über die Bedeutung des Person-Begriffs im Hinblick auf aktuelle medizin-ethische Probleme, in: *ders.* (Hrsg.), Fragen und Probleme einer medizinischen Ethik, Berlin, New York 1996, 279–306. – *Honnefelder, Ludger*, Person und Menschenwürde, in: *Gerhard Mertens, Wolfgang Kluxen, Paul Mikat* (Hrsg.), Markierungen der Humanität, Paderborn, Wien, Zürich 1992, 29–46.

besitzt ein Genom, aber er *ist* nicht sein Genom. Das Genom ist das Gesamt seiner Möglichkeiten, die Person das Gesamt seiner Verwirklichungen.[19] Der efmE aber *ist* (noch) nicht das, zu was bzw. zu wem er *werden kann.* So wenig, wie man die biologische Natur des Menschen mit dem Gesamtphänomen Mensch und Person in der Einmaligkeit des Individuums gleichsetzen kann, so wenig kann man den efmE wegen seines – unbestreitbaren – biologischen Potentials mit demjenigen gleichsetzen, was aus ihm – bzw. zu wem er – wird.

Die Unumgänglichkeit, in Definitionen zwischen deskriptiven und normierenden Bestandteilen zu unterscheiden, zeigt sich damit im Falle der Bestimmung des efmE besonders deutlich: Die Biologie allein vermag nicht zu entscheiden, ob der efmE Mensch („embryonaler Mensch") oder werdender Mensch ist, ohne den Menschen auf Biologisch-Naturales zu reduzieren. Zwar spielt in der Frage, wer und was der Mensch ist, naturgemäß *auch* Biologisch-Naturales eine Rolle, insoweit nämlich, als der Mensch, wie jedes Lebewesen, *auch* Angehöriger einer bestimmten Spezies und anhand dieser Spezieszugehörigkeit eindeutig identifizierbar ist. Doch würde man in der Spezieszugehörigkeit das Wesen des Menschen sehen, käme dies einem biologischen Reduktionismus gleich. Denn der einzelne Mensch ist mehr als nur ein beliebiger Angehöriger der Spezies ‚homo sapiens sapiens': Er ist Individuum, einmalig, und vor allem: Er ist freies, sich selbst bestimmen könnendes Subjekt seines Tuns und Lassens. Dass man dies auch auf *vorgeburtliches* menschliches Sein übertragen kann, ist unbestreitbar: Auch der Fötus ist Individuum, einmalig; auch er ist als zukünftiges Subjekt seines möglichen Tuns und Lassens begreifbar; jedenfalls ist er dies kaum weniger als das Neugeborene, das auch noch nichts von seiner eigenen Subjekthaftigkeit weiß. Möglicherweise lässt sich dies auch auf den frühen Embryo *in utero* ausdehnen, doch kaum auf den *extrakorporalen* fmE: Ihm fehlt – bzw. wird verwehrt – jede Möglichkeit zukünftigen Subjektseins. Das ist auch denjenigen nicht unbekannt, die im efmE unabhängig von seiner Nidation einen „embryonalen Menschen" sehen. Wenn sie gleichwohl an dieser Überzeugung festhalten, so aus Gründen des sog. Tutiorismus, wonach in unsicherer Situation oder bei offenen Sachverhalten *im Zweifel* eine restriktive Haltung vorzuziehen ist. Die vorstehenden Ausführungen aber haben gezeigt, dass

---

[19] *Beckmann, Jan P.,* Natur und Person vor dem Hintergrund gegenwärtiger bioethischer Grundprobleme, in: *Mechthild Dreyer, Kurt Fleischhauer* (Hrsg.), Natur und Person im ethischen Disput, Freiburg 1998, 235–257.

die Situation des „überzähligen" efmE keineswegs „unsicher" noch dass der von ihm repräsentierte Sachverhalt „offen" ist. Hier ist für den Tutiorismus kein Raum; dies umso weniger, als der Tutiorismus grundsätzlich beschreibungsavers ist und stattdessen seiner Natur nach stets normiert. Doch wer normiert, muss sich um Kohärenz mit seinem sonstigen Tun und Lassen bemühen. Wie praxiskohärent ist die Annahme, auch der „überzählige" efmE sei ein „embryonaler Mensch"? Dieser Frage wollen wir uns abschließend zuwenden.

V. *Praxisbezogene Kohärenzprobleme*

Was schuldet eine Gesellschaft, die die Behandlung ungewollter Kinderlosigkeit mithilfe der künstlichen Herstellung von Embryonen unter Inkaufnahme der Gefahr der Schaffung sog. „überzähliger" Embryonen als rechtlich zulässig und ethisch legitim betrachtet, dem efmE? Dem Anschein nach stellt sich dieses Problem in Deutschland nicht: Das ESchG lässt die Erzeugung nur von so vielen Embryonen zu, wie in *einem* Zyklus auf die Frau übertragen werden (i.d.R. zwei bis drei). Die übrigen im Rahmen der Vorbereitung einer IVF gewonnenen Eizellen werden im sog. Vorkernstadium kryokonserviert und gelten rechtlich nicht als Embryonen. Wenn dennoch auch in Deutschland, wenn auch in geringer Anzahl, „überzählige" Embryonen existieren, so deswegen, weil es gelegentlich vorkommt, dass die Frau kurz vor dem vorbereiteten Transfer entweder krank oder anderen Sinnes geworden ist. Ethisch macht es jedoch keinen Unterschied, ob man den Untergang einer großen Zahl menschlicher IFV-Embryonen oder nur einer vergleichsweise kleinen Anzahl rechtfertigen muss. Es geht nicht darum, ob die Gesellschaft „überzählige" efmE herstellen darf, sondern darum, dass sie diese Frage *bereits im Vorhinein entschieden* hat: die im Rahmen des Verfahrens der In-vitro-Fertilisation hergestellten Embryonen *nach Möglichkeit* in den Körper einer Frau, die anders nicht schwanger werden kann, zu übertragen; doch wenn dies nicht gelingt, seinen Untergang hinzunehmen.

Formal hat sich vorliegende Fragestellung damit von der deskriptiven auf die Normierungsebene verschoben; inhaltlich geht es nicht mehr in erster Linie um den efmE *von ihm selbst her* und *um seinetwillen*, sondern um Handlungen an und mit ihm. Moralisch illegitim ist jedweder Umgang mit dem „überzähligen" efmE, der ihn minderwertigen Zwecksetzungen unterwirft; möglicherweise legitim hingegen derjenige, der ihn nach pflichtgemäßer Ab-

71

wägung hochrangigen und anderweitig nicht erreichbaren Zwecksetzungen unterzieht. Als „hochrangig" können aus ethischer Sicht
solche Zwecksetzungen gelten, die geeignet sind, schweres
menschliches Leid zu mildern und tödliche Krankheitsverläufe ab-
zuwenden, als alternativlos solche, die auf anderen Wegen, etwa
im Tiermodell, nicht erreichbar sind.[20] Auch den „überzähligen"
efmE einen „embryonalen Menschen" zu nennen, hieße: Um
menschliches Leben per IVF zu ermöglichen, wird ggf. die Möglichkeit des Untergangs wenige Tage alten menschlichen Lebens
hingenommen. Dies ist jedoch nur dann widerspruchsfrei, wenn
man den noch nicht zur Einnistung gelangten und auch eine solche
Möglichkeit nicht erhalten könnenden Embryo noch nicht dem geborenen Menschen gleichstellt. Wer jedoch auch im „überzähligen" IVF-Embryo einen „embryonalen Menschen" erblickt und
das Verfahren der IVF gleichwohl für rechtfertigungsfähig hält,
der nimmt den Untergang „embryonaler Menschen" zum Zwecke
der Reproduktion billigend in Kauf. Damit aber ist der Tutiorismus gegenüber dem efmE konterkariert.

Ähnlich steht es mit dem seit langem gesellschaftlich akzeptier-
ten Verfahren, bei dem Frauen, die ihr Recht auf reproduktive
Selbstbestimmung wegen Unverträglichkeit der Kontrazeptiva
nicht medikamentös, sondern nur mithilfe technischer Mittel (z. B.
der Spirale) wahrnehmen können, unterstellt wird, sie töteten damit in nicht geringer Zahl „embryonale Menschen". Diesbezüglich
ist zu fragen, ob es verantwortbar ist, dass Frauen bzw. Paaren, die
nur auf diese Weise ihr Reproduktionsverhalten bestimmen können, verantwortbarerweise eine derartige Gewissenszumutung ok-
troyiert werden kann und darf.

Anders Ansätze, die sich weitgehend an deskriptive Tatsachen-
feststellungen halten und eher sparsam mit normierenden Bestimmungen arbeiten: Für sie bedarf der Respekt vor dem efmE nicht
deswegen der Beachtung, weil der efmE „embryonaler Mensch"
ist, sondern deswegen, weil er in einem rechtlich und ethisch im
Konsens der Gesellschaft befindlichen Verfahren *zum Zwecke
der Reproduktion* hergestellt worden ist und wenn irgendmöglich
auch diesem und keinem anderen Zweck zugeführt werden muss.
Dabei geht es nicht in erster Linie darum, sich gegenüber dem
efmE zu rechtfertigen, sondern gegenüber sich selbst und *a fortiori*

---

[20] Vgl. hierzu und zum Folgenden *Beckmann, Jan P.*, Ethik nach Vorgaben des Gesetzes? Überlegungen zur Aufgabe der Ethik gem. §§ 5 und 6 Stammzellgesetz
(StZG), in: *Knut Amelung, Werner Beulke, Hans Lilie* (Hrsg.), Strafrecht, Biorecht,
Rechtsphilosophie. FS für Hans-Ludwig Schreiber zum 70. Heidelberg 2003,
593–602.

gegenüber der Gesellschaft als ganzer. Entsprechende Umgangs-analysen sind im Unterschied zur Statik und Apodiktizität tutioris-tisch normierender Festsetzungen kontext- und folgensensibel. Auch ist der Umgangsanalyse ein höheres Konsenspotential als tu-tioristischen Festsetzungen zueigen.

VI. Fazit

Zusammenfassend ist festzustellen, dass die Gleichsetzung des we-nige Tage alten *extrakorporalen* menschlichen Embryos zumindest im Falle des sog. „überzähligen" IVF-Embryos mit dem Menschen weder begrifflich den angegebenen Sachverhalten entspricht noch auch mit den in Deutschland seit langem gesellschaftlich akzeptier-ten Praktiken übereinstimmt. Dem Tutiorismus vom „embryonalen Menschen" fehlt insoweit die begriffliche Eindeutigkeit und eine widerspruchsfreie Praxis. Die Gesellschaft muss sich darüber Ge-danken machen, wie diesen beiden Sachverhalten angemessen Rechnung getragen werden kann. Ein erster, wichtiger Schritt in diese Richtung geht dahin, die begrifflichen Mehrdeutigkeiten des Terminus „Embryo" zu erkennen und definitorisch zu klären, und sich in einem zweiten Schritt um mehr Kohärenz im Umgang mit dem wenige Tage alten efmE zu bemühen. Dabei gilt es u. a., kri-tisch zu fragen, warum die irgendwann stattfindende Beendigung der Kryokonservierung des „überzähligen" IVF-Embryos die ethisch vorzuziehende Alternative gegenüber seiner Verwendung zur Ableitung von für hochrangige Forschung erforderlichen Stammzelllinien darstellt. Und es gilt zu entscheiden, was ehcr der Würde des „überzähligen" frühen menschlichen Embryos ent-spricht: eine u. U. jahrzehntelange Kryokonservierung mit letzt-licher Beendigung derselben oder seine Verwendung zu hochrangi-gen Forschungszwecken zum Zwecke der Entwicklung wirksamer neuer Therapiemöglichkeiten bei schweren Erkrankungen, denen derzeit und auf weitere Sicht ansonsten nicht beizukommen wäre. Denn dass die Forschung an und mit humanen embryonalen Stammzellen für das Verständnis der Mechanismen der frühen Zel-lentwicklung nach wie vor unabdinglich ist, ist nach Ansicht der weit überwiegenden Mehrheit der Fachwelt zweifelsfrei; dass die dabei gewonnenen Erkenntnisse für die Möglichkeiten einer thera-peutisch nutzbaren Re-Differenzierung *adulter* Zellen im Hinblick auf Zellersatztherapien, aber möglicherweise auch für die Erklä-rung und Behandlung der Krebsentstehung von fundamentaler wis-senschaftlicher Bedeutung ist, ebenfalls.

Nicht zuletzt ist bei Verwendung des Ausdrucks „embryonaler Mensch" zu bedenken, welche potentielle Minimierung der Rolle der Frau bzw. künftigen Mutter unvermeidlich mit der Annahme verbunden ist, auch die „überzählige", nicht zur Nidation gelangende IVF-Zygote sei bereits dasjenige, was in Wirklichkeit erst durch die – und dank der – Mitwirkung der Frau und künftigen Mutter entsteht: ein *nasciturus,* ein künftiger Mensch im Embryonalstadium. *Last but not least* ist zu begründen, ob es ethisch vertretbar und verantwortbar ist, dass Frauen, die im Rahmen ihres reproduktiven Selbstbestimmungsrechts auf die Nutzung der „Spirale" angewiesen sind, das Bewusstsein zugemutet werden darf, laufend „embryonale Menschen" in ihrem Körper zu töten.

Literaturverzeichnis

Anscombe, Gertrude Elisabeth Margret, Were you a Zygote?, in: *Allen Phillips Griffiths* (Hrsg.), Philosophy and Practice, Cambridge 1985, 111–115.

Beckmann, Jan P., Natur und Person vor dem Hintergrund gegenwärtiger bioethischer Grundprobleme, in: *Mechthild Dreyer, Kurt Fleischhauer* (Hrsg.), Natur und Person im ethischen Disput, Freiburg 1998, 235–257.

Beckmann, Jan P., Der Schutz von Embryonen in der Forschung mit Bezug auf Art. 18 Abs. 1 und 2 des Menschenrechtsübereinkommens zur Biomedizin des Europarats, in: *Jochen Taupitz* (Hrsg.), Das Menschenrechtsübereinkommen zur Biomedizin des Europarates – taugliches Vorbild für eine weltweit geltende Regelung?, Berlin, Heidelberg, New York 2002, 155–181.

Beckmann, Jan P., Ethik nach Vorgaben des Gesetzes? Überlegungen zur Aufgabe der Ethik gem. §§ 5 und 6 Stammzellgesetz (StZG), in: *Knut Amelung, Werner Beulke, Hans Lilie* (Hrsg.), Strafrecht, Biorecht, Rechtsphilosophie. FS für Hans-Ludwig Schreiber zum 70., Heidelberg 2003, 593–602.

Beckmann, Jan P., Ontologische Status- oder pragmatische Umgangsanalyse? Zur Ergänzungsbedürftigkeit des Fragens nach dem Seinsstatus des extrakorporalen frühen menschlichen Embryos in ethischen Analysen, in: *Giovanni Maio* (Hrsg.), Der Status des extrakorporalen menschlichen Embryos, Freiburg i.Br. 2007, 279–309.

Birnbacher, Dieter, Ethische Probleme der Embryonenforschung, in: *Jan P. Beckmann* (Hrsg.), Fragen und Probleme einer medizinischen Ethik, Berlin, New York 1996, 228–253.

Damschen, Georg, Schönecker, Dieter (Hrsg.), Der moralische Status menschlicher Embryonen. Pro und contra Spezies-, Kontinuums-, Identitäts- und Potentialitätsargument. Berlin, New York 2003.

Embryonenschutzgesetz (ESchG) vom 13.12.1990. Bundesgesetzblatt I, 2746.

Gesetz zur Sicherstellung des Embryonenschutzes im Zusammenhang mit Einfuhr und Verwendung menschlicher embryonaler Stammzellen (Stammzellgesetz – StZG) vom 29.6.2002. Bundesgesetzblatt I, 2277–2280.

Heywinkel, Elisabeth, Beck, Lutwin, ‚Embryo‘, in: *Wilhelm Korff, Lutwin Beck, Paul Mikat* (Hrsg.), Lexikon der Bioethik 1, Gütersloh 1998, 553.

Honnefelder, Ludwig, Person und Menschenwürde, in: *Gerhard Mertens, Wolfgang Kluxen, Paul Mikat* (Hrsg.), Markierungen der Humanität, Paderborn, Wien, Zürich 1992, 29–46.

Hybel, Ulla, Country Report Denmark, in: *Jochen Taupitz* (Hrsg.), Das Menschenrechtsübereinkommen zur Biomedizin des Europarates – taugliches Vorbild für eine weltweit geltende Regelung? Berlin, Heidelberg, New York 2002, 487–520.

Kopetzki, Christian, Landesbericht Österreich, in: *Jochen Taupitz* (Hrsg.), Das Menschenrechtsübereinkommen zur Biomedizin des Europarates – taugliches Vorbild für eine weltweit geltende Regelung? Berlin, Heidelberg, New York 2002, 197–259.

Pschyrembel 259., neu bearbeitete Auflage.

Spaemann, Robert, Gezeugt, nicht gemacht, in: Die ZEIT 4 (vom 18.1.2001) 37–38.

Spaemann, Robert, Wer jemand ist, ist es immer, in: Frankfurter Allgemeine Zeitung vom 21.3.2001, 66–67.

Embryonale Entwicklung und anthropologische Deutung

Neun „Katechismusfragen" zum ontologischen Status des Vorgeburtlichen

von Johannes Seidel SJ

I. Einige Vorbemerkungen

Vor Kurzem gelangte die Frage an mich, ob, und falls nein, wieso sich die – u. a. von Günter Rager vertretene[1] – „bisherige Meinung von einer sich selbst steuernden Entwicklung des Keimlings nur

---

[1] Eines der im deutschen Sprachraum, zumal in kirchlichen Kreisen meistbeachteten und -zitierten Werke zur Statusfrage des Vorgeburtlichen ist der von *Günter Rager* herausgegebene Band: Beginn, Personalität und Würde des Menschen, Freiburg 1997 (^{2}1998): 15 z.t. namhafte Autoren unterschiedlicher Disziplinen unternehmen darin den beachtenswerten Versuch, interdisziplinär und untereinander abgestimmt, die Frage nach dem Status des Vorgeburtlichen unter medizinischer, philosophischer und theologischer Rücksicht zu beantworten; zu den Schwächen der „Biologisch-medizinischen Grundlagen" siehe die Besprechung von mir, in: Stimmen der Zeit 218 (2000) 212–213. – Eine „aktualisierte Version" der Seiten 63–105, 151–159 nebst drei weiteren Kapiteln zum „Status des Embryos" hat *Günter Rager* in seinem Band: Die Person: Wege zu ihrem Verständnis, Fribourg 2006, veröffentlicht. Die Neuhinzufügungen behandeln vor allem die Frage, ob der Säugerembryo implantationsunabhängig zur Ausbildung der Körperachsen imstande ist. Der erfreuliche Ersteindruck, dass ein Autor seine Ansichten auf den neuesten Stand bringt, trübt sich allerdings bei genauerem Hinsehen: Was ist davon zu halten, wenn *Rager*, ebd., 229, im Jahre 2006 die Lage des zweiten Polkörpers als zuverlässigen Marker zur Bestimmung des animalen Pols der Zygote ausgibt, wo es seit 2004 erwiesen ist, dass die Lage des zweiten Polkörpers nicht stabil ist – mit allen Konsequenzen für die von dieser Erkenntnis betroffenen „Befunde"? Was ist davon zu halten, dass Rager systematisch alle Forschungsergebnisse unterschlägt, die die These stützen, dass der Säugerembryo außerstande ist, die definitive Körpergrundgestalt implantationsunabhängig auszubilden? Was ist davon zu halten, wenn *Rager*, ebd., 189f., 204f., 233, zwar berichtet, dass Christian Kummer seine bis 1999 vertretene Position aufgrund neuerer Daten im Jahr 2000 revidiert hatte, aber verschweigt, dass Kummer aufgrund weiterer wissenschaftlicher Daten bereits 2001 in modifizierter Form zu seiner ursprünglichen These zurückgekehrt ist, wonach der Säugerembryo zur Ausbildung seiner Körperendgestalt implantationsunabhängig nicht imstande ist? All dies in der Absicht, es dem Leser auf dieser Informationsbasis abschließend als Gewissheit erscheinen zu lassen, als sei es ein „Ergebnis" der Entwicklungsbiologie, ebd., 244, 246, dass schon die Zygote „die volle Potentialität für seine Endgestalt […] in sich trägt"?

aufgrund seines individuellen Genoms [...] nach den Erkenntnissen der neueren Embryologie so nicht halten [läßt]"[2]. Naturgemäß ist diese Frage vielschichtig. Die in vielen, zumal kirchlichen Kreisen verbreitete Ansicht „einer sich selbst steuernden Entwicklung des Keimlings nur aufgrund seines individuellen Genoms" steht im Schnittpunkt verschiedener naturphilosophischer Fragen (u. a. „sich selbst steuerndes System"; Präformation versus Epigenese; aktive Potenz; biologisches Individuum) sowie mehrerer zell- und entwicklungsbiologischer Fragen.

Den ganzen Fragenkomplex angemessen in einem Beitrag hier abarbeiten zu wollen, ist unmöglich – es sei denn, man würde sich jenen Dilettantismus zur Frage zu eigen machen, wie er über weite Strecken die öffentliche Diskussion beherrscht.[3]

Deshalb habe ich mich entschieden, aus diesem Komplex einige wenige häufig gestellte Einzelfragen auszuwählen und – der Kürze und Klarheit wegen – im traditionellen „Katechismus-Stil" zu beantworten.

II. Neun Fragen – neun Antworten

Frage: Ist alles menschliche Leben schützenswert,
und zwar von Anfang an?

Antwort: Nein.

Im Kontext der Frage nach den frühesten Phasen der Ontogenese eines Lebewesens (und speziell des Menschen) ist oft die Rede von „werdendem Leben", „neuem Leben", vom „Beginn des Lebens" oder gar vom „Ursprung des Lebens". Diese Formeln sind, obwohl griffig und plakativ, irreführend und wenig sachdienlich, da sie nahe legen, dass zuvor unbelebte Entitäten belebt werden; oder fragwürdiger noch: dass eine Entität „Leben" aus dem Nichts ins Dasein tritt. Dagegen steht das biologisch unangefochtene Axiom „omne vivum e vivo". Leben entsteht nicht „neu" und „wird" nicht. „Leben" bezeichnet keine eigenständige Entität, sondern den Prozess des Belebtseins als Eigenschaft belebter Entitäten.[4]

---

[2] Besagte Frage bezog sich auf die hier zitierte These von *Hilpert, Konrad*, Fünf Jahre deutsches Stammzellgesetz, in: Stimmen der Zeit 226 (2008) 15–25, 22.

[3] Ausführlich geschichtlich und systematisch zu diesem Fragenkomplex siehe meine demnächst erscheinende Monographie „Schon Mensch oder noch nicht? Untersuchungen zum ontologischen Status humanbiologischer Keime" (Arbeitstitel).

[4] Literatur: *Kummer, Christian*, Leben I. Naturwissenschaftlich, in: *Walter Kasper* (Hrsg.), Lexikon für Theologie und Kirche, Bd. 6, Freiburg ³1997, 708–710; *Vollmer,*

Seitdem auf biochemisch noch weitgehend ungeklärte Weise vor ca. 3,8 Milliarden Jahren die ersten lebenden Zellen auftraten, scheint es „Urzeugung" nicht mehr gegeben zu haben. Die biologischen Daten sprechen dafür, dass alle heutigen Lebewesen in einem ununterbrochenen Lebensprozess aus einer einzigen Urzelle (oder Urzellgruppe), dem Progenoten, hervorgegangen sind. Ausgehend von jener Zelle (oder Zellgruppe) hat sich der Lebensprozess ohne Unterbrechung und „Neubelebung" kontinuierlich bis zu sämtlichen heutigen Lebewesen fortgesetzt. Der von seinem Ursprung her *eine kontinuierliche* Lebensprozess setzt sich in räumlich vielen divergierenden Kompartimenten bis heute fort – ohne jemals unterbrochen worden zu sein.

Bezogen auf ontogenetische Prozesse ist die Rede vom „Beginn des Lebens" oder vom „werdenden Leben" daher irreführend. In Wirklichkeit geht es um die Frage, wie der von seinem Ursprung her *eine*, zwischenzeitlich aber in *räumlich* viele Kompartimente aufgespaltene Lebensprozess *zeitlich* so zu kompartimentieren ist, dass er zum Abstammungszusammenhang von Individuen mit individuellen „Biografien" wird[5]; dass also ein bestimmtes *zeitliches* (und räumliches) Kompartiment des *einen Gesamt*lebensprozesses zum Leben *eines* bestimmten *Individuums* wird. Es geht nicht um den Beginn des Lebens, sondern um den Beginn eines Individuums, z. B. einer Hefezelle oder eines Menschen.

Ähnliches ist zur Redeweise von der „Würde menschlichen Lebens" oder von der „Schutzbedürftigkeit menschlichen Lebens" zu sagen. Auch diese Redewendungen sind, obwohl sie griffig und plakativ sind, unpräzise. Bei einer Zellkultur menschlicher Fibroblasten oder bei einem frisch herausoperierten Krebsgeschwür handelt es sich um Material, das sowohl menschlich, weil humanbiologischen Ursprungs, als auch belebt ist, also um „menschliches Leben". Niemand aber wird ernsthaft auf die Idee kommen, die Würde einer Zellkultur oder einer Krebsgeschwulst einzuklagen. *Menschliches Leben* ist nicht schützenswert, sondern das *Leben von Menschen* ist zu schützen.[6] Im Falle des Krebsgeschwürs ist

---

Gerhard, Leben, in: *Friedo Ricken* (Hrsg.), Lexikon der Erkenntnistheorie und Metaphysik, München 1984, 106–107. – Lediglich sekundär davon abgeleitet und in einem metaphorischen Sinn kann der Begriff „Leben" weitergehende Bedeutungen erlangen: Leben als Menge der den Lebewesen gemeinsamen Eigenschaften; Leben als Synonym für Lebewesen (z. B. in Sätzen wie: „Seit 3,8 Milliarden Jahren gibt es Leben auf der Erde"); Leben im Sinne von Biosphäre, d. h. der Gesamtheit aller Lebewesen in ihren Wechselwirkungen; vgl. *Vollmer*, ebd., 106.

[5] „Biografien" s.l., insofern hier nicht nur von Menschen, sondern z. B. auch von Prokaryonten die Rede ist.

[6] Vgl. *Braude, Peter R., Johnson, Martin H.*, The embryo in contemporary medical

menschliches Leben deshalb zu töten, damit das Leben des betroffenen Menschen geschützt wird. – Oder: Spätestens[7] mit der Ovulation bzw. der Ejakulation hat die Oocyte, hat das Spermium aufgehört, biologisch Teil des vielzelligen Organismus zu sein[8]; vielmehr ist sie/es ein einzelliges, sich selbst organisierendes und mit seiner Außenwelt interagierendes biologisches Individuum mit eigenem Stoffwechsel[9], ein lebendes und – im Falle von *Homo sapiens* – ein spezifisch menschliches, also ein *menschliches Lebewesen*. Aber ist es deshalb schon ein Mensch, ausgestattet mit der Würde eines Menschen?

Statt der unklaren Rede vom „Beginn des Lebens" oder von der „Würde menschlichen Lebens" sollte in Diskussionen vorgängig geklärt werden, um was es gehen soll: um die Frage nach dem Beginn bzw. der Würde des Organismus oder des Individuums oder des Menschen oder der Person. Häufig zeigt sich bei einer derartigen Vorabklärung, dass von den Diskussionsteilnehmern Beginn bzw. Würde dieser vier Größen unterschiedlich veranschlagt werden.

---

science, in: *Gordon Reginald Dunstan* (Hrsg.), The human embryo: Aristotle and the Arabic and European traditions, Exeter 1990, 208–221, 219 [Hervorhebungen im Original]: „The concepts of *being human* and a *human being* are often confused. Human (as opposed to simian or murine etc.) is simply a biological term referring to the species *homo* [sic! J.S.]. Thus, tissues such as a kidney, a placenta, or even a tumor are human."

[7] Obwohl die Oocyte *vor* der Ovulation „Teil" des mütterlichen Organismus war – und entsprechend das Spermium *vor* der Ejakulation „Teil" des väterlichen Organismus –, hatten besagte „Teile" bereits vor der Ovulation resp. Ejakulation ihren „biologischen Sinn" – anders als z. B. Leberzellen oder Sinneszellen – *nicht* im elterlichen Organismus, sondern in deren nächster Generation: Dieses Kriterium zugrunde gelegt stellt sich bereits bei den primordialen Keimzellen die Frage nach deren Status.

[8] Biologisch handelt es sich beim Lumen von Eileiter und Uterus ebenso wenig um Körperinneres des mütterlichen Organismus wie z. B. beim Lumen des Verdauungstraktes, sondern um dessen *Außenwelt*. Erst mit der Implantation kehrt die Blastocyste wieder *in* den mütterlichen Organismus zurück.

[9] Vgl. Ragers Verständnis des biologischen Individuums, *Rager*, Person (s. Anm. 1), 187: „Von einem Individuum im biologischen Sinn sprechen wir dann, wenn das Lebewesen einen definierten Raum einnimmt und sich von allem anderen deutlich abgrenzt. In diesem Raum steuert es seine Lebensprozesse und organisiert sich zu einer einheitlichen Funktion. Als diese distinkte Einheit steht es im Austausch mit seiner Umwelt. Eingebettet in diese Umwelt stellt es ein dynamisches, sich selbst organisierendes System dar." Genau diese Eigenschaften treffen auf die ovulierte Oocyte (und auf das freigesetzte Spermium) zu. Sie „lebt in einem Raum, der [sie] von allen anderen abgrenzt, aber doch den Austausch von Signalen mit der Umwelt zulässt", umhüllt von der Zona pellucida. Wie *Rager*, ebd., auf die Idee kommt, dass all dies erst auf den „Embryo von der Zygote an" zutreffen soll, verschweigt er.

Frage: Ist ein biologisches Individuum ein biologisches System?

Antwort: Ja, aber nicht jedes biologische System ist ein biologisches Individuum.

Häufig werden Organismen als „Systeme", gelegentlich präzisierend als „sich selbst organisierende Systeme" beschrieben.[10] Im Zusammenhang des vorliegenden Beitrags stellen sich u. a. zwei Fragen:
(1.) Kann ein Organismus als „System" beschrieben werden?
(2.) Trägt die Deutung eines Organismus als System etwas zur Beantwortung der Frage danach bei, was biogenes Material zu einem biologischen Individuum macht?
(ad 1.): „System" bedeutet „Zusammengesetztes" im Gegensatz zum Elementaren, Nichtzusammengesetzten. Dabei wird gefragt „nach der Art, Kontinuität und Intensität der Relationen, die ein Komplex von Elementen zueinander aufweist"[11]. Die Gesamtheit der Relationen eines Systems ist dessen Struktur.[12] „Ein System wird [...] *durch eine Menge von Objekten mit Relationen beschrieben* [...]. Ein System ist spezifiziert durch die Gesamtheit der Zustände, in denen es sich befinden kann"[13].

Für den zur Diskussion stehenden Zusammenhang wichtig ist ferner:

„Die Begriffe des Systems, des Teilsystems und des Elementes eines Systems sind relativ. Was innerhalb eines Systems als Element auftritt, d. h. als letzte, nicht mehr weiter aufteilbare Einheit, kann innerhalb eines *anderen* Systems den Charakter eines komplexen Teilsystems besitzen."[14] In diesem Sinne gilt, „daß lebende Systeme Teile in größeren Systemen (in ihrer Umwelt) sind und selbst in gekoppelte Subsysteme zerfallen (z. B. Organe)"[15]. Speziell „[b]iologische Systeme schöpfen ihre Vielfalt und ihr Potential aus der Koppelung von strukturierten, organisierten Systemen

---

[10] So bestimmt *Rager*, Person (s. Anm. 1), 188, 191 u.ö., das biologische Individuum als „ein einheitliches, sich selbst organisierendes System" bzw. ebd., 202, 245 u.ö., als „ein dynamisches sich selbst organisierendes System"; wortgleich *Bodden-Heidrich, Ruth, Cremer, Thomas, Decker, Karl, Hepp, Hermann, Jäger, Willi, Rager, Günter, Wickler, Wolfgang,* Beginn und Entwicklung des Menschen: Biologisch-medizinische Grundlagen und ärztlich-klinische Aspekte, in: *Günter Rager* (Hrsg.), Beginn, Personalität und Würde des Menschen, Freiburg 1997, 15–159, 16.

[11] *Steinbacher, Karl,* System/Systemtheorie, in: *Hans Jörg Sandkühler* (Hrsg.), Europäische Enzyklopädie zu Philosophie und Wissenschaften, Bd. 4, Hamburg 1990, 500–506, 500.

[12] Vgl. *Liebscher, Heinz,* System, in: *Georg Klaus, Manfred Buhr* (Hrsg.), Philosophisches Wörterbuch, Bd. 2, Leipzig [11]1975, 1199–1203, 1201.

[13] *Bodden-Heidrich* et al., Beginn (s. Anm. 10), 22 [Hervorhebung im Original].

[14] *Liebscher,* System (s. Anm. 12), 1201 [Hervorhebung im Original].

[15] *Bodden-Heidrich* et al., Beginn (s. Anm. 10), 19.

in mehreren hierarchischen Stufen: Zellen, Gewebe, Organe, Organismen, Populationen, ökologische Systeme. Dabei bilden die Zellen die ‚atomaren' Systeme"[16], die aber ihrerseits noch einmal subzellulär strukturiert sind.

Die Frage, ob ein Organismus sinnvoll als „System" beschrieben werden kann, ist uneingeschränkt zu bejahen.

(ad 2.): Trägt die Beschreibung biogenen Materials als „System" zur Klärung der ontologischen Frage bei, ob es sich bei dem Untersuchungsmaterial um ein Lebewesen, d. h. um ein biologisches *Individuum*, um *einen* individuellen Organismus handelt? Wohl kaum: Der Systembegriff bezieht sich auf Zusammengesetztes, nicht auf Elementares, Nichtzusammengesetztes; genauer: er bezieht sich auf Vorgegebenes unter der Rücksicht seiner Zusammengesetztheit und seiner Struktur. Bei der Frage nach dem Lebewesen oder Organismus als *ontologischem Individuum* geht es dagegen darum, biogenes Material unter der Rücksicht seines elementaren Eins-Seins, seiner Unteilbarkeit und damit seines Nichtzusammengesetztseins zu betrachten.

Natürlich ist ein Organismus zusammengesetzt. Wird er unter der Rücksicht seiner Zusammengesetztheit betrachtet, wird er als System betrachtet. Wird er dagegen als biologisches Individuum betrachtet, so wird er unter der Rücksicht seiner Ganzheit und damit seines elementaren Eins-Seins betrachtet. Eine Einheit *als* Einheit aber ist nicht zusammengesetzt.

Etwas anschaulicher:

– Ein Pferd ist ein biologisches System *und* es ist ein biologisches Individuum, ein Organismus.

– Das Kreislaufsystem ist ein biologisches System, aber kein biologisches Individuum.

– Die Biosphäre ist ein biologisches System, aber kein biologisches Individuum.

– Wirt und Dauerparasit, z. B. Strandkrabbe und Wurzelkrebs[17], können als *ein* biologisches System interpretiert werden oder auch als *zwei*, aber es sind jedenfalls *zwei* biologische Individuen.

– Eine Zelle ist ein biologisches System. Ob sie aber ein biologisches Individuum ist oder nicht, hängt davon ab, ob es sich dabei um die Zelle eines Einzellers oder um die Zelle eines Vielzellers handelt.

---

[16] *Bodden-Heidrich* et al., Beginn (s. Anm. 10), 26.
[17] Vgl. *Wehner, Rüdiger, Gehring, Walter*, Zoologie, Stuttgart 1995, 537: Der adulte Wurzelkrebs *Sacculina carcini* dauerparasitiert als fädiges Geflecht innerhalb der Strandkrabbe *Carcinus maenas*.

Biogenes Material als „biologisches System" beschreiben zu können, ist eine notwendige, aber keineswegs hinreichende Bedingung dafür, dieses biogene Material als *eine* lebende *Entität*, als *eine Substanz*, als *einen Organismus*, als *ein biologisches Individuum* begreifen zu können.[18] Wirt und Dauerparasit können ebenso gut als *ein* wie auch als *zwei* Systeme beschrieben werden: Der Systembegriff liefert kein Kriterium, um entscheiden zu können, ob es sich um einen oder um zwei individuelle Organismen handelt. Daran ändert sich auch nichts, wenn das System als „ein sich selbst organisierendes" beschrieben wird: Der Systembegriff liefert kein Kriterium, um entscheiden zu können, ob ein Biotop ein biologisches Individuum ist oder nicht.

Zusammenfassend: Ein – wie auch immer präzisiertes – System zu sein, ist eine notwendige, aber nicht hinreichende Bedingung dafür, biogenem Material biologische Individualität zuzuschreiben.[19]

Frage: Was ist biologisch dran an der Unterscheidung zwischen kontinuierlichen Prozessen und punktuellen Zäsuren?

Antwort: Nichts.

In geisteswissenschaftlichen oder medizinischen Argumentationsgängen zur ontologischen Bewertung ontogenetischer Entwicklungsschritte werden häufig punktuelle Ereignisse oder Zäsuren kontinuierlichen Prozessen gegenübergestellt.[20] Solchen Schein-

---

[18] Ohne den Versuch einer Rechtfertigung wird von *Bodden-Heidrich* et al., Beginn (s. Anm. 10), 25, der zunächst weitgehend korrekt entfaltete Begriff des „biologischen Systems" auf den Begriff „Lebewesen" eingeengt und völlig unvermittelt der Begriff der Individualität eingeführt, vgl. ebd., 23, 27. Der Hinweis, Systeme doch ganzheitlich zu betrachten, ebd., 19, ist nicht hinreichend, um Individualität zu begründen: Auch durch ganzheitliche Betrachtung wird aus einem sich selbst organisierenden Biotop kein biologisches Individuum. Die von *Bodden-Heidrich* et al., ebd., 77 [Hervorhebung J.S.], vorgetragene – innerhalb ihres Versuchs einer Statusbestimmung des Embryos aber essentielle – Behauptung, dass „ein sich selbst organisierendes dynamisches System [...] *alle* Bedingungen [erfüllt], die man an ein Individuum im biologischen Sinne [...] stellen kann", ist rational nicht nachvollziehbar.

[19] Dies in diametralem Widerspruch zu *Rager*, Person (s. Anm. 1), 203, wortgleich 236, der im „sich selbst organisierenden System [...] das zentrale und zugleich wichtigste Kriterium" sieht, biogenem Material Individualität zusprechen zu können, ja mehr noch: Sobald biogenes Material als „ein einheitliches, sich selbst organisierendes System" beschrieben werden kann, „sind *alle* Bedingungen erfüllt", um ihm Individualität zuzuerkennen, ebd., 188 [Hervorhebung J.S.].

[20] So z. B. bei *Ford, Norman M.*, When did I begin? Cambridge 1988, 85, der nach einem präzisen Punkt („precise point") im Kontinuum menschlichen Lebens sucht, an dem das menschliche Individuum ins Dasein tritt – auch wenn wir möglicherweise außerstande sein, diesen Punkt exakt zu bestimmen. Vgl. auch *Baumgartner, Hans Mi-*

alternativen gegenüber ist wissenschaftlich *prinzipiell* klarzustellen, dass es in der biologischen Wirklichkeit keine nicht-kontinuierlichen Ereignisse oder Diskontinuitäten gibt[21]: Zustandswechsel von A nach B innerhalb eines Zeitintervalls von $\Delta t = 0$ [s] gibt es in der Natur nur im Bereich der Quanten („Quantensprünge"). Zustandswechsel in der Biologie finden ausnahmslos innerhalb von Zeitintervallen $\Delta t > 0$ [s] statt, und seien sie noch so kurz. Bei hinreichend hoher zeitlicher Auflösung erweisen sich auch die „punktuellsten" biologischen Ereignisse als kontinuierliche Prozesse – gegebenenfalls mit vielen, wiederum kontinuierlichen, Teilprozessen; darstellungsmäßig allerdings lassen sich Einzelprozesse bis hin zur gesamten Ontogenese als Funktion der Zeit bei hinreichend

chael, Honnefelder, Ludger, Wickler, Wolfgang, Wildfeuer, Armin G.*, Menschenwürde und Lebensschutz: Philosophische Aspekte, in: *Rager* (Hrsg.), Personalität (s. Anm. 10), 161–242, 220, 222, 224 u.ö.; *Beckmann, Rainer*, Der Embryo und die Würde des Menschen, in: *Rainer Beckmann, Mechthild Löhr* (Hrsg.), Der Status des Embryos. Medizin – Ethik – Recht, Würzburg 2003, 170–207, 177 [Hervorhebungen im Original], der es für ein sachrelevantes Argument hält, „dass die Nidation kein *Zeitpunkt*, sondern ein sich über mehrere Tage hinweg erstreckender *Zeitraum* ist". Vgl. auch ebd., 178.

[21] So stellen *Bodden-Heidrich* et al., Beginn (s. Anm. 10), 20f., in ihren systemtheoretischen Vorüberlegungen zur Ontogenese zu Recht fest, „daß sich in der Regel die ablaufenden Prozesse lebender Systeme in unserer Zeitskala nicht eigentlich unstetig verhalten. […] Jeder biochemische Prozeß in einem biologischen System braucht Zeit, bis er an- bzw. abschaltet. […] Die Unstetigkeit kommt durch unsere Beschreibung". Leider kommt in den anschließenden Darlegungen zur Ontogenese diese Einsicht nur selten zum Tragen, so immerhin z. B. ebd., 54, 104; häufiger wird dagegen verstoßen: Da werden „qualitative […] Sprüng[e]" gegen „kontinuierliche […] Prozess[e]" ausgespielt, ebd., 90, in „langdauernden Prozess[en]" „bestimmte […] Zeitpunkt[e]" vermisst, ebd., 98, und „kontinuierliches Geschehen" „Zäsuren" gegenübergestellt, *Rager, Günter*, Glossar, in: *Rager* (Hrsg.), Personalität (s. Anm. 10), 363–398, 369. Und während zu Beginn des Beitrags die Befruchtung zutreffend als „kontinuierlicher Prozeß ohne scharfe Zäsuren" beschrieben wird, *Bodden-Heidrich* et al., Beginn (s. Anm. 10), 54, ist sie rund 100 Seiten später „der einzige uns bekannte diskontinuierliche Prozeß im Verlauf der Ontogenese", ebd., 152. – Dieselben Widersprüche reproduziert *Rager*, Person (s. Anm. 1). Auf der einen Seite erkennt er korrekt: „Auch auf der molekularbiologischen Ebene gibt es keine Evidenz für Sprünge oder Entwicklungsschritte, die nicht aus dem vorausgegangenen Zustand folgen", ebd., 197; auch „[d]ie Fertilisation ist ein kontinuierlicher Prozess", ebd., 221. Vier Seiten später aber ist die Fertilisation zu einem „qualitativen Sprung" mutiert, „[d]ie darauf folgende Entwicklung hingegen verläuft kontinuierlich", ebd., 225. So könne bei der Primitivstreifenbildung deshalb nichts Neues entstehen, auch dessen Entstehung „durch kontinuierliche Prozesse" vorbereitet ist, ebd., 191. „Wenn gesagt wird, dass mit der Entstehung des Primitivstreifens die Individuation beginne, so wäre zu erwarten, dass sich mit diesem Moment ein ähnlicher qualitativer Sprung ereigne, wie wir ihn bei der Fertilisation beschrieben haben. Dies kann jedoch nicht beobachtet werden. Die Entstehung der axialen Strukturen […] ist ein kontinuierlicher Prozess", ebd., 234. Und dass im „lang andauernden Prozess [der Neuroentwicklung] kein bestimmter Zeitpunkt festgelegt werden [kann]", ebd., 239, ist für Rager das entscheidende Argument dagegen, die Menschwerdung mit der Neuroentwicklung zu korrelieren.

geringer Zeitauflösung zu einem einzigen *scheinbar* punktuellen Ereignis stauchen.[22]

Unabhängig davon, ob diese Tatsache z. B. für den Medizineralltag sonderlich interessant erscheint: Für die ontologische Theoriebildung ist sie von erheblicher Relevanz: Egal wie lang oder wie kurz Δt ist – ob sich Δt im Bereich von Millisekunden, Wochen oder Jahren abspielt, es gibt einen kontinuierlichen Übergang von A nach B mit einer beliebig hohen Zahl an Zwischenzuständen, die es zu interpretieren gilt. Auf die Frage nach der Menschwerdung im ontologischen Sinne angewandt: Entweder man interpretiert diese Zwischenzustände realistisch, dann gibt es zwischen Noch-nicht-Menschsein und Schon-Menschsein eine beliebig hohe Zahl an Mehr-oder-weniger-Menschseinszuständen (dies entspräche einer radikalisierten Sukzessivbeseelungstheorie). Oder man geht davon aus, dass zwischen Noch-nicht-Menschsein und Schon-Menschsein keine Zwischenzustände im ontologischen Sinne existieren oder existieren können, dann ist man entweder zu Wahrscheinlichkeitsaussagen („wahrscheinlich noch kein Mensch") gezwungen oder zu einer rein willkürlichen, weil kriterienlosen Setzung, welche Zwischenzustände als Noch-nicht-Mensch zu gelten haben und welche Zwischenzustände als Schon-Mensch – womit man sich überdies das Problem einhandelt, wie man dem mit solcher Setzung implizierten Leib-Seele-Dualismus entkommen will: dass es nämlich *physisch* beliebig viele Zwischenzustände gibt, in der Frage der *Beseelung* aber nicht.

Wenn man die „Personwerdung" oder „Beseelung" mit einem biologischen Ereignis korreliert, hat man es – weil es, wissenschaftlich exakt, keine punktuellen biologischen Ereignisse gibt – *prinzipiell* mit einem *kontinuierlichen Prozess* zu tun. Dem steht nicht entgegen, dass kontinuierliche Prozesse zu qualitativen Veränderungen führen können und dass bestimmten kontinuierlichen Veränderungsprozessen eine größere ontologische Bedeutung zugeschrieben werden kann als anderen[23] – bleibt die Frage, *welche*

---

[22] Je nachdem, wie man die Abszisse dimensioniert. – Nur vor dem Hintergrund dieses *prinzipiellen* Sachverhalts lassen sich Aussagen wie die von *Petermann, Franz, Niebank, Kay, Scheithauer, Herbert,* Entwicklungswissenschaft: Entwicklungspsychologie, Genetik, Neuropsychologie, Berlin 2004, 277, rechtfertigen: „Entwicklung ist kein kontinuierlicher Prozess, es lassen sich in ihrem Verlauf oftmals Diskontinuitäten oder plötzliche ‚Entwicklungssprünge', aber auch der Verlust bestimmter Reflexe oder Fertigkeiten feststellen […]. Dabei nimmt die Komplexität der Systeme schrittweise zu und neue komplexere Ebenen werden in der Entwicklung diskontinuierlich erreicht, was sich im Konzept der Entwicklungsstufen widerspiegelt."

[23] Zutreffend stellen – mit anderer Sinnspitze – *Damschen, Gregor, Schönecker, Dieter,* In dubio pro embryone. Neue Argumente zum moralischen Status menschlicher

Entwicklungsprozesse oder Ereignisse dafür in Frage kommen. Nur so viel: Ob sie lange andauern (z. B. die Entwicklung des Neurosystems) oder kurz (z. B. die Aktivierung der Metaphase II-arretierten Oocyte), ist für die Beantwortung der *ontologischen* Frage nach der Menschwerdung ohne Relevanz.

Frage: Ist der menschliche Keim/Fötus/Neugeborene allein aus sich heraus/allein aufgrund der ihm innewohnenden Information im Stande, ein funktionstüchtiges Zentralnervensystem zu entwickeln? Und wenn ja, ist diese Information im Genom enthalten?[24]

Antwort auf beide Fragen: Nein.[25]

Die verschiedenen Teile des menschlichen Zentralnervensystems entwickeln sich asynchron, und die neuronale Entwicklung selbst bis hin zur Funktionsfähigkeit umfasst mehrere z.T. parallel verlaufende Schritte (Neurulation, Neurogenese, Migration, Zelldifferenzierung, Synaptogenese, Selektion, Myelinisierung). Nur zu den für die Frage relevanten Schritten:

Zelldifferenzierung: Sobald die noch undifferenzierten Neuroblasten ihre Zielorte erreicht haben, beginnen sie sich zu differenzieren und zu spezialisieren. NB: Über die Form und die Funktionsweise eines sich differenzierenden Neurons entscheidet *nicht* das Genom, sondern seine *räumliche* Lage im Zentralnervensystem.

Selektion: Der schwierigste und wichtigste Schritt auf dem Weg zur Ausbildung eines funktionsfähigen Zentralnervensystems besteht darin, dass die „richtigen" Neurone miteinander verschaltet werden und nicht die „falschen"; dass mit ganz bestimmten Ziel-

---

Embryonen, in: *Gregor Damschen, Dieter Schönecker* (Hrsg.), Der moralische Status menschlicher Embryonen: pro und contra Spezies-, Kontinuums-, Identitäts- und Potentialitätsargument, Berlin 2003, 187–267, 215, fest, dass das Kontinuitäts- oder Kontinuumsargument in ontologisch-moralischem Zusammenhang „nicht nur kein selbständiges Argument, sondern überhaupt kein Argument in einem starken Sinne" ist. Ob bestimmte ontogenetische Phasen ontologisch als „Zäsur" und bestimmte Zäsuren als „Beginn" (von was auch immer) taugen, ist mit anderen Argumenten als der Pseudoalternative „Zeitpunkt versus Prozess" zu entscheiden.

[24] So das „zygotistische Credo", z. B. von *Rager*, Person (s. Anm. 1), 235 [Hervorhebungen im Original], der Folgendes als „Befund" ausgibt: „Die *Zygote* besitzt ein humanspezifisches und einzigartiges Genom [...] (*aktive Potenz zur vollständigen menschlichen Entwicklung*)." Gebetsmühlenartig wiederholt ebd., 236, 243, 246 u.ö.

[25] Literatur: Lehrbuch: *Petermann* et al., Entwicklungswissenschaft (s. Anm. 22). [Wichtiges deutschsprachiges Lehrbuch, das Entwicklungsbiologie und Entwicklungspsychologie zusammenführt.] Darin zur Frage 77–106. Artikel: *Shatz, Carla J.*, Das sich entwickelnde Gehirn, in: *Wolf Singer* (Hrsg.), Gehirn und Bewußtsein, Heidelberg 1994, 2–11.

zellen Synapsen gebildet werden und nicht mit anderen. Was generiert die dafür notwendige Information? Zielgenaues Design oder Selektion?

Der Beitrag des Genoms zu dieser „Informationsarbeit" ist essentiell, aber äußerst begrenzt:

„Einer älteren Theorie zufolge verdrahten sich die Nervenzellen des Gehirns im Verlauf der fötalen Reifung nach einem vorgegebenen Schaltplan quasi selbst. Demnach müßte die gesamte Struktur des Gehirns in einer Reihe biologischer Blaupausen – vermutlich in der Erbsubstanz DNA [...] – niedergelegt sein. Nach den Forschungsergebnissen der vergangenen zehn Jahre [d. h. bereits seit den 80er Jahren des 20. Jahrhunderts! J.S.] läuft die Hirnentwicklung jedoch ganz anders ab."[26]

Die Informationskapazität des menschlichen Genoms mit seinen ca. 25000 Genen reicht auch nicht ansatzweise zur zielgenauen Ausbildung von mehr als 10^{14} Synapsen. „Angesichts der Myriaden von Verbindungen im Gehirn würde dies jedoch eine Unzahl von Genen erfordern."[27]

Die *Grundverschaltung* ist weitgehend eine Eigenleistung des Gehirns bzw. des Organismus – eine Eigenleistung, in die nicht nur genetische, sondern auch epigenetische Momente eingehen: Nachdem ein junges Neuron in seine endgültige Position eingewandert ist und sich positionsabhängig differenziert hat, wächst sein Axon anhand chemotaktischer oder zelloberflächenständiger Signale in sein allgemeines Zielareal ein und bildet dort wahllos Synapsen zu beliebigen gerade erreichbaren Neuronen aus; d. h. die Neurone besitzen keinen exakten eingebauten Verdrahtungsplan, und deren Genom schon gar nicht – dementsprechend diffus, ineffizient oder fehlerhaft ist die Informationsübertragung im jungen Gehirn.

Die *Feinverschaltung* der neuronalen Verschaltung geschieht dagegen zu großen Teilen durch gehirn- oder organismus*externe* Information: „Erfahrungen", präziser: spezifische, vom jungen Gehirn „erlittene" sensorische Inputs aus der Umwelt „entscheiden" darüber, welche Neurone und welche Synapsen „Sinn machen" und welche nicht. In Reaktion auf diese gehirn*externe* Information werden Neurone gezielt durch Apoptose (programmierten Zelltod) eliminiert – dies vor allem vorgeburtlich –, oder Synapsen werden entweder eliminiert oder verstärkt – dies vor allem nachgeburtlich. Nicht das Gehirn und schon gar nicht das Genom steuern die neuronale Feinverschaltung des Gehirns bis zur Funktionstüchtigkeit, sondern spezifische *informatorische* sensorische Inputs

---

[26] *Shatz*, Gehirn (s. Anm. 25), 2.
[27] *Shatz*, Gehirn (s. Anm. 25), 11.

aus der subjekt*externen* Umwelt – dies vor allem während bestimmter sensibler Phasen. Sensible Phasen sind gekennzeichnet durch gehirnintern gesteuerte unspezifische Synapsenüberproduktion – gleichsam *in Erwartung*[28] der durch exogenen Informationsinput gesteuerten Synapsenselektion.

Zusammenfassend: Die Verschaltung niedriger neuronaler Verarbeitungsebenen ist eine *endogene* Leistung des Organismus. Für die Feinverschaltung höherer neuronaler Verarbeitungsebenen dagegen ist der Organismus essentiell auf *exogene* Information aus der Umwelt angewiesen. Embryonaler Organismus und Gehirn – und erst recht das Genom – verfügen nicht über hinreichende Information, um aus sich heraus die synaptische Feinverschaltung und damit die Funktionsfähigkeit des Gehirns herstellen zu können; vielmehr sind sie dafür essentiell auf gehirn- und organismusexterne Information angewiesen – die zu *rezipieren* sie während sensibler Phasen imstande sind. Insbesondere für die Bildung phylogenetisch junger Gehirnbereiche gilt, dass jeweils realisierte Strukturen sich weiterführenden Inputs gegenüber „erfahrungserwartend" verhalten, um durch diese – falls sie denn eintreffen – instand gesetzt zu werden, weiteren entwicklungsnotwendigen Inputs gegenüber *erfahrungserwartend* zu werden usw.

Die Behauptung, dass vorneuronale Entwicklungsstadien wie die Blastocyste oder die Zygote *aus sich heraus ohne* essentiellen Informationsinput von außen zur Feinverschaltung eines funktionstüchtigen Cortex imstande sind, entbehrt jeder empirischen Grundlage. Anzunehmen, das menschliche Genom mit ca. 25000 Genen verfüge über die Informationskapazität zur Feinverschaltung des Gehirns – mit mehr als 100 000 000 000 000 Synapsen – ist abwegig.

---

[28] Zum Begriff „erfahrungserwartend" siehe *Petermann* et al., Entwicklungswissenschaft (s. Anm. 22), 105f. – Erfahrungs*erwartend* = (aristotelisch ausgedrückt:) Form-*empfänglich* = *passive* Potenz. – Nach aristotelischem Verständnis verfügt Keimmaterial *dann* über die „aktive" Potenz, wenn es über die Form *als ganze* verfügt, mithin über *alle* entwicklungsrelevante Information, um sich zum Adultus entwickeln zu *können*. Wichtig zum Verständnis ist zweierlei: (1.) Nahrung gilt nicht als Information; (2.) „*passive* Potenz" ist definiert als die Fähigkeit zum *Empfang* entwicklungsrelevanter Information. Keimmaterial, das über alle entwicklungsrelevante Information verfügt, wie z. B. die Seeigel-Zygote, entwickelt sich *als* Seeigel. – Keimmaterial, das (noch) nicht über alle entwicklungsrelevante Information verfügt, wie z. B. der frühe Maus-Embryo, entwickelt sich *zur* Maus. – Weil ontologisch entleert, verfehlt der Begriff des „sich selbst organisierenden Systems" den aristotelischen Begriff der „aktiven Potenz" – der Begriff der „aktiven Potenz" setzt den Begriff der „Substanz" voraus – und ist damit für die Klärung der Frage nach dem ontologischen Status des Vorgeburtlichen unbrauchbar; siehe oben.

*Frage: Ab wann ist der embryonale Säuger-Organismus
(im Unterschied zu Nichtsäugern) nicht mehr auf entwicklungsrelevante Informationsfaktoren aus dem mütterlichen Organismus
angewiesen?*

Antwort: Frühestens mit Eintritt in die Fötalphase.[29]

Ein Paradigma für die säugerspezifische Situation ist das Schild-
drüsenhormon T4: ein für die Ontogenese *aller* Vertebraten unent-
behrlicher Transkriptionsfaktor, der entwicklungsrelevante Gene
reguliert – im Falle höherer Vertebraten wie dem Menschen insbesondere Gene, deren Produkte für die Hirnentwicklung notwendig sind – und damit epigenetische Information im strikten Sinne
ist. Embryonen oviparer Organismen synthetisieren *sich selbst*
T4, sobald es ihre Ontogenese erfordert. Völlig anders bei vivipa-
ren Säugetieren wie dem Menschen: Erst Wochen *nachdem* T4 benötigt wird, beginnt der Keim damit, sich dieses für seine Entwicklung essentielle Hormon selbst herzustellen – die dieses Hormon
produzierende Schilddrüse ist während der Embryonalphase noch
gar nicht vorhanden. Bevor die Schilddrüse zu Beginn der Fötalphase gebildet und T4 zu produzieren beginnt, ist der Embryo
essentiell darauf angewiesen, vom *mütterlichen Organismus* via
Placenta mit dieser entwicklungsnotwendigen Information versorgt zu werden; und auch nachdem die fötale Schilddrüse ihre
Funktion aufgenommen hat, reicht deren Produktionsrate zunächst nicht, um den fötalen T4-Bedarf zu decken. Somit ist eine
normale *mütterliche* Schilddrüsenfunktion für die Entwicklung
des Embryo-Fötus unabdingbar.[30]

Verallgemeinernd: *Mindestens* bis zum Beginn der Fötalphase
verfügt der menschliche Embryo *definitiv nicht* über das Ver-

---

[29] Literatur: Naturphilosophischer Aufsatz: *Alonso Bedate, Carlos*, Una visión ontológica del embrión humano: ¿Existen paradigmas plurales?, in: Anales de la Real
Academia Nacional de Farmacia 69 (2003) Nr. 3, 5–19. [Bedate ist Jesuit und Mole-
kularbiologe an der Universidad Autonoma Madrid.] Fachartikel u. a.: *Blazer, Shraga, Moreh-Waterman, Yifat, Miller-Lotan, Rachel, Tamir, Ada, Hochberg, Ze'ev*, Maternal hypothyroidism may affect fetal growth and neonatal thyroid function, in:
Obstetrics & Gynecology 102 (2003) 232–241. *Elahi, Shan, Laeeq, Faiqa, Syed, Zulqurnain, Rizvi, S.M. Hussain, Hyder, Syed Waqar*, Serum thyroxine and thyroid stimulating hormone levels in maternal circulation and cord blood at the time of delivery, in: Pakistan Journal of Medical Sciences 21 (2005) 325–330. *Morreale de
Escobar, Gabriella, Obregon, María Jesús, Escobar del Rey, Francisco*, Maternal-fetal
thyroid hormone relationships and the fetal brain, in: Acta Medica Austriaca 15
Suppl. 1 (1988) 66–70.
[30] Fehlt diese vom mütterlichen Organismus kommende epigenetische Information
oder ist die T4-Konzentration zu gering, sind Skelettanomalien sowie schwere neuronale und geistige Defizite die Folge.

mögen, *aus sich selbst* und *ohne* epigenetischen maternalen Informationsinput *von außen* die normale Geburtsreife realisieren zu *können.*

Behauptungen, der menschliche Embryo verfüge über die *aktive* Potenz, die normale Geburtsreife realisieren zu können, sind entwicklungsbiologisch ebenso irrig wie die Vorstellung, dass der mütterliche Organismus während der Embryonalphase zum Werden des Kindes lediglich Nahrung, Schutz und Wärme beisteuert.[31] Vielmehr residiert im Säugersystem ein Teil des *embryonalen* Entwicklungsprogramms mindestens bis zum Beginn der Fötalphase im *mütterlichen* Organismus.

Frage: Wann wird das Genom des Keims angeschaltet?
Von wem oder was?

Antwort: Bis zum 4-Zellstadium sind die für das gelebte Leben der
vier menschlichen Einzeller[32] relevanten Moleküle sämtlich
mütterlicher Herkunft, von den Genen des zygotischen Genoms
wird keines exprimiert.[33]

Ein nicht exprimiertes Gen ist so gut wie ein nicht vorhandenes. Den Beweis für die Irrelevanz des zygotischen Genoms während der ersten Zellzyklen liefern aktivierte Oocyten, in denen Transkription – z. B. durch Entfernung des Zellkerns – unterbunden wird und die sich – nach Spezies unterschiedlich – *allein* auf der Basis *cytoplasmatischer* Information *maternaler* Herkunft in Form maternaler Proteine und RNAs solange teilen und entwickeln, bis ihr Vorrat essentieller Proteine und RNAs erschöpft ist. *Xenopus*-Keime aktivieren das zygotische Genom erst nach der zwölften Teilungsrunde kurz vor Beginn der Gastrulation; Säugerkeime, weil deren Oocyten volumenmäßig mehr als 1000fach kleiner sind, dagegen deutlich früher:

[31] So das „zygotistische Credo", z. B. *Schwarz, Stephen D.*, Die verratene Menschenwürde: Abtreibung als philosophisches Problem, Köln 1992, 92: „Das Kind […] wohnt nur in der Mutter und genießt den Schutz ihres Leibes; es wird gewärmt und genährt durch die Vorgänge in ihrem Körper." Und ebd., 106: „Eine Zygote ist ein Mensch in einer besonderen Art von Tiefschlaf. Wenn man ihr Zeit, angemessene Wärme, Nahrung und Schutz gibt, wacht sie auf." Ähnlich *Rager*, Person (s. Anm. 1), 246: „Nahrung und Behausung".

[32] Vor der Compaction gibt es keinen Vielzeller, sondern mehrere Einzeller.

[33] Literatur: Lehrbuch: *Gilbert, Scott F.*, Developmental Biology, Sunderland [7]2003. [International führender Entwicklungsbiologe; eines der bedeutendsten Lehrbücher der Entwicklungsbiologie.] Darin zur Frage u. a. 223, 306, 363f., 366. Fachartikel: *Braude, Peter, Bolton, Virginia, Moore, Stephen*, Human gene expression first occurs between the four- and eight-cell stages of preimplantation development, in: Nature 332 (1988) 459–461.

bei Maus und Ziege im 2-Zellstadium, bei Schwein und Mensch im 4-Zellstadium, beim Schaf im 8-Zellstadium.

Bei Säugern beginnt also schon ab dem 2-, 4- oder 8-Zellstadium das zygotische Genom – *aktiviert und kontrolliert allein durch Faktoren rein maternaler Herkunft*! – mittels neu gebildeter RNAs und Proteine zum Leben der Blastomeren beizutragen.

Im Übrigen bestünde frühestens nach Aktivierung und Expression von Genen *paternaler* Herkunft für den mütterlichen Organismus die Chance, die Blastomeren immunologisch als „nicht-mehr-selbst", sondern als „fremd" zu identifizieren – falls da nicht zunächst noch bis zum Schlüpfen der Blastocyste die rein aus maternalen Genprodukten bestehende Zona pellucida dazwischen wäre.

Die Behauptung, bereits die Zygote könne vom mütterlichen Organismus immunologisch als „fremd" erkannt werden[34], ist biologisch ebenso unzutreffend wie die vor dem Hintergrund ihrer These von der Individuums-konstituierenden Rolle des einzigartigen Genoms vorgetragene Behauptung, die „Selbststeuerung des Embryos" beginne nicht erst mit der Aktivierung „der embryonalen DNA", sondern „im Pronukleusstadium, spätestens aber in der Zygote", da diese „ihren eigenen Stoffwechsel hat"[35]. Sie übersehen, dass der Stoffwechsel der Oocyte *nach* ebenso wie *vor* der Befruchtung durch ein Enzymsystem *rein maternalen* Ursprungs gesteuert wird, das aus eben diesem Grund vom mütterlichen Organismus immunologisch als „selbst" identifiziert wird.

Frage: Wo residiert das Entwicklungsprogramm:
Im Genom oder in dessen (cytoplasmatischer, interzellulärer oder außerorganismischen) Umwelt?

Antwort: Ausschließlich in der „Umwelt" des Genoms.[36]

Logik: In *allen* Zellen eines Vielzellers liegt das *gleiche* Genom vor.[37] Dass mit Hilfe des *gleichen* Genoms völlig *verschiedene* Zellen mit völlig *unterschiedlichen* Funktionen gebildet werden, kann also nicht

---

[34] *Bodden-Heidrich* et al., Beginn (s. Anm. 10), 117.

[35] Ebd., 78f.

[36] Literatur: Lehrbücher: *Gilbert*, Developmental Biology (s. Anm. 33). Darin zur Frage u. a. 212. *Müller, Werner A., Hassel, Monika*, Entwicklungsbiologie und Reproduktionsbiologie von Mensch und Tieren: ein einführendes Lehrbuch, Berlin ³2003. [Nicht so anspruchsvoll wie Gilbert, aber eines der besten deutschsprachigen Lehrbücher zur Entwicklungsbiologie.] Darin zur Frage u. a. 243, 257–259.

[37] Ausnahmen: Chimären; und – ausgerechnet! – reife Lymphocyten, die die Integrität des vielzelligen Organismus schützen.

an dem in allen Zellen *gleichen* Genom liegen, sondern muss an der je *unterschiedlichen* Umwelt des überall *gleichen* Genoms liegen.

Speziell die Entwicklungsbiologie betreffend beweist das Phänomen der Parthenogenese, dass das „Entwicklungs*programm*" allein in der Oocyte (nicht im Spermium), und innerhalb der Oocyte nicht im Genom residiert.

Die Parthenogenese betreffend ist allerdings folgendes festzuhalten: Während in fast allen Spezies Parthenogeneten zu adulten Tieren heranwachsen können, ist dies bei Säugerparthenogeneten nicht der Fall. Aktivierte Säugeroocyten ohne spermialen Beitrag können sich zwar zu Embryonen mit Wirbelsäule, Muskeln und Organen einschließlich eines schlagenden Herzens entwickeln, spätestens zur Schwangerschaftsmitte hin aber verschlechtert sich der Zustand der Embryo-Föten, weil die Plazenta derart unterentwickelt ist, dass sie schließlich absterben.[38] Dies hat seinen Grund allerdings *nicht im Genom*, sondern im *epigenetischen* Phänomen des so genannten *Imprinting*: Normalerweise werden väterliche und mütterliche Allele gleichermaßen exprimiert. Als Besonderheit im Säugersystem jedoch werden bei einigen für die Ontogenese wichtigen Genen nur die väterlichen Allele exprimiert, bei einigen anderen nur die mütterlichen Allele. Diese Expressionsdifferenz beruht darauf, dass die Allele der betreffenden Gene *epigenetisch* unterschiedlich methyliert sind, je nachdem, ob sie aus dem Kern einer Oocyte oder aus dem Kern eines Spermiums stammen.

Frage: Welche Rolle hat das Genom generell (nicht)?

Antwort: Das Genom konstituiert kein Individuum, sondern beeinflusst dessen Eigenschaften.[39]

Viele Menschen heute gehen davon aus, dass das Genom auf die eine oder andere Weise das biologische Individuum konstituiert: Einer derzeit unter Theologen, Philosophen und Humanmedizinern anzutreffenden Meinung zufolge fungiert das „einzigartige

---

[38] Die Antwort auf die Frage, ob es sich bei Humanparthenogeneten um Personen oder um Menschen im personalen Sinne handelt, dürfte je nach gemachten Voraussetzungen unterschiedlich ausfallen. Geht man beispielsweise von der Voraussetzung aus, dass *jeder* menschliche Organismus notwendig Person ist, kann die Antwort nur positiv ausfallen. Geht man dagegen z. B. von der Voraussetzung aus, dass ein Embryo-Fötus „Mensch" oder „Person" nur dann ist, wenn er über die „aktive Potenz" zu einem nachgeburtlichen Leben verfügt, so wird die Antwort negativ ausfallen: In dieser Perspektive handelt es sich bei Humanparthenogeneten um „Bioschrott".

[39] Literatur: Naturphilosophischer Artikel: *Seidel, Johannes*, Das Genom als Quelle-Katalog, in: Stimmen der Zeit 219 (2001) 591–600.

Genom" als Individuationsprinzip: Die Bildung eines „einzigartigen" Genoms lasse ein neues biologisches Individuum ins Dasein treten; das Vorhandensein eines Genoms, und zwar eines „einzigartigen", konstituiere das biologische Individuum und damit auch den individuellen Menschen.[40] Einer hingegen speziell von Juristen vertretenen Auffassung zufolge wird eukaryontisches Keimmaterial dadurch zu einem biologischen Individuum, dass dessen Chromosomen in je *einem singulären Zellkern* pro Zelle vereint vorliegen; dementsprechend sei der Beginn eines eukaryontischen Individuums mit der Karyogamie anzusetzen.[41] Anderen Meinungen zufolge ist es die *Gleichheit* des Genoms in allen Zellen eines Vielzellers, wieder anderen Meinungen zufolge die *Invarianz* der genomischen Ausstattung biogenen Materials, die dieses zu einem biologischen Individuum macht.

All diesen Meinungen ist entgegenzuhalten, dass es weder die *Einzigartigkeit* des Genoms, noch – im Falle von Eukaryonten – die *Singularität* des Zellkerns, noch – im Falle des vielzelligen Organismus – die *Gleichheit* des Genoms in allen seinen Zellen, noch die *Invarianz* des Genoms ist, die das biologische Individuum konstituieren, mehr noch: Für die Beantwortung der Frage, was biogenes Material zu einem biologischen Individuum macht, ist das Genom ohne jede Relevanz.[42]

Bevor man dem Genom die Fähigkeit zu individuieren zuschreibt, sollte man dessen biologische Funktion korrekt erfasst haben. Was „tun" die Gene (nicht)? Zahl und Sequenz der Gene legen fest, welche RNA- bzw. Aminosäuresequenzen ein Organismus synthetisieren *kann* – und damit ist die *Funktion* der Gene erschöpft. Die codierenden Sequenzen exprimierter Gene bestimmen darüber, aus welchen Nukleotiden RNA-Moleküle und – indirekt – aus welchen Aminosäuren Proteine aufgebaut sind. Proteine und deren Produkte beeinflussen die *Eigenschaften* eines individuellen Organismus, rufen ihn aber nicht ins *Dasein*. Was das Ins-Dasein-Rufen betrifft, gilt strikt: *omne vivum e vivo*.

---

[40] So z. B. *Bodden-Heidrich* et al., Beginn (s. Anm. 10), 15f., 77, 151 u.ö.; ähnlich *Hepp, Hermann, Beck, Lutwin*, Lebensbeginn 1. Medizinisch, in: *Wilhelm Korff, Lutwin Beck, Paul Mikat* (Hrsg.), Lexikon der Bioethik, Bd. 2, Gütersloh 1998, 539–541, 537; *Baumgartner* et al., Menschenwürde (s. Anm. 20), 237 u.ö.; *Rager*, Person (s. Anm. 1), 225f., 244 u.ö.

[41] So der deutsche Gesetzgeber im Embryonenschutzgesetz (ESchG) von 1990, wenn er in § 8 Abs. 1 ESchG, den „Zeitpunkt der Kernverschmelzung" als Beginn des Menschen definiert.

[42] Zur ausführlichen Begründung dieser These siehe meine demnächst erscheinende Monographie „Schon Mensch oder noch nicht? Untersuchungen zum ontologischen Status humanbiologischer Keime" (Arbeitstitel).

Genome sind keine Lebewesen, die DNA ist eine Molekülklasse. DNA-Sequenzen konstituieren kein Lebewesen, sondern: DNA-Sequenzen können die Eigenschaften *konstituierter* Lebewesen beeinflussen, genauer: Die Gene eines Organismus begrenzen den Raum seiner *möglichen* Eigenschaften – nicht mehr, aber auch nicht weniger[43]: Ein Protein, für das im Genom eines Organismus kein Gen vorliegt, kann dieser nicht synthetisieren – mit möglicherweise letalen Folgen! Gene wirken somit eigenschafts-*mit*bestimmend, nicht aber Individuums- oder, aristotelisch-scholastisch formuliert, Substanz-konstituierend. Genom und substantielle Individualität haben also nichts miteinander zu tun.

Frage: Was gilt: Präformation oder Epigenetik?

Antwort: Beides; letztlich Recht behalten hat die Epigenetik.[44]

Historisch ist beim Streit Präformation versus Epigenese zu unterscheiden zwischen

– der klassischen Debatte um Präformation und Epigenesis, der Haller-Wolff-Debatte;
– der Debatte um Mosaik- und Regulationskeime mit Weismann und Roux auf der einen Seite und Hertwig und Driesch auf der anderen Seite;
– der aktuellen Debatte um den entwicklungsbiologischen Vorrang der DNA einerseits und von Nicht-DNA-Strukturen anderseits;
– und schließlich dem die meisten dieser Debatten begleitende Streit um Mechanismus und Vitalismus: Häufig, aber nicht immer, waren präformistische Theorien im weiteren Sinne mechanistisch, epigenetische Theorien im weiteren Sinne vitalistisch untermalt.

Ideen sowohl präformistischer als auch epigenetischer Herkunft haben Eingang gefunden in das entwicklungsbiologische Theoriegebäude der Gegenwart. Allerdings ist festzuhalten, dass der Streit

---

[43] Metaphorisch gesprochen hat das Genom die Rolle eines „Quelle-Katalogs"; vgl. *Seidel*, Genom (s. Anm. 39).

[44] Literatur: Naturphilosophisches Lehrbuch: *Mahner, Martin, Bunge, Mario*, Philosophische Grundlagen der Biologie, Berlin 2000. [Eines der solidesten naturphilosophischen Lehrbücher (auch dann, wenn man dem darin vertretenen Naturalismus nicht folgt).] Darin zur Frage 265–300. Geschichte der Entwicklungsbiologie: *Mocek, Reinhard*, Die werdende Form, Marburg 1998. [Eine ausgezeichnete Monographie zur Geschichte der Entwicklungsbiologie.] Darin zur Frage insbesondere 195 Anm. 6, 395, 397, 404–405.

um Präformation und Epigenese zwar mit Irritationen, aber im Grundsatz immer zugunsten der Epigenese ausgegangen ist:

- Aus der Haller-Wolff-Debatte ging, nachdem es zunächst den Anschein hatte, dass Haller sich durchgesetzt hätte, Wolff als klarer „Sieger" hervor; allerdings sind frühe Keime keineswegs völlig unstrukturiert.
- Roux' Experimente an frühen Froschembryonen schienen den neopräformistischen Prädeterminismus der „Kernplasmatheorie" Weismanns bestätigt zu haben, bis Driesch seine Schüttelexperimente an frühen Seeigelembryonen machte; allerdings sind selbst Eizellen nicht völlig isotrop.
- Nach der Aufklärung der DNA-Struktur und vor allem nach der Etablierung von Sangers Methode der DNA-Sequenzierung schien genetizistischer Neopräformismus angesagt – letzte Ausläufer dieser Mentalität finden sich in der populärwissenschaftlichen Rezeption der Sequenzierung des Humangenoms –, seitdem aber vergeht kaum eine Woche, in der die Rolle der DNA im ontogenetischen Geschehen nicht zugunsten epigenetischer Faktoren eingeschränkt wird; allerdings sind Gene entwicklungsbiologisch natürlich unverzichtbar.

Häufig, aber nicht immer, sind präformistische Theorien mit traduzianistischen oder zygotistischen Beseelungsvorstellungen, epigenetische Theorien hingegen mit Sukzessiv-Beseelungs- oder -Menschwerdungstheorien verknüpft. Bezeichnenderweise vertreten Zygotisten in der Gegenwartsdiskussion embryologisch – gegen den wissenschaftlichen Erkenntnisstand – häufig genetizistisch-präformistische Ansichten.

Welche Transformationen der klassische Streit um Präformation und Epigenese in den vergangenen Jahrhunderten durchgemacht hat, wird z. B. daran deutlich, dass man heute weiß, dass es *epigenetisch* wirkende maternale Faktoren – also nicht die chromosomalen Gene der Zygote – sind, die den Keim in gewisser Weise „präformieren". „Daher stellt der Gesamtprozess der Entwicklung einen epigenetischen Prozess dar."[45]

Wie Rager angesichts der gegenwärtigen entwicklungsbiologischen Forschungslage behaupten kann, der Epigenismus stünde „im Widerspruch zu heutigen humanbiologisch-embryologischen Erkenntnissen"[46], bleibt sein Geheimnis.

---

[45] *Campbell, Neil A., Reece, Jane B.*, Biologie. Deutsche Übersetzung herausgegeben von *Jürgen Markl*, Heidelberg [6]2003, 1198. [Eines der international wichtigsten Lehrbücher der Allgemeinbiologie.]
[46] *Rager*, Glossar (s. Anm. 21), 369.

III. Einige abschließende Bemerkungen:

Der Schwerpunkt meines Beitrags liegt auf einigen häufig gestellten Fragen im Zusammenhang der Frage nach dem *ontologischen* Status des Vorgeburtlichen. Die Frage, wie die Gewinnung embryonaler Stammzellen *ethisch* zu beurteilen ist, ist damit nicht beantwortet.

Die *ontologische* Fragestellung ist interdisziplinär *biologisch*-philosophisch-theologisch ausgerichtet, nicht *medizinisch*-theologisch. Dies aus dem einfachen Grund, dass die Humanmedizin ein anderes Formalobjekt hat als die Biologie: Während sich die Humanmedizin für den Menschen unter der Rücksicht ärztlichen Behandelns interessiert, geht es der Biologie als Gesamtwissenschaft vom Lebendigen um eine unvoreingenommen objektive Zurkenntnisnahme biologischer Wirklichkeit.

Speziell mit Blick auf die deutschsprachige Diskussion sticht hervor, dass *biologische* Kompetenz bei philosophisch-theologischen Diskussionsteilnehmern meist nur sehr begrenzt gegeben ist[47], wie umgekehrt die philosophisch-theologische Kompetenz biologischer Diskussionsteilnehmer meist rudimentär ist.

Angesichts häufig fehlender interdisziplinärer Kompetenz ist es zudem problematisch, wenn sowohl innerkirchlich als auch außerhalb der Kirche – und zwar nicht nur im Zusammenhang der Statusfrage – eine kritische Auseinandersetzung und ergebnisoffene Wahrheitssuche durch apodiktische oder dogmatistische Vorurteile erschwert wird. Das formale Argument der einheitlichen Position (Stichworte: „Schulterschluss", „Flagge zeigen" etc.) läuft Gefahr, die inhaltliche Auseinandersetzung zu unterdrücken, wenn nicht zugelassen wird, Positionen mit Argumenten kritisch in Frage zu stellen.[48]

Wäre nicht viel gewonnen, wenn deutlich wird, dass die Frage nach dem ontologischen Status des Vorgeburtlichen keineswegs so klar entschieden ist (und in der kirchlichen Tradition auch nie

---

[47] Wie anders soll man es beurteilen, wenn es unter Theologen (aber auch unter Journalisten und Politikern) an der Tagesordnung ist, Klonen für Gentechnik zu halten, Hybride als Chimären zu bezeichnen, nicht zu wissen, was ein Gen ist usw., sich aber zugleich für berufen zu halten, lautstark in die „Debatte" einzugreifen?

[48] Vgl. *Gründel, Johannes*, „Auf rationale Argumentation angewiesen". Gespräch über die Lage der Moraltheologie mit Professor Johannes Gründel, in: Herder Korrespondenz 51 (1997) 505–510, 510: „Was in den 50er Jahren unseres [des 20., J.S.] Jahrhunderts den Exegeten drohte, wenn sie bezüglich der Datierung biblischer Schriften oder bei einem neueren exegetischen Ansatz mit einem kirchlichen Lehrverbot rechnen mußten, das trifft im Augenblick für die Moraltheologen zu."

entschieden wurde!)[49], wie gewisse Wortführer vor allem des Präferenzutilitarismus und des Zygotismus es sich selbst (?) und anderen einzureden versuchen; dass diese Frage unter dem Druck gegenwärtiger *biologischer* Wirklichkeitserkenntnis vielmehr gerade neu aufbricht?

Literaturverzeichnis

Alonso Bedate, Carlos, Una visión ontológica del embrión humano: ¿Existen paradigmas plurales?, in: Anales de la Real Academia Nacional de Farmacia 69 (2003) Nr. 3, 5–19.

Baumgartner, Hans Michael, Honnefelder, Ludger, Wickler, Wolfgang, Wildfeuer, Armin G., Menschenwürde und Lebensschutz: Philosophische Aspekte, in: *Günter Rager* (Hrsg.), Beginn, Personalität und Würde des Menschen, Freiburg 1997, 161–242.

Beckmann, Rainer, Der Embryo und die Würde des Menschen, in: *Rainer Beckmann, Mechthild Löhr* (Hrsg.), Der Status des Embryos. Medizin – Ethik – Recht, Würzburg 2003, 170–207.

Blazer, Shraga, Moreh-Waterman, Yifat, Miller-Lotan, Rachel, Tamir, Ada, Hochberg, Ze'ev, Maternal hypothyroidism may affect fetal growth and neonatal thyroid function, in: Obstetrics & Gynecology 102 (2003) 232–241.

Bodden-Heidrich, Ruth, Cremer, Thomas, Decker, Karl, Hepp, Hermann, Jäger, Willi, Rager, Günter, Wickler, Wolfgang, Beginn und Entwicklung des Menschen: Biologisch-medizinische Grundlagen und ärztlich-klinische Aspekte, in: *Günter Rager* (Hrsg.), Beginn, Personalität und Würde des Menschen, Freiburg 1997, 15–159.

Braude, Peter, Bolton, Virginia, Moore, Stephen, Human gene expression first occurs between the four- and eight-cell stages of preimplantation development, in: Nature 332 (1988) 459–461.

Braude, Peter R., Johnson, Martin H., The embryo in contemporary medical science, in: *Gordon Reginald Dunstan* (Hrsg.), The human embryo: Aristotle and the Arabic and European traditions, Exeter 1990, 208–221.

Campbell, Neil A., Reece, Jane B., Biologie. Deutsche Übersetzung herausgegeben von *Jürgen Markl,* Heidelberg [6]2003.

Damschen, Gregor, Schönecker, Dieter, In dubio pro embryone. Neue Argumente zum moralischen Status menschlicher Embryonen, in: *Gregor Damschen, Dieter Schönecker* (Hrsg.), Der moralische Status menschlicher Embryonen: pro und contra Spezies-, Kontinuums-, Identitäts- und Potentialitätsargument, Berlin 2003, 187–267.

---

[49] Ausführlich dazu siehe meine demnächst erscheinende Monographie „Schon Mensch oder noch nicht? Untersuchungen zum ontologischen Status humanbiologischer Keime" (Arbeitstitel).

Elahi, Shan, Laeeq, Faiqa, Syed, Zulqurnain, Rizvi, S.M. Hussain, Hyder, Syed Waqar, Serum thyroxine and thyroid stimulating hormone levels in maternal circulation and cord blood at the time of delivery, in: Pakistan Journal of Medical Sciences 21 (2005) 325–330.

Ford, Norman M., When did I begin?, Cambridge 1988.

Gilbert, Scott F., Developmental Biology, Sunderland [7]2003.

Gründel, Johannes, „Auf rationale Argumentation angewiesen". Gespräch über die Lage der Moraltheologie mit Professor Johannes Gründel, in: Herder Korrespondenz 51 (1997) 505–510.

Hepp, Hermann, Beck, Lutwin, Lebensbeginn 1. Medizinisch, in: *Wilhelm Korff, Lutwin Beck, Paul Mikat* (Hrsg.), Lexikon der Bioethik, Bd. 2, Gütersloh 1998, 539–541.

Hilpert, Konrad, Fünf Jahre deutsches Stammzellgesetz, in: Stimmen der Zeit 226 (2008) 15–25, 22.

Kummer, Christian, Leben I. Naturwissenschaftlich, in: *Walter Kasper* (Hrsg.), Lexikon für Theologie und Kirche, Bd. 6, Freiburg [3]1997, 708–710.

Liebscher, Heinz, System, in: *Georg Klaus, Manfred Buhr* (Hrsg.), Philosophisches Wörterbuch, Bd. 2, Leipzig [11]1975, 1199–1203.

Mahner, Martin, Bunge, Mario, Philosophische Grundlagen der Biologie, Berlin 2000.

Mocek, Reinhard, Die werdende Form, Marburg 1998.

Morreale de Escobar, Gabriella, Obregon, María Jesús, Escobar del Rey, Francisco, Maternal-fetal thyroid hormone relationships and the fetal brain, in: Acta Medica Austriaca 15 Suppl. 1 (1988) 66–70.

Müller, Werner A., Hassel, Monika, Entwicklungsbiologie und Reproduktionsbiologie von Mensch und Tieren: ein einführendes Lehrbuch, Berlin [3]2003.

Petermann, Franz, Niebank, Kay, Scheithauer, Herbert, Entwicklungswissenschaft: Entwicklungspsychologie, Genetik, Neuropsychologie, Berlin 2004.

Rager, Günter (Hrsg.), Beginn, Personalität und Würde des Menschen, Freiburg 1997 ([2]1998).

Rager, Günter, Glossar, in: *Günter Rager* (Hrsg.), Beginn, Personalität und Würde des Menschen, Freiburg 1997, 363–398.

Rager, Günter, Die Person: Wege zu ihrem Verständnis, Fribourg 2006.

Schwarz, Stephen D., Die verratene Menschenwürde: Abtreibung als philosophisches Problem, Köln 1992.

Seidel, Johannes, Das Genom als Quelle-Katalog, in: Stimmen der Zeit 219 (2001) 591–600.

Seidel, Johannes, Schon Mensch oder noch nicht? Untersuchungen zum ontologischen Status humanbiologischer Keime" (Arbeitstitel, erscheint in der Reihe „Ethik im Diskurs").

Shatz, Carla J., Das sich entwickelnde Gehirn, in: *Wolf Singer* (Hrsg.), Gehirn und Bewußtsein, Heidelberg 1994, 2–11.

Steinbacher, Karl, System/Systemtheorie, in: *Hans Jörg Sandkühler* (Hrsg.), Europäische Enzyklopädie zu Philosophie und Wissenschaften, Bd. 4, Hamburg 1990, 500–506.

Vollmer, Gerhard, Leben, in: *Friedo Ricken* (Hrsg.), Lexikon der Erkenntnistheorie und Metaphysik, München 1984, 106–107.

Wehner, Rüdiger, Gehring, Walter, Zoologie, Stuttgart 1995.

Lebensschutz: Annäherungen und Entfremdungen im Feld ökumenischer Nachbarschaft

von Herbert Schlögel, Monika Hoffmann

Ökumene, evangelisch-katholischer Dialog sind wichtig und notwendig. Ohne dieses Bewusstsein wäre es überflüssig, einen Beitrag zum Lebensschutz im Zusammenhang der Forschung an embryonalen Stammzellen zu verfassen. Die Begründung dafür scheint relativ einfach zu sein, zugleich ist das Einfache aber, wie wir lebensweltlich wissen, nicht unbedingt das, was genauso einfach zu verwirklichen ist. Theologisch ist unstrittig, dass alle, die an Christus glauben, die eine Kirche, den „Leib Christi" (Röm 12,5) bilden. Dieser hat zwar verschiedene Glieder, ist aber unzertrennt (vgl. 1 Kor 12,12.13). Deshalb bittet Jesus seinen Vater, dass die Seinen „eins seien" (Joh 17,21), und Paulus mahnt die Gemeinden, die Einheit zu wahren (vgl. 1 Kor 12; Eph 4,3–6). Gesellschaftlich stehen die christlichen Kirchen vor der Herausforderung, ihren Beitrag zur Gestaltung des Gemeinwesens zu leisten. Dies wird in westlichen Gesellschaften mit ihrem vielfältigen und divergierenden Meinungsbild in ethischen Fragen umso eher gelingen, je mehr die christlichen Kirchen mit einer gemeinsamen Position sich einbringen. Dass im deutschen Sprachraum im Allgemeinen und in Deutschland besonders dem evangelisch-katholischen Dialog eine besondere Bedeutung zukommt, ist aufgrund der Größe und des Gewichts der beiden Kirchen in Deutschland verständlich. Hier ist ein weiterer Faktor zu benennen, der – wie uns scheint – auf evangelischer Seite manchmal zu wenig Beachtung findet. Gemeinsame Stellungnahmen werden von den – formal gesprochen – Kirchenleitungen verfasst. In der Öffentlichkeit werden sie als die gemeinsame Äußerung der beiden Kirchen zu einer ethischen Herausforderung gesehen. Relativierungen dergestalt, dass es auf evangelischer Seite kein Lehramt gibt, das verbindlich sprechen könnte, können zwar vor allem innerkirchlich den Unterschied deutlich machen, werden aber medial nicht in derselben Weise präsent, da dort der Ratsvorsitzende der Evangelischen Kirche in Deutschland (EKD) und der Vorsitzende der Deutschen Bischofskonferenz (DBK) diese Veröffentlichung vorstellen. Das heißt nicht – und das ist selbstverständlicher Weise auch katholischerseits nicht ausgeschlossen –, dass Theologen inhaltlich nicht eine andere Position als die vorgetragene vertreten. Die inhaltliche Ausrichtung liegt aber auf einer anderen Ebene als die Frage, mit welcher Kompetenz auf evangelischer wie katholischer Seite die Verantwortlichen sprechen. Das Spannende bei der embryonalen Stammzellforschung und damit auf das Engste verknüpft mit dem Lebensschutz liegt darin, dass einer der Partner, repräsentiert im Ratsvorsitzenden der EKD, Bischof Dr. Wolfgang *Huber*, eine Veränderung der Position vorgenommen hat, die vorher gemeinsam getragen wurde. Bevor inhaltlich auf dieses Thema eingegangen wird, scheint es uns notwendig, etwas stärker den ökumenischen Hintergrund zu skizzieren. Damit kann deutlich werden, dass im ökumenischen Bemühen zwischen katholischen und evangelischen Christen die Erfahrungen gemeinsamer Überzeugungen wie vorhandener Unterschiede lebendig sind. Bei dem zu skizzierenden ökumenischen Hintergrund ist es selbstverständlich, dass dieser weder einen umfassenden Anspruch erhebt, wie die ökumenische Situation derzeit in Deutschland ist, noch Allgemeingültigkeit beansprucht. Dennoch hoffen wir, dass es – obwohl eine subjektive – aber dennoch nicht eine unbegründete Sichtweise des Dialogs zwischen evangelischer und katholischer Kirche ist, auf dessen Hintergrund die embryonale Stammzellforschung und damit verbunden der Lebensschutz behandelt werden.

I. Ökumenischer Hintergrund

Wer die heutige Debatte im ökumenischen Bereich einzuordnen sucht, tut gut daran, in die 90er Jahre des letzten Jahrhunderts zurückzugehen. Seit 1994 veranstalten beide Kirchen gemeinsam die „Woche für das Leben", die 1991 von der Deutschen Bischofskonferenz und vom Zentralkomitee der deutschen Katholiken begründet worden war. Inhaltlicher Bezugspunkt für die gemeinsame Trägerschaft der beiden Kirchen ist das 1989 erarbeitete Dokument „Gott ist ein Freund des Lebens"[1]. Eines der zentralen Themen dieses Textes ist der Schutz des ungeborenen Kindes. So erwarten die Kirchen, „daß niemand auf Schritte anderer wartet oder sich mit den Mängeln in anderen Bereichen entschuldigt, vielmehr jeder und jede bei sich und den jeweils gegebenen Möglichkeiten mit dem Schutz des Lebens anfangen und ernst machen" (15).

---

[1] *Rat der Evangelischen Kirche in Deutschland und Deutsche Bischofskonferenz*, Gott ist ein Freund des Lebens. Herausforderungen und Aufgaben beim Schutz des Lebens, Bonn 1989 (Sonderausgabe 2000).

Was den Schutz des ungeborenen Lebens angeht, so wird an die embryologische Forschung angeknüpft. Diese hat

„zu dem eindeutigen Ergebnis geführt, daß von der Verschmelzung von Eizelle und Samenzelle an ein Lebewesen vorliegt, das, wenn es sich entwickelt, gar nichts anderes werden kann als ein Mensch ... Beim vorgeburtlichen Leben handelt es sich somit nicht etwa bloß um rein vegetatives Leben, sondern um individuelles menschliches Leben, das als menschliches Leben immer ein werdendes ist. Es kann darum auch nicht strittig sein, daß ihm bereits ein schutzwürdiger Status zukommt und es nicht zum willkürlichen Objekt von Manipulationen gemacht werden darf" (43/44).

Die „Woche(n) für das Leben" beschäftigten sich in den folgenden Jahren mit einem breiten Spektrum von Themen, die selbstverständlich über den Schutz des Lebens am Anfang hinaus gingen, aber dieses doch immer wieder zum Ausdruck brachten, wie z. B. „Jedes Kind ist l(i)ebenswert. Leben annehmen statt auswählen" (1997), zu der auch eine gemeinsame Erklärung[2] veröffentlicht wurde; „Um Gottes Willen für den Menschen! Von Anfang an das Leben wählen statt auswählen" (2002); „Kinder Segen – Hoffnung für das Leben. Von Anfang an uns anvertraut. Menschsein beginnt vor der Geburt" (2006).

Mitte der 90er Jahre begann ein ebenfalls für die gemeinsame ethische Überzeugung wichtiger Konsultationsprozess in den Gemeinden, Verbänden und Einrichtungen der beiden Kirchen, der 1997 in das Dokument „Für eine Zukunft in Solidarität und Gerechtigkeit"[3] einmündete. Im selben Jahr erschienen zwei weitere gemeinsame Texte zu ethischen Fragen „,... und der Fremdling, der in deinen Toren ist.' Gemeinsames Wort der Kirchen zu den Herausforderungen durch Migration und Flucht"[4] und „Chancen und Risiken der Mediengesellschaft"[5].

---

[2] *Rat der Evangelischen Kirche in Deutschland und Deutsche Bischofskonferenz*, Wieviel Wissen tut uns gut? Chancen und Risiken der voraussagenden Medizin. Gemeinsames Wort zur Woche für das Leben 1997: „Jedes Kind ist l(i)ebenswert. Leben annehmen statt auswählen." (Gemeinsame Texte 11), Hannover, Bonn 1997.

[3] *Rat der Evangelischen Kirche in Deutschland und Deutsche Bischofskonferenz*, Für eine Zukunft in Solidarität und Gerechtigkeit. Wort des Rates der Evangelischen Kirche in Deutschland und der Deutschen Bischofskonferenz zur wirtschaftlichen und sozialen Lage in Deutschland (Gemeinsame Texte 9), Hannover, Bonn 1997.

[4] *Rat der Evangelischen Kirche in Deutschland und Deutsche Bischofskonferenz*, „... und der Fremdling, der in deinen Toren ist." Gemeinsames Wort der Kirchen zu den Herausforderungen durch Migration und Flucht (Gemeinsame Texte 10), Bonn, Frankfurt am Main, Hannover 1997.

[5] *Rat der Evangelischen Kirche in Deutschland und Deutsche Bischofskonferenz*, Chancen und Risiken der Mediengesellschaft (Gemeinsame Texte 12), Hannover, Bonn 1997.

Zwei andere Ereignisse Ende der 90er Jahre prägten das ökumenische Klima nachhaltig. Das erste – ein unmittelbar ethisches Thema – scheint primär ein rein innerkatholisches Thema zu sein, hatte aber auch Auswirkungen auf die ökumenische Diskussion. Nach jahrelangen intensiven Diskussionen innerhalb der deutschen Katholiken, der deutschen Bischöfe mit Papst Johannes Paul II. und Kardinal Joseph Ratzinger, dem Präfekten der Glaubenskongregation, fassten die deutschen Bischöfe den Beschluss, aus dem staatlichen System der Schwangerschaftskonfliktberatung auszusteigen. Strittiger Punkt war hier die schriftliche Bestätigung, dass eine Beratung stattgefunden hatte. Diese Bestätigung („Schein") konnte später als Voraussetzung dafür genutzt werden, eine Abtreibung durchführen zu lassen, weil die gesetzlich vorgeschriebene Beratung stattgefunden hat. Es ging bei der Entscheidung des Papstes, der dann die deutschen Bischöfe mit ihrem Beschluss nachgekommen sind, darum, „die katholische Kirche aus einer Situation zu befreien, welche die Klarheit und Entschiedenheit ihres Zeugnisses für die Unantastbarkeit jedes menschlichen Lebens verdunkelt"[6].

Die Kritik der evangelischen Kirche daran ist, dass die katholische Kirche zu wenig die Notlage der einzelnen Frau im Blick habe und nicht ausreichend berücksichtige, dass es Situationen gibt, in denen die Einzelnen unausweichlich Schuld auf sich laden. Zum andern wird hier die unterschiedliche Ekklesiologie wahrgenommen, die die Jurisdiktion des Papstes betont. Das ist nichts Neues, aber wird hier an einem sensiblen Punkt wieder sichtbar.

Annäherung und Entfremdung werden im selben Jahr an der Unterzeichnung der „Gemeinsamen Erklärung zur Rechtfertigungslehre"[7] durch den Päpstlichen Rat zur Förderung der Einheit und den Lutherischen Weltbund (31.10.1999) ebenfalls deutlich. Dieses Dokument ist die Frucht jahrelanger Bemühungen, die durch die Texte des ökumenischen Arbeitskreises evangelischer und katholischer Theologen vorbereitet worden waren. Im Vorfeld gab es heftige Diskussionen sowohl aufgrund der Einwände des Vatikans, wie auch einer Erklärung von 243 evangelischen Theologen, die davor warnten, dass mit der Unterzeichnung dieses Textes der Lutherische Weltbund katholische Positionen übernähme.

Sosehr die Themen Schwangerenkonfliktberatung und Gemeinsame Erklärung zur Rechtfertigung auf unterschiedlichen Ebenen

---

[6] *Papst Johannes Paul II*, Brief an die deutschen Bischöfe vom 3. Juni 1999, Erklärung Nr. 3, in: www.vatican.va.

[7] *Päpstlicher Rat zur Förderung der Einheit und Lutherischer Weltbund*, Gemeinsame Erklärung zur Rechtfertigungslehre des Lutherischen Weltbundes und der Katholischen Kirche, abgedruckt u. a. in: Texte aus der VELKD 87 (1999), 1–19.

liegen und sosehr auch innerhalb der jeweiligen Kirchen um diese Fragen gerungen wurde und wird, ist es auffällig, dass seit Ende der 90er Jahre die Zahl der Gemeinsamen Texte deutlich zurückgegangen und die Dokumente zu ethischen Fragestellungen meist in der Verantwortung jeweils des Rates der EKD bzw. der Deutschen Bischofskonferenz veröffentlicht wurden.

In diese Situation hinein erschien 2000 die Erklärung der Glaubenskongregation „Dominus Jesus über die Einzigkeit und die Heilsuniversalität Jesu Christi und der Kirche". Der Satz, der auf evangelischer Seite besonders Befremden auslöste, war:

„Die kirchlichen Gemeinschaften hingegen, die den gültigen Episkopat und die ursprüngliche und vollständige Wirklichkeit des eucharistischen Mysteriums nicht bewahrt haben, sind nicht Kirchen im eigentlichen Sinn; die in diesen Gemeinschaften Getauften sind aber durch die Taufe Christi eingegliedert und stehen deshalb in einer gewissen, wenn auch nicht vollkommenen Gemeinschaft mit der Kirche."[8]

Diese Aussage ist von der Glaubenskongregation 2007 in ihren „Antworten auf Fragen zu einigen Aspekten bezüglich der Lehre über die Kirche" bekräftigt worden. Eine wesentliche Konsequenz mit pastoralen Auswirkungen ist deshalb, dass evangelische Christen wegen der fehlenden kirchlichen Einheit nicht zum Kommunionempfang in der katholischen Eucharistiefeier zugelassen werden können.

Katholischerseits irritierte dann später, dass der Rat der EKD eine Orientierungshilfe zum Abendmahl veröffentlichte, in der bei der Frage nach der Leitung der Abendmahlsfeier auf die Praxis einiger Landeskirchen hingewiesen wurde, „nach denen weitere erprobte und geschulte Gemeindemitglieder mit der öffentlichen Wortverkündigung (Predigt) und der Leitung von Abendmahlsfeiern beauftragt werden können"[9]. Damit ist die Feier des Abendmahls nicht mehr strikt – wie bei den meisten anderen Kirchen – an die Ordination gebunden.

In diesen Zeitraum fiel auch die Diskussion um das erste Stammzellgesetz, das am 1. Juli 2002 in Kraft trat. Der damalige Ratsvorsitzende der EKD hat noch bei der Eröffnung der Woche für das Leben 2002 die gemeinsame Haltung mit Kardinal *Lehmann*, dem Vorsitzenden der DBK, bei der Ablehnung der For-

---

[8] *Kongregation für die Glaubenslehre*, Erklärung Dominus Jesus über die Einzigkeit und die Heilsuniversalität Jesu Christi und der Kirche (Verlautbarungen des Apostolischen Stuhls 148) Bonn 2000 (ergänzte 4. Aufl. 2007), Nr. 17.
[9] *Rat der Evangelischen Kirche in Deutschland*, Das Abendmahl. Eine Orientierungshilfe zu Verständnis und Praxis des Abendmahls in der Evangelischen Kirche, Hannover 2003, 53.

schung mit embryonalen Stammzellen betont. Es war aber schon damals nicht zu übersehen, dass vor allem auf evangelischer Seite diese Position nicht unangefochten war. Zum einen veröffentlichten in der Frankfurter Allgemeinen Zeitung am 23.01.2002 neun evangelische Ethiker unter der Überschrift „Starre Fronten überwinden. Eine Stellungsnahme evangelischer Ethiker zur Debatte um die Embryonenforschung"[10] ihre vom Votum der EKD abweichende Meinung. Zum anderen erschien im August des Jahres 2002 der EKD-Text „Im Geist der Liebe mit dem Leben umgehen". Dort räumt Präses *Kock* im Vorwort ein, dass es nicht möglich war, „in allen Punkten zu einer einmütigen, gemeinsam getragenen Position zu kommen"[11]. Dies zeigt sich bei der Frage nach dem Beginn der Schutzwürdigkeit des menschlichen Embryos mit der Folge, dass bei der Nutzung „überzähliger" Embryonen aus der In-vitro-Fertilisation die Kammer für öffentliche Verantwortung der EKD sich nicht auf eine gemeinsame Auffassung einigen konnte. Auf diese Diskussion wird im nächsten Punkt noch näher eingegangen. Vorab aber soll noch an einem weiteren Beispiel Annäherung und Entfremdung im Feld ökumenischer Nachbarschaft verdeutlicht werden: der Bibel.

Im Jahre 2003 veranstalteten die beiden Kirchen in Zusammenarbeit mit der Arbeitsgemeinschaft christlicher Kirchen das Jahr der Bibel, dem sich viele Initiativen widmeten und das ein großes öffentliches Interesse fand. Nicht zu vergessen waren und sind hierbei ökumenische Gottesdienste. Insofern finden es viele Christen sehr bedauerlich, dass der Rat der EKD im Jahre 2001 die seit 1979 geltende Vereinbarung zurückgenommen hat, dass bei ökumenischen Gottesdiensten die Einheitsübersetzung verwendet wird. An dieser Übersetzung, die primär für den Gebrauch in der katholischen Kirche verfasst wurde, hatten auch evangelische Exegeten mitgewirkt. An der jetzt notwendigen Revision werden auf Beschluss der EKD keine evangelischen Theologen mehr beteiligt sein. So komplex – gerade was die letztgenannte Entscheidung angeht – die Hintergründe sein mögen, der Umgang mit dem für die Kirchen fundamentalen Text der Bibel zeigt, wie eng Annäherung und Entfremdung beieinander liegen.

Mit diesem gerafften Überblick, der die katholische Sichtweise im evangelisch-katholischen Dialog nicht verbergen will, soll ver-

[10] Abgedruckt in: *Anselm, Reiner, Körtner, Ulrich H.J.* (Hrsg.), Streitfall Biomedizin. Urteilsfindung in christlicher Verantwortung, Göttingen 2003, 197–208.
[11] *Kirchenamt der Evangelischen Kirche in Deutschland* (Hrsg.), Im Geist der Liebe mit dem Leben umgehen. Argumentationshilfe für aktuelle medizin- und bioethische Fragen (EKD Texte 71), Hannover 2002, Vorwort.

deutlicht werden, dass die einzelnen Themen bei aller Unterschiedlichkeit doch den gemeinsamen ökumenischen Hintergrund bilden. Dies ist auch deshalb zu betonen, weil gerade die kirchenleitenden Personen bei all den angesprochenen Fragen im gegenseitigen Austausch sind.

II. Embryonale Stammzellen

Wie erwähnt stimmen die beiden Kirchen in der gemeinsamen Erklärung „Gott ist ein Freund des Lebens" in der embryologisch fundierten Auffassung überein, dass menschliches Leben von der Verschmelzung von Ei- und Samenzelle an zu schützen ist. Resultierend daraus lehnen beide Kirchen verbrauchende Embryonenforschung ab: „Gezielte Eingriffe an Embryonen (…), die ihre Schädigung oder Vernichtung in Kauf nehmen, sind nicht zu verantworten – und seien die Forschungsziele noch so hochrangig" (62). Diese gemeinsame Haltung wird in den weiteren Jahren in je eigenen Dokumenten beiderseits weitergeführt[12]. Entsprechend positionieren sich im Januar 2002 Kardinal *Lehmann* als Vorsitzender der DBK und der Ratsvorsitzende der EKD Bischof Dr. Wolfgang *Huber* im Vorfeld der Bundestagsdiskussion vom 30. Januar 2002 vereint zum geplanten Stammzellgesetz der Bundesrepublik. Sie fordern den Schutz des Menschen von Anfang an und sprechen sich gegen embryonale Stammzellforschung aus.

„Auf dieser Linie einer strikten Ablehnung argumentierten die Bischöfe Lehmann und Huber nochmals gemeinsam im Herbst 2003, als im EU-Ministerrat entschieden werden musste, ob EU-Gelder für verbrauchende Embryonenforschung ausgegeben werden sollen (Pressemeldung der EKD vom 24. November 2003)."[13]

---

[12] Beispielsweise unterstreichen die bisherige Haltung: *Papst Johannes Paul II.*, Enzyklika Evangelium vitae (Verlautbarungen des Apostolischen Stuhls 120), Bonn 1995; *Die deutschen Bischöfe*, Der Mensch: sein eigener Schöpfer? Wort der Deutschen Bischofskonferenz zu Fragen von Gentechnik und Biomedizin (Die deutschen Bischöfe 69), Bonn 2001; Stellungnahme der *Vereinigten Evangelisch-Lutherischen Kirche in Deutschland (VELKD)* zu Fragen der Bioethik. 9. April 2001, in: VELKD Informationen Nr. 94; *Rat der Evangelischen Kirche in Deutschland*, „Der Schutz menschlicher Embryonen darf nicht eingeschränkt werden." Erklärung des Rates der *Evangelischen Kirche in Deutschland* zur aktuellen bioethischen Debatte vom 22. Mai 2001, in: www.ekd.de.

[13] *Tanner, Klaus*, Fünf Jahre Stammzellengesetz, in: Zeitschrift für Evangelische Ethik 51 (2007) 83–87, hier 86; vgl. auch *Bericht des Rates der Evangelischen Kirche in Deutschland*, 2. Tagung der 10. Synode der EKD (Trier, 2.–7. November 2003), 12, in: www.ekd.de.

Bereits zu diesem Zeitpunkt ist indessen die Haltung innerhalb der evangelischen Kirche gespalten. Ein Dissens zwischen der Position des Rates der EKD und einer Reihe von evangelischen Sozialethikern wird – wie bereits erwähnt – deutlich, der den Rat der EKD zu der Aussage veranlasst, von einer „Orientierungsschwäche der Moderne" zu sprechen, „an der auch die evangelische Kirche teilhat"[14]. Vertreter der akademischen evangelischen Ethik sowie einige Amtsträger der evangelischen Kirche bezeichnen in einer Stellungnahme die neuen biotechnologischen Handlungsmöglichkeiten als vertretbar, begründen diese von offiziellen Äußerungen abweichende Aussage mit der Freiheit zum eigenen Standpunkt und verweisen auf den Pluralismus als Markenzeichen des Protestantismus. Einstimmigkeit sei nur in Grundfragen notwendig: „Die Überzeugung, dass menschliches Leben in allen Stadien seiner Entwicklung prinzipiell schutzwürdig ist, bildet die gemeinsame Grundlage in dieser Debatte"[15]. Allerdings gilt als strittig, wie weit reichend diese Schutzwürdigkeit zu definieren ist, gibt es doch bereits Einschränkungen wie im Falle der Notwehr. Überdies würden (laut Stellungnahme) nicht selten Gottebenbildlichkeit und Menschenwürde quasi-empirisch mit der genetischen Existenz des Menschen identifiziert. Reformatorische Theologie habe allerdings stets hervorgehoben,

> „dass die Gottebenbildlichkeit dem Menschen nur zukünftig zuteil werde, obgleich er auf Grund des Rechtfertigungsgeschehens schon jetzt von Gott so angesehen werde. Luther etwa hat die jenseits des Vorhandenen liegende Zukunftsdimension der Gottebenbildlichkeit stark betont. In den Bekenntnisschriften der lutherischen Kirchen dominiert eine starke Zurückhaltung, die Gottebenbildlichkeit als einen gegebenen Bestand des Menschen auszuweisen"[16].

Auf Basis dieser Betrachtungsweise ist laut Stellungnahme ein Kompromiss im Streit um die Nutzung embryonaler Stammzellen durchaus denkbar, der die Forschung an überzähligen oder verwaisten Embryonen zulasse sowie an Stammzelllinien, die bereits existieren. Eine Herstellung zu Forschungszwecken müsste aber strikt abgelehnt werden[17].

---

[14] *Bericht des Rates der EKD*. 2. Tagung der 10. Synode der EKD (Trier, 2.–7. November 2003), 14, in: www.ekd.de.
[15] *Anselm, Körtner* (Hrsg.), Streitfall Biomedizin (s. Anm. 10), 197. Die Autoren sind neben *Körtner, Ulrich H.J.* und *Anselm, Reiner* auch *Fischer, Johannes, Frey, Christopher, Kreß, Hartmut, Rendtorff, Trutz, Rössler, Dietrich, Schwarke, Christian, Tanner, Klaus*.
[16] Ebd., 203.
[17] Ebd., 207.

Kurze Zeit später erscheint eine Erklärung der Kammer für öffentliche Verantwortung mit dem Titel „Im Geist der Liebe mit dem Leben umgehen": Obwohl hier der Schutz des Menschen ab der Befruchtung gefordert wird, erklärt der Rat einschränkend: „er trage seine Position in der bioethischen Debatte ‚nicht mit dem Anspruch vor, abschließend darüber bestimmen zu können, was derzeit und künftig als evangelisch zu gelten habe'"[18]. Pluralismus und evangelische Freiheit werden fortan verstärkt als wesentliche Identitätsmerkmale des Protestantismus vorgestellt mit der Möglichkeit unterschiedlicher Schlussfolgerungen in ethischen Fragen[19]. Zudem gelten Verlautbarungen der Kirchenleitung – anders als im katholischen Bereich – nur als Empfehlungen, der Respekt vor der freien Entscheidung jedes einzelnen Christen in der jeweiligen Situation ist unabdingbar und Autorität kann nicht durch institutionelle Verankerung, sondern lediglich durch innere Konsistenz der Argumentation, Sachgemäßheit und Kompatibilität mit Schrift und Bekenntnis erreicht werden[20]. Den Anspruch der katholischen Kirche, das Naturrecht verbindlich auszulegen, weist beispielsweise *Kreß* entschieden zurück[21]. Gemeinsame Stellungnahmen der beiden Kirchen werden bei *Körtner* mit Sorge betrachtet, eine schleichende Katholisierung evangelischer Ethik befürchtet sowie eine Dominanz katholischer Argumentationsmuster, die in Spannung stehen zur evangelischen Tradition[22]. Es

„wird einer substanzontologischen Begründung des Embryonenschutzes auf katholischer Seite eine relationale, Personalität antizipatorisch zuschreibende Sicht auf evangelischer Seite gegenübergestellt. Gegen eine naturrechtlich begründete kompromisslose Verabsolutierung des Lebensschutzes in der katholischen Kirche wird auf die Möglichkeit

---

[18] *Körtner, Ulrich H.J.*, Lebensschutz gegen freie Forschung?, in: Christ in der Gegenwart 14 (2008) 157f., hier 157; vgl. Im Geist der Liebe mit dem Leben umgehen. Argumentationshilfe für aktuelle medizin- und bioethische Fragen (EDK-Texte 71), Hannover 2002.

[19] Vgl. *Anselm, Reiner*, Die Kunst des Unterscheidens. Theologische Ethik und kirchliche Stellungnahme, in: *Anselm, Körtner* (Hrsg.), Streitfall Biomedizin (s. Anm. 10), 47–67, hier 48; *Körtner, Ulrich H.J.*, Bioethische Ökumene? Chancen und Grenzen ökumenischer Ethik am Beispiel der Biomedizin, in: *Anselm, Körtner* (Hrsg.), Streitfall Biomedizin (s. Anm. 10), 71–96, hier 78.

[20] Vgl. *Anselm*, Die Kunst des Unterscheidens (s. Anm. 19), 49. *Kreß, Hartmut*, Medizinische Ethik. Kulturelle Grundlagen und ethische Wertkonflikte heutiger Medizin. (Ethik – Grundlagen und Handlungsfelder Bd. 2), Stuttgart 2003, 112.

[21] Vgl. *Kreß, Hartmut*, Ethischer Immobilismus oder rationale Abwägungen? Das Naturrecht angesichts der Probleme des Lebensbeginns, in: *Anselm, Körtner* (Hrsg.), Streitfall Biomedizin (s. Anm. 10), 111–134, hier 115ff.

[22] Vgl. *Körtner, Ulrich H.J.*, „Lasset uns Menschen machen". Christliche Anthropologie im biotechnologischen Zeitalter, München 2005, 139.

der fallbezogenen Güterabwägung als genuinem Weg evangelischer Ethik verwiesen".[23]

Evangelische Freiheit und Verantwortungsethik führen zu anderen Schlussfolgerungen als spezifisch-autoritative Bestimmungen. Abzuheben sei weniger auf konkrete Einzelaussagen als auf die Darlegung der theologisch-ethischen Grundlagen als Basis einer individuellen Verantwortungsethik[24].

In der Folge äußern sich vermehrt evangelische Theologen positiv bezüglich einer freieren Haltung im Bereich embryonaler Stammzellen:

Laut *Kreß* sind Ausnahmen des Lebensschutzes von Embryonen aufgrund einer Güterabwägung mit der menschlichen Gesundheit möglich, da biologisch-embryologische Erkenntnisse nahe legen, dass vor der Nidation nicht das gleiche Schutzniveau bestehe wie nachher, und die Differenzierung von Menschenwürde und Lebensschutz zeige, dass schon immer Ausnahmen wie im Falle der Notwehr gemacht wurden[25].

Für *Dabrock* zeigt sich bei in vitro hergestellten Embryonen, die nicht zur Einpflanzung gelangen, eine Parallelität zum Hirntodkriterium bzw. der Organentnahme bei Hirntoten, da auch hier lebende Menschen aus dem Würdebereich heraus fallen[26]. Dauerhaft kryokonservierte Embryonen können funktional als ,tot' betrachtet werden, da weder eine biologische noch eine soziale Umwelt als Entwicklungsmöglichkeit vorliege. Eine Freigabe für die Forschung sei folglich keine Tötung, sondern die Beendigung eines (zuvor nur künstlich aufgehaltenen) Sterbeprozesses.

Eine eigene Art der Argumentation, die bisher wenig beachtet wurde, legt *Herms* vor. Er weist darauf hin, dass Forschungsziele in sich ethisch gerechtfertigt sein müssen. Dies ist trotz des anzuerkennenden Therapiezieles bei der embryonalen Stammzellforschung nicht der Fall. Das heißt aber nicht, dass *Herms* damit die Forschung unter keinen Umständen für rechtfertigbar hielte.

---

[23] *Ernst, Stephan*, Zwischen Prinzipienmoral und Situationsethik. Konfessionelle Unterschiede in der christlichen Bewertung aktueller bioethischer Fragen?, in: *Konrad Hilpert, Dietmar Mieth* (Hrsg.), Kriterien biomedizinischer Ethik. Theologische Beiträge zum gesellschaftlichen Diskurs, Freiburg, Basel, Wien 2006, 313–336, hier 313.
[24] Vgl. *Körtner*, „Lasset uns Menschen machen" (s. Anm. 22), 141.
[25] Vgl. *Kreß*, Medizinische Ethik (s. Anm. 20), 123–127.
[26] Vgl. *Dabrock, Peter, Klinnert, Lars*, Verbrauchende Embryonenforschung. Kommt allen Embryonen Menschenwürde zu?, in: *Peter Dabrock* u. a.(Hrsg.), Menschenwürde und Lebensschutz. Herausforderungen theologischer Bioethik, Gütersloh 2004, 173–210, hier 118,190.

„Vielmehr steht jeder, der mit dem Effekt eines ethisch nicht zu rechtfertigenden Handelns konfrontiert wird, ganz unabhängig davon, ob er dieses Handeln billigt oder nicht, vor der unabweisbaren Aufgabe, mit diesen Folgen des ethisch nicht zu rechtfertigenden Verfahrens in der ethisch vorzugswürdigen Weise umzugehen".[27]

Die Art und Weise, wie diese Stammzelllinien zustande gekommen sind, sagt nichts darüber aus, wie jetzt zu verfahren sei.

„Vielmehr ist derjenige Umgang mit den Resultaten einer ethisch ungerechtfertigten Handlung seinerseits der ethisch Gerechtfertigte, der das Beste – d. h. das Vorzugswürdigste – daraus macht. Schon gewonnene Stammzelllinien zu Forschungszwecken heranzuziehen, ist besser, als sie ungenutzt ,wegzuwerfen'".[28]

Inwiefern diese vielstimmigen Äußerungen innerhalb der evangelischen Kirche Auswirkungen auf die Position des Ratsvorsitzenden der EKD, Bischof Dr. Wolfgang *Huber,* hatten, lässt sich nur vermuten. Überrascht reagierte aber nicht nur die katholische Seite, als dieser in der zweiten Debatte zum Stammzellgesetz einer möglichen Stichtagsverlegung zur Einfuhr embryonaler Stammzellen zustimmte[29]. Bereits in einer Erklärung vom November 2006 lässt er eine pragmatisch-wissenschaftlich orientierte Haltung erkennen und möchte den Problemen der Forschung aufgrund kontaminierter Stammzelllinien durch eine Verschiebung des festgelegten Stichtages Abhilfe schaffen und so den Kompromiss des ursprünglichen Stammzellgesetzes wahren[30]. *Huber* sieht in dieser Haltung keinen Kurswechsel, sondern lediglich die Wahl des geringeren Übels und einen Schutz gegen ein Aufweichen des Kompromisses von 2002[31].

---

[27] *Herms, Eilert,* Kritische Bemerkungen zu einer verbreiteten Argumentationslinie zugunsten des ethischen Gerechtfertigtseins von Stammzellenforschung, die den verbrauchenden Umgang mit definitiv übrig gebliebenen Embryonen in vitro nicht ausschließt, in: *ders.,* Zusammenleben im Widerstreit der Weltanschauungen, Tübingen 2007, 296–304, hier 302.

[28] Ebd.

[29] Vgl. *Huber, Wolfgang,* Eine ethische Gratwanderung. Gibt es einen ethisch verantwortbaren Handlungsspielraum bei der Forschung an embryonalen Stammzellen? Exklusiv für die Frankfurter Allgemeine Zeitung vom Vorsitzenden des Rates der EKD, 27. Dezember 2007, in: www.ekd.de.

[30] Vgl. *Huber, Wolfgang,* Erklärung des Vorsitzenden des Rates der Evangelischen Kirche in Deutschland zur Stellungnahme der Deutschen Forschungsgemeinschaft (DFG) „Stammzellforschung – Möglichkeiten und Perspektiven in Deutschland" 10. November 2006, in: www.ekd.de.

[31] Vgl. *Huber,* Eine ethische Gratwanderung (s. Anm. 29), in: www.ekd.de; *ders.,* Wissenschaft verantworten – Überlegungen zur Ethik der Forschung. 14. Juli 2006, Universität Heidelberg, in: www.ekd.de; „Erzielt man so trotz gravierender, die Gesellschaft spaltender Divergenzen ein Vermittlungsergebnis, das Rechtsfrieden herstellen kann, dann hat ein solches ,second-best' – Ergebnis auch einen sozialethisch intrinsischen Wert." *Dabrock, Peter,* Irritierende Brüche. Unter Christen gibt es derzeit keine einheit-

Kritiker allerdings verurteilen diese Äußerung als Aufweichung des Lebensschutzes und implizite Akzeptanz der Forschung an embryonalen Stammzellen.

Wohl aufgrund der Pluralismusdiskussion in den eigenen Reihen sieht *Huber* in der Frage nach in vitro gezeugten Embryonen, die ohnehin absterben, unterschiedliche Positionen als christlich möglich an. Einstimmigkeit fordert er nur in Grundfragen des Glaubens[32], weshalb unbestritten bleibt, dass sich christliche Ethik stets dafür einsetzen muss,

> „dass zu wissenschaftlichen Vorgehensweisen, die wegen der Gefahr der Verdinglichung des Menschen problematisch sind, Alternativen gesucht werden, die dieser Gefahr nicht oder weniger ausgesetzt sind. Die Forschung mit adulten statt mit embryonalen Stammzellen oder der Zugang zu Stammzellen mit vergleichbaren Eigenschaften ohne den Weg über die Herstellung menschlicher Embryonen sind Beispiele hierfür"[33].

Natürlich riefen bereits die unterschiedlichen Äußerungen evangelischer Theologen auf katholischer Seite Reaktionen und Antworten hervor, doch hat der Richtungswechsel *Hubers* auf eine Verlegung des Stichtages zur Einführung embryonaler Stammzellen nicht nur medial als offizielle Aussage der Kirchenleitung für besondere Aufregung gesorgt.

Trotz der homogenen Aussagen von katholischer Seite, ist es jedoch nicht so, dass die katholische Position einstimmig und eine vielstimmige Diskussion nur im evangelischen Umfeld gegeben ist[34]. Allerdings sind vor allem die Bischöfe als Träger des Lehramtes, aber auch eine ganze Reihe von Moraltheologen hier in der Ablehnung der Forschung an embryonalen Stammzellen einig[35].

---

liche Position in der Stammzelldebatte, in: Zeitzeichen. Evangelische Kommentare zu Religion und Gesellschaft 9 (2008) 11–13, hier 13.

[32] Vgl. *Huber, Wolfgang*, „Verantwortungsethik ist nun einmal heikel" – Interview in der Süddeutschen Zeitung (SZ) 11. Februar 2008, in: www.ekd.de.

[33] *Huber, Wolfgang*, Wissenschaft verantworten – Überlegungen zur Ethik der Forschung. 14. Juli 2006, Universität Heidelberg, in: www.ekd.de.

[34] Vgl. *Hilpert, Konrad*, Fünf Jahre deutsches Stammzellgesetz, in: Stimmen der Zeit 133 (2008) 15–25; *Autiero, Antonio*, Verletzender Fundamentalismus, in: Die Zeit vom 03.01.2008.

[35] Vgl. u. a. *Lehmann, Karl Kardinal*, Das Recht, ein Mensch zu sein – Zur Grundfrage der gegenwärtigen bioethischen Probleme, in: ders., Zuversicht aus dem Glauben. Grundsatzreferate des Vorsitzenden der Deutschen Bischofskonferenz, Freiburg, Basel, Wien 2006, 375–396; *ders.*, Im Zweifel für das Leben. Embryonenschutz ist keine Frage des Stichtags. Ein Meinungsbeitrag, in: Die Zeit vom 17.01.2008; *Fonk, Peter*, Menschenzüchtung auf neuen Wegen. Gedanken zur Geschichte und aktuellen Problemen der Biomedizin, in: Theologische Revue 104 (2008) 179–212, bes. 196–201; *Reiter, Johannes*, Bioethik, in: *Klaus Arntz* u. a., Orientierung finden. Ethik der Lebensbereiche, Freiburg, Basel, Wien 2008, 7–60, hier 26–29; *Demmer, Klaus*,

Der daraus resultierende Vorwurf, dass das katholische Lehramt anstelle einer evangelischen situationsbezogenen Ethik der Güterabwägung eine absolute Prinzipienmoral vertrete, von der sie selbst inkonsequenterweise Ausnahmen gestatte, ist nicht haltbar[36]. Ausnahmen der Schutzwürdigkeit wie im Falle der Notwehr weichen nicht das strikte Tötungsverbot Unschuldiger auf, wie es die katholische Kirche vertritt. Vielmehr setzt Notwehr voraus,

„dass von dem Angreifer eine Gefahr für das Leben des Bedrohten ausgeht, die nicht anders als durch die Tötung des Aggressors abwendbar ist. Der Embryo bedroht jedoch niemanden; er ist vielmehr selbst ein unschuldiges, schutzbedürftiges Wesen, das zudem erst durch menschliches Handeln in die prekäre Situation seiner derzeitigen Existenzweise gebracht wurde"[37].

Im Gegenzug drängt sich als kritische Anfrage an die evangelische Haltung auf, was unter der allgemein geforderten Einstimmigkeit in Grundfragen zu verstehen sei. Denn die Betonung von Menschenwürde und Lebensschutz als Grunddatum kirchlicher Ethik verbindet beide Kirchen in ihrer Argumentation. Aber ist nicht gerade dieser umfassende Lebensschutz Grundlage jeglicher weiteren Erörterung? Wenn hier, wie behauptet, innerhalb der evangelischen Kirche Einigkeit besteht, wie sollen dann die dargelegten Überlegungen zur Embryonalforschung gewertet werden, wenn nicht als Aufweichung dieses Schutzes und implizite Zustimmung?

Um den Schutz menschlichen Lebens zu gewährleisten, fordert das Embryonenschutzgesetz als unabdingbare Voraussetzung der IVF die Einpflanzung des Embryos und somit die Möglichkeit einer Entwicklung zum geborenen Menschen.

„Heute argumentieren viele umgekehrt: Sie akzeptieren die Nicht-Annahme des Embryos durch seine Eltern als Ausgangspunkt der Beurteilung und folgern daraus, dass sein Menschsein noch unter einem positiven Zweifel stehe. Das volle Menschsein werde dem Embryo erst durch den Akt der Annahme verliehen, so dass er, solange dieser unterbleibt, allenfalls in einem eingeschränkten Sinn als schutzwürdig gelten könne."[38]

Diese – auch von evangelischen Ethikern übernommene – Argumentationslinie wie die faktische Existenz überzähliger Embryo-

Gott denken – sittlich handeln. Fährten ethischer Theologie (Studien zur theologischen Ethik 120), Freiburg 2008, 105–151.

[36] Vgl. *Ernst,* Zwischen Prinzipienmoral und Situationsethik (s. Anm. 23), 326ff.

[37] *Schockenhoff, Eberhard,* Ethische Probleme der Stammzellforschung, in: Stimmen der Zeit 133 (2008) 323–334, hier 329.

[38] *Schockenhoff,* Stammzellforschung (s. Anm. 37), 333.

nen drängen laut *Schockenhoff* freilich zu deren Freigabe für Forschungszwecke:

> „Einer pragmatischen Betrachtungsweise, die immer nur den nächsten Schritt ins Auge fasst und den vorangegangenen nicht mehr in Frage stellt, wird eine positive Antwort auf diese Fragen nicht schwer fallen. (…) Eine moralische Betrachtung der Ziele, Mittel und Folgen unseres Handelns hat nicht nur den jeweils nächsten Schritt, sondern die Vernunft des Ganzen ins Auge zu fassen. In dieser Perspektive zeigen sich dem abwägenden Vernunfturteil gute moralische Gründe dafür, auch im Fall der überzähligen Embryonen dem Schutz der Menschenwürde und der Einhaltung des Instrumentalisierungsverbotes den Vorrang vor fremden Nutzungsinteressen einzuräumen."[39]

Nicht nur jene in vitro erzeugten Zellen müssen für schutzwürdig erachtet werden, die in einer sozialen Beziehung mit einer Frau stehen, denn keine Beziehung kann „ohne den Eigenstand der in Beziehung tretenden Dinge oder Lebewesen gedacht werden"[40]. Der soziale Tod verwaister Embryonen kann kaum als vergleichbare Größe zur Organentnahme bei Hirntoten angesehen werden, da sich sonst die Frage aufdrängt, wie weit dieser Gedankengang des sozialen Abgeschriebenseins als Todeskriterium noch gesponnen werden soll … Ein faktisch bestehendes Unrecht wie die Existenz sog. verwaister Embryonen kann niemals weiteres Unrecht rechtfertigen, sondern führt letztlich zu einem Umkehrschluss, nämlich der impliziten Akzeptanz embryonaler Stammzellforschung.

Dies gilt gleichermaßen für die Argumentation bei *Herms*. So notwendig die Feststellung ist, dass Forschungsverfahren in sich gerechtfertigt sein müssen, so ist diese Begründung nicht hinreichend. Denn kann man sich ganz der Frage entziehen, welche Folgen dies für die Forschung an embryonalen Stammzellen hat, wenn dann doch geforscht werden darf, sobald aus ihnen Stammzelllinien geworden sind? Die Argumentation von *Herms* wird noch unverständlicher, wenn er in seinen danach einsetzenden Schlussüberlegungen noch einmal seinen Gedankengang zusammenfasst, nach dem keine Forschung mit überzähligen Embryonen ethisch gerechtfertig sei.

---

[39] Ebd. Auf die Möglichkeit einer Adoption dieser Embryonen verweist *Reiter, Johannes*, Die Menschenwürde und ihre Relevanz für die Biotechnik und Biomedizin, in: Internationale katholische Zeitschrift Communio (2006) 132–148, hier 140.

[40] *Müller, Sigrid*, Der Mensch vor Gott: Mit Biologie und Theologie, in: Christ in der Gegenwart 15 (2008) 165f., hier 165.

III. Perspektiven

Es ist deutlich geworden, dass das Thema der embryonalen Stammzellen und damit verbunden des Lebensschutzes zur Zeit mehr zur Entfremdung denn zur Annäherung im Feld ökumenischer Nachbarschaft beiträgt. Weiter kann nicht übersehen werden, dass im Kreis derjenigen evangelischen Theologen, die bei der Erlaubnis der Forschung mit embryonalen Stammzellen eine andere Auffassung haben, als sie von den katholischen Bischöfen und zahlreichen Moraltheologen vertreten werden, auch einige sich dezidiert gegen eine „Konsensökumene" aussprechen (z. B. *Körtner, Herms*)[41]. Ob in diesen Zusammenhang auch die „Ökumene der Profile" (Bischof *Huber*) gehört, mag dahingestellt sein. Dennoch ist die Verbindung nicht von der Hand zu weisen, die eine stärkere konfessionelle Positionierung mit einer ethisch veränderten Position zum Schutz des Lebens in seinen frühesten Stadien zum Ausdruck bringt. Oder anders formuliert: Die Abgrenzung gegen eine „katholische" Position beim Lebensschutz wird mit einer verstärkten Differenzökumene verbunden. Das je eigene kirchliche Selbstverständnis hat Auswirkungen auf die Art und Weise der ethischen Argumentation. Ekklesiologie und Ethik bedingen sich gegenseitig.

Dass theologisch zentrale Begriffe auf ihre ethische Relevanz hin im ökumenischen Dialog neu bedacht werden müssen, darauf weist *Schockenhoff* hin, wenn er auf die ethischen Konsequenzen des Schöpfungsglaubens und der Rechtfertigungslehre abhebt. Er fragt, ob aus dem Bekenntnis zur Rechtfertigung des Menschen allein aus Gnade

„auf biopolitischem Gebiet nicht eindeutigere Bestimmungen erfolgen müssten, die in der unantastbaren Würde, die jedem menschlichen Individuum vom Ursprung seine Existenz an zukommt, eine notwendige ethische Näherbestimmung von Gottes rechtfertigendem Handeln sieht"[42].

---

[41] *Körtner, Ulrich H.J.*, hat sich dazu in verschieden Beiträgen geäußert, zuletzt in: Perspektiven ökumenischer Ethik. Evangelische und katholische Ethik im kritischen Dialog, in: Zeitschrift für Evangelische Ethik 52 (2008) Sonderheft 67–71; auf frühere Äußerungen bin ich eingegangen in: *Schlögel, Herbert*, Wie weit trägt Einheit? Ethische Begriffe im evangelisch-katholischen Dialog (Ethik im theologischen Diskurs 9), Münster 2004, 186–198, hier 193–197.

[42] *Schockenhoff, Eberhard*, Der Anspruch des Wortes Gottes und das Recht zum eigenen Standpunkt. Der Weg der protestantischen Ethik aus der Sicht katholischer Theologie, in: Zeitschrift für Evangelische Ethik 52 (2008) Sonderheft 55–66, hier 62.

Auf die tief greifende Differenz zwischen katholischer und evangelischer Sichtweise in der theologischen Anthropologie und damit dem Sündenverständnis wird evangelischerseits aufmerksam gemacht.[43]

So spiegeln sich in den bioethischen Debatten Grundfragen ökumenischer Theologie und Ethik wider. Die gemeinsame Arbeit daran wird auch in Zukunft notwendig sein, wobei es immer wieder eine neue Herausforderung ist, nicht hinter einen bereits erreichten Kenntnisstand zurückzufallen. Das gilt z. B. für die „Gemeinsame Erklärung zur Rechtfertigungslehre". Ist der Eindruck völlig falsch, dass nicht wenige Kritiker es bei ihrer Ablehnung haben bewenden lassen, ohne sich selbst die Mühe zu machen, ihrerseits positive Vorschläge einzubringen? Für die in der Ethik tätigen Theologen kommt ein weiterer Punkt hinzu. Sie wissen nicht, wie sich die Forschungslage bei den embryonalen Stammzellen entwickelt. Wer will schon heute eine Prognose abgeben, ob die induzierten pluripotenten Stammzellen tatsächlich eine Problemlösung darstellen oder die Forschung mit adulten Stammzellen die gewünschten Erfolge erzielen kann? Der Raum für neue Annäherungen beim Lebensschutz darf deshalb nicht verbaut werden: für die Christen, die zu ihrer eigenen Orientierung und Gewissensbildung nach einem festen Bezugspunkt Ausschau halten, wie für die interessierte Öffentlichkeit oder im klassischen Sprachgebrauch der katholischen Kirche für „alle Menschen guten Willens", die eher geneigt sind, eine einmütige Stellungnahme der Kirchen in ihren Entscheidungsprozess einzubeziehen, als die Vielfalt der unterschiedlichen Positionen entgegen zu nehmen. Und: wer, wenn nicht die Kirchen, artikuliert bei diesen zentralen ethischen Fragen in der Öffentlichkeit, welche Werte – wie hier der Lebensschutz – auf dem Spiel stehen? Insofern scheint es uns nicht plausibel, vom Pluralismus als Markenzeichen evangelischer Ethik zu sprechen. Das heißt natürlich nicht, dass dort, wo es in der Sache unterschiedliche Auffassungen gibt, diese übergangen werden dürften. Manche Betonung des Eigenen mag durchaus der Sorge um die konfessionelle Identität geschuldet sein. Dies gilt für die katholische wie evangelische Seite und bei manchen Themen quer durch die Konfessionen.

Hinter dem Bemühen um Gemeinsamkeit steht die Suche nach kirchlicher Einheit, wie bereits die zu Beginn gemachten bibli-

---

[43] Vgl. *Dabrock, Peter*, Das Befremden des Eigenen. Evangelisch-theologische Beobachtungen katholischer Moraltheologie und evangelische Differenzen ihr gegenüber, in: Zeitschrift für Evangelische Ethik 50 (2006) 110–120, hier 114; dazu: *Schallenberg, Peter*, Gesetz oder Evangelium? Zu einigen vermuteten Differenzen zwischen katholischer und evangelischer Ethik, in: Catholica 61 (2007) 56–66.

schen Hinweise zum Ausdruck bringen. Hier auf den anderen zuzugehen, ist nach wie vor unerlässlich.[44] Vor allem sollten die vorhandenen Gemeinsamkeiten gepflegt werden wie z. B. im ethischen Bereich die „Woche für das Leben". Alle anderen Formen, die das gemeinsame christliche Zeugnis zum Ausdruck bringen, wie das Bemühen um Übereinstimmung in der theologischen Forschung, das gemeinsame Gebet in ökumenischen Gottesdiensten, die Lektüre der Bibel und der diakonische Bereich (z. B. Telefonseelsorge) sind hier nach wie vor wichtig. Gegenseitige positive Erfahrungen in der ökumenischen Nachbarschaft können Annäherungen in strittigen Fragen bringen – auch im Lebensschutz, wo es um die Würde des Menschen und sein Begnadetsein durch Gott von Anfang an geht.

Literaturverzeichnis

Anselm, Reiner, Die Kunst des Unterscheidens. Theologische Ethik und kirchliche Stellungnahme, in: *Reiner Anselm, Ulrich H.J. Körtner* (Hrsg.), Streitfall Biomedizin. Urteilsfindung in christlicher Verantwortung, Göttingen 2003, 47–67.

Anselm, Reiner, Körtner, Ulrich H.J. (Hrsg.), Streitfall Biomedizin. Urteilsfindung in christlicher Verantwortung, Göttingen 2003.

Autiero, Antonio, Verletzender Fundamentalismus, in: Die Zeit vom 03.01.2008.

Dabrock, Peter, Klinnert, Lars, Verbrauchende Embryonenforschung. Kommt allen Embryonen Menschenwürde zu?, in: *Peter Dabrock* u. a.(Hrsg.), Menschenwürde und Lebensschutz. Herausforderungen theologischer Bioethik, Gütersloh 2004, 173–210.

Dabrock, Peter, Das Befremden des Eigenen. Evangelisch-theologische Beobachtungen katholischer Moraltheologie und evangelische Differenzen ihr gegenüber, in: Zeitschrift für Evangelische Ethik 50 (2006) 110–120.

Dabrock, Peter, Irritierende Brüche. Unter Christen gibt es derzeit keine einheitliche Position in der Stammzelldebatte, in: Zeitzeichen. Evangelische Kommentare zu Religion und Gesellschaft 9 (2008) 11–13.

Demmer, Klaus, Gott denken – sittlich handeln. Fährten ethischer Theologie (Studien zur theologischen Ethik 120), Freiburg 2008.

Die deutschen Bischöfe, Der Mensch: sein eigener Schöpfer? Wort der Deutschen Bischofskonferenz zu Fragen von Gentechnik und Biomedizin (Die deutschen Bischöfe 69), Bonn 2001.

---

[44] In diesem Sinne zu verstehen: *Lehmann, Karl Kardinal*, Zum Selbstverständnis des Katholischen. Zur theologischen Rede von Kirche, in: Pressemitteilungen der Deutschen Bischofskonferenz vom 28.09.2007. Vgl. auch: *Kühn, Ulrich*, Zum evangelisch-katholischen Dialog. Grundfragen einer ökumenischen Verständigung, Leipzig 2005.

Ernst, Stephan, Zwischen Prinzipienmoral und Situationsethik. Konfessionelle Unterschiede in der christlichen Bewertung aktueller bioethischer Fragen?, in: *Konrad Hilpert, Dietmar Mieth* (Hrsg.), Kriterien biomedizinischer Ethik. Theologische Beiträge zum gesellschaftlichen Diskurs, Freiburg, Basel, Wien 2006, 313–336.

Fonk, Peter, Menschenzüchtung auf neuen Wegen. Gedanken zur Geschichte und aktuellen Problemen der Biomedizin, in: Theologische Revue 104 (2008) 179–212.

Herms, Eilert, Kritische Bemerkungen zu einer verbreiteten Argumentationslinie zugunsten des ethischen Gerechtfertigtseins von Stammzellenforschung, die den verbrauchenden Umgang mit definitiv übrig gebliebenen Embryonen in vitro nicht ausschließt, in: *ders.*, Zusammenleben im Widerstreit der Weltanschauungen, Tübingen 2007, 296–304.

Hilpert, Konrad, Fünf Jahre deutsches Stammzellgesetz, in: Stimmen der Zeit 133 (2008) 15–25.

Huber, Wolfgang, Wissenschaft verantworten – Überlegungen zur Ethik der Forschung. 14. Juli 2006, Universität Heidelberg, in: www.ekd.de.

Huber, Wolfgang, Erklärung des Vorsitzenden des Rates der Evangelischen Kirche in Deutschland, zur Stellungsnahme der Deutschen Forschungsgemeinschaft (DFG) „Stammzellforschung – Möglichkeiten und Perspektiven in Deutschland" 10. November 2006, in: www.ekd.de.

Huber, Wolfgang, Eine ethische Gratwanderung. Gibt es einen ethisch verantwortbaren Handlungsspielraum bei der Forschung an embryonalen Stammzellen? Exklusiv für die Frankfurter Allgemeine Zeitung, Vorsitzender des Rates der EKD, 27. Dezember 2007, in: www.ekd.de.

Huber, Wolfgang, „Verantwortungsethik ist nun einmal heikel". Interview in der Süddeutschen Zeitung (SZ) 11. Februar 2008, in: www.ekd.de.

Kirchenamt der EKD (Hrsg.), Im Geist der Liebe mit dem Leben umgehen. Argumentationshilfe für aktuelle medizin- und bioethische Fragen (EKD Texte 71), Hannover 2002.

Kongregation für die Glaubenslehre, Erklärung Dominus Jesus über die Einzigkeit und die Heilsuniversalität Jesu Christi und der Kirche (Verlautbarungen des Apostolischen Stuhls 148), Bonn 2000 (ergänzte 4. Aufl. 2007).

Körtner, Ulrich H.J., „Lasset uns Menschen machen". Christliche Anthropologie im biotechnologischen Zeitalter, München 2005.

Körtner, Ulrich H.J., Lebensschutz gegen freie Forschung?, in: Christ in der Gegenwart 14 (2008) 157f.

Körtner, Ulrich H.J., Perspektiven ökumenischer Ethik. Evangelische und katholische Ethik im kritischen Dialog, in: Zeitschrift für Evangelische Ethik 52 (2008) Sonderheft 67–71.

Kreß, Hartmut, Ethischer Immobilismus oder rationale Abwägungen? Das Naturrecht angesichts der Probleme des Lebensbeginns, in: *Reiner Anselm, Ulrich H.J. Körtner* (Hrsg.), Streitfall Biomedizin. Urteilsfindung in christlicher Verantwortung, Göttingen 2003, 111–134.

116

Kreß, Hartmut, Medizinische Ethik. Kulturelle Grundlagen und ethische Wertkonflikte heutiger Medizin. (Ethik – Grundlagen und Handlungsfelder Bd. 2), Stuttgart 2003.

Lehmann, Karl Kardinal, Das Recht, ein Mensch zu sein – Zur Grundfrage der gegenwärtigen bioethischen Probleme, in: *ders.,* Zuversicht aus dem Glauben. Grundsatzreferate des Vorsitzenden der Deutschen Bischofskonferenz, Freiburg, Basel, Wien 2006, 375–396.

Lehmann, Karl Kardinal, Zum Selbstverständnis des Katholischen. Zur theologischen Rede von Kirche, in: Pressemitteilungen der Deutschen Bischofskonferenz vom 28.09.2007.

Lehmann, Karl Kardinal, Im Zweifel für das Leben. Embryonenschutz ist keine Frage des Stichtags. Ein Meinungsbeitrag, in: Die Zeit vom 17.01.2008.

Müller, Sigrid, Der Mensch vor Gott: Mit Biologie und Theologie, in: Christ in der Gegenwart 15 (2008) 165f.

Papst Johannes Paul II., Enzyklika Evangelium vitae (Verlautbarungen des Apostolischen Stuhls 120), Bonn 1995.

Papst Johannes Paul II., Brief an die deutschen Bischöfe vom 3. Juni 1999, Erklärung Nr. 3, in: www.vatican.va.

Päpstlicher Rat zur Förderung der Einheit und Lutherischer Weltbund, Gemeinsame Erklärung zur Rechtfertigungslehre des Lutherischen Weltbundes und der Katholischen Kirche, abgedruckt u. a. in: Texte aus der VELKD 87 (1999) 1–19.

Rat der Evangelischen Kirche und Deutsche Bischofskonferenz, Gott ist ein Freund des Lebens. Herausforderungen und Aufgaben beim Schutz des Lebens, Bonn 1989 (Sonderausgabe 2000).

Rat der Evangelischen Kirche in Deutschland und Deutsche Bischofskonferenz, Für eine Zukunft in Solidarität und Gerechtigkeit. Wort des Rates der Evangelischen Kirche in Deutschland und der Deutschen Bischofskonferenz zur wirtschaftlichen und sozialen Lage in Deutschland (Gemeinsame Texte 9), Hannover, Bonn 1997.

Rat der Evangelischen Kirche in Deutschland und Deutsche Bischofskonferenz, „... und der Fremdling, der in deinen Toren ist." Gemeinsames Wort der Kirchen zu den Herausforderungen durch Migration und Flucht (Gemeinsame Texte 10), Bonn, Frankfurt am Main, Hannover 1997.

Rat der Evangelischen Kirche in Deutschland und Deutsche Bischofskonferenz, Wieviel Wissen tut uns gut? Chancen und Risiken der voraussagenden Medizin. Gemeinsames Wort zur Woche für das Leben 1997: „Jedes Kind ist liebenswert. Leben annehmen statt auswählen." (Gemeinsame Texte 11), Hannover, Bonn 1997.

Rat der Evangelischen Kirche und Deutsche Bischofskonferenz, Chancen und Risiken der Mediengesellschaft (Gemeinsame Texte 12), Hannover, Bonn 1997.

Rat der Evangelischen Kirche in Deutschland, „Der Schutz menschlicher Embryonen darf nicht eingeschränkt werden." Erklärung des Rates der EKD zur aktuellen bioethischen Debatte vom 22. Mai 2001, in: www.ekd.de.

Rat der Evangelischen Kirche in Deutschland, Das Abendmahl. Eine Orientierungshilfe zu Verständnis und Praxis des Abendmahls in der Evangelischen Kirche, Hannover 2003.

Rat der Evangelischen Kirche in Deutschland, Bericht auf der 2. Tagung der 10. Synode der EKD (Trier, 2.–7. November 2003), in: www.ekd.de.

Reiter, Johannes, Die Menschenwürde und ihre Relevanz für die Biotechnik und Biomedizin, in: Internationale katholische Zeitschrift Communio (2006) 132–148.

Reiter, Johannes, Bioethik, in: *Klaus Arntz* u. a., Orientierung finden. Ethik der Lebensbereiche, Freiburg, Basel, Wien 2008, 7–60.

Schallenberg, Peter, Gesetz oder Evangelium? Zu einigen vermuteten Differenzen zwischen katholischer und evangelischer Ethik, in: Catholica 61 (2007) 56–66.

Schlögel, Herbert, Wie weit trägt Einheit? Ethische Begriffe im evangelisch-katholischen Dialog (Ethik im theologischen Diskurs 9), Münster 2004.

Schockenhoff, Eberhard, Der Anspruch des Wortes Gottes und das Recht zum eigenen Standpunkt. Der Weg der protestantischen Ethik aus der Sicht katholischer Theologie, in: Zeitschrift für Evangelische Ethik 52 (2008) Sonderheft 55–66.

Schockenhoff, Eberhard, Ethische Probleme der Stammzellforschung, in: Stimmen der Zeit 133 (2008) 323–334.

Tanner, Klaus, Fünf Jahre Stammzellengesetz, in: Zeitschrift für Evangelische Ethik 51 (2007) 83–87.

Vereinigte Evangelisch-Lutherische Kirche in Deutschland (VELKD), Stellungnahme zu Fragen der Bioethik. 9. April 2001, in: VELKD Informationen Nr. 94.

3. Systematische Nachfragen

Kirchliche Stellungnahmen zum Embryonenschutz

Ein Beitrag zur Hermeneutik

von Konrad Hilpert

I. Prolegomenon

Die Fortschritte der modernen Medizin und der Biowissenschaften stellen nicht nur Patienten und Ärzte vor neuartige Entscheidungen, sondern auch die Forschenden selbst ebenso wie die ethisch Reflektierenden und nicht zuletzt die, die für die politischen und rechtlichen Rahmenbedingungen zuständig sind. Denn weder die Rechtsprechung noch die Ethik-Experten und auch nicht die Kirchen als Sachwalterinnen eines vom Evangelium inspirierten Ethos der Fürsorge für das bedrohte Leben können in Bezug auf die aufbrechenden neuen Fragen ohne Weiteres und unmittelbar auf existierende Handlungsmuster und durch lange Tradition herausgebildete und bewährte Standards des Umgangs zurückgreifen oder sie in Erinnerung bringen. Soweit sich in den Dokumenten der Tradition überhaupt Regelungen finden, die das aktuelle Handlungs- bzw. Problemfeld des Lebensschutzes tangieren, stammen die darin enthaltenen Weisungen aus Zeiten, in denen man sich noch keine Gedanken darüber zu machen brauchte noch konnte, dass es eines Tages möglich sein würde, unfreiwilliger Kinderlosigkeit entgegenzutreten, den Beginn eines menschlichen Lebens getrennt von einem Geschlechtsakt und außerhalb des Leibs einer Frau stattfinden zu lassen, Embryonen und Feten genetisch zu untersuchen und Embryonen, die im Zuge einer solchen Behandlung entstanden sind, aber für den ursprünglichen Zweck nicht mehr gebraucht werden, zur Gewinnung von Stammzellen zu verwenden.

Weil Antworten auf die im Zusammenhang dieser Entwicklungen aufkommenden Fragen sich weder der gelebten Alltagsmoral noch den Orientierungsbeständen der überkommenen Ethik entnehmen lassen, bedarf es eigener Anstrengungen, um unter den bereits gegebenen bzw. absehbaren Handlungs- bzw. Entscheidungsoptionen jene herauszufinden, die im Blick auf tatsächliche

Folgen für die betroffenen Individuen, für das familiäre Zusammenlebenkönnen, für den Zusammenhang der Generationen, für die Zukunft der Menschheit, das Miteinander in der Gesellschaft und die Verfasstheit des Menschen (einschließlich des Stehens in einem Verhältnis zu Gott) insgesamt als verantwortbar erscheinen und entsprechend andere als Ab- oder Irrwege zu ächten.

Es ist klar, dass derartige Urteilsbildung zu den neu entstandenen Fragen ihrerseits nicht einfach von der Unmittelbarkeit der diversen einzelnen Denkenden leben kann, noch sich gleichsam autopoietisch aus dem konstruktiven Potenzial der Gemeinschaft der Forschenden ergibt, sondern dass sie „anknüpfen" und aufbauen muss auf den überkommenen ethischen Konventionen und Überzeugungen, den bewährten Kriterien der guten Lebensführung und der Gerechtigkeit im Zusammenleben sowie auf den Regeln und Verfahren rationalen Argumentierens.

Zu den Ethos-Beständen, die bei der Entwicklung von Orientierungen für neue Fragen berücksichtigt werden müssen, gehören auch die religiösen Traditionen, die in einer Gesellschaft inkulturiert sind. Sie zeichnen sich durch zwei Besonderheiten aus. Sie bringen zum einen die Dimension von Deutung und Sinn ins Spiel, betten also das Ringen um den Ansatz der ethischen Überlegungen und um die praktischen Regeln für das Handeln ein in die Überzeugungen und Anschauungen von Herkunft, Ziel, Grund- und Grenz-Erfahrungen des Menschen. Und zum anderen verfügen sie so gut wie immer über ein Langzeitgedächtnis, was sie einerseits strukturkonservativ wirken lässt, andererseits aber auch Widerständigkeit entfalten lässt gegenüber der Gefahr, sich allzu leicht für momentane oder für Gruppeninteressen instrumentalisieren zu lassen. Diese beiden Eigenheiten versetzen religiöse Ethik in die Lage, in der ethischen Urteilsfindung eine wichtige Funktion zu erfüllen, nämlich bei den Beteiligten das Gespür für die je eigene Verantwortung zu schärfen und im Prozess der Fortbildung der rechtlichen Rahmenbedingungen anregend oder bestärkend als Anwalt der Stimmlosen bzw. Übersehenen zu wirken.

Eine traditionelle Form, wie die christlichen Kirchen, insbesondere die katholische, diesen Beitrag zur ethischen Urteilsbildung hinsichtlich neuartiger Probleme zu leisten versucht, ist neben der Verkündigung nach innen die öffentliche Kommentierung von Vorhaben, Entwicklungen und Entscheidungen sowie das Lehren durch öffentliche Verlautbarungen. Mit solchem „lehramtlichen" Sprechen geht die Kirche freilich ein Risiko ein, weil sie den Umfang und die Nachhaltigkeit der Rezeption nur in begrenztem Maß selber steuern kann. Gewiss ist allerdings, dass sie die Chancen für eine nachhaltige Rezeption steigert, wenn sie ihre Position mit guten Argumenten vertritt und wenn sie sich fair auseinander setzt mit den Anhängern konkurrierender Standpunkte.

Es gehört zu den erschwerenden Umständen des Suchens nach ethischer Orientierung im Feld der Biomedizin und damit automatisch auch für das kirchliche Sprechen, dass die Entwicklung dieser Wissenschaft so rasch voranschreitet und dass sie gleichzeitig in den unterschiedlichsten kulturellen Zusammenhängen und moralischen Traditionen stattfindet. Das eine drängt zur Eile bei der Formulierung von Positionen, das andere zur Betonung der Differenzen. Der Preis, der dafür u. U. entrichtet werden muss, ist eine Eindeutigkeit, die das Spektrum der eigenen Tradition in Vergessenheit geraten lässt, bzw. Abgrenzungen, die Gemeinsamkeiten im Grundsätzlichen ignorieren und infolgedessen mehr Streit generieren, als dem Ringen um überzeugende Lösungen gut tut.

Vor diesem Hintergrund ist es das Ziel der folgenden Darlegungen, die normativen Stellungnahmen zum Embryonenschutz, die seitens des Amts in der römisch-katholischen Kirche erfolgt sind[1]

---

[1] Berücksichtigt werden – soweit nicht zusätzlich genannt –: *Papst Paul VI.*, Enzyklika „Humanae vitae" über die rechte Ordnung der Weitergabe menschlichen Lebens vom 25.7.1968 (deutsche Übersetzung in: Nachkonziliare Dokumentation 14) (im Folgenden abgekürzt: HV); *Kongregation für die Glaubenslehre*, Erklärung über den Schwangerschaftsabbruch vom 18.11.1974 (deutsche Übersetzung in: L'Osservatore Romano [dt. Ausgabe], Ausgabe Nr. 48 vom 29.11.1974, 9–11); *Papst Johannes Paul II.*, Apostolisches Schreiben „Familiaris consortio" über die Aufgaben der christlichen Familie in der Welt von heute vom 22.11.1981 (deutsch in: Verlautbarungen des Apostolischen Stuhls 33) (abgekürzt: FC); *Heiliger Stuhl*, Charta der Familienrechte vom 22.10.1983 (deutsch in: Verlautbarungen des Apostolischen Stuhls 52); *Kongregation für die Glaubenslehre*, Instruktion „Donum vitae" über die Achtung vor dem beginnenden menschlichen Leben und die Würde der Fortpflanzung. Antworten auf einige aktuelle Fragen vom 10.3.1987 (deutsch in: Verlautbarungen des Apostolischen Stuhls 74) (abgekürzt: DnV); *Johannes Paul II.*, Enzyklika „Evangelium vitae" über den Wert und die Unantastbarkeit des menschlichen Lebens vom 25.3.1995 (deutsch in: Verlautbarungen des Apostolischen Stuhls 120) (abgekürzt: EV); Katechismus der Katholischen Kirche von 1997 (editio typica; deutsche Übersetzung dieser Ausgabe: München 2003); *Kongregation für die Glaubenslehre*, Instruktion „Dignitas personae" über einige Fragen der Bioethik vom 8.9.2008 (deutsch in: Verlautbarungen des Apostolischen Stuhls 183) (abgekürzt: DP); Gemeinsame Erklärung „Gott ist ein Freund des Lebens. Herausforderungen und Aufgaben beim Schutz des Lebens" *des Rates der Evangelischen Kirche in Deutschland und der Deutschen Bischofskonferenz*, Gütersloh, Trier 1989; *Deutsche Bischofskonferenz*, „Der Mensch: sein eigener Schöpfer?" Wort zu Fragen von Gentechnik und Biomedizin vom 7.3.2001 (Reihe: Die deutschen Bischöfe 11); *Lehmann, Karl Kardinal*, „Das Recht, ein Mensch zu sein. Zur Grundfrage der gegenwärtigen bioethischen Probleme". Eröffnungsreferat bei der Herbst-Vollversammlung der Deutschen Bischofskonferenz in Fulda vom 24.9.2001 (Reihe: Der Vorsitzende der Deutschen Bischofskonferenz 22). Umfangreiche Quellenverweise bietet darüber hinaus die Arbeit von

und als Referenzpunkte für die Beurteilung neuer Fragen dienen, in den Blick zu nehmen und in Hinsicht auf Inhalt, Terminologie, Verständnis von Handlung, Intention und Zielen einer Analyse zu unterziehen. Das daraus resultierende Verständnis könnte hilfreich nach zwei Seiten sein: Es könnte beitragen zur Entschärfung des heftigen Streits, der über die Stammzellforschung in der Gesellschaft entstanden ist. Und es könnte dazu beitragen, die Bedingtheit und Kontextualität der lehramtlichen Stellungnahmen samt der ihnen zugrunde liegenden Wahrnehmungen und anthropologischen Annahmen stärker als bisher wahrzunehmen.

Beides gehört zu den Voraussetzungen gegenseitiger Achtung in einem Diskussionsfeld, in dem die Heftigkeit des Streits auch kräftige Emotionen und Stellvertreterkämpfe in Gang gesetzt hat. Es gehört außerdem zur Bringschuld von Theologie und Kirche, sich an der kritischen Wegbegleitung der Entwicklung zu beteiligen und als Wissenschaft, die nach ihrem eigenen Selbstverständnis zwischen Glaube und Vernunft keinen rettungslosen Hiatus sieht, auch den gutwilligen Nichtgläubigen Orientierung und Hilfe für die Gewissens- und Urteilsbildung anzubieten.

II. Lebensschutz als zentraler Bestandteil der eigenen Sendung

„Einzutreten für den Schutz des Lebens in dem weiten Bogen von seinem Ursprung bis zu seinem Heimgang, und zwar für den Schutz jedes einzelnen menschlichen Lebens"[2] – so umriss Papst Paul VI. 1972 in einer Ansprache die Aufgabe der Kirche bzw. seines Amtes. Was „eintreten für" näherhin bedeutet, findet sich in den zahlreichen Verlautbarungen, in denen über den Lebensschutz gehandelt wird, nach zwei Richtungen hin ausgestaltet: nämlich rückhaltloses Bekenntnis zur Unantastbarkeit des menschlichen Lebens und seine Verteidigung, wo immer es in irgendeiner Weise bedroht ist. Der theologische Grundgedanke ist die Überzeugung, dass das menschliche Leben ein Geschenk Gottes ist und infolgedessen heilig. Zur Verteidigung sieht man sich herausgefordert, wann immer diese Gabe nicht angenommen oder zum Gegenstand von Technologie und Manipulation gemacht wird oder gesellschaftliche Entwicklun-

Götz, Christoph, Medizinische Ethik und katholische Kirche. Die Aussagen des päpstlichen Lehramtes zu Fragen der medizinischen Ethik seit dem Zweiten Vatikanum, Münster 2000.
[2] Ansprache am 1.6.1972 an die Chirurgen (deutsche Übersetzung in: L'Osservatore Romano [deutsch] 2 [1972] nr. 23, S. 4).

gen stattfinden, die es zu Lasten der Schwachen, Leidenden und Alten an den Rand drängen. Gefährdungen erkannt werden vor allem im Hinblick auf die Menschen, die vor dem Ende ihres Lebens stehen, sowie bei den Ungeborenen. Die generellen Konsequenzen, die sich aus der Heiligkeit des Lebens ergeben, werden in der Enzyklika Evangelium vitae so zusammengefasst:

> „… sind insbesondere die vorsätzliche Abtreibung und die Euthanasie absolut unannehmbar; das Leben des Menschen darf nicht nur nicht ausgelöscht, sondern es muß mit aller liebevollen Aufmerksamkeit geschützt werden; das Leben findet seinen Sinn in der empfangenen und geschenkten Liebe, [...]; die Achtung vor dem Leben erfordert, dass Wissenschaft und Technik stets auf den Menschen und seine ganzheitliche Entwicklung hingeordnet werden; die ganze Gesellschaft muß die Würde jeder menschlichen Person in jedem Augenblick und in jeder Lage ihres Lebens achten, verteidigen und fördern."[3]

In der Botschaft zum Weltfriedenstag am 1. Januar 1999 wird das Spektrum dessen, was unter einer „Kultur des Lebens" verstanden wird, über das Gesagte hinaus erheblich erweitert, wenn gesagt wird: „Das Leben wählen bedeutet [auch] eine Absage an jede Form von Gewalt: die der Armut und des Hungers [...]; die der bewaffneten Konflikte; die der kriminellen Verbreitung von Drogen und des Waffenhandels; die der leichtsinnigen Schädigung der Umwelt. [...]"[4] Trotz dieser wichtigen Erweiterungen ins Politische bleibt der Schwerpunkt der Aufmerksamkeit der lehramtlichen Verkündigung zum Thema Lebensschutz in den letzten 40 Jahren auf die Bedrohungen am Anfang und am Ende des Lebens gerichtet, und hierbei noch einmal unzweifelhaft stärker auf die Gefährdungen am Beginn.

III. Verbotene Weisen des Umgangs mit dem vorgeburtlichen menschlichen Leben

Unter den Prozessen und Eingriffen, die das ungeborene menschliche Leben bedrohen und zerstören und die deshalb als in sich schlecht und strikt verboten qualifiziert werden, wird an erster Stelle die vorsätzliche Abtreibung als unannehmbare Tötung eines unschuldigen menschlichen Geschöpfs (samt deren gesetzlicher Ermöglichung) genannt. Sie wird mit einer Entschiedenheit und Nach-

---

[3] EV nr. 81.
[4] In der Achtung der Menschenrechte liegt das Geheimnis des wahren Friedens. Botschaft zur Feier des Weltfriedenstages am 1.1.1999 (deutsche Übersetzung in: L'Osservatore Romano [deutsch] 29 [1999] nr. 1, S. 7).

drücklichkeit verurteilt, die allenfalls für eine Graduierung in der Schwere der Verfehlung Spielraum lässt, aber nicht für eine indikationsspezifische Abwägung.[5] „Kein Umstand, kein Zweck, kein Gesetz wird jemals eine Handlung für die Welt statthaft machen können, die in sich unerlaubt ist ..."[6] Die Instruktion Dignitas personae von 2008 nennt konkretisierend die Embryonenreduktion bei Mehrlingsschwangerschaften[7], die qualitative Selektion im Anschluss an eine Präimplantationsdiagnostik[8] und die Benutzung interzeptiv bzw. kontrazeptiv wirkender Mittel zur Empfängnisverhütung[9].

Gezielte Aufmerksamkeit richtet sich aber auch auf den Umgang mit menschlichen Embryonen im Rahmen der (erst seit 1978 erfolgreichen) Fortpflanzungsmedizin. Obschon den entsprechenden medizinethischen Fragen ein eigenes Gewicht zuerkannt werden könnte und sie in den ausführlichsten Dokumenten des Lehramts zu Fragen der Bioethik, den Instruktionen Donum vitae und Dignitas personae, wesentlich unter dem Gesichtswinkel des Zusammenhangs von Sexualität, Ehe und Fortpflanzung bewertet werden, werden sie doch auch und mit noch größerem Gewicht unter dem Aspekt der Achtung des Lebens am Anfang erörtert. Als Verstöße gegen die Achtung des frühen ungeborenen Lebens im Kontext der Reproduktionsmedizin werden beurteilt (unabhängig von der Frage der Zulässigkeit ihres Zustandekommens):
– jede Embryonenforschung, die riskant ist für das Überleben der betreffenden Embryonen oder der Heilung dieser nicht zugute kommt[10];
– eine biologische oder genetische Manipulation menschlicher Embryonen[11];
– jede kommerzielle Verwendung lebender oder toter Embryonen[12];
– das Einfrieren von Embryonen und Eizellen (Kryokonservierung)[13];
– die Herstellung und Zerstörung von menschlichen Embryonen zu Forschungszwecken[14];
– alle Bemühungen, die darauf hinauslaufen, menschliche und tierische Keimzellen miteinander zu verbinden oder menschliches

---

[5] EV nr. 62.
[6] Ebd.
[7] DP nr. 21.
[8] DP nr. 22.
[9] DP nr. 23.
[10] DnV I, 3 und 4; DP nr. 34f.
[11] DnV I, 4; DP nr. 27 und 34.
[12] DnV I, 4; DP nr. 34.
[13] DnV I, 4; DP nr. 18 und nr. 20.
[14] DnV I, 5.

Leben in tierischen oder künstlichen Gebärmuttern auszutragen[15];

– jede Form des Herstellens von menschlichen Klonen[16];
– Versuche, die darauf abzielen, menschliche Wesen nach Geschlecht oder bestimmten Eigenschaften zu erzeugen[17].

Nicht eigens genannt und beurteilt wurde in den offiziellen Dokumenten lange Zeit die Forschung mit humanen ES-Zellen. Erst die Instruktion Dignitas personae von 2008 geht darauf ein. Diese späte Thematisierung dürfte an der Neuheit dieser Forschungsrichtung liegen. Implizit war sie jedoch schon mitbetroffen, wenn „Donum vitae" auf das Schicksal der so genannten überzähligen Embryonen zu sprechen kommt und dazu ausführt:

> „Es entspricht [...] nicht der Moral, in vitro hervorgebrachte menschliche Embryonen bewußt dem Tod auszusetzen. Infolge der Tatsache, dass sie in vitro hergestellt wurden, bleiben diese nicht in den Mutterleib übertragenen und als ‚überzählig' bezeichneten Embryonen einem absurden Schicksal ausgesetzt, ohne Möglichkeit, ihnen sichere und moralisch einwandfreie Überlebensmöglichkeiten bieten zu können."[18]

Zwar stehen diese Ausführungen in einem Abschnitt, der von „Beobachtungs- und Versuchsmethoden" handelt, „die in vitro gewonnenen Embryonen Schaden zufügen oder sie schwerwiegenden und unverhältnismäßigen Risiken aussetzen", doch erweisen sich viele gesetzliche Regelungen der Stammzellforschung, wie sie in der Zwischenzeit erfolgt sind, nicht ohne Weiteres als Unterfall dieses generellen Vorbehalts. Denn sie entsprechen in ihren Hintergrundannahmen durchaus der auch im Katechismus als zentrales Anliegen herausgestellten Forderung, dass menschliche Embryonen nicht zum Zweck der Verwertung „als frei verfügbares, biologisches Material'" hergestellt werden dürfen[19], noch dass – was als übliche Praxis angenommen wird – die Erzeugung vieler Embryonen angestrebt wird, von denen dann die nicht übertragenen zerstört werden.[20] Die Regelungen der Embryonen- und Stammzellgesetze versuchen aber gerade, der Besonderheit und der Achtung vor dem beginnenden menschlichen Leben unter den Bedingungen medizinischer Heilungschancen mittels starker Restriktionen und sorgfältiger Abwägungen Rechnung zu tragen. Jedenfalls sind Formulierungen wie die vom „bewusst dem Tod

---

[15] DnV I, 6; DP nr. 33.
[16] DnV I, 6; DP nr. 28–30.
[17] DnV I, 6; DP nr. 15.
[18] DnV I, 5 (Hervorhebungen weggelassen). In der Sache ähnlich: EV nr. 63.
[19] DnV I, 5, KKK nr. 2275 und DP nr. 19.
[20] DnV I, 5 und II sowie DP nr. 14 und 15.

aussetzen" zu undifferenziert und zu grob für die Charakterisierung von Forschungsarbeiten, die mit Stammzelllinien durchgeführt werden, die ohne Mitwirkung der betreffenden Forscher vor längerer Zeit gewonnen wurden, als solche keine Totipotenz haben und insofern eindeutig keine Embryonen sind und für im Prinzip unbegrenzt viele Forschungen verwendet werden können.

Dennoch hatten in jüngerer Zeit wiederholt Sprecher aus dem kirchlichen Raum auf der Linie der prinzipiellen Perspektive, dass in vitro hervorgebrachte menschliche Embryonen nicht bewusst dem Tod ausgesetzt werden dürfen, die Forschung mit Stammzellen, die embryonalen Ursprungs sind, kategorisch abgelehnt.[21] Eine solche kategorische Ablehnung spricht jüngst ausdrücklich die Instruktion Dignitas personae aus:

„Als erlaubt sind die Methoden anzusehen, die dem Menschen, dem die Stammzellen entnommen werden, keinen schweren Schaden zufügen. […] Die Entnahme von Stammzellen aus dem lebendigen menschlichen Embryo führt hingegen unvermeidlich zu seiner Vernichtung und ist deshalb in schwerwiegender Weise unerlaubt. In diesem Fall ‚stellt sich die Forschung, abgesehen von den therapeutisch nützlichen Ergebnissen, nicht wirklich in den Dienst der Menschheit. Sie beschreibt nämlich einen Weg über die Vernichtung menschlicher Lebewesen, die dieselbe Würde besitzen wie die anderen Menschen und die Forscher selbst. Die Geschichte hat in der Vergangenheit eine derartige Wissenschaft verurteilt, und sie wird sie auch in Zukunft verurteilen ...' [Benedikt XVI.]"[22]

IV. „Schon von Anfang an"

Die als Verstoß gegen das Lebensrecht des Ungeborenen qualifizierten Handlungen ergeben in ihrer Gesamtheit eine absolute Schutzwürdigkeit des menschlichen Lebens in allen Phasen auch seiner vorgeburtlichen Entwicklung. Die Nachvollziehbarkeit bzw. Schlüssigkeit dieser Position hängt entscheidend davon ab, dass man dem menschlichen Embryo denselben ethischen und rechtlichen Status zuerkennt wie dem geborenen Menschen. So heißt es ganz explizit schon in Donum vitae: „Da er als Person be-

---

[21] Z. B. Pressebericht des Vorsitzenden der Deutschen Bischofskonferenz, *Karl Kardinal Lehmann*, im Anschluss an die Frühjahrs-Vollversammlung der Deutschen Bischofskonferenz vom 11. bis 14. Februar 2008 in Würzburg, II. Stellungnahme zur aktuellen Stammzelldebatte, unter: http://www.dbk.de/aktuell/meldungen/01618/index.html#II (10.09.2008).

[22] DP nr. 32.

handelt werden muss, muss der Embryo im Maß des Möglichen wie jedes andere menschliche Wesen im Rahmen der medizinischen Betreuung auch in seiner Integrität verteidigt, versorgt und geheilt werden."[23] Dignitas personae beginnt sogar mit dem steilen Satz: „Jedem Menschen ist von der Empfängnis an bis zum natürlichen Tod die Würde einer Person zuzuerkennen."[24] Auf die drängende, weil für die praktischen Konsequenzen so entscheidende Frage, von welchem Zeitpunkt der Entwicklung an diese Gleichheit gelte, geben viele der einschlägigen prominenten Texte die Antwort „von Anfang an"[25] oder Ähnliches.

Diese Antwort aber ist in mehrfacher Hinsicht nicht eindeutig. Uneindeutig ist sie zunächst in dem, worauf sich „Anfang" bezieht: Ist der Anfang des embryonalen biologischen Lebewesens gemeint oder der Anfang einer neuen menschlichen Person? Was heißt sodann „Anfang"? Geht es um einen punktuellen, zeitlich exakt definierbaren Start einer Entwicklungskaskade oder um die summative Zusammenfassung der Stadien, die der Geburt vorausgehen[26], durch die das Kind „auf die Welt" kommt und als anerkennungsbedürftiges und kommunikationsfähiges Subjekt seinen Platz in der Gemeinschaft der moralischen Wesen sichtbar einnimmt? Oder ist „Anfang" Chiffre für den unausdenklichen, weder für die zeugenden Eltern wahrnehmbaren noch für das gezeugte Kind jemals erinnerlichen Beginn, also gerade Ausdruck und Kürzel für das, was sich einer Definition entzieht, so wie es der religiösen und der liturgischen Sprache ja durchaus vertraut ist („im Anfang schuf Gott ...", „im Anfang war das Wort ...") und auch der Alltagssprache nicht fremd ist („am Anfang des Tages ...")? Oder liegt der Anfang des Menschen gar schon beim Wunsch eines Paares, ein Kind zu bekommen, also unter Umständen – wie bei unfruchtbaren Personen – schon Jahre vor der Schwangerschaft?

Die amtlichen Dokumente aus jüngerer Zeit haben sich dafür entschieden, diese Unschärfe durch eine biologische Präzisierung des Zeitpunkts zu beseitigen. Dabei gibt es eine ganze Reihe von Lösungen, die gewählt wurden, nämlich:

---

[23] DnV I, 1.
[24] DP nr. 1. Ähnlich DP nr. 5.
[25] Z. B. Ansprache an die Teilnehmer des Internationalen Kongresses über den Beistand für die Sterbenden am 17.3.1992 (deutsche Übersetzung in: L'Osservatore Romano [deutsch] 22 [1992] nr. 16–17, S. 14); DnV Einl., 5 u. a. m.
[26] In diesem Sinne EV nr. 61.

„von der Empfängnis an"	Gaudium et spes; Katechismus; Dignitas personae
„vom Augenblick der Empfängnis an"	Familiencharta; Donum vitae
„von der Befruchtung an"	Erklärung über den Schwangerschaftsabbruch; Ansprache Johannes Paul II. zum Symposium „Evangelium vitae und das Recht"
„vom Augenblick der Zeugung an"	Die deutschen Bischöfe „Menschenwürde und Menschenrechte von allem Anfang an"
„vom ersten Augenblick seines Daseins an"	Donum vitae; Evangelium vitae; Dignitas personae
„von der Bildung der Zygote an"	Donum vitae
(„vom Zeitpunkt der Kernverschmelzung an"	deutsches Embryonenschutzgesetz)

Abgesehen davon, dass auch diese Präzisierungen das Unschärfeproblem nicht völlig beseitigen können, weil auch die Befruchtung selber noch einmal ein prozessualer, sich zeitlich erstreckender Vorgang ist (zwischen Geschlechtsverkehr und Zellkernverschmelzung können Tage liegen!), finden sich derartige Präzisierungen eben erst in Texten aus den letzten Jahrzehnten. Die wenigen biblischen Texte hingegen, die über den Anfang reflektieren (Ps 139,13–16; Hiob 10,10–11), bringen zwar deutlich die Überzeugung zum Ausdruck, dass der Ursprung des Menschen weit vor der Geburt liegt und dass ein Mensch auch dann schon Gegenstand der Liebe und Fürsorge Gottes war, aber sie lassen dabei den genauen zeitlichen Beginn des individuellen Lebens im Dunkeln. Und in der theologischen Tradition lassen sich außerhalb der Spekulationen über Art und Zeitpunkt des Eintretens der Seele (s.u.) genaue zeitliche Angaben über den Beginn des Menschseins nur in Gestalt negativer Abgrenzungen finden, insbesondere von der Meinung, der Fötus werde erst in der Geburt zum Menschen[27], ebenso wie von der, dass er es erst werde, wenn das Seiner-selbst-Bewusstwerden stattfinde[28].

Offensichtlich hängen die weitergehenden Präzisierungen aus den letzten Jahren (besonders deutlich seit „Donum vitae" von 1987), die in der Schrift und in der Tradition so noch nicht vorhanden sind, mit der Erweiterung des Wissens über die frühen Le-

---

[27] *Innozenz XI.*, 65 Sätze, im Dekret des Hl. Offiziums vom 2.3.1679 verurteilt: DH 2135.

[28] *Leo XIII.*, Dekret des Hl. Offiziums „Post obitum" vom 14.12.1887: DH 3220f.

bensvorgänge und den neuen Möglichkeiten des medizinischen Intervenierens in die Fortpflanzung zusammen. Näherhin geht es nicht nur um die Anpassung an das vergrößerte Wissen, sondern offensichtlich auch um die frühest mögliche Festlegung der Grenzlinie, ab der eine absolute Unterlassungs- bzw. Schutzverpflichtung besteht. Dasselbe Interesse zeigt sich auch darin, dass – hier allerdings gegenläufig zum zunehmenden Wissen über die frühen und frühesten Entwicklungsvorgänge – die in der Biologie für die verschiedenen Entwicklungsstadien verwendeten Begriffe „Zygote", „Prä-Embryo", „Embryo" und „Fötus" explizit ohne Differenzierung in der ethischen Bedeutung verwendet werden.[29]

Die Präzisierung des „von Anfang an" mit Hilfe biologischer Ereignisse und ihre emphatische Einschärfung als Grenze für den Zugriff des Menschen bleibt auch für das theologische Koordinatensystem der entsprechenden Aussagen nicht folgenlos. Denn zum einen verschiebt sich der Schwerpunkt der theologischen Reflexion von einem Bekenntnis zur umfassenden und über alles Vorstellbare hinausreichenden Fürsorge Gottes auf die Markierung und Geltendmachung einer Grenzlinie zwischen Töten und Respektieren. Zum anderen entsteht ein neuer Plausibilisierungsbedarf: Was berechtigt dazu, einen biologischen Anfang, sollte er sich tatsächlich identifizieren lassen, auch als Anfang einer Existenz als Person zu nehmen?

Die offiziellen kirchlichen Verlautbarungen sehen es nicht als ihre Aufgabe an, eine Antwort auf diese Frage, bei der naturwissenschaftliche Embryologie, philosophische Anthropologie und theologische Ethik so stark ineinander greifen, dass keine theologischen Aussagen gemacht werden können, die von den biologischen Sachverhaltsfeststellungen und den anthropologischen Überlegungen absehen, zu erarbeiten. Aber sie kennen diese Schwierigkeit durchaus. So heißt es in „Donum vitae" ausdrücklich:

> „Sicherlich kann kein experimentelles Ergebnis für sich genommen ausreichen, um eine Geistseele erkennen zu lassen; dennoch liefern die Ergebnisse der Embryologie einen wertvollen Hinweis, um mit der Vernunft eine personale Gegenwart schon vor diesem ersten Erscheinen eines menschlichen Wesens an wahrzunehmen. Wie sollte ein menschliches Individuum nicht eine menschliche Person sein? Das Lehramt hat sich nicht ausdrücklich auf Aussagen philosophischer Natur festgelegt, ..."[30].

---

[29] DnV Vorwort, Fußnote und I, 1.
[30] DnV I, 1. Zustimmend zitiert in DP nr. 5.

Ganz offensichtlich wird hier im klaren Wissen, dass die Aussage, die befruchtete menschliche Eizelle sei automatisch auch eine Person, eine anthropologische Ausdeutung ist, für die es keinen schlüssigen Beweis, sondern nur biologische „Anzeichen" gibt, die sich dahingehend interpretieren lassen, auf eine nähere, verpflichtende Festlegung verzichtet. Festgehalten wird freilich ohne Einschränkung an der Konsequenz, dass der Embryo „als Person" behandelt werden muss[31] bzw., wie an anderen Stellen noch genauer formuliert wird, „wie eine Person"[32]. Diese behutsame Ausdrucksweise kann wiederum nur so verstanden werden, dass zwischen Embryo und Person ein Verhältnis der Analogizität besteht und nicht eines der Identität, wie es die neuerdings verwendete Redeweise vom „embryonalen Menschen", die erst jüngst auch in den Sprachgebrauch der Instruktion Dignitas personae Eingang gefunden hat[33], unproblematisiert behauptet.

Ein anderer Weg, die Identität von menschlichem Individuum und Personsein als plausibel zu erweisen, der besonders in der Theologie häufig gewählt wird, ist die Suche nach einer Zäsur in der humanbiologischen Entwicklung, die sich eindeutig und zweifelsfrei als Beginn der Schutzwürdigkeit empfiehlt. Unter den diversen Möglichkeiten wird dann meist die Verschmelzung von Ei- und Samenzelle als der „willkürärmste Zeitpunkt"[34] bestimmt.

„Mit der Konstitution eines neuen, einzigartigen Genoms ist ein qualitativer Sprung gegeben, in dem gegenüber der getrennten Existenzweise der im Zeugungsvorgang zusammenwirkenden Ei- und Samenzellen etwas radikal Neues, Unableitbares entsteht. Daher erscheint es vernünftig, dem Abschluss der Befruchtung den Vorzug gegenüber späteren Zeitpunkten zu geben, die weitere Reifungsvorgänge oder die Überwindung kritischer Gefahrenzonen bezeichnen."[35]

So zu argumentieren, ist zweifellos legitim, wenn auch nicht zwingend. Aber die Struktur des Arguments muss dabei transparent bleiben: Der empfohlene Zeitpunkt ist nicht Resultat des positiven Nachweises, dass das Personsein mit der Verschmelzung beginnt, sondern lediglich die im Vergleich zu anderen Zäsuren für sicherer eingeschätzte, weil weniger interpretationsfähige Grenzlinie. Und erst recht sind die Schwierigkeiten, andere Stadien der Entwicklung, die nach der Befruchtung liegen, einwandfrei als Einschnitte

---

[31] DnV I, 1 und DP nr. 4.
[32] KKK nr. 2274.
[33] DP nr. 4.
[34] So etwa *Schockenhoff, Eberhard*, Ethische Probleme der Stammzellforschung in: Stimmen der Zeit 226 (2008) 323–334, hier: 329.
[35] Ebd., 330.

in der Entwicklung auszumachen, die als präziser Beginn des Personseins interpretiert werden können, nicht schon der erbrachte Beweis dafür, dass erst wenige Tage alte Embryonen bereits Personen sind.

V. Die normativen Bezugspunkte für die moralische Beurteilung

Die Entstehung eines neuen Menschen als dankwürdiges Geschenk zu begreifen und Schutz und Sorgfalt auch schon auf die vorgeburtliche Entwicklung zu beziehen, sind unzweifelhaft die innersten Anliegen des kirchlichen Engagements für „den Wert und die Unantastbarkeit des menschlichen Lebens"[36]. Was das konkret bedeutet, war bis in die jüngere Vergangenheit durch die Stichwörter Annahme, Danken, Abwehr der Gefährdungen einer bestehenden Schwangerschaft durch Rücksicht nehmende Lebensführung und Inanspruchnahme medizinischer Begleitung sowie Verzicht auf deren vorsätzliche Beendigung erschöpfend beschrieben. Diese vier grundlegenden Anforderungen gelten heute nach wie vor, doch sind die Handlungsmöglichkeiten dank der neueren Entwicklungen (assistierte Erzeugung außerhalb des Leibs und getrennt von sexueller Intimität, anschließende Transferierung des so erzeugten Embryos in den Uterus, Konservierung für eventuelle spätere Fertilisationen, Sichtbarmachung des Embryos in allen Entwicklungsstadien, durch bildgebende Verfahren Verwendung zu einem anderen Zweck als zur Hilfe zu einem Kind bei bestehender Unfruchtbarkeit) beträchtlich erweitert worden.

Wie soll der Einzelne und wie die Gesellschaft mit diesen neuen Handlungsmöglichkeiten umgehen? Zwei alternative Antworten auf diese Frage sind möglich, nämlich diese neuen Handlungsmöglichkeiten als Gefahren durch Verbote zu verhindern oder sie ihrerseits als Geschenk zu nehmen und durch Regeln des Verantwortbaren zu gestalten. Die offiziellen Stellungnahmen zur Bioethik aus dem Raum der katholischen Kirche votieren fast ausnahmslos für die erste dieser Alternativen. Der entscheidende Grund hierfür liegt darin, dass sie jede frei gewollte Zerstörung von Embryonen, die in diesem Zusammenhang vorkommt, wie auch deren Verwendung für irgendwelche fremdnützigen Ziele als Fälle von vorsätzlicher Abtreibung einstufen.[37] Ausdrücklich stellt etwa die Enzyklika „Evangelium vitae" fest, dass „die sitt-

---

[36] So in der ausführlichen Überschrift der Enzyklika Evangelium vitae.
[37] Ausdrücklich: DnV I, 5 und II, EV nr. 63 sowie DP 21, 22, 23 und 34.

liche Bewertung der Abtreibung [...] auch auf die neuen Formen des Eingriffs auf menschliche Embryonen angewandt werden [muss], die unvermeidlich mit der Tötung des Embryos verbunden sind, auch wenn sie Zwecken dienen, die an sich erlaubt sind"[38]. Diese Gleichsetzung bzw. subsumptive Unterordnung ist nicht unmöglich, versteht sich aber keineswegs von selbst. Denn Abtreibung wird zumindest in den meisten Gesetzen primär als Konfliktsituation der betroffenen Frau zugrunde gelegt, in der es immer auch um das Selbstbestimmungsrecht der Frau geht, während die Zugriffsmöglichkeiten auf Embryonen unter der Perspektive des Rechts auf Fortpflanzung und des Konflikts zwischen Schutz des Embryos als Frühform des Menschen, Freiheit der Forschung und Partizipation an vielversprechendem medizinischem Fortschritt, also letztlich der Heilung erörtert bzw. ausgestaltet werden.

Es gibt in den kirchlichen Stellungnahmen noch zwei weitere Anknüpfungs- und damit Bezugspunkte für die moralische Beurteilung des Umgangs mit Embryonen, nämlich die Verwerfung der Empfängnisregelung mit chemischen, hormonellen und mechanischen Methoden und die strikte Ablehnung der künstlichen bzw. assistierten Befruchtung. Dabei geht es zum einen um die vorsätzliche Unfruchtbarmachung der von Natur aus auf die Entstehung neuen menschlichen Lebens ausgerichteten ehelichen Akte.[39] Zum anderen geht es um einen Eingriff in die Weitergabe des menschlichen Lebens, die von Natur aus einem personalen und bewussten Akt anvertraut ist[40]. Bei beidem handelt es sich also dieser Sicht zufolge um nicht weniger als um Manipulationen der Weitergabe des menschlichen Lebens und fehlende Achtung vor ihr. Sowohl in Donum vitae als auch in Evangelium vitae werden beide deshalb als zwei Seiten ein und derselben Logik („als Früchte ein und derselben Pflanze"[41]) dargestellt:

> „Die Kontrazeption beraubt vorsätzlich den ehelichen Akt seiner Öffnung auf die Fortpflanzung hin und bewirkt so eine gewollte Trennung der Ziele der Ehe. Die homologe künstliche Befruchtung bewirkt objektiv eine analoge Trennung zwischen den Gütern und Sinngehalten der Ehe, indem sie eine Fortpflanzung anstrebt, die nicht Frucht eines spezifischen Aktes ehelicher Vereinigung ist."[42]

---

[38] EV nr. 63. Bekräftigend zitiert in DP nr. 34.
[39] HV nr. 14. Vgl. DP nr. 6.
[40] DnV Einl., 4. Vgl. DP nr. 7.
[41] EV nr. 13.
[42] DnV II, 4.

Dieser Konnex zwischen Empfängnisverhütung und assistierter Zeugung wird in Dignitas personae noch überboten durch denjenigen zwischen künstlicher Befruchtung und Abtreibung: „Der Wunsch nach seinem Kind kann nicht seine ‚Produktion' rechtfertigen, so wie der Wunsch, ein schon empfangenes Kind nicht zu haben, nicht dessen Aufgabe oder Vernichtung rechtfertigen kann."[43] Abtreibung, Empfängnisverhütung und künstliche Befruchtung werden demzufolge nicht als drei je für sich selbstständige moralische Vergehen angesehen, sondern in ein gegenseitiges Bedingungs- und Verwandtschaftsverhältnis gestellt.[44] Dieser Zuordnung gegenüber, die auch nicht näher belegt wird, kann man zumindest den Einwand erheben, dass die Mehrzahl der Menschen, die Empfängnisverhütung praktizieren, diese gerade im Gegenteil als eine Form des verantwortlichen Umgangs mit der Möglichkeit der Entstehung neuen Lebens betrachten. Des Weiteren, dass der Wunsch vieler Paare, bei Kinderlosigkeit die Hilfe der Reproduktionsmedizin in Anspruch zu nehmen, in diametralem Gegensatz steht zu der als Gemeinsamkeit zwischen Abtreibung und Empfängnisverhütung behaupteten Einstellung, die „die Fruchtbarkeit als ein Übel betrachtet"[45].

VI. Das Handlungsverständnis

Sinn und Grenzen künstlicher Eingriffe in die Fortpflanzung werden den amtlichen Dokumenten zufolge bestimmt durch die Überzeugung, dass ganzheitliche Sexualität unter Personen und Zeugung eines Menschen im geschützten Raum der Ehe stattfinden sollen.[46] Ob Empfängnisregelung und künstliche Befruchtung (begrenzt auf das homologe System) in diesem Rahmen vertretbar sind, hängt entscheidend davon ab, ob man den Zusammenhang zwischen Sexualität, Ehe und Zeugung auf die eheliche Liebe in ihrer Ganzheit als Lebensform, die sich in sexuellen Akten realisiert und ausdrückt, bezieht oder aber (auch) auf die einzelnen konkreten sexuellen Akte, die innerhalb der Ehe stattfinden. Im ersten Fall nämlich ließe sich die Herbeiführung einer Schwangerschaft unter Inanspruchnahme medizinischer Assistenz als Unterstützung für die ganzheitliche eheliche Liebe verstehen, die einer-

---

[43] DP nr. 16.
[44] Erklärung über den Schwangerschaftsabbruch nr. 27 sowie EV nr. 13 u. a.
[45] Erklärung über den Schwangerschaftsabbruch nr. 27.
[46] Vgl. DnV Einl., 3 und DP nr. 6, 12, 13, 16, 17.

seits sexuelle Begegnungen umfasst, andererseits jedoch zeitlich und u. U. umgebungsmäßig getrennt von diesen die Zeugung eines gemeinsamen Kindes. Diese Verständnismöglichkeit wird allerdings abgewiesen, wenn es in „Donum vitae" ausdrücklich heißt: „Das Verfahren der FIVET muss in sich selbst bewertet werden; es kann seine endgültige moralische Bewertung weder aus dem ehelichen Leben in seiner Gesamtheit herleiten, in das es sich einfügt, noch von den ehelichen Akten, die ihm vorangehen, noch von denen, die ihm folgen mögen."[47]

Die Zusammengehörigkeit von Sexualität und Zeugung wird also für den einzelnen Akt urgiert und das bei der assistierten Zeugung unvermeidliche Nach- bzw. Nebeneinander als Trennung interpretiert, während sie zumindest im homologen System als Überbrückung, vergleichbar dem Legen eines Bypasses bei Durchblutungsschwierigkeiten der Herzkranzgefäße oder dem temporären maschinellen Ersatz einer Organfunktion in der Intensivmedizin, aufgefasst werden könnte und meist auch wird. Die Inanspruchnahme der medizinischen Hilfe wäre dann jedoch bloß ein Teilelement innerhalb der komplexen, aber intentional eben doch einheitlichen Gesamthandlung Zeugung. Damit wäre der grundsätzlichen Forderung des II. Vatikanischen Konzils, dass „Ehe und eheliche Liebe ... ihrem Wesen nach auf die Zeugung und Erziehung von Nachkommenschaft ausgerichtet" sind[48], in vollem Umfang Rechnung getragen.

Die Ablehnung der In-vitro-Fertilisation wird noch dadurch verstärkt, dass dieses Verfahren ausdrücklich als „in sich unerlaubt" und als im Widerspruch „zur Würde der Fortpflanzung und der ehelichen Vereinigung" deklariert wird[49], so wie an anderer Stelle auch Empfängnisverhütung[50] und Abtreibung[51]. Mit dieser Charakterisierung werden die Methoden der IVF und der ICSI der traditionellen Kategorie der in sich, das heißt: in jedem Fall und unabhängig von den (evtl. guten) Folgen und gleich mit welchen Zielen und unter welchen Umständen schlechten Handlungen zugeordnet. Abgesehen einmal von der Frage, ob und inwieweit sich das Leiden an unerfülltem Kinderwunsch objektiv, also von außen und unabhängig von dem betroffenen Paar einschätzen

---

[47] DnV II, B 5. Ähnlich hieß es schon in Humanae vitae nr. 14: „Völlig irrig ist [...] die Meinung, ein absichtlich unfruchtbar gemachter und damit in sich unsittlicher ehelicher Akt könne durch die fruchtbaren ehelichen Akte des gesamtehelichen Lebens sein Rechtfertigung erhalten."

[48] Pastoralkonstitution Gaudium et spes nr. 50.

[49] DnV II, B 5.

[50] Indirekt ergibt sich diese Aussage aus HV nr. 11, 12 und 14; zuspitzend: FC nr. 32.

[51] EV nr. 58.

und beurteilen lässt und verfügbare Maßnahmen zu seiner Überwindung verweigert werden können, ist auch die Kategorie der in sich schlechten Handlungen aus der Perspektive der ethischen Theorie nicht unproblematisch. Denn sie setzt voraus, dass das letztentscheidende Kriterium der sittlichen Qualität einer Handlung der objektive Gegenstand ist, was bedeutet, dass weder die konkreten Umstände (z. B. eine vorausgegangene Tumorbehandlung, die zur Unfruchtbarkeit geführt hat) noch die Folgen (etwa die Gefahr, dass die Beziehung an der Kinderlosigkeit zerbricht) noch die subjektiv verfolgten Absichten etwas an ihrem Verbotensein ändern können, also keinerlei Ausnahmen begründen. Es stellt sich aber sowohl im Blick auf die Tradition, die vielfach Folgen solcher absoluten Verbotsnormen, die als untragbar empfunden wurden, durch Entlastungsprinzipien oder durch einengende Benennungen des Sachverhalts zu vermeiden versucht hat, als auch im Hinblick auf die Lebenswirklichkeit „die Frage, ob die sittliche Bedeutung von Umständen und Zielsetzungen in nicht wenigen Fällen vielleicht zu gering bewertet wird"[52]. Positiv ausgedrückt müssen bei der Beurteilung von (individuellen wie regelhaften) Handlungsmöglichkeiten alle Elemente einer Handlung als ganzer wahrgenommen, gewichtet und abgewogen werden. Damit ist keineswegs gesagt, dass es keine intrinsece mala gebe oder dass diese Redeweise sinnlos sei. Sie ist es beispielsweise nicht, wenn sie für Menschenrechtsverstöße steht, bei denen unzählige Menschen durch viele und anhaltende leidvolle Erfahrungen die Gewissheit gewonnen haben, dass sie der Würde des Menschen schwer abträglich sind wie etwa Folter, sexueller Missbrauch, Versklavung und Diskriminierung aufgrund von Geschlecht, Herkunft oder Religion.

Von daher gesehen ist die Frage vielleicht doch nicht völlig abzuweisen, ob unter der Bedingung, dass die Reproduktionsmedizin sich unumkehrbar etabliert hat und vom Großteil der Bevölkerung akzeptiert wird, und trotz aller Bemühungen, möglichst keine Embryonen zu erzeugen, die nicht einer Frau eingesetzt werden, die Verwendung von daraus abgeleiteten Stammzellen für hochrangige medizinische Forschungen vertretbar sein könnte, wenn die Alternative die ist, dass sie andernfalls durch Auftauen zerstört und entsorgt werden. Das ist jedenfalls die Hintergrundannahme, die dem deutschen Stammzellgesetz zugrunde liegt.

---

[52] *Fuchs, Josef*, Für eine menschliche Moral. Grundfragen der theologischen Ethik, Bd. IV, Fribourg, Freiburg i.Br. 1997, 129.

VII. Der Beziehungskontext des Lebensschutzes

Der Schutz, der für das Ungeborene eingefordert wird, gilt zunächst einmal dem werdenden Kind, das als Person betrachtet wird. Wie jedes geborene Kind ist es darauf angewiesen, angenommen, geliebt und in seiner Entwicklung unterstützt zu werden. Diese Annahme, Liebe und Unterstützung zu geben, gehört zum Ethos der Elternschaft, die insofern nicht nur eine biologische Beziehung beschreibt, sondern auch eine moralische und soziale Aufgabe beinhaltet. Darin, dass sie zeitlebens andauert und dass sie, zunächst auch aktuell materiell und zuwendungsmäßig, nach dem Zeitpunkt des Erwachsenseins aber immer als elementarer Teil der Identität, unaufhebbar asymmetrisch, jedenfalls nicht reziprok ist, zeichnet sich Elternschaft vor den anderen Typen sozialer Beziehungen aus. Das Verhältnis der Elternschaft bleibt biologisch und sozial selbst dann bestehen, wenn die Interaktionen zwischen den Eltern und dem Kind abgebrochen werden oder nie aufgenommen wurden oder aufgrund der Umstände nicht konnten.

Es gehört zweifellos zu den bemerkenswerten Eigenheiten der offiziellen kirchlichen Texte, dass ihnen diese Beziehungskontextualität des ungeborenen menschlichen Lebens klar vor Augen steht und die Verpflichtung zum Lebensschutz infolgedessen in engem Zusammenhang mit der Elternschaft einschließlich deren Zustandekommen und deren Verstetigung thematisiert wird. Infolgedessen sprechen sie, wenn sie vom Schutz des ungeborenen Lebens handeln, nicht nur von der Verantwortung des Staates und der Ärzteschaft, sondern vor allem von der Verantwortung der Eltern, der Mütter und der Väter. Im Zuge dieser Darlegungen wird die Rolle der Frau als Mutter bzw. als Schwangerer betont, sie wird als ausgezeichnet durch „die Berufung zu Mutterschaft" begriffen[53]. Eine eigene Begründung dafür, dass der uneingeschränkte Lebensschutz auch schon vor der Wahrnehmung der Schwangerschaft (liegt nicht hier der eigentliche Punkt moralischer Erfahrung und Herausforderung?) und sogar ohne Schwangerschaft (bei „überzähligen" und „verwaisten" Embryonen) eingefordert wird, erfolgt allerdings nicht; hier ist die Perspektive des ontologischen Status so dominierend, dass eine derartige Begründung entbehrlich erscheint. Immerhin wird in den Instruktionen von 1987 und 2008 die Forderung erhoben, dass die Nutzung von „Leichen menschlicher Embryonen und Föten" für die For-

---

[53] EV nr. 58.

schung nicht ohne die Zustimmung der Eltern bzw. der Mutter erfolgen dürfe.[54]

Als zumindest spannungsvoll kann empfunden werden, dass jenen Frauen, die medizinisch unfruchtbar sind, die Erreichung der gewünschten Mutterschaft im Rahmen einer für Elternschaft offenen ehelichen Beziehung durch Methoden der extrakorporalen Befruchtung verweigert werden soll[55]. Diese Spannung haben offenbar auch die Verfasser von Donum Vitae gespürt und deshalb die Ablehnung der künstlichen Befruchtung im homologen System gegenüber derjenigen im heterologen abgestuft durch den Zusatz: „Sicherlich ist die homologe FIVET nicht von all der ethischen Negativität belastet, die man in der außerehelichen Fortpflanzung vorfindet; Familie und Ehe bleiben weiterhin der Raum für die Geburt und die Erziehung des Kindes."[56] Gleichwohl wird an der Ablehnung ausnahmslos festgehalten und diese Methode als „in sich unerlaubt"[57] qualifiziert.

Davon einmal abgesehen haben die kirchliche Tradition und die Theologie stets die Zusammengehörigkeit von Elternschaft, Sexualität, Liebe und Ehe betont und deren Erhaltung zu einem zentralen Element der christlichen Lebensführung gemacht. Die Unbedingtheit des Ja zum Partner ist Abbild und unter den Bedingungen der Endlichkeit möglicher Vollzug für die Unbedingtheit des Ja Gottes zum Menschen – das ist der Kern dessen, was theologisch mit der Sakramentalität der Ehe umschrieben ist. Die Herausforderung, die darin moralisch wie auch als zugesprochener Gnadenhorizont liegt, besteht nur zum Teil im Entschluss, dieses Ja dem Partner in einem bestimmten Augenblick für die Zukunft zu versprechen, sondern auch und wenigstens genauso darin, dieses im Verlauf der vielen folgenden Jahre (in liturgischer und rechtlicher Sprache: „bis der Tod euch scheidet") und unter den emotional und biografisch verschiedenartigsten Gegebenheiten („in guten und bösen Tagen, in Gesundheit und Krankheit") zu realisieren.

Eine zweite Stelle, die Unbedingtheit der Liebe Gottes zum Menschen in der eigenen Lebensführung abzubilden und unter den Bedingungen der Endlichkeit zu realisieren, ist die Annahme eines Kindes, das aus der gemeinsamen Beziehung hervorgeht. Auch hierbei gibt es sowohl einen Zeitpunkt, in dem sich dieser Akt der Annahme verdichtet – nämlich die subjektive Wahrneh-

---

[54] DnV I, 4 und DP nr. 35.

[55] DnV II, B und KKK nr. 2377.

[56] DnV II, A 5. In DP wird diese Abstufung nicht vorgenommen.

[57] DnV II, A 5. Vgl. DP nr. 12 und 17, wo die ICSI-Methode ebenfalls eine „in sich unerlaubte" Technik genannt wird.

mung und Konfrontation mit dem Schwangersein – als auch eine zeitlich gestreckte Herausforderung, die mit dem traditionellen Terminus „Aufzucht des Nachwuchses" zwar benannt, aber nur sehr abgekürzt erfasst und in keiner Weise angemessen gewürdigt ist. Tatsächlich nämlich handelt es sich gerade um die Wirklichkeit, die Elternsein, Familienleben, kurz: den Großteil der Tätigkeit und des Mühens von Müttern und Vätern während der sogenannten besten Jahre ihres Lebens ausmacht und beansprucht.

Dass die Ausübung dieser Sorge auch darin Ausdruck finden kann, der Erzeugung weiterer Kinder nicht einfach freien Lauf zu lassen, sondern das Wissen über die Möglichkeiten der Empfängnis zu benutzen, um die Familiengröße vorsätzlich zu regulieren, hat das kirchliche Lehramt schon seit längerem wenigstens im Grundsatz anerkannt[58]. Dass die Ausübung der gleichzeitig verpflichtenden Sorge für den Erhalt der ehelichen Beziehung auch impliziert, dass die Wahl der konkreten Methode solcher Regulierung den betroffenen Partnern selbst überlassen bleiben müsse, sehen unzählige katholische Eheleute als unumgänglich an, auch wenn sie darum wissen, dass das Lehramt dieser Konsequenz widersprochen hat und noch immer widerspricht.

Quantitativ und qualitativ kommt der Sorge um die Ausfüllung der Elternschaft in der über die Jahre gelebten Lebensführung in der amtlichen Moralverkündigung noch nicht das Gewicht zu, das sie im realen Leben eines Großteils der Menschheit spielt bzw. angesichts der vielfachen Nöte, Defizite, Hindernisse und Überforderungen, mit denen sich Eltern heute konfrontiert sehen, spielen sollte. Die Aufmerksamkeit der Dokumente ist schwerpunktmäßig auf die prinzipielle Offenheit jeder sexuellen Begegnung für Zeugung gerichtet und in jüngerer Zeit außerdem auf die Rettung jedes Embryos, wenn er sich aufgrund der neuen medizinischen Möglichkeiten außerhalb des Leibs der Frau befindet. In letzter Konsequenz könnte das sogar heißen, dass Geschlechtsverkehr dann illegitim wird, wenn die Offenheit für neues Leben definitiv nicht mehr besteht (wie etwa bei Ehepaaren im fortgeschrittenen Alter), was aber offensichtlich gegen die Natur wäre und in keinem der neueren Dokumente verlangt wird. Ebenso müsste in letzter Konsequenz der Vorstellung vom embryonalen Menschen die Sorge für die Erhaltung und Rettung auch darauf gerichtet werden, die zahllosen natürlichen Abgänge von Embryonen vor dem Zeitpunkt der Nidation zu verhindern oder wenigstens zu betrauern. Das aber war bisher nie eine Zieloption der Medizin noch

---

58 Casti connubii vom 31.12.1930 (DH 3718); HV nr. 16 und 24; FC nr. 32.

eine von der Kirche erhobene Forderung; die Verantwortung der Eltern würde sie in geradezu absurder Weise überfordern.[59]

VIII. Zur Kontinuität der kirchlichen Lehre

In den kirchlichen Dokumenten wird das Plädoyer für den ausnahmslosen Lebensschutz immer wieder und sehr nachdrücklich mit dem Hinweis verbunden, dass diesbezüglich „klare Einmütigkeit" in der Lehre „von den Anfängen bis in unsere Tage" vorliegen: „Die absolute Unantastbarkeit des unschuldigen Menschenlebens ist [...] eine in der Heiligen Schrift ausdrücklich gelehrte, in der Tradition der Kirche ständig aufrechterhaltene und von ihrem Lehramt einmütig vorgetragene sittliche Wahrheit."[60] Die Lehre früher kirchlicher Schriftsteller, dass die Abtreibung eine „besonders schwerwiegende sittliche Verwilderung" bzw. – um mit Tertullian zu sprechen – die Verhinderung der Geburt vorzeitiger Mord sei, „ist während [der] nunmehr zweitausendjährigen Geschichte von den Vätern der Kirche, von ihren Hirten und Lehrern ständig gelehrt worden."[61] Dieser Hinweis wird nicht als zusätzliches Argument eingeführt, das den Gedankengang stützen soll, sondern er stellt im Sinne des Verfassers ein unentbehrliches Glied im Nachweis dar, dass die konkreten Fragen, zu denen in den zur Rede stehenden Dokumenten Position bezogen wird, in den Kompetenzbereich der kirchlichen Lehre fallen[62].

In der Tat sind Zeugnisse für die Ablehnung der Abtreibung und eines Rechts von Eltern und öffentlichen Mächten, geborene Kinder zu töten oder auszusetzen, vielfältig und reichen bis in die Anfänge des Christentums zurück.[63] Insofern ist der Hinweis auf diese Überlieferungslinie und ihre Einmütigkeit zutreffend und ein gewichtiges Merkmal der eigenen Identität durch die Geschichte hindurch.

Freilich bezieht sich die Kontinuität genau besehen nur auf die

---

[59] Zu den Problemen für das Gottesbild, die die hohe Nicht-Überlebensfähigkeit von frühen Embryonen aufwürfe, wenn es sich um Menschen im vollen Sinn handelte, s. *Demmer, Klaus*, Deuten und handeln. Grundlagen und Grundfragen der Fundamentalmoral. Freiburg i.Br. 1985, 154.

[60] EV nr. 57.

[61] EV nr. 61. Die Konstanz der kirchlichen Lehre wird auch in DnV I, 1, in der Erklärung über den Schwangerschaftsabbruch nr. 6f. sowie in DP nr. 16 betont.

[62] Vgl. EV nr. 5 und 10–12.

[63] Nähere Informationen und Belegstellen hierzu bietet immer noch *Schöpf, Bernhard*, Das Tötungsrecht bei den frühchristlichen Schriftstellern, Regensburg 1958, bes. 112–142.

Verurteilung der absichtlichen Abtreibung der Leibesfrucht. Das ist eine Einschränkung, insofern die Einmütigkeit der Lehre weder gleichermaßen die Umstände und Herausforderungen, im Hinblick auf die sich die Frage nach den Grenzen des Verantwortbaren stellt, noch die Festlegung des genauen Anfangs des Mensch- bzw. Personseins noch das Verständnis des Delikts Abtreibung umfasst.

Dazu im Einzelnen:

Der vorgeburtliche Zustand und das Werden des Menschen sowie seine Schutzwürdigkeit waren theologisch und ethisch bis vor ganz wenigen Jahrzehnten ausschließlich wegen des hin und wieder auftretenden Wunsches, die physiologischen und sozialen Folgen einer Schwangerschaft zu vermeiden, einerseits und der Frage des Seelenheils der vor der Geburt bzw. Taufe verstorbenen Kindern andererseits von Interesse. Diese Interessenmotive bestehen natürlich auch heute fort, wobei sich das zweite im Gefolge des medizinischen Fortschritts in der Geburtsmedizin entspannt, das erste hingegen verschärft hat. Freilich sind in den letzten Jahrzehnten auch neue Herausforderungen hinzugetreten wie die Möglichkeiten der künstlichen Befruchtung außerhalb des Mutterleibs, die Fötalmedizin mit ihren diagnostischen und therapeutischen Möglichkeiten, die molekularen Untersuchungen auf Krankheitsdispositionen, die Gewinnung von Stammzellen für die Grundlagenforschung und Anwendungen in der regenerativen Medizin und anderes mehr. Die mit diesen neuen biotechnischen Möglichkeiten gegebenen Herausforderungen sind zumindest insofern von völlig neuer Qualität, als sie eine präzisierende Auskunft über den moralischen Status des Embryos in den allerersten Tagen und noch vor der Nidation notwendig machen, also in einem Zeitraum, in dem bis vor wenigen Jahren – und das heißt auch: während der gesamten christlichen Tradition – so gut wie gar keine Möglichkeit menschlicher Einwirkung bestand.

Was die Definition des Beginns des Mensch- bzw. Personseins betrifft, so ist der Befund der theologischen und lehramtlichen Tradition keineswegs einstimmig. Traditionell wurde die Frage, ab wann der noch nicht geborene Mensch ein Mensch im vollen Sinne sei, erörtert als Frage nach dem Zeitpunkt der Beseelung. Jahrhunderte lang gab es in der Theologie neben der Antwort, dass die Seele zeitgleich mit der körperlichen Existenz beginne, auch die Vorstellung von der sukzessiven Beseelung, die erst nach 40 bzw. 90 Tagen abgeschlossen ist.[64] Diese Spekulation von der gestuften Be-

---

[64] Zur Tradition der Sukzessivbeseelung s. u. a. *Niedermeyer, Albert*, Handbuch der speziellen Pastoralmedizin, Bd. III, Wien 1952, 105–138; *Böckle, Franz*, Probleme

seelung war seit der Aristoteles-Rezeption im Hochmittelalter sogar die bevorzugte und wurde u. a. auch von Thomas von Aquin vertreten,[65] der ausdrücklich als Zeuge (doctor communis) für die Kontinuität der Lehre, dass die Abtreibung eine schwere Sünde ist, in Anspruch genommen wird[66]! Auch in kirchenamtlichen Texten wurde sie zugrunde gelegt[67]. Erst seit 1869 lässt sich hier ein impliziter Wechsel zur Theorie der Simultanbeseelung erkennen, freilich ohne dass es zu einem Lehrentscheid zugunsten deren ausschließlicher Geltung noch zu einer förmlichen Verurteilung der Sukzessivbeseelungstheorie gekommen ist. Bezeichnenderweise haben auch manche der jüngeren amtlichen Dokumente ausdrücklich angemerkt[68] oder wenigstens angedeutet[69], dass in dieser Jahrhunderte langen Streitfrage keine Entscheidung getroffen werden solle. Dass die jüngste Instruktion sich jeden Hinweis darauf erspart, könnte leicht zu Fehldeutungen Anlass geben.

Der frühere Vorsitzende der Deutschen Bischofskonferenz, Kardinal Lehmann, hat in seinem Eröffnungsreferat bei der Vollversammlung der Fuldaer Bischofskonferenz im Herbst 2001 diese Nichtübereinstimmung der Tradition dahingehend interpretiert und gewertet, dass dies die heutige kirchliche Lehre „belastete"[70]. Die unausgesprochene und durch den Verweis auf neuere embryologische Literatur nahe gelegte Prämisse dieser Bewertung ist, dass die Tradition der Sukzessivbeseelungstheorie obsolet geworden sei.

---

um den Lebensbeginn II: Medizinisch-ethische Aspekte, in: *Anselm Hertz* u. a. (Hrsg.), Handbuch der christlichen Ethik, Bd. II, Freiburg, Basel, Wien 1978, 36–59; *Peschke, Karl-Heinz*, Christliche Ethik: Spezielle Moraltheologie, Trier 1995, 350–354; *Demel, Sabine*, Abtreibung zwischen Straffreiheit und Exkommunikation. Weltliches und kirchliches Strafrecht auf dem Prüfstand, Stuttgart, Berlin, Köln 1995, 21–65; *Willam, Michael*, Mensch von Anfang an? Eine historische Studie zum Lebensbeginn im Judentum, Christentum und Islam, Fribourg, Freiburg i.Br. 2007, 112–169.

[65] Z. B. S.th. I, 118, 2; Contra gent. I, 2, 89. Zur Interpretation s. u. a. *Willam*, Mensch von Anfang an (s. Anm. 64), 142–160.

[66] Erklärung zum Schwangerschaftsabbruch nr. 7.

[67] Einzelne Beispiele dazu bei *Niedermeyer*, Handbuch der Speziellen Pastoralmedizin (s. Anm. 64), 86–90.

[68] Erklärung zum Schwangerschaftsabbruch nr. 13, Fußnote 19: „Diese Erklärung lässt ausdrücklich die Frage nach dem Zeitpunkt der Eingießung der Geist-Seele offen. Über diese Frage gibt es keine einmütige Tradition und die Autoren sind sich noch uneinig. Für die einen geschieht sie im ersten Augenblick, für andere würde sie kaum der Einnistung vorausgehen. Es ist nicht die Aufgabe der Wissenschaft, zwischen ihnen zu unterscheiden, denn die Existenz einer unsterblichen Seele gehört nicht in ihren Bereich. Es handelt sich um eine philosophische Diskussion, ..."

[69] DnV I, 1: „Das Lehramt hat sich nicht eindeutig auf Aussagen philosophischer Natur festgelegt, ..."

[70] Das Recht, ein Mensch zu sein, 18.

Freilich könnte man den theologie- und lehrgeschichtlichen Tatbestand einer Dissenting opinion auch dahingehend interpretieren, dass die Sukzessivbeseelungslehre eine frühe, mit den Kategorien der Metaphysik formulierte Form des Entwicklungsdenkens darstellt, die heute zweifellos mit neuerem biologischem Wissen plausibilisiert werden müsste. Dann ergäben sich als Konsequenzen unter anderem einerseits, dass sich der exakte Zeitpunkt der Personwerdung des Menschen nicht bestimmen lässt, und andererseits, dass alle Erkenntnisse über die embryologischen Entwicklungen immer nur Anhaltspunkte und Hinweise sein können, die der anthropologischen Deutung offen stehen und für die es eine zunehmende Sicherheit in Richtung Mensch- und Personsein gibt. Die für jede rechtliche Regulierung unabweisbare Notwendigkeit, im Sinne der Rechtssicherheit eine Zeit des Beginns der Schutzpflicht zu fixieren, wäre davon unbeschadet. Aber es würde deutlich, dass jede derartige Zeitangabe letztlich eine Festlegung ist, für deren Plausibilität die Güte der Argumente entscheidend ist. Dass auch die anfänglichen Lebensstadien des Menschen einem Schutz unterstellt werden müssen, weil sie etwas vom Menschen repräsentieren, ist hierbei keine Frage. Wohl aber ist es eine Frage, ob der Schutz in allen Phasen derselbe sein muss.

Um den Umstand, dass zwei Lehrmeinungen in der theologischen Tradition für probabel gehalten wurden, und um die Tatsache, dass diesbezüglich lehramtlich nie eine definitive Entscheidung getroffen wurde, weiß offensichtlich auch der Verfasser von Evangelium vitae, da er im direkten Anschluss an die zitierte Stelle über die Ständigkeit der Lehre hinsichtlich der Verwerflichkeit der Abtreibung fortfährt: „Auch die wissenschaftlichen und philosophischen Diskussionen darüber, zu welchem Zeitpunkt genau das Eingießen der Geistseele erfolge, haben nie auch nur den geringsten Zweifel an der sittlichen Verurteilung der Abtreibung aufkommen lassen."[71] Offensichtlich bezweckt diese Formulierung, von vornherein die Vermutung abzuwehren, dass die Offenheit in der Frage des Zeitpunkts der Beseelung auch Konsequenzen hinsichtlich der sittlichen Beurteilung von Schwangerschaftsabbrüchen haben könnte. Tatsächlich lassen sich derartige Konsequenzen für die Kirchengeschichte aber durchaus belegen. Zwar bestand über die prinzipielle Unerlaubtheit des gewollten Abbruchs einer Schwangerschaft (procuratio abortus) Übereinstimmung[72], doch wurde Jahrhunderte lang unterschieden, ob der Eingriff *vor* oder *nach* der Beseelung

---

[71] EV nr. 61.
[72] S. dazu die Liste der älteren diesbezüglichen Lehrentscheidungen (bis Casti connu-

stattgefunden hatte: Nur im zweiten Fall galt er als Tötung eines personalen Menschenlebens („homicidium") und als strikt verboten, während er im Fall eines foetus inanimatus „nur" als „maleficium" (oder „homicidium imperfectum") klassifiziert wurde und nach Ansicht einzelner angesehener Moraltheologen[73] zwecks Rettung des Lebens der Mutter erlaubt sein konnte. Auch die Strafe der von selbst eintretenden Exkommunikation blieb bis zur Bulle „Apostolicae Sedis" Pius IX. 1869 bzw. bis zur Systematisierung und Vereinheitlichung des kanonischen Rechts im CIC von 1917 faktisch der vorsätzlichen Abtreibung des Fetus nach dem 90. Tag vorbehalten;[74] und das, obschon eine Abtreibung auch vor der Beseelung als Straftat galt (aber eben unterhalb von Mord). Das bedeutet aber, dass zumindest für einen Teil der Tradition der Abbruch einer Schwangerschaft zwar als etwas Unerlaubtes galt, aber nicht zu jedem Zeitpunkt der Entwicklung des Embryos eo ipso schon denselben Grad an Verwerflichkeit hatte, der mit dem Wort „Abtreibung" in den jüngeren kirchlichen Texten zum Lebensschutz zum Ausdruck gebracht ist.

IX. Die sozialethische Dimension

Das kirchliche Plädoyer für einen frühen und lückenlosen Schutz des Embryos nimmt nicht nur die beteiligten Individuen in ihren jeweiligen Rollen, in ihrer Leiblichkeit und in ihren Konflikten in den Blick, sondern kommt auch auf die gesellschaftlichen, politischen und sozialen Bedingungen zu sprechen, unter denen Entscheidungen des Einzelnen gefasst, Situationen als Problem empfunden oder bestimmte Handlungsoptionen als Lösung eingeschätzt werden. In diesem Sinne wird immer wieder die Befürchtung geäußert,

---

bii) bei *Niedermeyer*, Handbuch der Speziellen Pastoralmedizin (s. Anm. 64), 227–230.

[73] Josef Fuchs nennt Antoninus von Florenz (Für eine menschliche Moral [s. Anm. 52], 167). Auch Thomas Sanchez, jahrhundertelang die maßgebliche Autorität in sexualethischen Fragen, hielt eine Abtreibung bei Todesgefahr der Mutter für erlaubt, wenn der Fetus noch nicht beseelt ist (De sancto matrimonii sacramento Lb. IX, disp. 20, n. 9). Weitere moraltheologische Autoren, die diese Meinung vertreten, nennt *Bruch, Richard*, Moralia varia. Lehrgeschichtliche Untersuchungen zu moralgeschichtlichen Fragen, Düsseldorf 1981, 258–283.

[74] Das Corpus Iuris Canonici enthält darüber folgende Bestimmungen: „si conceptum in untero qui per aborsum deleverit, homicida est" (c. 2, qu. 5, c. 20) und „Non est homicidia, qui aborsum procurat ante, quam anima corpori sit infusa" (c. 32, qu. 1, c. 8). Zur Rechtstradition s. *Demel*, Abtreibung zwischen Straffreiheit und Exkommunikation (s. Anm. 64), 87–100.

jede gesellschaftliche Praxis und gesetzliche Regelung, die den Beginn des Menschseins zu einem späteren Zeitpunkt ansetzt als bei der Befruchtung oder die dem Embryo den Lebensschutz „nur" in abgestufter Weise zuspricht, würde zu einer „Aufweichung" der bestehenden Beschränkungen sowie zu einer Absenkung der Schutzstandards auch in ganz anderen Bereichen führen. Gerade für die Diskussionen über die Stammzellforschung in Deutschland war dieses Junktim zwischen dem Argument, die Zerstörung menschlicher Embryonen für die Stammzellgewinnung sei moralisch verwerflich, weil sie der Tötung von unschuldigen Menschen gleichkomme, um anderen zu helfen, und dem Hinweis, dass die Erlaubnis, mit Derivaten von Embryonen zu forschen, eine Logik ingangsetze, die „die bereits einen Spalt geöffnete Tür immer weiter" aufstoßen werde[75], typisch. Dasselbe Bedenken findet auch häufig Ausdruck in der Warnung vor einer Aufweichung oder Erosion bislang fester Grundwerte. Kirche, die so spricht, begreift sich auch als gesellschaftlichen Ordnungsfaktor und verlässliche Kraft im Kampf gegen eine schrankenlose Liberalisierung der Grundlagen des Zusammenlebens.

Solche Hinweise auf einen möglichen Dammbruch sind durchaus beachtenswert. Denn sie stellen mögliche Gefahren vor Augen. Kritisch hinterfragt werden muss allerdings die quasi-naturgesetzliche Automatik, die meist mit dem Hinweis auf problematische Folgewirkungen verknüpft wird. Die Gefahren – etwa die Selektion nach bestimmten Merkmalen, die Beschränkung der Freiheit sich fortzupflanzen, die Behandlung menschlicher Embryonen als bloße Sache, als Rohstoff und handelbare Ware u. a. m. – können eintreten, müssen es aber keineswegs, wenn ihr Erkanntwerden zu Maßnahmen und Regelungen führt, die verhindern, dass die Forschung missbraucht wird zum Schaden von Menschen, zur Ausbeutung von Abhängigen, zur Preisgabe an die Verächtlichkeit und biologisch basierter Diskriminierung und zur Absenkung des Niveaus des Lebensschutzes.

Dass Kirche obendrein in diesem Zusammenhang Beschädigung, Leid und Endlichkeit menschlichen Daseins, die Fragilität menschlicher Sicherungen und die Anfechtbarkeit jedes Menschen durch Eigennutz, Prestigegewinn und Missgunst in Erinnerung ruft und von der Macht der Sünde spricht[76], gehört zu ihren genuinen Aufgaben. Auch solche Erinnerung kann einer maßvollen und

---

[75] So das Bild in der Erklärung des Ständigen Rats der Deutschen Bischofskonferenz zu den Beratungen über das Stammzellgesetz vom 23.4.2002 (http://dbk.de/aktuell/meldungen/2952/index.html). Das Bild von der für Missbräuche und Manipulationen geöffneten Tür findet sich auch in DP nr. 16 und 28.
[76] So etwa Gott ist ein Freund des Lebens, 110f.

korrekturfreundlichen Regelung zugute kommen, reicht aber als solche kaum hin, die neueren Möglichkeiten der Biotechnik und Biomedizin in toto abzulehnen.

X. „Gott – der Geber und Herr des Lebens"[77]

Ausgangspunkt und bleibende Basis aller theologisch-ethischen Überlegungen zum Umgang mit den biomedizinischen Handlungsmöglichkeiten stellt die Erfahrung dar, dass das Leben eine Gabe ist. In der christlichen Ausdeutung dieses Gedankens ist Gott, der Schöpfer und Vater, derjenige, der dieses Geschenk dem Menschen anvertraut hat[78], welcher seinerseits die Möglichkeit hat, dieses Leben zu gestalten, aber auch zu zerstören, und dem insofern eine besondere Verantwortung zukommt. Diese Verantwortung ist aufgrund des Fortschreitens im Wissen und Können heute noch größer ist als früher[79]. Die Grundhaltung des Menschen, die diesem Sachverhalt Rechnung trägt, kann mit den traditionellen Tugenden Dankbarkeit, Demut und Ehrfurcht umschrieben werden. Sie finden ihren konkreten Ausdruck in Regeln des Schutzes, der Fürsorge und des Respekts.

Das göttliche Schaffen, das die Entwicklung des Menschen von Anfang bis Ende umgreift, muss und kann aber offensichtlich nicht so verstanden werden, dass Gott bei der Zeugung (und entsprechend beim Tod) unmittelbar in die Kategorialität eingreift. Vielmehr sind es die Eltern, die im Rahmen der von Gott geschaffenen Möglichkeitsbedingungen, also in Kooperation mit der Erstursache Gott, tätig werden und die Entwicklung eines bestimmten Menschen in Gang bringen. Diesen vom Schöpfer gegebenen Möglichkeitsbedingungen bzw. dem Wirken Gottes in dieser Welt durch sekundäre Ursachen ist das Werden eines neuen Menschen auch dann unterworfen, wenn die Zeugung mit ärztlicher Hilfe zustande kommt;[80] und sie bleibt es ungemindert, wenn die Entwicklung des Embryos in seinen einzelnen Schritten bis in die molekularen Details aufgeklärt und jener Punkt gesucht wird, an dem mit

---

[77] Ebd., 11: „Kirche und Christen beziehen die Gabe des Lebens auf Gott als den Geber und Herrn des Lebens."
[78] DnV Einl., 1. Es erstaunt, dass die Instruktion Dignitas personae diesen Gedanken nicht näher aufgreift; stattdessen stellt sie ganz auf den Gedanken der Würde ab.
[79] Vgl. ebd.
[80] Dieser theologische Sachverhalt wird unnötig verschattet, wenn die Instruktion Dignitas personae in polemischer Absicht selbst die Sprache des „Produzierens" aufnimmt (DP nr. 14, 15, 16 und 30).

der Entstehung der menschlichen Seele gerechnet werden kann, weil jetzt das körperliche Substrat (nicht nur die genetischen Bedingungen) für eine Entwicklung, die zu einem ganz bestimmten menschlichen Individuum bzw. einer konkreten Person führt, gegeben ist.[81]

Eine zentrale Rolle für die Wahrnehmung der menschlichen Verantwortung spielen andererseits die Erkenntnisse der Naturwissenschaften, insbesondere die der Entwicklungsbiologie. Sie sind nämlich einerseits erkenntnismäßige Voraussetzung für die ethische und rechtliche Normierung, andererseits Grundlage für die medizinisch-praktischen Vorsorge-, Diagnose- und Heilmaßnahmen, wo immer auf dem Entwicklungsweg eines Menschen Schwierigkeiten auftreten. Unübersehbar war es gerade ihre Zunahme während der letzten zwei Jahrhunderte, die zu einer Erhöhung und Vorverlegung des Schutzes des Embryos gedrängt haben und die die Chancen zur Rettung vorgeburtlichen Lebens in Krisensituationen durch Schwangerenbetreuung, professionelle Geburtshilfe, klinische Frühgeburtsmedizin und Pränataldiagnostik erheblich gesteigert haben[82]. Bis heute ist der eigentliche Punkt des Streits, welches der moralische und der rechtliche Status des Embryos sei, ein Streit um die anthropologische Deutung und Bedeutung entwicklungsbiologischer Vorgänge und nicht eigentlich ein normativer. Wenn das aber so ist, muss dem biologischen Kenntnisstand auch ein entsprechendes Eigengewicht zukommen, das durch theologische Festlegungen, die irgendwann in der Geschichte aufgrund der Bewertung eines früheren Kenntnisstandes getroffen wurden, nicht ausgefiltert oder relativiert werden kann. Dass unser Wissen immer nur „Stückwerk" ist, hat schon Paulus vor bald zweitausend Jahren in aller Eindringlichkeit formuliert (1 Kor 13,9). Diese Charakterisierung gilt erst recht für die Ethik, die – je konkreter und anwendungsnäher sie urteilt – vorläufig und annäherungsweise spricht[83] und infolgedessen auch gelegentlich damit konfrontiert ist, dass neue Erkenntnisse und Erfahrungen neue Bewertungen, „Re-visionen" und Regulierungen notwendig erscheinen lassen können.

[81] Zur näheren Ausfaltung dieses Gedankens s. immer noch *Rahner, Karl*, Die Hominisation als theologische Frage, in: *Paul Overhage, Karl Rahner*, Das Problem der Hominisation, Freiburg i.Br. ²1963.

[82] Einige Schlaglichter bei *Kreß, Hertmut*, Der Lebensbeginn – eine Glaubensfrage? Christliche Tradition und heutige Konkretionen im Umgang mit Embryonen, Dortmund 2002, 20–24.

[83] Vgl. *Demmer, Klaus*, Angewandte Theologie des Ethischen, Fribourg, Freiburg i.Br. 2003, 10f.

Sich dem zu stellen, heißt konkret aber weder, dass beim Schutz des ungeborenen Lebens die Setzung eines Zeitpunkts, ab dem der Schutz greifen soll, unterbleiben sollte, noch dass Embryonen, wenn sie extrakorporal erzeugt wurden und nicht in eine Frau transferiert werden können, bloße Sachen wären, über die nach Belieben verfügt werden könnte. Denn selbst dann, wenn sie nicht als Personen betrachtet werden, sind sie eine Form menschlichen Lebens, das obendrein bestimmten Eltern zugeordnet werden kann. Und auch als solches verdienen sie eine Wertschätzung, die ihre Verächtlichmachung, ihre achtlose Zerstörung nach Belieben, ihre Verwendung, um anderen Menschen Schaden zuzufügen, und ihre unterschiedslose Behandlung mit Dingen verbietet.

Stammzellgesetze wie das deutsche sind Versuche des Gesetzgebers, der Ehrfurcht vor dem Leben als einer Gabe durch die Kombination von grundsätzlichem Verbot des Embryonenverbrauchs und an hohe Auflagen gebundenen Ausnahmemöglichkeiten für gesundheitliche Optionen gerecht zu werden.

Für eine schrankenlose Zugriffsmöglichkeit auf das vorgeburtliche menschliche Leben sprechen sich heute allenfalls Einzelne aus; aber nirgendwo ist sie Bestandteil des Programms einer ernstzunehmenden politischen Kraft, auch nicht im Blick auf die Forschung. Das ist trotz der unzähligen Verstöße gegen das Recht auf Leben und die Menschenwürde, die täglich geschehen, und trotz mancher bedrückenden Szenarien einer Fortpflanzungsindustrie, mit denen manche Journalisten und vereinzelt auch Wissenschaftler die Öffentlichkeit provozieren, ein durchaus hoffnungsvoller Sachverhalt.

Die einzig reale und konsistente Alternative zum Lebensschutz durch Steuerung nach Art der Stammzellgesetze wäre der komplette Verzicht auf die Reproduktionsmedizin in Gestalt eines gesetzlichen Verbots. Dies jedoch scheint im Gegensatz zur Situation Anfang der 1980er Jahre bei inzwischen jährlich etwa 60.000 Behandlungen und 10.000 auf diese Weise gezeugten Kindern allein in Deutschland[84] keine realistische Option mehr zu sein. Die Kirche bzw. ihr Lehramt können die in dieser Angelegenheit vertretene Position, dass die Zeugung mithilfe von IVF – egal ob im homologen oder im heterologen System – „in sich unerlaubt [ist] und im Widerspruch zur Würde der Fortpflanzung und der ehelichen Vereinigung steht"[85], infolgedessen überhaupt nur vertreten, wenn sie die inzwischen fest etablierte und gesellschaftlich weitestgehend

---

[84] D.I.R.-Jahrbuch 2007, Deutsches IVF-Register 2008, 26.
[85] DnV II, B 5. In der Sache gleich: DP nr. 12 und 14–17.

akzeptierte Praxis ablehnen und gleichzeitig ihren Gläubigen den Verzicht auf die Inanspruchnahme dieser Behandlung im Sinne der Askese nahelegen. Wenn sie hingegen nicht hinter das Gegebensein dieser Entwicklung zurück können, aber ihre Überzeugung vom Leben als Gabe und die Achtung vor dem werdenden Leben auch als gestaltende Faktoren in die öffentliche Meinungs- und Willensbildung einbringen wollen, kommen sie nicht umhin, sich jenseits der Alternative „Alles oder Nichts" an der Herausarbeitung von Regeln zu beteiligen, die Achtung und Ehrfurcht vor dem menschlichen Leben, seinen frühen Formen und seiner Erzeugung ausdrücken und einen möglichst schonenden Umgang garantieren.

Grundsätzlich ermöglicht wird solches Weitersuchen und Bemühen in den betreffenden kirchlichen Dokumenten selbst außer durch die Interpretationsspielräume, die in den vorausgehenden Abschnitten herausgearbeitet wurden, durch die Selbsteinstufung der Texte: Jene beiden Dokumente, in denen die konkretesten normativen Positionen zu finden sind, Donum vitae und Dignitas personae, klassifizieren sich selbst als „Instruktion" der Kongregation für die Glaubenslehre. Auch wenn die Verbindlichkeit derartiger Instruktionen in der Theologie bisher kaum präzis umschrieben ist, ist es evident, dass sie auch im Verständnis der autorisierenden Instanzen unterhalb der Verbindlichkeit von Enzykliken, Apostolischen Briefen und der Rechtssetzung des CIC einzustufen ist. Aber selbst für Enzykliken gilt, dass sie zwar verbindliche päpstliche Lehrverkündigung darstellen, aber nicht schon als solche Unfehlbarkeitsanspruch erheben.

Verlautbart wurde Donum vitae 1987, Dignitas personae 2008. In den mehr als zwanzig Jahren dazwischen hat der Stand der Erkenntnis (von Stammzellen und Stammzellforschung war 1987 überhaupt noch keine Rede!) des medizinischen Könnens, aber auch der weltweiten Bemühungen um ethische Kriterien und rechtliche Einhegung der Biomedizin beträchtliche Zuwächse verzeichnet. Auch wenn diese Entwicklung allein noch kein Grund sein kann, das damals Gesagte pauschal für überholt oder gar ungültig anzusehen, muss der spezifische Diskussionsstand in Rechnung gestellt werden, in dessen Kontext dieses Dokument damals entstanden ist. Das gilt auch für das zuletzt – 2008 – erschienene Dokument.

Im dritten Teil eben dieses Dokuments finden sich im Übrigen auch wiederholt Formulierungen, die die Vorläufigkeit einzelner Bewertungen zum Ausdruck bringen oder wenigstens nicht ausschließen. So wird festgestellt, dass die Keimbahntherapie „zum gegenwärtigen Zeitpunkt" in allen ihren Formen sittlich nicht erlaubt ist[86]. Und die Ablehnung des therapeutischen Klonens und die Verwendung von im Reagenzglas reprogramierten quasi-embryonalen Zellen wird unter den Vorbehalt gestellt: „solange diese Zweifel nicht geklärt sind"[87]. Bei aller Ablehnung der Verwendung von biologischem Material unerlaubten Ursprungs werden ausdrücklich Eltern ausgenommen, die „wegen der Gefahr für die Gesundheit der Kinder die Verwendung von Impfstoffen gestatten, bei deren Vorbereitung Zelllinien unerlaubten Ursprungs verwendet wurden"[88].

Hinter diesen vorsichtigen Formulierungen, die nicht spannungsfrei neben den Absolutheitsformulierungen im zweiten Teil desselben Dokuments stehen, scheint ein schwieriges dogmengeschichtliches Problem durch: Ist eine Weiterentwicklung der Lehre nur im Modus materialer Ergänzung denkbar, wenn doch festgestellt werden muss, dass die medizinischen Wissenschaften in den letzten Jahrzehnten „ihre Erkenntnisse über das menschliche Leben in den Anfangsstadien seines Daseins in beträchtlichem Maß weiterentwickelt haben"[89] und dadurch neue Fragen aufgeworfen wurden?

Joseph Ratzinger, damals Theologieprofessor, hat in seinem Kommentar zur Offenbarungskonstitution Dei verbum des II. Vatikanums im Blick auf theologische Erkenntnis im Anschluss an art. 7 eine klare Antwort formuliert: „Alle Erkenntnis in der Zeit der Kirche bleibt Erkennen im Spiegel und so Stückwerk; die Unmittelbarkeit, zum Angesicht Gottes selbst, bleibt dem Eschaton vorbehalten (vgl. 1 Kor 13,12). Dies ist die einzige Stelle in unserem Kapitel, in der man ganz leise auch ein traditionskritisches Element anklingen hören kann, denn wo nur spiegelbildlich geschaut und gelesen wird, da ist auch mit Verzerrungen und Verschiebungen zu rechnen ..."[90]

---

[86] DP nr. 26.
[87] DP nr. 30.
[88] DP nr. 35.
[89] DP nr. 4.
[90] *Ratzinger, Joseph*, Kommentar zum II. Kapitel, in: LThK. Das Zweite Vatikanische Konzil, Teil II, Freiburg, Basel, Wien 1967, 515–528, hier: 517. Im weiteren Text referiert er zustimmend die Rede von Albert Kardinal Meyer/Chicago, der neben der legitimen auch eine „entstellende Tradition" sah und vorschlug, im Text festzuhalten, „daß in statu viatorum Tradition sich nicht nur im Sinne des Fortschritts je tieferer Glaubenseinsicht auswirkt, sondern daß sie auch unter der Möglichkeit des deficere stehe und tatsächlich diese Möglichkeit immer wieder realisiere. Tradition müsse folglich nicht nur affirmativ, sondern auch kritisch betrachtet werden ..." (ebd., 519).

Die Theorien der Sukzessivbeseelung und der Simultanbeseelung als Denkmodi

von Karl-Wilhelm Merks

Nicht erst in der Diskussion um die embryonale Stammzellenforschung, sondern bereits bei der Frage eines Schwangerschaftsabbruchs (oder einer Schwangerschaftsverhinderung?) in den ersten Tagen nach der Befruchtung – und vor der Einnistung der befruchteten Eizelle – (der Problematik der „Pille danach") spielte in der Argumentation der katholischen Moraltheologie zum „Status des Embryos"[1] die Alternative „Simultanbeseelung oder Sukzessivbeseelung" eine nicht unwichtige Rolle.[2] Lieferte sie doch, in der Begrifflichkeit scholastischer Philosophie und Theologie, das grundlegende Argument für den Beginn der Personalität des Menschen, und das heißt, des Menschseins der heranwachsenden Leibesfrucht überhaupt. Durch die – und ab der – Anwesenheit der „Geistseele" ist das, was da heranwächst, „Mensch", und verdient und fordert daher einen entsprechenden Umgang vonseiten der menschlichen Gemeinschaft.

Ursprünglich scheint mir freilich die Diskussion über Art und Zeitpunkt der Beseelung nicht durch im strikten Sinne moralische Überlegungen, sondern durch solche dogmatischer Art motiviert zu sein: theologische Überlegungen einmal zum Menschsein überhaupt (Anthropologie/Schöpfungstheologie): Was ist der Mensch, was unterscheidet ihn von den andern Seienden, was zeichnet ihn aus, auf welche Weise wurde er/ wird er von Gott erschaffen, zu-

---

[1] Einige neuere Literatur: *Mieth, Dietmar,* Was wollen wir können? Ethik im Zeitalter der Bioethik, Freiburg, Basel, Wien 2002; *Sekretariat der Deutschen Bischofskonferenz* (Hrsg.), „Das Recht, ein Mensch zu sein. Zur Grundfrage der gegenwärtigen bioethischen Probleme. Eröffnungsreferat von Karl Kardinal Lehmann bei der Herbst-Vollversammlung der Deutschen Bischofskonferenz in Fulda, 24.9.2001 (zit. als *Lehmann,* Eröffnungsreferat); *Hilpert, Konrad, Mieth, Dietmar* (Hrsg.), Kriterien biomedizinischer Ethik. Theologische Beiträge zum gesellschaftlichen Diskurs (Quaestiones disputatae 217) Freiburg, Basel, Wien 2006; *Willam, Michael,* Mensch von Anfang an? Eine historische Studie zum Lebensbeginn im Judentum, Christentum und Islam (Studien zur theologischen Ethik 117), Fribourg, Freiburg, Wien 2007.
[2] Vgl. den noch stets überaus lesenswerten Beitrag von *Böckle, Franz,* Der Beginn der konkreten geschichtlichen Existenz des einzelnen Menschen, in: *Anselm Hertz* u. a. (Hrsg.), Handbuch der christlichen Ethik 2, Freiburg u. a. 1978, 36–45.

nächst die ersten Menschen, Adam und Eva, und dann alle ihre Nachfahren, jeder und jede für sich Mensch, Individuum, Person, einzigartig? Und zum andern waren es Fragen der Christologie: Ob das, was über den Menschen überhaupt zu sagen sei, sich auch von Christus – wahrer Gott und wahrer Mensch zugleich – aussagen lasse, bzw. bei ihm anders sei. Direkt ethisch fand diese Frage nur Widerhall in der (abgestuften) Beurteilung der Abtreibung.[3] Erst in der letzten gut 35 Jahren wird die Statusfrage im Zusammenhang der neueren biowissenschaftlichen und biotechnischen Entwicklungen gestellt.

In die christologischen Aspekte will ich mich hier nicht weiter vertiefen. Was die allgemeine anthropologische Theorie und die Ethik betrifft, so liegen die Folgerungen, um die es denn auch in den Debatten geht, auf der Hand. Die Sukzessivbeseelung bietet im Konfliktfall zwischen verschiedenen Gütern grundsätzlich Raum für Überlegungen zu einer Abwägungsethik. Bei einem eindeutigen „nein" zu einer gestuften Beurteilung der embryonalen Entwicklung scheint demgegenüber ein unzweideutiges „nein" auch bezüglich eines gestuften Schutzes des Embryos die logische Folge. Ein solches „nein" bestimmt zur Zeit durchgehend das offizielle Sprechen der katholischen Kirche, bis in weite Kreise der Moraltheologie hinein. Warum hat sich die Kirche in jüngerer Zeit offensichtlich der Theorie der Simultanbeseelung angeschlossen (und zwar bevor neueste biologische Einsichten sie hierzu nötigen konnten)?[4]

Dies ist umso auffälliger, als der Mainstream kirchlicher Lehräußerungen eine Sukzessivbeseelung voraussetzte, bis hin zu der Folgerung im Kirchenrecht (und der moralischen Beurteilung), dass eine immer verwerfliche Abtreibung gleichwohl ein Vergehen unterschiedlicher Schwere je nach Entwicklungsstand des Embryos sei (die der CIC 1917 allerdings nicht mehr kennt).[5]

Eine solche Folgerung sucht man im gegenwärtigen Sprechen der Kirche vergebens. Bleiben wir noch eben bei der Historie: Dass die kirchliche Lehre in der Hauptsache in Termen von Sukzessivbeseelung dachte, hängt gewiss mit der Autorität des Thomas von Aquin zusammen. Insofern ist es auch nicht verwunderlich, dass es nochmals ein Aufleben dieser Theorie im Zusammenhang mit der

---

[3] Vgl. hierzu *Hilpert, Konrad,* Redaktionelle Anmerkung, in: *Hilpert, Mieth* (Hrsg.), Kriterien (s. Anm. 1), 229–323.

[4] Vgl. zur geschichtlichen Entwicklung *Holderegger, Adrian,* Die „Geistbeseelung" als Personwerdung des Menschen. Stadien der philosophisch-theologischen Lehr-Entwicklung, in: *Hilpert, Mieth* (Hrsg.), Kriterien (s. Anm. 1), 175–197.

[5] Vgl. *Hilpert,* ebd.; vgl. auch zu Albertus: *Willam,* Mensch (s. Anm. 1), 141f.

Haeckelschen These von der „Ontogenese" als kurzer Wiederholung der „Phylogenese" gab[6] (allerdings ohne weitere Folgen für eine Modifizierung der ethischen Normen bezüglich der Abtreibung in der Frühphase der Schwangerschaft). Gegenwärtig scheint sich nun die Simultanbeseelungsthese beinah völlig durchgesetzt zu haben. „In der aktuellen bioethischen und biopolitischen Debatte ... stehen auf katholischer Seite päpstliches und bischöfliches Lehramt und Moraltheologie in seltener Geschlossenheit da."[7]

Aber kirchlicher Lehrkonsens hin oder her, selbst die anscheinend ziemlich einheitliche Meinung der Moraltheologen hin oder her: Ist die Sache so klar, wie sie präsentiert wird? Ist die Frage (oder das Anliegen) der Sukzessivbeseelung damit wirklich erledigt? Und sind damit die moralischen Folgerungen, die man aus ihr – nicht ziehen *muss*, aber – ziehen *kann*, definitiv obsolet?

Im alltäglichen Diskurs spielen natürlich diese alten Theorien, außer bei Debatten unter Spezialisten, kaum eine Rolle; wohl aber liefern sie die Hintergrundfolie, in der Regel mit der Tendenz, die Sukzessivbeseelung – nach den aktuellen biologischen Einsichten, dass das, was da heranwächst, immer schon typisch (artspezifisches) menschliches Leben, und nie etwas anderes, Vormenschliches ist – am besten als definitiv überholt ad acta zu legen: Vom ersten Anfang an, von der Befruchtung, der Verbindung von Samenzelle und Eizelle an, ist der Mensch *Mensch*, vielleicht ein *werdender* Mensch, aber eben ein werdender *Mensch*.

Und zum Beweis dessen wird dann schweres Geschütz aufgefahren. Verschiedene Theorien, Spezies-, Kontinuitäts-, Identitäts- und Potenzialitätsthese mit immer feineren Verästelungen[8] müssen diese Ansicht wasserdicht machen gegen eine Aufweichung durch Argumente für doch so etwas wie eine Art Sukzessivbeseelung.

Die Frage ist aber, ob diese Theorien leisten können, wozu sie eigentlich eingesetzt werden: nämlich das Zusammenbringen von Daten, Beobachtungen, Sichtweisen, Forschungsergebnissen und Interpretationsmustern unterschiedlicher Provenienz und Interes-

---

[6] Vgl. *Böckle*, Beginn (s. Anm. 2), 38f.

[7] *Halter, Hans*, Das Problem der Implementierung. Aufgaben und Grenzen kirchlicher Stellungnahmen und moraltheologischer Reflexionen im biopolitischen Diskurs, in: *Hilpert, Mieth* (Hrsg.), Kriterien (s. Anm. 1), 405–428, hier 414.

[8] Für deren Bedeutung in der kirchlichen Argumentation vgl. *Schockenhoff, Eberhard*, Lebensbeginn und Menschenwürde. Eine Begründung für die lehramtliche Position der katholischen Kirche, in: *Hilpert, Mieth* (Hrsg.), Kriterien (s. Anm. 1), 198–232. Die klare Darstellung ist und bleibt m.E. freilich an einem zentralen Punkt nicht ausdiskutiert: dass nämlich menschliches Leben nicht unbedingt gleich zu setzen ist mit Person(alität). Hierum geht es aber in der zugespitzten Debatte.

senlage hin zu einem überzeugenden, vielleicht gar zwingenden Aufweis des Menschseins „von Anfang an"; und zwar nicht nur gemäß der biologischen, genetisch-humanen Anlage und Konstitution, sondern als *Personalität* dieses werdenden Menschen. Ergibt sich aus den angestellten Überlegungen und Gründen notwendig der gesuchte Zusammenhang zwischen (im breitesten Sinne) naturwissenschaftlichen Daten, der philosophischen und theologischen Anthropologie und eventuellen moralischen Konsequenzen? Lässt sich aus ihnen folgern, dass werdendes menschliches Leben von Anfang an personal (Geistseele-begabt) ist, und als solches, ohne wenn und aber, ohne weitere Differenzierungen, als menschliche Person zu behandeln ist?

Anstatt mich nochmals unmittelbar einzuschalten in diese Diskussion – die offensichtlich auf größte Schwierigkeiten stößt, sich den „normalen" Vorstellungs- und Denkmustern unserer zutiefst technisch-wissenschaftlich orientierten Zivilisation[9] überhaupt verständlich und erst recht plausibel zu machen –, gehe ich einen Schritt zurück.

Was bedeutet es für ihre ethische Relevanz, dass es sich, ob durch die Kirche approbiert oder nicht, bei beiden und vielleicht noch weiteren Theorien zur Frage der Menschwerdung um Denkmodi (nicht mehr, aber auch nicht weniger) handelt, von bestimmten Frageinteressen geleitet, in einer bestimmten Zeit formuliert, in bestimmte Interpretationsrahmen gestellt?

Zunächst kläre ich kurz, was ich unter „Denkmodi" verstehe: Es geht um das Problem der Differenz zwischen Wirklichkeit und Denken über Wirklichkeit, und damit eine Kluft, die nicht zu schließen ist (1). In einem nächsten Schritt interpretiere ich (u. a. mit Überlegungen zur These Thomas von Aquins von der Geistseele als einziger „substanzieller Form" des Menschen) die Frage der Beseelung als Exerzierfeld eines dynamischen Wirklichkeitsverständnisses (2). Es folgen einige kritische Beobachtungen zur gängig(geworden)en Interpretation der Personalität des Menschen „von Anfang an" (3).

Die Problematik des Zusammenhangs zwischen human-biologischer Entwicklung und Personalität führt mich dann zu der Frage, ob eventuell ein „Paradigmenwechsel" im Personverständnis er-

---

[9] Sich auf ein derartiges technisch-wissenschaftliches Denken einzulassen, bedeutet nicht die Ausblendung der *ethischen* Fragestellung, sondern geht auf das Problem ein, wie Ethik sich nun unter den Bedingungen unserer Kultur verständlich machen und legitimieren kann: Jedenfalls nicht gegen moderne Wissenschaft und Technik, und das von diesen mitbestimmte Selbstbewusstsein, sondern in der Respektierung der mit ihr gegebenen neuen Zugänge zur Wirklichkeit und deren Deutung.

wogen werden muss (4) und damit ein Überdenken des Verständnisses von Schöpfung und der Zuordnung von Gottes Handeln und Handeln des Menschen (5). Ein Postscriptum mit einem nachdenklichen Text des 80-jährigen Karl Rahner soll abschließend zu etwas mehr Bescheidenheit bezüglich der eigenen Denkmodi anregen.

1. Denkmodi: Das Problem der Differenz zwischen Wirklichkeit und Denken über Wirklichkeit – eine Kluft, die nicht zu schließen ist

„Studium philosophiae non est ad hoc quod sciatur quid homines senserint, sed qualiter se habeat veritas rerum": Ziel und Zweck des Studiums der Philosophie ist es nicht zu wissen, was Menschen gedacht und gemeint haben, sondern wie es sich mit der Wahrheit der Dinge verhält." Diese beiläufige Bemerkung des Thomas in seinem Kommentar zu Aristoteles' De Caelo et mundo[10] verweist uns auf eine Grundsituation menschlichen Wissens, die Differenz zwischen der Wirklichkeit und unsern Ansichten über die Wirklichkeit. Das Problembewusstsein von der Schwierigkeit, zum Kern der Dinge, „zum Ding an sich" durchzudringen, ist also nicht gänzlich eine Errungenschaft der Neuzeit.

Was Thomas hier von der Philosophie sagt, trifft natürlich auch, mutatis mutandis, für die Theologie zu. Die Autoren theologischer Ansichten und Auffassungen sind auch Menschen – alle ohne Ausnahme. Das gilt jedenfalls, wenn es nicht nur um das „Dass" (an ita sit) einer Glaubenswahrheit geht. Hier ist es in der Tat so, dass für Thomas die Heilige Schrift, die Artikel des Glaubensbekenntnisses, der Glaube der Kirche für seine Theologie unbestrittene Ankerpunkte der Wahrheit sind (entsprechend ist auch in Disputationen mit Andersgläubigen mit deren jeweiligen Autoritäten zu rechnen).

Wo es aber nicht um das „an ita sit", sondern um das nähere Verstehen („quomodo sit") geht, verhält es sich anders. Zu der Frage, ob in theologischen Fragen der Magister mehr auf der Vernunft als auf Autoritäten fußen müsse, legt Thomas dar: Wo es nicht um die einfache Feststellung einer Glaubenswahrheit (an ita sit), sondern um das (innere) Verstehen der Wahrheit geht, zählt nicht die Autorität, sondern muss er sich auf Vernunftgründe, auf

---

[10] Vgl. In cael. 1, 22 nr. 8; vgl. *Chenu, Marie-Dominique*, Das Werk des hl. Thomas von Aquin (= DThA, 2. Ergänzungsband), Heidelberg u. a. 1960, 172f.

Argumente stützen. Denn würde er eine Frage nur mit Autoritätsargumenten beantworten, mag der Hörer vielleicht bestätigt werden in der Meinung „dass es so ist", verstanden aber hat er nichts.[11] Das Ungenügen des bloßen Autoritätsarguments trifft also selbst für die theologischen Aussagen zu.

Allerdings sind die Meinungen „der Menschen" für Thomas von hohem Interesse, zunächst natürlich da, wo sie in rechter Linie, aber auch da, wo sie über Irrwege und Umwege näher zur Wahrheit zu führen vermögen. Dies gilt für Thomas nicht nur im Hinblick auf die kirchlichen „Autoritäten", etwa der patristischen Tradition. Nein, es gilt auch, wie die umfängliche und scharfsinnige Kommentartätigkeit des Thomas vor allem, aber nicht nur, zu Aristoteles zeigt, für das „weltliche" Wissen. Einverwoben in seine Theologie, wird das, „was Menschen gedacht haben", für den theologischen Reflexions- und Erkennensprozess selbst fruchtbar gemacht. Aber eben nicht *als* Autorität, sondern wegen ihres sachlichen Inhaltes, wegen des Beitrags „zur Sache" (und das ist eben der Beitrag zur Wahrheit, „quomodo sit").

Kommen wir nach dieser Vorbetrachtung zu den Theorien von Simultanbeseelung und Sukzessivbeseelung als „Denkmodi". Zunächst ist klar, dass beide Theorien in den gleichen historischen Herkunftskontext[12] gehören. In erster Annäherung sind sie zunächst „Meinungen" zu ein und derselben Frage, gestellt auch unter ein und demselben traditionsgeschichtlichen Denk- und Wissenshorizont.

Des weiteren kann es keinem Zweifel unterliegen, dass beide Theorien ein komplexes Gewebe darstellen, zusammengesetzt aus Grund-Überzeugungen zum Menschsein, die man im strikten Sinne als Glaubensfrage charakterisieren kann, des weiteren aus theologischen, philosophischen und naturwissenschaftlichen Einsichten und Vorstellungen, die sich wiederum verschiedenen Schulen und Persönlichkeiten verdanken. Es liegt auf der Hand, dass es nicht so einfach sein dürfte abzugrenzen, was hierin strikt und zweifelsohne als Glaubensangelegenheit zu betrachten ist und welche – traditionell gesprochen – theologische „Verbindlichkeit" den mehr oder weniger schlüssigen Erklärungen zukommt.

---

[11] „... ad instruendum auditores ut inducantur ad intellectum veritatis ... oportet rationibus inniti investigantibus veritatis radicem, et facientibus scire *quomodo sit* verum quod dicitur: alioquin si nudis auctoritatibus magister quaestionem determinet, certificabitur quidem auditor quod ita est, sed nihil scientiae vel intellectus acquiret et vacuus abscedet": Quodl. IV, q. 9 a.3 [18]; vgl. auch Summa theologiae I, 1, bes. a.8.
[12] Vgl. *Böckle*, Beginn (s. Anm. 2); *Holderegger*, Geistbeseelung (s. Anm. 4); *Lehmann*, Eröffnungsreferat (s. Anm. 1).

Dies gilt umso mehr unter dem Vorzeichen heute selbstverständlicher anderer hermeneutischer Zugänge zur Heiligen Schrift sowie zur kirchlichen Tradition und Lehre (Stichworte: historisch-kritische Bibelexegese; historisch-kritische Lektüre von kirchlicher Lehre bis hinein ins Dogmenverständnis). Für uns Heutige hat „Tradition" an sich nicht mehr ohne weiteres die Bedeutung, die ihr in einer grundsätzlich traditionsfreundlich orientierten kirchlichen Lehre zugesprochen wurde und leider oft noch wird. Denn während ein historisch-kritischer Umgang mit der Heiligen Schrift, wenn auch nicht immer von Herzen begrüßt, lehramtlich im Prinzip toleriert und selbst – trotz gelegentlicher Warnsignale – akzeptiert wird, reagiert das kirchliche Lehramt auf die Kritik an seiner eigenen Rolle und Kompetenz (Stichwort: Zeit- und Kulturgebundenheit auch verbindlichster Lehraussagen) wie auf die Berührung eines wunden Zahns, bei dem freilich das Übel nicht im Zahn selbst, sondern in dessen Anrühren gesehen wird.

Aber: Tradition als solche ist kein Argument und stiftet keine Plausibilität mehr.[13] Darum muss man grundsätzlich davon ausgehen dürfen, dass, wo sich das Lehramt bei der einen oder andern Frage mit bestimmten Traditionen, „Schulen" oder „Schulmeinungen" identifiziert, diese also lehramtlich empfiehlt oder gar als verbindlich vorlegt, die Verbindlichkeit gleichwohl, insoweit es sich nicht um strikte Glaubensfragen im oben dargelegten Sinne handelt (aber was ist präzis deren Status?), der Autoritätscharakter das Nachsehen hat gegenüber der rationalen Begründung.

Ich bin mir bewusst, dass ich mit der allgemeinen Formulierung dieser These, die in Fragen der Moraltheologie (trotz Bemerkungen wie etwa der von Pius XII. in einer Ansprache vom 2. November 1954, dass für Äußerungen des kirchlichen Lehramtes in Fragen des sittlichen Naturgesetzes auch ohne überzeugende Gründe Gehorsam gefordert wird)[14] durch (fast) alle einsichtigen Fachgenossen vertreten wird, auch im fremden Garten der Dogmatik grasen gehe. Doch kommt die Moraltheologie hier nicht darum herum. Denn sollten Dogmatik und Moral – unbeschadet des eigenen wissenschaftlichen, methodischen Status – irgendwie miteinander zu tun haben, ist es die Pflicht des Moraltheologen, sich nicht nur den Einspruch der dogmatischen Lehre in der eigenen

---

[13] Vgl. hierzu *Merks, Karl-Wilhelm*, De sirenenzang van de traditie. Pleidooi voor een universele ethiek, in: Bijdragen, Tijdschrift voor filosofie en theologie 58 (1997) 122–143 und die Antwort auf Brian V. Johnstone's Kritik (Studia Moralia XXXVII, 1999, 431–451), in: *Merks, Karl-Wilhelm*, Tradition und moralische Wahrheit, in: Studia Moralia, XXXVIII/1, 2000, 265–277.
[14] Vgl. *Utz-Groner* III, Nr. 4313ff.

Domäne „Moral" gefallen zu lassen, sondern sich auch gegenüber der dogmatischen Lehre, und für sie mitverantwortlich zu wissen, nämlich eben da, wo sie die strikte Glaubensfrage des „an sit" überschreitet, d. h. in sich philosophische, naturwissenschaftliche, gesellschaftswissenschaftliche Einsichten für ihre theologische Gesamtsicht einverleibt, dies von eigenen Einsichten aus zu prüfen, und wo nötig zu kritisieren oder zu relativieren.[15]

2. Die Frage der Beseelung als Exerzierfeld eines dynamischen Wirklichkeitsverständnisses – zum Sinn der Rede von der „Einheit der substanziellen Form" beim Menschen

Zu den Sätzen, die der Erzbischof von Canterbury, Robert Kilwardby O.P., am 18. März 1277, in Ergänzung zu den kurz zuvor von Stephan Tempier verurteilten 219 (vornehmlich averroistischen, aber zum Teil wohl auf Thomas von Aquin zielenden) Propositionen, für häretisch erklärte, betrafen drei – unter dem naturphilosophischen Stichwort von der „Einheit (Einzigkeit) der substanziellen Form" – (auch) die Frage nach der Beseelung des Embryos.[16] Hiermit zielte der Ordensbruder des Thomas, ebenso wie dessen Nachfolger in Canterbury, der Franziskaner Johannes Peckham, direkt auf Thomas von Aquin selbst. Nach der Auffassung des Thomas ist „die Geistseele ... die *einzige* Wesensform des Menschen"[17]. Das heißt, der Mensch hat nicht drei Seelen, eine vegetative, eine animalische (sinnenbegabte) und eine intellektive (intellektbegabte) (Geist-)Seele. Schon gar nicht gleichzeitig (ob, und in welchem Sinne nacheinander, bleibt näher zu besehen).[18] Diese These, so Otto Hermann Pesch,

---

[15] Vgl. *Merks, Karl-Wilhelm*, Gott und die Moral. Theologische Ethik heute (ICS-Schriften 35), Münster 1998, 397–414 (über die Bedeutung der Ethik für die Dogmatik).

[16] Vgl. *Weisheipl, James A.*, Thomas von Aquin. Sein Leben und seine Theologie, Graz, Wien, Köln 1980, 302ff. Die drei verworfenen Sätze lauten: These 6: „Daß die vegetative, die sinnenbegabte und die intellektbegabte Seele gleichzeitig im Embryo existieren"; These 7: „Daß, wenn die intellektbegabte Seele eingeführt wird, die sinnenbegabte und die vegetative (Seele) vergehen"; These 12: „Daß die vegetative, die sinnenbegabte und die intellektbegabte (Seele) eine einfache Seele bilden" (ebd., 307).

[17] *Pesch, Otto Hermann*, Thomas von Aquin. Grenze und Größe mittelalterlicher Theologie, Mainz 1988, 222, unter Verweisung auf Summa theologiae I 76,1–4 und 75,4.

[18] Vgl. ScG II, 58: „Quod nutritiva, sensitiva et intellectiva non sunt in homine tres animae": Der Mensch ist, insofern er Mensch ist, zugleich Sinnenwesen und Lebewesen.

„besagt jenseits der scholastisch-philosophischen Begriffssprache: Nur die Geistseele formt und belebt den menschlichen Leib – und nicht, wie als Gegenthese vertreten wurde, irgendwelche niederen animalischen „Seelen", mit denen der Geist nicht in Berührung kommt, weil er mit ihnen nicht in Berührung kommen darf. Der Mensch *ist* also nicht Seele und *hat* einen (wohnt in einem) Leib, er ist beseelter Leib und leibhaftiger Geist."[19]

Damit steht die These für die Vorstellung einer einheitlichen, ganzheitlichen Anthropologie gegenüber spiritualisierenden, Körper und Geist gegeneinander ausspielenden Auffassungen. Eine konkrete Konsequenz in diesem Zusammenhang (leider für die kirchliche Tradition in dieser Frage viel zu lange ohne große Wirkung geblieben), ist für Pesch z. B. der sich bei Thomas abzeichnende Unterschied zu Augustinus in Fragen der Sexualität: Für Thomas ist die Zweigeschlechtlichkeit „paradiesisch", Adams Geschlechtslust wäre – gegen die bis dato dominante Sicht des Augustinus von der „Paradiesesehe" – selbst größer gewesen als nachher.[20]

In einem allgemeinen Sinne liegt die Brisanz und ethische Relevanz der These des Thomas in der Auseinandersetzung mit der Anthropologie platonisch-augustinischer Prägung überhaupt. Es geht um die Frage: Platon oder Aristoteles als philosophischer Lehrmeister über das, was der Mensch ist (und soll). Und das bedeutet, Lehrmeister auch für das theologische Nachdenken. Und da kann es keinen Zweifel geben, für Thomas ist das Aristoteles. Nochmals O.H. Pesch:

„Aristoteles ist nicht nur der Gewährsmann in Sachen Biologie, er ist auch, heute von niemandem bestritten, damals allen anders lautenden Befürchtungen zum Trotz, der Anwalt des christlichen Schöpfungsglaubens gegen seine platonisierende Verkürzung im ersten christlichen Jahrtausend geworden. Noch im 12. Jahrhundert ... galt ja die These: Die Seele ist der Mensch – der Leib also sein, des Menschen Gefängnis."[21]

Ist in diesem Kontext die These von der Einheit der substantiellen Form relativ einfach nachzuvollziehen, so zeigt sie sich insgesamt jedoch komplexer, als es auf den ersten Blick scheint. Das gilt auch für die Frage, die uns hier beschäftigt, die nach dem *Was, Wie und Wann* der „Menschwerdung", zumal sie für Thomas (und seine Gegner) auch nochmals dogmatisch orientierte Fragen (über das Gemeinsame und das Besondere bei der Menschwerdung Christi) einschließt. Was heißt genau Einheit und Einzigkeit der Geistseele als

---

[19] *Pesch*, Thomas (s. Anm. 17), 222.
[20] Vgl. *Pesch*, Thomas (s. Anm. 17), 222f.; 254–256 (vgl. Summa theologiae I 98, 2).
[21] *Pesch*, Thomas (s. Anm. 17), 221.

substantieller Form des Menschen, und wie passt diese These zusammen mit der dem Thomas immer zugeschriebenen Sukzessivbeseelung? Und selbst wenn deutlich ist, dass Thomas „eine stufenweise Beseelung vertritt, welche sich durch die Abfolge vegetativ-sensitiv-rational kennzeichnet", ist damit ja noch nicht entschieden, ob diese nun *chronologisch* zu verstehen ist, oder *ontologisch*, das heißt

> „weil eben die vegetative und die sensitive Stufe der menschlich-embryonalen Entwicklung immer schon spezifisch menschlich sind und lediglich eine Ähnlichkeit besteht mit den pflanzlichen und tierischen Seelenformen, die gesamte Entwicklung von Thomas als von der substantial-menschlichen Seele getragene verstanden werden kann".[22]

Thomas also schließlich vielleicht sogar ein Vertreter der Simultanbeseelung?

Den springenden Punkt hierbei könnte man m.E. mit der Frage umschreiben, *ob die Dynamik der Seele nur eine ihr innere Wesensspannung und -komplexität ohne raumzeitliches Pendant meint, oder ob sich diese Spannung auch raumzeitlich als ein Werdeprozess zu mehr Komplexität hin entfaltet.*

Nach Abwägung der verschiedenen Möglichkeiten plädiert Willam schließlich für die chronologisch-sukzessive Lösung. Sein Hauptargument ist der entschiedene Aristotelismus des Thomas, der sich insbesondere bis in die christologischen Texte (immerhin aus der Spätphase des Thomas) durchhält. „Die vollkommene Ausgestaltung des menschlichen Phänotypus zur Aufnahme der Geistseele scheint für Thomas absolute Bedingung".[23] Eine Stelle für viele: Im Gegensatz zur sukzessiven Beseelung der übrigen Menschen empfängt Christus vom allerersten Augenblick an (in primo instanti conceptionis) die vollkommene Wesensform (anima rationalis). Die Vorstellung hier wie an andern Stellen ist mit dem Stichwort dispositio gegeben: Zum Empfang der Geistseele muss der Leib „perfecte" disponiert sein.[24]

Ich denke, im Ganzen ist der aristotelische Tenor der Position des Thomas klar.

---

[22] *Willam*, Mensch (s. Anm. 1), 153 (so u. a. *Dietmar Mieth*).

[23] *Willam*, Mensch (s. Anm. 1), 160.

[24] Auf den Einwand, dass gemäß Aristoteles „in generatione hominis requiritur prius et posterius: prius enim est vivum, et postea animal, et postea homo. Ergo non potuit animatio Christi perfici in primo instanti conceptionis" führt Thomas aus:„quod in generatione aliorum hominum locum habet quod philosophus dicit, propter hoc quod successive corpus formatur et disponitur ad animam: unde primo, tamquam imperfecte dispositum, recipit animam imperfectam; et postmodum, quando perfecte est dispositum, recipit animam perfectam. Sed corpus Christi, propter infinitam virtutem agentis, fuit perfecte dispositum in instanti. Unde statim in primo instanti recepit formam perfectam, idest animam rationalem" (Summa theologiae III 33, 2 ad 3).

In gut aristotelischer Manier geht Thomas auf diese Frage ein mit einer detaillierten Besprechung nicht lediglich des etablierten (statischen) Status des Menschen (Embryos?), sondern (vor allem in der Summa theologiae I) der damit verbundenen Frage, wie er zu dem *wird*, was er ist (Summa theologiae I 75ff.). Zunächst (75–89) handelt er über die Natur (Wesen und Ausstattung) des Menschen; 90–102 über Erschaffung und Urzustand des (ersten) Menschen; schließlich, nachdem somit über die Schöpfung gesprochen ist, nunmehr 103–119 über die göttliche Erhaltung und Regierung der Welt (gubernatio), in die sich abschließend, unter dem Obertitel der „Tätigkeit des Menschen" (117) die Frage der Weitergabe des Lebens sowohl, was die Seele, als auch, was den Leib anbelangt, d. h. die Herkunft des Menschen von Gott und die Abstammung des Menschen vom Menschen (traductio hominis ex homine) (118–119) einfügt.

Bevor ich näher auf die Bedeutung der Thematik der forma substantialis zurückkomme, erlaube ich mir einige kurze Bemerkungen zu dieser Frageanordnung. M.E. treffen wir auf eine Ordnung des Stoffes unter „wissenschaftlicher" Hinsicht.

Zunächst: Die Darstellung gibt nicht den Reflexionsvorgang wieder, in dem im Ausgang von der gegebenen Realität diese auf ihre Gründe bedacht wird, sondern von einer metaphysisch-theologischen Wesensbestimmung wird hin gedacht zu der Wirklichkeit, im Ausgang von der aus sich diese Bestimmung ergeben hatte. Sowohl, was Thomas über den ersten Menschen zu sagen hat, wie das, was er über das Menschengeschlecht allgemein ausführt, kann auf diese Weise das Ende einer Überlegungs-„Kette" bilden.

Das Zweite: In dieser Argumentation gehen philosophische Positionen und biblisch-theologische Sicht Hand in Hand, eine Analyse der Seele-Leib-Beziehung und die anthropologische Theorie verbinden sich mit dem biblischen Datum der Erschaffung der ersten Menschen und dem Glauben an die Schöpfung überhaupt und die unmittelbare Erschaffung der menschlichen Seele durch Gott.

Und schließlich eine dritte interessante Feststellung: Die Weitergabe des Lebens, d. h. die Abstammung des (aller) Menschen aus einer näher zu klärenden Zusammenwirkung von Gott und Eltern ist gleichsam das Scharnier zu dem Teil der Summa, der Secunda Pars, in der nun die Aktivität des Menschen selbst (als Bild Gottes und Teilhaber an Gottes gubernatio und providentia, wie sogleich programmatisch in Summa theologiae I–II prol. angezeigt) ins Visier genommen wird. Nachdem Gottes Wirken – aber durchaus schon unter Hinweis auf die menschliche Mitwirkung – in der Prima Pars den besonderen Akzent hat, bestimmt in der Secunda Pars des Menschen eigenes Tun – natürlich immer unter

Voraussetzung von Gottes tragender Schöpferkraft – die Perspektive (darauf komme ich im letzten Paragraphen zurück).

Kommen wir nun nach diesen Vorbemerkungen zurück zu Thomas' These von der Geistseele als einziger Wesensform des Menschen. Wie gesagt, war diese These des Thomas keineswegs selbstverständlich; sie wurde denn auch von den Augustinisten wohl schon zu Thomas Lebzeiten, insbesondere aber nach seinem Tod als häretisch attackiert. Anderseits scheint sie für die Anhänger des Thomas von so zentraler Bedeutung zu sein, dass sie selbst aufgenommen wird unter die 24 Thesen der thomistischen Philosophie im Dekret der Studienkongregation vom 27 Juli 1914.[25]

Sowohl bei der Simultanbeseelungs- wie bei der Sukzessivbeseelungsvorstellung wird ausgegangen von der Überzeugung, dass bei der Weitergabe des menschlichen Lebens Gott selbst durch die Erschaffung und Einstiftung der Geistseele direkt tätig wird, und nicht nur vermittels der Eltern, die im Bezug auf den Körper wohl, aber nicht in Bezug auf die Seele als Ursache (von der prima causa getragene causae secundae)[26] gesehen werden. Insofern unterscheiden sich beide Theorien nicht voneinander. Die gemeinsame Vorstellung ist die von der unmittelbaren Erschaffung jeder Geistseele durch einen besonderen Schöpfungsakt Gottes.

Die darin zum Ausdruck kommende Auszeichnung des Menschen, jedes Menschen[27] kann man nicht hoch genug veranschlagen für die Geschichte des menschlichen Selbstverständnisses, was sein Wesen/seinen Status, wie auch die dem Menschen von da-

---

[25] Vgl. DH 3615; 3616: Nr. 15: „An sich selbst besteht dagegen (sc. anders als die Seelen der pflanzlichen und sinnlichen Ordnung (vegetalis et sensibilis ordines animae)) die menschliche Seele, die, wenn sie einem hinreichend veranlagten Zugrundeliegenden eingegossen werden kann, von Gott geschaffen wird und ihrer Natur nach unzerstörbar und unsterblich ist: Contra, per se subsistit anima humana, quae, cum subiecto sufficienter disposito potest infundi, a Deo creatur, et sua natura incorruptibilis est atque immortalis."

Nr. 16: „Eadem anima rationalis ita unitur corpori, ut sit eiusdem forma substantialis unica, et per ipsam habet homo ut sit homo et animal et vivens et corpus habens et substantia et ens. Tribuit igitur anima homini omnem gradum perfectionis essentialem; insuper communicat corpori actum essendi, quo ipsa est: Dieselbe vernunftbegabte Seele wird so mit dem Leib geeint, daß sie dessen einzige substantielle Form ist, und durch sie hat der Mensch, daß er Mensch, Sinnenwesen, Lebewesen, Körper, Substanz und Seiendes ist. Die Seele verleiht dem Menschen also jeden wesenhaften Grad der Vollkommenheit; überdies teilt sie dem Leib den Akt des Seins mit, durch den sie selbst ist."

[26] Vgl. ScG II, 89, resp. ad 3.

[27] Vgl. *Pesch*, Thomas (s. Anm. 17), 201: Als Christ wusste Thomas, „daß Gott jeden einzelnen Menschen bei seinem Namen gerufen hat, das heißt: jeden Menschen zur einmaligen Geistperson gemacht hat. Konsequenz: Jeder Mensch ist eine Einheit aus *je einmaliger, individueller* Geistseele und dem von ihr geformten Leib."

her geschuldete besondere Achtung betrifft. „Personalität" und „Würde" sind die Chiffren, die dies bis auf den heutigen Tag zum Ausdruck bringen, nicht nur im theologischen, sondern auch im philosophischen, juridischen und gesellschaftlichen Diskurs. Nicht also in dieser Grundüberzeugung theologischer Anthropologie von der Gott-Unmittelbarkeit und Einmaligkeit jedes Menschen unterscheiden sich unsere beiden Theorien. Worin sie sich unterscheiden, ist die Deutung des realen Geschehensablaufs, in dem der Mensch als dieses so ausgezeichnete Wesen entsteht. Verdankt sich dies einem *unmittelbaren* Zusammen von Körper und Geistseele „von Anfang an" (Beseelung zugleich mit der Befruchtung) oder einem *Werde- und Wachstumsprozess*, bei dem der Zeitpunkt der (vollkommenen, definitiven) Beseelung nicht mit dem Beginn zusammenfällt, sondern diese zu einem bestimmten Moment in der Entwicklung geschieht?

Die Bezeichnung Sukzessivbeseelung suggeriert ein Geschehen in mehreren Akten. Wird hiermit das, was Geistbeseelung meint, als eine von verschiedenen Phasen betrachtet, in der die Geistseele einfach additiv „irgendwie" hinzuträte zu einem in Entwicklung befindlichen Wesen, das bereits eine anima vegetativa und eine anima sensitiva hat, und das dadurch, jedenfalls im eigentlichen Sinne, erst zum Menschen würde? In der Tat schafft Gott für Thomas die Geistseele erst, wenn der Körper „soweit ist", um sie empfangen zu können. Zugleich aber übernimmt diese dann die (Funktionen der) sensitive(n) und vegetative(n) Seele.[28] So lehnt Thomas die Gleichzeitigkeit von drei Seelen wegen der Einheit des Menschen ab;[29] vielmehr denkt er sich diesen Prozess so, dass die jeweils folgende forma auch das hat, was die erste hatte, und so weiter.[30] Und so kommt es in einem Prozess von Entstehen und Vergehen und Übernehmen zur letzten, ultimativen Wesensform: „Et sic per multas generationes et corruptiones pervenitur ad ultimam formam substantialem."[31] Hierbei ist es die generative Kraft des Samens, die

---

[28] „anima intellectiva creatur a Deo in fine generationis": Sth I 118,2 ad 2; „animae non sunt creatae ante corpora, sed simul creantur, cum corporibus infunduntur": Sth I 118, 3c.; „simul est et sensitiva et nutritiva, corruptis formis praeexistentibus": Sth I 118,2 ad 2.

[29] Sth I 76,3: „impossibile videtur plures animas per essentiam differentes in uno corpore esse; daher: quando perfectior forma advenit, fit corruptio prioris."

[30] Sth I 118 2 ad 2. „In materia considerantur diversi gradus perfectionis, sicut esse, vivere, sentire et intelligere. Semper autem secundum superveniens priori, perfectius est. Forma ergo quae dat solum primum gradum perfectionis materiae, est imperfectissima: sed forma quae dat primum et secundum, et tertium, et sic deinceps, est perfectissima; et tamen materiae immediata": Sth I 76.4 ad 3.

[31] Sth I 118.2 ad 2.

„aus dem bereiten (mütterlichen: K.-W. M.) Material einen Organismus hervorbringen und ihm die Form, erst die anima vegetativa, dann die anima sensitiva, einzuprägen vermag ... Unmittelbar nach der Verschmelzung „organisiert" die männliche, generative Kraft den Stoff soweit, bis er fähig ist, die anima vegetativa aufzunehmen ... Bei höherer Entwicklung des Embryos übernimmt die „anima sensitiva", erzeugt durch die „virtus generativa", die Funktionen der niederen Wesensform ... Hat die zweite Lebens- und Wesensform den Embryo genügend disponiert, wird sie abgelöst durch die Geistseele ...",

die „von Gott ‚einerschaffen' und ‚eingegossen'" wird.[32] Die Geistseele setzt also ein genügend organisiertes Substrat voraus, so dass dieses sie aufnehmen kann.[33]

Diese Theorie ist ersichtlich die komplexere. Sie muss nämlich erklären, was das denn ist, das, da es die den Menschen ausmachende Geistseele noch nicht empfangen hat, sich bis zu deren Empfang bereits vorfindet. Die Einheit (Einzigkeit) der substantiellen Form soll einerseits festhalten, dass der Mensch in allem Mensch ist und kein mixtum compositum etwa aus Mensch, Pflanze oder Tier. Dies schließt aber nicht aus, dass er als solcher heranwächst in einer Dynamik eines Prozesses bis hin zu seiner wesensmäßigen Vollendung und Endgültigkeit als Mensch (unbeschadet der weiteren Entfaltung der Lebensgeschichte).

Das den Menschen ausmachende Formprinzip ist nur eines, die Geistseele, und dies trotz der Tatsache, dass sie – in zeitlicher Ordnung gesehen – nicht „von Anfang an" als solche *da ist*.

Kennt also die Geistseele selbst (eine Art) Wachstum? Oder ist dieses im strikten Sinne genommen ein Wachstum des von ihr schließlich „informierten", also *ihres* Leibes, insofern er hierzu aus sich heraus die Kraft hat im Gegensatz zur Hervorbringung der Geistseele als solcher? Für diese Vorstellung würde sprechen, dass nach Einerschaffung der Geistseele diese die vegetative und die sensitive Seelenkraft in sich und mit sich vereinigt. Umgekehrt ist es die Geistseele, die den Menschen (nacheinander) zum „Menschen, zum Lebewesen, zum Körper und zu einer Substanz macht"[34].

---

[32] *Holderegger*, Geistbeseelung (s. Anm. 4), 188–190; vgl. ScG II,86ff.: die Kraft des Samens wirkt „dispositive" für die „ultima forma" (89, resp. ad 4); disponit ad eam (ibid., resp. ad 3).

[33] „Cum anima sit actus corporis organici, ante qualemcumque organizationem corpus susceptivum animae esse non potest" (De pot.I,3,12c.).

[34] „... quod in ... homine non est alia forma substantialis quam anima rationalis; et quod per eam homo non solum est homo, sed animal et vivum et corpus et substantia et ens" (De spir. creat. 3c.); vgl. hier die ausführliche Behandlung dieser Frage.

Vielleicht ist ein Teil der Lösung die theologische Überzeugung, dass die (Hinzu-) Erschaffung der Seele zwar in der zeitlichen Daseinsweise menschlicher Existenz zu einem bestimmten Zeitpunkt geschieht, in der Ordnung der Ewigkeit Gottes aber als koexistent zu jeder Zeit gedacht werden kann.

Wird dieser Gedanke philosophisch ausgelegt, so hat Thomas mit dem Potenz-/Aktdenken bzw. dem Materie/Form- Modell das Instrumentarium zur Verfügung, um das Anfängliche und dessen weitere Entfaltung und Entwicklung bereits in der Linie des Vollendeten zu verstehen, das gleichsam den Beginn, der auf es „aus ist", umgekehrt zu sich hin „zieht".[35]

Das, was man sehr vereinfachend interpretieren könnte (und wohl auch interpretiert hat) als die Abfolge von vitaler Seele, sensitiver Seele und rationaler Geistseele, beschreibt also für Thomas nicht verschiedene Entitäten, sondern Durchgangsphasen ein und derselben Entität, aber eben ausgelegt in zeitlicher Ordnung des sich Entfaltenden und daher nicht in seiner Fülle von Anfang an Vollendeten, wobei das jeweils frühere als dispositio für das folgende Höhere gilt, das dann die Wirkungen des Früheren „mitbesorgt". Oder im Materie-Form-Modell formuliert, ist es die Vorstellung der Vorbereitung auf Seiten der Materie in ihrer Potentialität für die „Aufnahme" der Form als deren Aktualisierung. Hierbei kann die Materie in ihrer Hinordnung auf die definitive Form der Zeit nach früher sein.[36]

Wie auch immer man dies im Einzelnen verstehen will, deutlich ist, dass für Thomas der Gedanke des Wachsens von einem Anfänglichen und Unvollendeten hin zu seiner Vollendung auch für das Entstehen neuen menschlichen Lebens gilt. Und zwar so, dass die zeitliche Ordnung, die diejenige unserer Erfahrung und Existenz ist, in ihrer Realität ernstgenommen wird, so dass das, was im *vollen* Sinne den Namen Mensch verdient, erst Wochen nach der Befruchtung ausgereift ist (mit Unterschied des Zeitpunktes bei männlich und weiblich).[37]

---

[35] Vgl. De pot. 3,12c.: „Generatio non sequitur, sed praecedit formam substantialem."

[36] Vgl. ScG II, 89, resp. ad 6: „Non enim homo est suum corpus, neque sua anima. Sequitur autem quod aliqua pars eius sit altera prior ... Nam materia tempore est prior forma; materiam dico secundum quod est in potentia ad formam, non secundum quod actu est per formam perfecta, sic enim est simul cum forma. Corpus igitur humanum, secundum quod est in potentia ad animam, utpote cum nondum habet animam, est prius tempore quam anima: tunc autem non est humanum actu, sed potentia tantum. Cum vero est humanum actu, quasi per animam humanam perfectum, non est prius neque posterius anima, sed simul cum ea."

[37] III Sent. d.3 q.5 a.2c.: „Conceptio autem de filio Dei dicitur, ut patet in symbolo: *qui*

Die Konsequenz aus dieser Sicht und ihrer Anpassung an die Kenntnisse moderner Embryologie ist für heutige Vertreter der Sukzessivbeseelung ein Verständnis des menschlichen Entstehungsprozesses, in dem man von Mensch im vollen, personalen Sinne noch nicht in der frühen Phase der Embryonalentwicklung sprechen muss/kann. Hierbei wird die Frage der Geistbeseelung zurückgebunden an deren physiologische Grundlage, die Entwicklung des Gehirns als organisierendes Prinzip. Die moralische Folgerung ist dann, dass daher eventuell für den Umgang mit diesem *werdenden* Menschen aus guten und wichtigen Gründen andere moralische Pflichten bestehen können als beim *gewordenen* Menschen, wenn man das so ausdrücken darf.

Natürlich sind es häufig konkrete Interessen, die zur Diskussion dieser Frage den Anlass bieten (Frage der „Pille danach", der Embryonenforschung, der pränatalen Diagnostik, der Stammzellenforschung); aber dieses Interesse macht nicht die differenzierenden Überlegungen über den Status des Embryos illegitim. Es sind ja immer neue Entwicklungen, die zu derartigen fundamentalen Überlegungen den Anlass geben (etwa die Frage des Todeszeitpunktes – Hirntod – war zunächst motiviert durch das Problem aussichtsloser Weiterbehandlung nach schwersten Hirnschädigungen und erst später stellte sie sich dann mit Blick auf die Möglichkeiten der Organtransplantation). Es ist die Wirklichkeit selbst, die hier neues Nachdenken erfordert.

Gilt das auch angesichts der Entwicklungen in der modernen Embryologie, so dass sich hier der Raum etwa für eine eventuelle abgestufte Schutzwürdigkeit des Embryos in den (wie auch immer zu bestimmenden) verschiedenen Phasen seiner Entwicklung sowie eine abgestufte Schutzverpflichtung eröffnen würde? Für den Ansatz der Simultanbeseelung ist das inkonsequent, freilich geht dieser nicht von der Bedeutung des Gehirns (als materialen Substrats der Geistseele) als organisierendem Prinzip für den Menschen als (ganzen) Menschen aus – was bei der Sukzessivbeseelung

---

conceptus est de spiritu sancto etc. ergo oportet ut conceptio in Christo non praecedat tempore completam naturam carnis ejus: et ita relinquitur quod simul concipiebatur et concepta est: propter quod oportet illam conceptionem subitaneam ponere, ita quod haec in eodem instanti fuerunt, scilicet conversio sanguinis illius materialis in carnem et alias partes corporis Christi, et formatio membrorum organicorum et animatio corporis organici, et assumptio corporis animati in unitatem divinae personae. In aliis autem haec successive contingunt, ita quod maris conceptio non perficitur nisi usque ad quadragesimum diem, ut philosophus in 9 de animalibus dicit, feminae autem usque ad nonagesimum ... In Christi autem conceptione materia quam virgo ministravit, statim formam et figuram humani corporis accepit, et animam, et in unitatem divinae personae assumpta est."

wohl der Fall ist –, sondern von den im Vergleich hiermit eher äußerlichen „rein" biologischen Daten des (individuellen) menschlichen Genoms. Hier liegt der Kern für den fundamentalen Unterschied der beiden Denkmodi. Von diesen scheint mir die Sicht der Sukzessivbeseelung bio-genetische und -physiologische Phänomene und anthropologische Deutung – in ihrer Spannung und zugleich Beziehung zueinander – auf nuanciertere Weise zusammenzusehen. Die Argumente, die für die Simultanbeseelung ins Feld geführt werden, bleiben demgegenüber, trotz aller anscheinenden Konsequenz, fragil, und zumindest diskutabel. Die Bedeutung der (realen) Materie verschwindet hier sozusagen im (potentiellen) Geist.

3. Kritische Beobachtungen zur gängig(geworden)en Interpretation der Personalität des Menschen „von Anfang an"

In der Verknüpfung: Menschsein heißt Personsein, das bedeutet Träger von Menschenwürde sein, das bedeutet wiederum Unantastbarkeit/der menschlichen Verfügungsmacht Entzogen-Sein von der Befruchtung an mit der Folge bestimmter ethischer Konsequenzen, kommen Argumente verschiedener Ordnung zur Sprache. Zweifelsohne ist der damit vorgestellte Zusammenhang beeindruckend, gegenüber einer solchen Logik scheint es kaum treffende Einwände zu geben. Gleichwohl weist diese Argumentationskette Bruchstellen auf, angesichts derer man sich fragen kann (oder muss?), mit wie viel Entschiedenheit wirklich von Person-Sein von Anfang an mit der Konsequenz einer absoluten „Unantastbarkeit ‚von Anfang an'" gefolgert werden kann. Wieweit nötigt der Denkmodus, der dieser Kette zugrunde liegt, da nur *ein* Denkmodus, nicht zu mehr Bescheidenheit in unsern starken anthropologischen und dann auch ethischen Folgerungen?

Begonnen sei zunächst mit – gegenüber der auf sehr anspruchsvollem Niveau geführten Begründung für den Status des Embryos – eher harmlos erscheinenden Einwänden, die aber bereits zu denken geben und hinführen zu dem nach meiner Meinung eigentlichen Problem: dem Konstruktionsmonopol dieses Gebäudes.

– Ein erster, durchaus ernstzunehmender Einwand betrifft die Tatsache, dass doch die embryonale Entwicklung anfänglich, und jedenfalls in der sehr frühen Phase, als so abstrakt-entfernt von dem erfahren wird, was sich unserer Wahrnehmung und unserem Empfinden phänomenologisch als (entfaltetes) Menschsein zeigt, dass man nicht von Menschen erwarten könne, und es vielleicht auch nicht schlüssig sei, ihre ethischen Überzeugungen nur von dieser abstrakt-entfernten Basis her bestimmen zu lassen. Jean-Pierre Wils weist zurecht darauf hin, dass eine „Schutzwürdigkeit menschlichen Lebens unterschiedslos und in Totalität auf den Lebensanfang, auf den Zeitpunkt der Befruchtung, zu fixieren" (wie übrigens auch die Festsetzung der Geburt als ein solches Datum) „kontra-intuitiv" ist.[38] Man könnte m.E. selbst sagen: contra-phänomenologisch. Es ist ja durchaus die Frage, ob die genetische Grundlage das Phänomen hinreichend beschreibt und definiert. Auch den erwachsenen Menschen definieren wir ja nicht durch den Bestand seiner Gene. Man mag diesen Einwand für letztlich nicht schlüssig halten, doch hat er natürlich nicht nur psychologisch, sondern auch fundamentalmoralisch seine Bedeutung – weil moralische Entscheidungen und Normen mit *erfahrbarem Gutsein* und nicht nur mit „behauptetem" Gutsein zu tun haben.

– Auf fragwürdige Weise mit Erfahrung operiert umgekehrt ein Argument, das bisweilen von Vertretern der Simultanbeseelung ins Feld geführt wird, nämlich das retrospektive Identitätsbewusstsein: Ich, der ich jetzt bin, war bereits anfanghaft jene befruchtete Eizelle – so dass, wenn sie keine Chance zur Entfaltung bekommen hätte, ich also nicht wäre. Das ist so wahr, wie es nichts beweist – außer in der Retrospektive. Im übrigen, warum dieses Argument nicht auch weiter zurückführen auf die eine Eizelle, die eine Samenzelle, von denen ich ausgegangen bin? Wir sehen hier meines Erachtens, dass eines der starken Argumente, nämlich das Identitätsargument von der Befruchtung bis zur Todesbahre, in seiner Allgemeinheit nicht ohne einen gehörigen Schuss eines solchen Retrospektivismus auskommt. Es gilt abstrakt, und es gilt retrospektiv, taugt aber nicht als Handlungsanweisung (dass dieses *mögliche* „ist" sein *soll*).[39]

Ähnliche Einwände[40] kann man auch zu den andern, neben der *Identitätstheorie* entwickelten Theorien zum Status des Embryos machen, zum Argument der *Gattungszugehörigkeit* (Embryonen

---

[38] *Wils, Jean-Pierre*, Differenzen ethischer Argumentation in Europa. Das Beispiel Embryonenschutz – ein Blick aus den Niederlanden, in: *Jan Jans* (Hrsg.), Für die Freiheit verantwortlich. Festschrift für Karl-Wilhelm Merks zum 65. Geburtstag (Studien zur theologischen Ethik 107), Fribourg, Freiburg, Wien 2004, 280–295, hier 290.

[39] Einfach gesagt: Aus keinem Sein, ob der Potenz nach oder dem Akt nach, wie auch immer, folgt ohne normativ interessierte Hermeneutik und Interpretation ein Sollen. Das Sollen wird immer durch den normativ ausdeutenden Menschen „hineingelegt" (und dann „herausgeholt").

[40] Vgl. kurz und treffend *Wils*, Differenzen (s. Anm. 38), 290ff.; *Halter*, Implementierung (s. Anm. 7), 416ff.

als Mitglieder der Spezies Mensch besitzen Würde), zum *Kontinuitätsargument* (in der Entwicklung gibt es keine Sprünge, aus denen man moralische Konsequenzen ziehen könnte), sowie zum *Potentialitätsargument* (Embryonen haben „von Anfang an" die Potenz, sich, nicht *zum* Menschen, sondern *als* Mensch, zu entwickeln). Sie stützen sich alle auf zwei Voraussetzungen, die als solche nicht einfach selbstverständlich sind: einmal eine Art prinzipieller Gleichsetzung/Gleichwertigkeit von Potenz und Verwirklichung (Aktualisierung) des „in Potenz" anwesenden „Wesens" Mensch (von Anfang an Person); und die moralische Relevanz und Qualifikation dieses personalen Menschseins mittels des Begriffs der Menschenwürde und deren Schutzwürdigkeit.

Damit ist nun nicht jede Bedeutsamkeit der Potentialität (die auch ins Herz des Identitäts- wie des Kontinuitätsarguments gehört) für die moralische Beurteilung geleugnet: Eine gestufte Schutzwürdigkeit etwa ist nicht bar jedes moralischen Verantwortungsbewusstseins; und wenn es keine Sprünge gibt, dann ist doch vielleicht die Feststellung von moralrelevanten Momenten trotz und innerhalb der Kontinuität durchaus möglich und sinnvoll.

Die soeben dargestellten Einwände legen jedenfalls meines Erachtens die Überlegung nahe, bezüglich der moralischen Wertung des Umgangs mit Embryonen (und embryonalen Stammzellen) eine nuanciertere und vielleicht selbst grundsätzlich andere Reflexion anzustellen. Der Kern der Problematik ist und bleibt hierbei der Zusammenhang zwischen (naturwissenschaftlicher) Empirie und deutender Anthropologie: Wie müssen/können biologische Daten mit fundamental-anthropologischen Kategorien (Menschsein, Personsein) und dies nochmals mit damit verbundenen fundamentalmoralischen Implikationen (Menschenwürde) zusammenhängend gedacht werden?

4. Der Zusammenhang zwischen human-biologischer Entwicklung und Personalität – ein „Paradigmenwechsel" im Personverständnis?

Für die kirchliche Lehre waren mit der Frage der näheren Art der Beseelung immer zwei Fragenkreise von Interesse: *Wie* findet die Beseelung statt, und *wann*? Das Wie wird bestimmt durch die Frage, ob bzw. warum nicht mit dem leiblichen Leben „über" die Eltern auch die Seele auf die gleiche Weise weitergegeben werden könnte. Sowohl in der Simultanbeseelungs- wie der Sukzessivbeseelungs-Theorie ist die Antwort, dass das nicht der Fall ist. Die theologischen Gründe dafür liegen dogmenhistorisch in der bereits sehr früh entfachten Diskussion über diese Frage und in der konstant ablehnenden Haltung der Kirche zu einem solchen Traduzianismus, inhaltlich begründet u. a. mit der Geistigkeit und Unsterblichkeit der Seele. Für die analytisch-philosophische Argumentation kann die Geistseele als solche nicht das Produkt von Körperlichkeit (bzw. des Kompositums Leib-Seele, das der Mensch ist) sein. Hierin liegt denn auch noch nicht die eigentliche Differenz zwischen beiden Auffassungen.

Die Differenz liegt vielmehr in der Relevanz der Empirie, näher hin in der Bedeutung des empirischen Faktums, dass der Mensch offensichtlich „wird", gegenüber einer dieses Faktum eher vernachlässigenden Feststellung, dass er „ist". Wie lässt sich die Überzeugung von der unmittelbaren Erschaffung (und Präsenz) der Geistseele mit dem offensichtlichen Faktum eines der Empirie nach unbestreitbaren Werdeprozesses verbinden? In ihrer Sorglosigkeit gegenüber dem real-faktischen Werdecharakter ist die Simultanbeseelung eher platonisch eingefärbt (während die Sukzessivbeseelung eher aristotelisches Gepräge zeigt): Das Diesseitige empfängt vom Jenseitigen her erst sein eigentliches Verständnis, sozusagen eine reine Anthropologie „von oben" als Kriterium und Schlüssel (für den Sinn) der Wirklichkeit, eine Sache des Glaubens letztlich, nicht von Erfahrungs-gegründetem Denken. Die Erfahrung selbst als solche bietet nicht umgekehrt oder wenigstens dialektisch – „von unten" – Interpretamente für das Transzendent-Jenseitige. Sie gibt dem Glauben nichts „zu denken", das „an sit" schluckt das „quomodo sit" auf.

Die Simultanbeseelung ist eigentlich die einfachere Theorie, sozusagen: Keine Spitzfindigkeiten, kein Getue: Mensch ist Mensch! Obendrein scheint sie durch die biologischen Einsichten heute bestätigt zu werden: Der heranwachsende Mensch ist nicht erst etwas anderes (vorläufig pflanzliches oder tierisches Leben), sondern menschliches Leben. Das heißt, er wird nicht *zum* Menschen, sondern er wird *als* Mensch. Personsein und davon sich herleitende Würde gelten von Anfang an! Auch bezüglich der Ethik ist die Simultanbeseelung so das Einfachere: von Anfang an gleiche Schutzwürdigkeit und Achtung, keine Aufweichung, kein Raisonnieren über Ausnahmen und Abwägungen.

Die Position der Simultanbeseelung ist gegenwärtig, nach langer andersorientierter Tradition, die der katholischen kirchlichen Lehre.[41]

---

[41] Dies liegt damit im Übrigen – ich bemerke das, auch wenn dies kein Argument für richtig oder falsch ist – durchaus in der Linie gegenwärtig eher platonisierender theologischer Überzeugungen (Beispiel Ekklesiologie: Vorliebe für theologisch erachtete

Aber man soll sich nicht vertun. Gerade trotz angeblicher Bestätigung durch moderne biologische Einsichten und gerade weil es *biologische* Einsichten sind, ist jede darauf basierte anthropologische Folgerung zunächst nur die einer (sit venia verbo) biologischen Anthropologie. Die Bedeutung für Anthropologie und Ethik ist keineswegs mit der Biologie automatisch gegeben.

Die Überzeugung von der Richtigkeit dieser Position führt im Übrigen dazu, dass selbst vor einer Reinterpretation von an sich bisher akzeptierten metaphysisch-ontologischen, anthropologischen Kategorien nicht zurückgeschreckt wird. So taucht angesichts der ja nicht zu leugnenden möglichen Mehrlingsbildung in den ersten etwa 14 Tagen der Schwangerschaft der abenteuerliche Gedanke auf, beim Sprechen von Personalität könne man auf den definitorischen Zusammenhang von Personbestimmung und Individualität (Boethius: persona als „rationalis naturae individua substantia") verzichten: Gerade angesichts der personalen Einmaligkeit jedes Menschen im *christlichen* Verständnis ist mir unbegreiflich, wie man einen „komplexeren Begriff" von Individuum ernsthaft erwägen kann, der jedenfalls mit dem, was Individuum bei der Personbestimmung meint, nichts mehr zu tun hat.[42] Wird hier theologisches Menschenverständnis oder werden Festlegungen kirchlicher Ethik verteidigt?

So ganz geheuer scheint es im Übrigen selbst der an sich in diesem Bereich festgezimmerten kirchlichen Lehre dabei wohl nicht zu sein. Karl Kardinal Lehmann verschweigt – unter dem bezeichnenden Titel „Person von Anfang an. Recht und Grenzen einer Redeweise" – denn auch nicht die möglichen Schwachpunkte dieser Lehre bzw. ihrer Gewissheit. Des Problems, schon von Anfang an von Personalität zu sprechen, ist man sich, wenigstens in den besseren Texten, wohl bewusst, hier heißt es ausdrücklich nicht: Der Embryo ist von der Befruchtung an Person, sondern, er müsse von der Empfängnis an als/wie eine Person behandelt werden.[43] Das treibende Motiv ist, so wird ausdrücklich gesagt, bei allen Lehräußerungen die moralische Verurteilung der Abtreibung. Die Frage, ab wann eine Abtreibung gegeben ist, wird eher rheto-

---

„Wesensaussagen": Kirche als communio; und Misstrauen gegenüber einer „die Theologie" verfälschenden „Soziologisierung": Kirche als societas, als ob nicht beides Denkmodi wären). In der gleichen Linie liegt die Neigung, die ja durchaus eine Ausnahme in der kirchlichen Ethik darstellt, vor allem in sexto und in rebus medicinalibus eher „deontologisch" statt „teleologisch" zu normieren.

[42] So selbst *Lehmann*, Eröffnungsreferat (s. Anm. 1), 14, mit Verweis auf G. Rager.

[43] Vgl. Katechismus der Katholischen Kirche, 2274; diese und weitere entsprechenden Stellen bei *Lehmann*, Eröffnungsreferat (s. Anm.1), 18ff.

risch beantwortet: „Wie sollte ein menschliches Individuum nicht eine menschliche Person sein?"[44]

Angesichts dessen ist es schon eigenartig, wenn Kardinal Lehmann zu bedenken gibt, „wie sehr die Annahme einer Sukzessivbeseelung von der Tradition her die kirchliche Lehre belastete".[45] Belastet? Immerhin ist der denkerische Aufwand, um diese Annahme zu begründen, immens; jedenfalls eindrücklicher, als das Insistieren auf der bleibenden kirchlichen Lehre, zumal wenn gleichzeitig festgestellt wird, das Lehramt habe sich nicht ausdrücklich auf Aussagen philosophischer Natur festgelegt, bekräftige aber beständig die moralische Verurteilung einer jeden vorsätzlichen Abtreibung. Diese Lehre habe sich nicht geändert und sei unveränderlich.[46] So etwas nennt man in der Rechtsphilosophie Positivismus. Angesichts der zugegebenen Ungeklärtheit der Statusfrage bleibt denn auch – man darf nicht vergessen, dass es in der jüngeren moraltheologischen Diskussion in der Regel vornehmlich um die Frage in den ersten ca. 14 Tagen geht – letztlich nichts über als das Argument des Tutiorismus. Im Hinblick auf die (wie klein auch immer?) gegebene Möglichkeit, es könne sich beim Embryo bereits in der Anfangsphase um eine Person handeln, gelte es, den sichereren Weg zu wählen. Damit wird freilich definitiv die Werdedimension, das Prozesshafte, das für neuzeitliches Denken und Empfinden so zentral ist, als nicht essentiell, zur Sache tuend abgewertet.

Die Theorie der Sukzessivbeseelung macht es sich im Grunde schwerer. Sie kann nicht (mehr) einfach hin sagen (wenn sie es denn je getan hat), was da heranwächst, ist noch nicht Mensch. Die Humanbiologie lässt dies nicht zu, sie erfordert jedenfalls ein nuancierteres Sprechen. Aufgrund einer *fundamental anderen Bewertung der Werdedimension* glaubt man allerdings gute Gründe zu haben, warum redlicherweise angenommen werden darf, dass man nicht einfach hin von Anfang an unterschiedslos im dezidierten Sinne von Menschsein als Personalität sprechen muss/ kann/ sollte.

In diesem Rahmen stellt sich oberflächlich vor allem das Problem, das denn auch gerne von den Gegnern ins Feld geführt wird: Wenn nicht gleich zu Anfang, wann und wie wird der Mensch denn zum Menschen?

Der Kern der Sukzessivbeseelungs-Theorie ist die Überzeugung, dass Menschsein im dezidierten Sinne einen Zusammenhang

---

[44] Donum vitae, I,1.
[45] *Lehmann*, Eröffnungsreferat (s. Anm. 1), 18, mit Verweis auf E. Schockenhoff.
[46] Donum vitae I,1.

von Geistbeseeltheit und einem entsprechendem Entwicklungsstadium des Embryos voraussetzt – eine These, die in der Tradition der Sukzessivbeseelung immer schon als Frage nach der notwendigen Wechselseitigkeit (dem Ko-Prinzipiencharakter) von *Leib und Seele* für die wahrhafte Einheit des Menschen die tragende Überlegung war; und die neuerlich herausgefordert wird angesichts der gegenwärtigen Diskussionen über den Zusammenhang von *Geist und Gehirn.*

Eine Antwort im platonisierenden Sinne steht dermaßen quer zu heutigem wissenschaftlichen Forschen, Denken und Fühlen, dass schon von daher der in der Tradition des Thomas von Aquin gepflegte aristotelisierende Zugang erneut Beachtung verdient, freilich nicht im primitiven Sinne einer simplen Additions-Anthropologie (Leib plus Seele), sondern im erneuten Versuch, das Problem von Materie und Geist, von Leib und Seele, von transzendenter Schöpfung und immanenter Evolution konsistenter zu interpretieren als in manchen Polemiken der Vergangenheit – und der Gegenwart.

Simultan- wie Sukzessivbeseelung sind Denkmodi aufgrund bestimmter Voraussetzungen. Zu ihrer Beurteilung empfiehlt es sich, sie nicht einfach als solche (schon gar nicht theologisch aufgeladen) gegeneinander auszuspielen, sondern sich über die problematischen Voraussetzungen/Implikate Klarheit zu verschaffen. Auf zwei sei hier eingegangen: Einmal die Verbindung zwischen empirischen Daten einer biologischen Entwicklung und deren Deutung durch ontologische Interpretamente, die für sich den Gedanken einer Entwicklung gerade ausschließen; zum zweiten, und das scheint mir der theologische Kernpunkt, das in der ganzen Beseelungsfrage implizierte Verständnis von Schöpfung, von Gottes und des Menschen Handeln hierbei.

Was im übrigen zunächst angeblich theologische Denk*notwendigkeiten* aufgrund von Tradition und kirchlicher Lehre betrifft, sollte man davon für unsere Problematik nicht zuviel erwarten: Das traditionelle Schöpfungsverständnis einschließlich der traditionellen Sündenlehre gehört, ganz gewiss unter Annahme der Evolution, selbst zu den zentralen quaestiones disputandae heutiger Theologie.

Zunächst also zur Frage von *Empirie und anthropologischer (metaphysischer) Deutung.*

Aus diesem komplexen Zusammenhang greife ich nur einen Aspekt heraus. Das ist die offensichtliche Spannung zwischen einem als Werdeprozess verstandenen Leib einschließlich seiner Sterblichkeit, durch die Eltern „weitergegeben", und einer im Unterschied dazu unsterblich gedachten und in *einem* (erst späteren) Akt von Gott erschaffenen Seele. Was die Seele (und damit den ganzen Menschen) betrifft, ist vor allem der Aspekt der Individualität für Thomas das zentrale Anliegen. Diese verteidigt er sowohl gegen die averroistische Idee von der (allen gemeinsamen, von allen partizipierten) Einheit des Intellekts, die damit die Personalität des Menschen und seiner Geistseele leugnet. Umgekehrt darf auch die Einheit des Menschen selbst nicht in verschiedene substantielle Formen aufgelöst werden. Seine (einzige und umfassende) Identität erhält der Mensch durch die Geistseele (anima intellectiva).

Das hiermit sich abzeichnende Bild von Personalität meint ganz ohne Zweifel einen sowohl im quantitativ-abgrenzenden Sinne wie im qualitativ-essentiellen Sinne unzweideutigen Begriff von (existenzieller) Individualität.

Da nun aber offensichtlich die Geistseele (und damit deren Individualität, und das heißt Personalität) ihrem Wesen nach nicht als Wachstumsprozess begriffen wird, stellt sich das Problem einer Interpretation des Werdeprozesses in der menschlichen Entwicklung für Thomas ebenso, wie für uns, wenn wir an der Grundstruktur Geistigkeit-Individualität-Personalität festhalten wollen. Für die Lösung gibt es zwei Muster: Entweder wird dem Werdenden unmittelbar diese Geistigkeit als zu seiner Bestimmung mitgegeben zugesprochen (was auf die Simultanbeseelung hinausläuft). Oder der Werdeprozess definiert sich zwar immer schon im Hinblick auf das Menschliche, bleibt aber in gewisser Weise, bis zu einem gewissen Zeitpunkt, lediglich auf es hingeordnet, „hat" oder „ist" es noch nicht im vollen Sinne. Die Lösung des Thomas versucht Bewegung und Definitivität zusammenzuhalten, hält einerseits an der Erschaffung der Seele zu einem bestimmten Zeitpunkt und der erst durch sie, dann aber auch definitiv, konstituierten Individualität/Personalität fest. Anderseits erscheint in seiner Lösung aber – man vergleiche die verschiedenen Phasen in seiner Beseelungsvorstellung – doch so etwas wie eine „bewegliche" Seele, die gleichsam heranwächst.

Angesichts dessen scheinen mir unter heutigen Voraussetzungen zwei Möglichkeiten konsistent zu sein. Die erste: Der Personbegriff – in seiner werde-unabhängigen Definition – ist nicht vor der Phase der definitiven Individualisierung (etwa der Nidationsphase), solange also, wie von Individuum, und zwar in einem unzweideutigen, starken Sinne, den Geistseele meint, noch nicht gesprochen werden kann, anzuwenden. Dann muss man über die frühe embryonale Phase zwangsläufig in diesem Sinne reden: Sie ist noch nicht personal.

Es ist allerdings auch eine andere Lösung denkbar, die ich zur Diskussion stellen möchte: Das ist (erneut) die Frage einer, wie ich sie nennen möchte, „mitwachsenden Seele".

Das heißt, anstatt eines später angesetzten Zeit*punktes* der Individualitäts-/Personwerdung auch Personalität als Teil des dynamischen, prozesshaften Werde*geschehens* zu interpretieren; das was Thomas gewissermaßen auf eine wachsende Materie und die fertige Geistseele „verteilt" hat, als einheitliches Geschehen zu lesen, in der *der ganze Mensch „wird"*.

Das bedeutet dann, anstatt eine abstrakte, zeitenthobene Person*ontologie* mit einer prozesshaft gedachten Human*biologie* zu verbinden, statt im Modell eines veränderlichen, „beweglichen" materiellen Substrats und einer unveränderlichen geistigen Form zu denken, im Gedanken von einer „mitwachsenden Seele" den Menschen als ganzen in einem Modell des Wachsens „zusammenzuhalten".

Indem der Gedanke der „mitwachsenden Seele" diese aber *nicht einfach reduktionistisch als Funktion der Körperlichkeit* versteht, sondern in ihr das besondere Schöpfungswirken Gottes im Hinblick auf den Menschen sieht (was Materie war, *wird* zu durchgeistigter Materie, und ist dann beseelter Leib/Leibseele), wird hiermit gleichzeitig festgehalten, dass es um einen unumkehrbaren Prozess geht, dem keineswegs umgekehrt am Ende des Lebens eine Depersonalisation des Menschen entsprechen würde.

Damit kommen wir zum Schluss auf die Frage nach der Art von Gottes Schöpfungswirken.

5. Das Schöpfungsverständnis auf dem Prüfstand – Gottes Handeln und Handeln des Menschen, zwei verschiedene Dinge?

Karl Rahner hat den Versuch gemacht – und ich denke, hierin darf er sich getrost und voll zu Recht in den Spuren des Thomas von Aquin sehen – mit seiner Theorie von der „aktiven Selbsttranszendenz des endlichen Seienden"[47] die Erschaffung der Seele durch Gott konsequent in den Rahmen des „normalen" göttlichen Schöpfungshandelns zu stellen: Es bleibt Gott selbst, der hier erschafft, den Leib sowohl wie die Seele. Warum diese dann aber nicht in *einem* Geschehen mit dem Leib, dessen Seele sie doch ein-

---

[47] Vgl. *Rahner, Karl*, Die Hominisation als theologische Frage, in: *Paul Overhage, Karl Rahner*, Das Problem der Hominisation. Über den biologischen Ursprung des Menschen (Quaestiones disputatae 12/13), Freiburg, Basel, Wien 1961, 13–90, hier 61.

mal ist? Seine Begründung für diese, fast möchte man sagen, theologisch gesehen rhetorische Frage lautet: Gott

„ist Grund der Welt, nicht Ursache *neben* andern *in* der Welt ... Methodisch scheint es doch so zu sein, dass überall, wo *in* der Welt ein Effekt beobachtet wird, für diesen eine innerweltliche Ursache zu postulieren ist und nach einer solchen gesucht werden darf und muß, eben weil Gott (dieser richtig begriffen) alles durch zweite Ursachen wirkt und die Postulierung oder Entdeckung einer solchen innerweltlichen Ursache einem innerweltlich raumzeitlich lokalisierten Effekt der göttlichen Allursächlichkeit keinen Abtrag tut, sondern gerade notwendig ist, um die einmalige Eigenartigkeit des Wirkens Gottes deutlich von aller innerweltlichen Ursächlichkeit abzuheben. Diese Grundkonzeption scheint nun im Fall der Erschaffung der einzelnen Menschenseele durchbrochen zu werden, diese Erschaffung erhält (trotz aller Betonung der Normalität dieses Schaffens) den Anstrich des Mirakulösen; Gottes Wirken wird ein Tun in der Welt *neben* anderem Tun der Geschöpfe, anstatt der transzendente Grund alles Tuns aller Geschöpfe zu sein.. Diese „Ausnahme" scheint die einzige zu sein, mit der man rechnet ..."[48]

Es ist bedauerlich, dass der damalige Vorsitzende der Deutschen Bischofskonferenz Karl Kardinal Lehmann – immerhin Rahners früherer Assistent – in seinem schon erwähnten großen Referat lediglich bemerkt: „Auf Rahners Neuinterpretation des Werdebegriffs im Sinne einer ‚Selbstüberbietung der kreatürlichen Ursache kraft der Dynamik der göttlichen Ursächlichkeit' kann hier nicht näher eingegangen werden."[49]

Die – zugegeben zunächst schwierig erscheinende, aber letztlich doch auch wieder einfache – Überlegung Rahners[50] ist genau die Brückentheorie, die es erlaubt, sowohl Dualismen wie anderseits vorschnelle Identifikationen zwischen Gott und Welt, zwischen Materie und Geist, zwischen Evolution und Schöpfungsglauben zu vermeiden. Denn was hier für die einzelne Menschenseele gesagt wird, gilt in einem größeren Rahmen für die Entstehung *des* Menschen (Hominisation) überhaupt. Der Anfang enthält, ohne damit identisch zu sein, in gewisser Weise, die sich aber immer nur im nachhinein sagen lässt, alles, was aus ihm entsteht.

---

[48] Ebd., 80f.

[49] *Lehmann*, Eröffnungsreferat (s. Anm. 1), 10.

[50] Als Anmerkung zu *Willam*, Mensch (s. Anm.1), 144, Anm. 494: Rahners These steht und fällt natürlich nicht mit der Richtigkeit der Haeckelschen These (vgl. auch *Böckle*, Beginn [s. Anm. 2], 38f.) Gegenüber einer voreiligen Totalkritik an dieser bleibt ja doch wohl richtig, dass der Mensch, von Anfang an zwar artspezifisch, doch artspezifisch aus der Geschichte der Evolution heraus ist, d. h. er die Evolution als seine Geschichte mit sich und in sich trägt. Wenn wir uns nicht genieren, dies etwa im Hinblick auf die Komplexität seiner Triebstruktur anzunehmen, warum dann hier auf einmal wohl?

„Der Mensch, den wir heute kennen, der Mensch der Metaphysik, des unanschaulichen Denkens, der Schöpfer seiner eigenen Umwelt, der Weltraumfahrer, der Umgestalter seiner selbst, der Mensch Gottes und der Gnade, der Verheißung des ewigen Lebens, genau dieser Mensch, der sich radikal von jedem Tier unterscheidet und im Augenblick der Menschwerdung (wenn vielleicht auch sehr langsam) einen Weg einschlug, der ihn so weit von allem Tierischen wegführte (so freilich, dass er gleichzeitig das ganze Erbe seiner biologischen Vorgeschichte in diese tierfernen Dimensionen seine Daseins mitnahm), war damals da, als der Mensch zu sein begann. Und was jetzt in geschichtlicher Objektivation erscheint, das war damals als Aufgabe und als aktive Möglichkeit gegeben. Und weil jetzt das Biologische, das Geistige und das Göttliche gegeben sind, sind diese drei auch unbefangen vom Anfang auszusagen."[51]

Es sei daran erinnert, dass die Frage nach der Beziehung von Leib und Seele und der Erschaffung der Geistseele direkt durch Gott (und nicht als Weitergabe durch die Eltern) gerade auch am Ende der Prima Pars der Summa theologiae und damit genau an der Nahtstelle behandelt wird, wo die Betrachtung von Gottes Tätigkeit mit dem Beginn der Secunda Pars übergeht zur Aktivität des Menschen selbst. Bekanntlich ist dies das große Thema der Secunda Pars, also der Moraltheologie des Thomas: Der nach Gottes Bild geschaffene und das heißt mit Willen und Verstand, mit verantwortlicher Freiheit ausgestattete Mensch, der, wie Gott selbst, Ursprung seiner Taten ist und Macht über sein Tun hat.[52]

Die „Handlungsmacht" des Menschen wird hier begründet mit seinem liberum arbitrium, das selbst wiederum in der Intellektualität des Menschen, durch die er Bild Gottes ist, gründet („secundum quod per imaginem significatur intellectuale et arbitrio liberum et per se potestativum"). Das heißt, gerade aus dem heraus, was der Mensch nicht einfach – wie auch immer man dies interpretiert – von Vater und Mutter aus deren eigener „Macht" empfangen hat, sondern das ihm von Gott unmittelbar einerschaffen wurde, wird der Mensch nun zum selbst verantwortlich Handeln befähigt, herausgefordert und beauftragt.[53]

---

[51] *Rahner*, Hominisation (s. Anm. 47), 90.

[52] „Restat ut consideremus de eius imagine, idest de homine, secundum quod et ipse est suorum operum principium, quasi liberum arbitrium habens et suorum operum potestatem (Sth I–II prol.).

[53] Vgl. hierzu die ausführliche Begründung in: *Merks, Karl-Wilhelm*, Theologische Grundlegung der sittlichen Autonomie. Strukturmomente eines ‚autonomen' Normbegründungsverständnisses im lex-Traktat der Summa theologiae des Thomas von Aquin, Düsseldorf 1978.

Das heißt, das verantwortliche Eigenhandeln des Menschen findet seinen Grund (und damit seine Legitimation) gerade in dem, was ihm von Gott (nach der traditionellen Vorstellung von der Beseelung) unmittelbar „zugesprochen" wird. Hierin übersteigt er jede Natur, die nicht er selbst ist. Ja, auch seine eigene Natur wird ihm zur Gestaltungsaufgabe – einer Aufgabe im übrigen, deren Wagnisse Rahner einmal auf die Spur einer „neuen" Tugend geführt haben.[54]

Schon vor langen Jahren hat er darauf hingewiesen, dass dieses theologisch-anthropologische Grundverhältnis sich unter den Bedingungen von modernen Wissenschaften, von moderner gesellschaftlicher und kultureller Entwicklung und Kultur und den sich darin ereignenden Veränderungen im Selbst-, Gesellschafts-, Welt- und Gottesverständnis erst in seiner wahren Radikalität zeigt: als Selbstmanipulation und Selbstverfügung des Menschen.[55] Das, was es ansatzweise immer schon an menschlicher Welt- und Selbstgestaltung gegeben hat, wird zu einer „epochal neuen Erscheinungsweise menschlichen Freiheitswesens".

Was der Mensch

„immer ... vom Grunde seines transzendentalen, geistigen Freiheitswesens her (ist), ergreift nun auch seine Physis, Psyche und Sozialität und kommt als solches in diesen Dimensionen zur ausdrücklichen Erscheinung. Sein letztes Wesen ist gewissermaßen in die ihm vorgegebenen Außenbezirke seines Daseins durchgebrochen. Er ist weiter, umfassender, radikaler, handgreiflicher *der* geworden, der er nach christlichem Verständnis ist: der Freie, der sich selbst überantwortet ist."[56]

Hiermit stellt sich unmittelbar die Frage nach einer normativ vorgegebenen „Natur" neu. Auch, das dürfte deutlich sein, für die uns hier interessierende Problematik gilt dies: Was ist hier „natürlich", nicht im Sinne eines biologischen Geschehens, sondern als normativer Fundort, oder gar als gebietender Fingerzeig Gottes?

Angesichts so mancher kulturpessimistischer Äußerungen auch von Fachgenossen kann ich es mir nicht versagen, den praktischen Lebenssinn Karl Rahners nochmals zu Wort kommen zu lassen: „Der Moralist sagt heute oft, praktisch gesehen natürlich mit größtem Recht, jetzt sei die Situation eingetreten, in der der Mensch lernen muß, dass er nicht alles tun darf und soll, was er tun kann."

---

[54] Vgl. *Rahner, Karl*, Die Spannung austragen zwischen Leben und Denken. Plädoyer für eine namenlose Tugend, in: *Karl Rahner, Bernhard Welte* (Hrsg.), Mut zur Tugend. Über die Fähigkeit, menschlicher zu leben, Freiburg, Basel, Wien 1979, 11–18.

[55] Vgl. *Rahner, Karl*, Experiment Mensch. Theologisches über die Selbstmanipulation des Menschen, in: Schriften zur Theologie, Bd. 8, Einsiedeln, Zürich, Köln 1967, 260–285.

[56] Ebd., 271.

Demgegenüber vertraut Rahner darauf, dass, weil „das Böse letztlich doch gerade die Absurdität des Wollens des, weil Wesen- und Sinnlosen, Unmöglichen ist ... es in einem letzten Verstand eben doch nichts (gibt), was der Mensch wirklich kann, und doch nicht darf, so dass umgekehrt gilt: Was er wirklich kann, soll er auch ruhig tun." Ja, selbst noch „abwegige kategoriale Selbstmanipulation, die bloß scheinbar einer transzendentalen Freiheit Gott gegenüber entspringt, kann das letztlich harmlose Experiment der Natur sein, die versucht, experimentiert und langsam herausbringt, was echte Zukunft verspricht ..."[57]

Es mag sein, dass eine solche moralische Herzensweite und Gelassenheit für eine konkrete Ethik zu weit geht (in der es über Handlungsentscheidungen hic et nunc geht, während Rahner doch sehr grundsätzlich redet), doch kann sie zumindest für die Frage neuer und gewagter Experimente und Forschungen vor moralischen Verkrampfungen bewahren helfen.

Diese Überlegungen Rahners beinhalten nicht nur eine moraltheologische Botschaft, sondern damit und als deren Grundlage zugleich eine Vorstellung über die intime Beziehung zwischen Gott und Mensch, zwischen Schöpfer und Geschöpf, das in die Hand seiner eigenen Verantwortung (...et reliquit illum in manu consilii sui: Sir 15,14)[58] übergeben ist, eine Beziehung, die bei aller Abhängigkeit des Geschöpfes vom Schöpfer nicht eine solche zwischen Passivität und Aktivität ist, sondern zwischen Aktivität und Aktivität (Thomas von Aquin: zwischen „erster" und „zweiter" Ursache) ist. Und wie sich beide zueinander verstehen, ist eben keine präetablierte Wesensordnung, sondern ein geschichtlicher Prozess menschlicher Selbsterfahrung und menschlichen Selbstverständnisses (und darin des Gottesverständnisses), der immer noch für Überraschungen gut ist.

Diese grundsätzlichen Überlegungen führen Karl Rahner auch in unserm Kontext zu einer eher gelassenen Einstellung. In einem (im übrigen in seiner grundsätzlichen Vorsicht sehr bedenkenswerten) Beitrag „Zum Problem der genetischen Manipulation"[59] führt er aus:

---

[57] Ebd., 275f.

[58] Vgl. hierzu ausführlicher: *Merks, Karl-Wilhelm*, Gott und die Moral. Theologische Ethik heute, Münster 1998, 47–68.

[59] In: *Rahner, Karl*, Zum Problem der genetischen Manipulation, in: Schriften zur Theologie, Bd. 8, Einsiedeln , Zürich, Köln 1967, 286–321, hier 301.

„Die katholische Theologie setzt voraus, dass im Augenblick der Vereinigung der männlichen und weiblichen Keimzelle der *Mensch* als solcher als eigenständige Person eigenen Rechtes gegeben ist. *Wenn* wirklich eine solche Person gegeben ist, dann ist sie sowenig indifferentes Sachobjekt beliebiger Experimente wie etwa zur Nazizeit KZ-Häftlinge es für „Menschenversuche" sein durften. Der Zweck heiligt das Mittel nicht: Man würde dem Menschen der Zukunft dienen wollen, indem man einen Menschen der Gegenwart würdelos vernutzt. Ein Mensch von einer Stunde Lebensdauer hat ebenso viel Recht auf die Integrität seiner Person wie ein Mensch mit einem Alter von neun Monaten oder sechzig Jahren. Nun aber ist heute wohl die Voraussetzung der Überlegung nicht (mehr) sicher, ja unterliegt durchaus einem positiven Zweifel … Aus dem angemeldeten Zweifel, ob unmittelbar mit der Befruchtung schon substantiell ein Mensch gegeben sei, folgt natürlich nicht schon, daß ein Experiment mit befruchtetem Keimmaterial ein sittlich indifferentes Experiment mit einer bloßen „Sache" sei. Aber es wäre doch an sich denkbar, dass unter Voraussetzung eines ernsthaften, positiven Zweifels an dem wirklichen Menschsein des Experimentiermaterials Gründe *für* ein Experiment sprechen, die in einer vernünftigen Abwägung stärker sind als das unsichere Recht einer dem Zweifel unterliegenden Existenz eines Menschen."

Postscriptum: Bescheidenheit[60]

„… jedes Mal", so Karl Rahner,

„wenn ich irgendein Werk irgendeiner der modernen Wissenschaften aufschlage, gerate ich als Theologe in eine nicht ganz gelinde Panik. Ich weiß das allermeiste von dem, was da geschrieben steht, nicht, ich bin sogar meistens außerstande, genauer zu verstehen, was da zu lesen ist. Und so fühle ich mich auch als Theologe irgendwie desavouiert. Die blasse Abstraktheit und Leere meiner theologischen Begriffe kommt mir erschreckend zum Bewusstsein …"

Und dann näher zu unserm Problemkreis:

„Ich frage mich erschreckt, ob denn das ewige Reich Gottes so ungefähr zur Hälfte mindestens mit Seelen erfüllt sei, die nie zu einer personalen Lebensgeschichte gelangt sind, weil nach normaler kirchlicher Lehre die personal-geistige und unsterbliche Seele schon bei der ersten Befruchtung des Eies durch das Sperma gegeben sei und andererseits nicht vorstellbar sei, wie die unzähligen natürlichen Aborte mit einer auch noch so anfänglichen personalen Freiheitsgeschichte vereinbar

---

[60] *Rahner, Karl*, Von der Unbegreiflichkeit Gottes. Erfahrungen eines katholischen Theologen, Freiburg 2004 (Rede zum 80. Geburtstag 1984), 52ff.

seien. Ich frage mich, wie man sich genauer die Urmenschheit vor zwei Millionen Jahren als die ersten Subjekte einer Heils- und Offenbarungsgeschichte denken könne, und weiß keine sehr deutliche Antwort. Ich lasse mich von der profanen Anthropologie belehren, dass die Unterscheidung von Leib und Seele vorsichtiger gemacht und problematisch bleibe, und kann darum die Lehre von „Humani generis", dass der menschliche Leib aus dem Tierreich stamme, aber die Seele von Gott geschaffen sei, nicht mehr so dualistisch interpretieren, wie sie doch zunächst klingt ... So könnte ich noch lange weiterfahren mit Problemen, die die modernen Wissenschaften der Theologie aufgeben, ohne dass sie dazu sehr deutliche Antworten schon jetzt gefunden hat. Wie ist es mit der eindeutigen Stabilität der menschlichen Natur, die von der Lehre über die moralischen Naturgesetze vorausgesetzt wird, wenn man das menschliche Wesen mit seiner doch gewordenen und veränderlichen genetischen Erbmasse in die Evolutionsgeschichte hineinstellt? Erschreckt einen dann nicht manchmal der Klang der kirchlichen Moralverkündigung durch eine Eindeutigkeit und Unveränderlichkeit, die in dem menschlichen Wesen selber so gar nicht so leicht zu finden sind?

Der Theologe kann und muss in dieser Situation vorsichtig und bescheiden sein. Er muss natürlich dennoch den Mut haben, seine Botschaft auszurichten und zu seiner Überzeugung zu stehen."

Erst dann „könnte er ... vielleicht für die übrigen Wissenschaftler Beispiel und Antrieb sein, ihre Wissenschaften aus derselben Haltung der Bescheidenheit und Selbstbegrenzung zu betreiben ...".

Das Menschenwürdeargument in der ethischen Debatte über die Stammzellforschung

von Ludwig Siep

I. Ein offener Streit

Menschliche embryonale Stammzellen haben keine Menschenwürde. Darüber sind sich Befürworter und Gegner der Forschung an ihnen einig. Es handelt sich um pluripotente Zellen, die sich unter bestimmten biochemischen Anregungen bzw. Einwirkungen zu allen Zellarten des menschlichen Körpers entwickeln können. An der gezielten Vermehrung solcher Zellen und ihrer Differenzierung in bestimmte Zelltypen arbeiten die Stammzellforscher derzeit. Wichtig in Bezug auf spätere mögliche Therapien ist die Vermeidung von Entartungen dieser Wachstums- und Differenzierungsprozesse etwa durch Tumorbildung.[1]

Ethisch kontrovers ist daher nicht diese Forschung für sich genommen, sondern die Herkunft der Stammzellen aus menschlichen Embryonen, die man derzeit bei der Gewinnung zerstören muss. Nach dem geltenden deutschen Recht darf niemand an einer solchen Zerstörung mitwirken. Es dürfen nur Zellen bzw. Zelllinien zu Forschungszwecken eingeführt werden, die bereits seit längerer Zeit im Ausland existieren. Ein Anreiz zur Zerstörung soll von deutschen Forschern nicht ausgehen. Er würde in den Augen des Gesetzgebers eine Schwächung des Embryonenschutzes auch in Deutschland darstellen.[2]

Der deutsche Gesetzgeber unterstellt also, dass menschliche Embryonen Lebensschutz verdienen. Lebensschutz geht nach verbreiteter Auffassung wie die anderen Grundrechte auf die Menschenwürde zurück. Dabei ist allerdings offen, ob Menschenwürde ein Prinzip ist, das den Grundrechten voraus liegt oder ob das, was

---

[1] Zum Stand der Stammzellforschung vgl. die naturwissenschaftlichen und medizinischen Beiträge in Bundesgesundheitsblatt, Band 51, Heft 9 (2008), Forschung mit humanen embryonalen Stammzellen.

[2] Zur Entstehung und rechtlichen Würdigung des Gesetzes vgl. auch die Beiträge zur 2. Plenarsitzung der Ethisch-Rechtlich-Sozialwissenschaftlichen Arbeitsgruppe des Kompetenznetzwerks Stammzellforschung NRW, in: Jahrbuch für Wissenschaft und Ethik 8 (2003) 275–378.

Menschenwürde bedeutet, in den Grundrechten sozusagen expliziert oder artikuliert wird. Nach dieser Auffassung wissen wir durch die Grundrechte, was Menschenwürde ist.[3] Die Frage, ob menschliche Embryonen in dem frühen Stadium der Blastozyste, der die hES-Zellen (humane embryonale Stammzellen) entnommen werden, bereits Träger von Menschenwürde und Grundrechten sind, stellt den Kern einer weltweiten Kontroverse dar. Die gesetzgebenden Mehrheiten anderer Länder – auch solche, die wie Spanien oder Großbritannien zweifellos der europäischen Moral- und Rechtstradition angehören – haben eine andere Entscheidung gefällt.[4] Auch in Deutschland gibt es zahlreiche Politiker, Mediziner, Juristen, Philosophen und Theologen, die vom „moralischen Status" des frühen menschlichen Embryos eine andere Auffassung haben. Die Positionen beider Seiten sind, wie die langjährige Debatte zeigt, mit guten Argumenten zu stützen. Keine Seite hat bisher nachweisen können, dass die andere einen Widerspruch begeht oder von falschen Sachverhalten ausgeht. Nur dann wäre ein „rationaler Pluralismus" zu bestreiten und von der „Letztbegründung" einer der beiden Grundpositionen auszugehen.

Leider wird dieses Faktum eines rational begründeten Dissenses zwischen den Befürwortern und Bestreitern der Menschenwürde des frühen Embryos immer wieder rhetorisch, oft fast demagogisch, überspielt. Das beginnt schon mit den Wendungen, die auch viele Naturwissenschaftler benutzen, von den „ethischen" oder „ethisch unbedenklichen" Stammzellen, die nicht aus zerstörten Embryonen stammen. Ob eine solche Entnahme ethisch bedenklich oder falsch ist, steht ja gerade zur Diskussion. Außerdem gibt es auch andere Quellen für Stammzellen, die ethische Streitfragen aufwerfen, etwa Stammzellen aus abgetriebenen Föten, aus gespendeten Ei- oder Samenzellen, aus Geweben, die nicht ohne Verletzung des Spenders gewonnen werden können wie Hirn-

---

[3] Dass die Grundrechte den Gehalt der Menschenrechte explizieren, war schon die Auffassung von Theodor Heuss (In: Der parlamentarische Rat, 5/1, 72). Zur neueren juristischen Debatte über das Verhältnis des Art. 1 zu den folgenden Grundrechtsartikeln vgl. *Enders, Christoph*, Die Menschenwürde in der Verfassungsordnung, Tübingen 1997, besonders Teil III. Nach Peter Häberle gehört zur Menschenwürde auch das „Grundrecht auf Demokratie". Vgl. *Häberle, Peter*, Die Menschenwürde als Grundlage der staatlichen Gemeinschaft, in: *Isensee, Josef, Kirchhof, Paul* (Hrsg.), Handbuch des Staatsrechts der Bundesrepublik Deutschland, Teil 2, § 22, Heidelberg ³2004, 353.

[4] In Griechenland lehnt man die Terminologie ab, weil der Durchschnittsbürger ein bereits „formiertes Kind mit ausgeprägten Zügen" assoziiere. Vgl. *Koch, Hans Georg*, Stammzellforschung aus rechtsvergleichender Sicht, in: Bundesgesundheitsblatt, Bd. 51, H. 9 (s. Anm. 1), 985–993.

oder Hodenzellen. Sogar Nabelschnurzellen stammen oft aus problematischen Quellen wie etwa Banken, die mit zweifelhaften Versprechungen an die Spendereltern entstanden sind.[5]

Noch problematischer sind Redeweisen wie die von „Schlächtern", „Vampiren" etc. die nicht nur unbefragt voraussetzen, was gerade Gegenstand des weltweiten Streites ist, sondern den „Tätern" auch noch niedrige Motive der Gewinn- und Ruhmsucht unterstellen oder allenfalls ein fragwürdiges Mitleid mit Kranken, für die sie das Leben anderer Menschen opferten.

Die Berufung auf die Menschenwürde der frühen Embryonen (Blastozysten), die bei der Gewinnung von menschlichen embryonalen Stammzellen zerstört werden, ist zulässig als Argument in einem Streit, in dem keine Position die andere als widersprüchlich oder auf falschen Annahmen beruhend „überführen" kann. Im Folgenden soll dieser Streit noch einmal kurz skizziert werden. Ich beginne mit den verschiedenen Bedeutungen von „Menschenwürde".

II. Bedeutungen und Begründung von „Menschenwürde"

Man kann die verschiedenen Verwendungen und Begründungen von Menschenwürde im bioethischen Streit auf folgende Weise ordnen:[6]

a) positive und negative Begriffe,
b) absolute und graduelle Begriffe,
c) individuelle Würde und Gattungswürde,
d) absolute und historische Begründungen.

Ad a) Was Menschenwürde bedeutet, können wir am ehesten negativ formulieren: Menschen werden in ihrer Würde verletzt, wenn sie gedemütigt und erniedrigt werden. Fotos von Folterern, die ihre unbekleideten Opfer an der Hundeleine führen oder sie psychisch quälen, führen unmittelbar vor Augen, was es heißt, Würde anzutasten. Aber auch Fotos von kranken Kindern in

---

[5] Selbst der Gebrauch reprogrammierter Zellen (s. Anm. 21) ist nicht völlig frei von ethischen Problemen, vgl. *Cyranoski, David*, Stem Cells: 5 Things to Know Before Jumping on the iPS Bandwagon, Nature 452 (2008) 408.

[6] Die folgenden Einteilungen erheben keinen Anspruch auf Ausschließlichkeit. In der Debatte sind auch andere Unterscheidungen vorgeschlagen worden, etwa die zwischen kontingenter und inhärenter Würde. Vgl. *Balzer, Philipp, Rippe, Klaus-Peter, Schaber, Peter*, Menschenwürde versus Würde der Kreatur, Freiburg, München 1998, 18f., kritisch dazu Dagmar Fenner, die eine Unterscheidung in „innere Würde" und „Würde-Darstellung" vorschlägt. Vgl. *Fenner, Dagmar*, Menschenwürde – eine „Leerformel"? Das Konzept „Menschenwürde" in der Bioethik, in: Allgemeine Zeitschrift für Philosophie 32 (2007) 137–157, besonders 139 und 149.

„elenden" Slums zeigen, was es bedeutet, dass einem ein menschenwürdiges Leben vorenthalten wird. Wenn es dafür Verantwortliche gibt, dann ist auch ihnen die Verletzung von Menschenwürde vorzuwerfen.

Sehr viel schwerer ist es, den Gehalt von Menschenwürde positiv anzugeben. Die Freiheit von psychischem und körperlichem Zwang anderer gehört dazu, die Möglichkeit zur Erfüllung der elementarsten Bedürfnisse, einschließlich der nach der Formulierung und Ausführung eigener Handlungsziele und der Entwicklung von Fähigkeiten.[7] Wo die Grenzen des „Elementaren" liegen, ist aber schon umstritten, zumal es teilweise auf den kulturellen Standard einer Umgebung ankommt. Auch die Grenzen der für Würde notwendigen Freiheit sind nicht leicht anzugeben. Wo liegen sie bei einer langjährigen Zuchthausstrafe oder der Dauereinweisung in eine forensische Psychiatrie?

Es spricht also vieles dafür, in den Grundrechten der Menschenrechtsdeklarationen und der Anfangsparagraphen des Grundgesetzes sowie ihren gesetzlichen Positivierungen den Gehalt der Menschenwürde „ausbuchstabiert" zu sehen.[8] Der Blick auf die Würde selber gäbe vor allem dann Orientierung, wenn es zum Streit über die wechselseitige Beschränkung von Grundrechten oder ihre Positivierungen kommt. Vor allem auch, wenn es um den „Wesensgehalt" der Grundrechte geht, der nach Art. 19 (Abs. 2) Grundgesetz durch kein Gesetz eingeschränkt werden kann.

Ad b) Menschenwürde ist „unantastbar" – natürlich im Sinne einer Forderung, nicht einer Feststellung. Das scheint eine absolute Formulierung zu sein. Man darf Menschenwürde nicht zur Disposition stellen, etwa für höhere Güter wie das Interesse von Volk oder Staat, und man darf sie nicht gegen andere Güter bzw. Vorteile eintauschen – etwa die Freiheit weniger Sklaven gegen den Wohlstand einer großen Menge Herren. Wo das „Antasten" an-

---

[7] Man kann dafür auch eine Liste elementarer „würdekonstitutiver" Grundgüter bzw. minimaler Rechte entwerfen, vgl. *Fenner*, Menschenwürde (s. Anm. 6), 150ff. und *Birnbacher, Dieter*, Ambiguities in the Concept of Menschenwürde, in: *Kurt Bayertz* (Hrsg.), Sanctity of Life and Human Dignity, Dordrecht, Boston u. a. 1996, 107–121, hier 110ff. Zu den zentralen Bedingungen der Menschenwürde aus juristischer Sicht (darunter auch die Freiheit von Existenzangst im Sozialstaat!) vgl. *Podlech, Adalbert*, Grundgesetz: Allgemeiner Kommentar, ²1989, Art. 1. R.n. [Randnummer] 17–55.
[8] Was nicht heißen muss, dass sie definitiv ausbuchstabiert ist. Auch die Liste der Menschenrechte der Vereinten Nationen ist in den letzten Jahrzehnten erheblich gewachsen. Mit neuen Möglichkeiten der Überwachung und Instrumentalisierung der Menschen wächst auch der Schutzbereich der Menschenwürde.

fängt, ist aber wieder Gegenstand von Kontroversen und Abwägungen. Offenbar gibt es zumindest bei „menschenwürdigen Zuständen" Grade.

Würde hat es auch insofern mit Stufen auf einer Skala zu tun, als der Begriff eine Ranghöhe bezeichnet. Wir sprechen von Würdenträgern, von jemand, der eines Preises oder Lohnes würdig ist, und von der Würde des Menschen in der Stufenfolge der Lebewesen. Bei diesen Begriffen von Würde gibt es offenbar ein Mehr oder Weniger. Die würdige Behandlungsweise in einem Heim oder Gefängnis, auch das menschenwürdige Sterben, lassen offenbar Grade zu, die von den Möglichkeiten und der Abwägung gegen andere Güter abhängt – also etwa die Sicherheit vor Wiederholungstätern, das Wohlergehen der vor sich selbst Geschützten (z. B. Sexualstraftäter) usw.

Eine auch im Embryonenschutz umstrittene Frage ist die, ob es Konflikte zwischen der Würde verschiedener Menschen geben kann. Zur Menschenwürde im positiven Sinn gehört sicher auch ein Leben ohne schwere vermeidbare Krankheiten. Das Leben eines an degenerativen Krankheiten etwa des Gehirns oder des Nervensystems Leidenden zu erhalten und gegen die oft schrecklichen „schleichenden" Verfallsprozesse zu schützen, ist sicher eine Forderung auch des Menschenwürdeschutzes. Kann dafür die Menschenwürde eines mikroskopisch kleinen Zellgebildes, wenn wir sie ihm überhaupt zusprechen müssen, geopfert werden? Wird sie überhaupt geopfert, wenn seine Chance, sich zu einem „Geborenen" zu entwickeln, in der Natur nur gering ist und wenn in den Prozeduren der künstlichen Befruchtung keine Möglichkeit einer Einpflanzung mehr besteht bzw. gegen den Willen der Mutter garantiert werden kann?

Fragen dieser Art scheinen suggestiv auf Intuitionen zu zielen. So sind sie hier aber nicht gemeint. Es geht zunächst nur darum, ob es Würdekonflikte zwischen verschiedenen Trägern geben kann.[9] Sie stellen sich auch in dem schon angesprochenen ganz anderen Handlungsbereich: Wird die Würde eines Menschen, der gegen seinen Willen zum Schutz der Gesellschaft in eine psychiatri-

---

[9] Vgl. dazu *Isensee, Josef*, Menschenwürde: die säkulare Gesellschaft auf der Suche nach dem Absoluten, in: Archiv des öffentlichen Rechts 131 (2006) 173–218, hier 190ff. *Waldhoff, Christian*, Menschenwürde als Rechtsbegriff und Rechtsproblem, in: Evangelische Theologie 66 (2006) 425–440, hier 437f. sowie neuerdings *Gutmann, Thomas*, Einige Überlegungen zur Funktion der Menschenwürde als Rechtsbegriff, in: *Weitin, Thomas* (Hrsg.), Wahrheit und Gewalt. Der Diskurs der Folter, Bielefeld 2008. Gutmann hält an der Unabwägbarkeit fest, sieht aber offenbar frühe Embryonen nicht als Menschenwürdeträger.

sche Anstalt eingewiesen wird, nicht erheblich eingeschränkt, um Leben und Unversehrtheit anderer zu erhalten? Wenn Freiheit zum Kernbereich der Menschenwürde gehört, scheint mir das eine offene Frage zu sein. Der große Theoretiker der Menschenwürde, Immanuel Kant, war immerhin ehrlich genug, die (damalige) Zuchthausstrafe einen Sklavenstand zu nennen.[10]

Auch bei solchen Konflikten und den von ihnen geforderten Abwägungen und Einschränkungen gibt es aber noch einen unantastbaren Kern. Keine dieser Maßnahmen darf mit einer bewussten Erniedrigung oder Quälerei des Opfers einhergehen. Das gilt auch für Rechtssysteme, in denen – wie in den USA – die Todesstrafe zulässig ist. Dort geht es darum, unbedingt die Weise des Tötens zu finden, die dem Opfer am meisten von seinem menschlichen Rang und von seiner individuellen Integrität belässt.

Ad c) Die Unterscheidung zwischen der Gattungswürde und der Würde des Individuums ist nicht nur in der modernen Debatte um den Embryonenschutz virulent. Sie liegt der Zusprechung von Menschenwürde überhaupt zugrunde. In der europäisch-christlichen Tradition wurde in der Regel nur Menschen Würde zugesprochen. Neuere Verfassungen wie die Schweizerische sprechen dagegen auch Tieren als Mitgeschöpfen Würde zu. Auch in bioethischen Positionen wird für einen nicht-exklusiven Gebrauch des Begriffs argumentiert.[11] Auch dann wird der Würdebegriff aufgrund bestimmter Eigenschaften zugesprochen, die einem größeren Kreis von Lebewesen, aber keineswegs allen zukommt. Sie sind Geschöpfe bzw. Lebewesen, die Bedürfnisse haben, Schmerz empfinden können usw. Wenn Menschen höhere Würde zugesprochen wird, die nicht gegen den Schutz von anderen Lebewesen abgewogen werden darf,[12] liegt das an Eigenschaften der Gattung, die man entweder biologisch oder auch „metaphysisch" verstehen kann – etwa ihrer Fähigkeit zur Personalität, Moralität oder Gottähnlichkeit in bestimmten Aspekten.

Die besondere Stellung der Gattung gehört offenbar zunächst einmal zum graduellen Würdebegriff – der Mensch steht höher

---

[10] Nach Kant muss ein Dieb „auf gewisse Zeit oder nach Befinden auf immer in den Sklavenstand" kommen. Als einen solchen Stand bezeichnet er die „Karren- oder Zuchthausarbeit". Vgl. *Kant, Immanuel,* Anhang E zum Staatsrecht der Metaphysischen Anfangsgründe der Rechtslehre von 1798, in: *ders.,* Werke. Akademie-Textausgabe [= AA], Berlin 1968, Bd. VI, 333.

[11] Vgl. *Birnbacher,* Ambiguities (s. Anm. 7), 114: „Menschenwürde is an inclusive, not exclusive concept."

[12] Dass auch da zumindest intuitiv abgewogen wird, zeigt der Streit um die Verhältnismäßigkeit beim Töten von geschützten Tieren, die Menschen in und außerhalb von Reservaten bedrohen.

als die Tiere, oder jedenfalls als einige Tiere, er muss entsprechend behandelt werden, wenn man ihm gerecht werden will. Diese Würde strahlt sozusagen auf die Individuen aus.[13] Auch hier gibt es außer dem graduellen „Hof" aber einen absoluten „Kern": Auch die Gattungsmitglieder, die nur wenige der Spezieseigenschaften entfalten können, verdienen die Kernaspekte des Würdeschutzes. Nicht unbedingt den vollen Respekt gegenüber ihren Ambitionen und Wünschen, aber den Schutz ihrer körperlichen und psychischen Integrität und, so weit mit der Sicherheit Dritter vereinbar, ihrer Freiheit.

Kann der Respekt vor den individuellen Entwicklungschancen auch ganz aufgehoben werden und nur die Gattungswürde übrig bleiben? Das ist es, was Vertreter gradueller Position im Embryonenschutz behaupten.[14] Der frühe Embryo vor der Implantation bzw. der Nidation ist nach ihrer Auffassung überhaupt noch nicht hinreichend individualisiert, um Träger subjektiver Rechte sein zu können. Die Unterscheidung in das embryonale Gewebe und das Nährgewebe (Trophoblast) ist ja noch nicht vollzogen; Mehrlingsbildung ist noch möglich; zu irgendeiner menschlichen Gestaltwerdung ist es noch nicht gekommen; die Chancen der Weiterentwicklung sind noch gering. Es ist nach dieser Auffassung der Blastozyste also angemessen, sie wie einen menschlichen Mikroorganismus zu behandeln – also mit einem Respekt vor biologisch menschlichem Leben, das nicht zu beliebigen Zwecken verbraucht werden darf[15] – aber nicht, ihr individuelle Würde zuzusprechen. Das setzt allerdings voraus, dass ihre Entwicklungschancen und ihre Kontinuität zu einer späteren ausgereiften und selbständig lebensfähigen Person hier nicht entscheidend ins Gewicht fallen. Darauf wird noch einzugehen sein (s. u. III).

Ad d) Personalität, Moralität und freie Selbstbestimmung wur-

---

[13] Es gibt aber auch Spannungen zwischen Individual- und Gattungswürde. Kurt Bayertz weist auf die Spannung zwischen der Individualfreiheit zur biologischen Verbesserung und dem Schutz der Gattungswürde hin. Vgl. *Bayertz, Kurt*, Die Idee der Menschenwürde, Probleme und Paradoxien, in: Archiv für Rechts- und Sozialphilosophie 81 (1995) 465–481. Für Thomas Gutmann besteht die Gefahr einer Unterhöhlung des individuellen Würdeschutzes durch die Pflicht, eine vermeintliche Gattungswürde aufrechtzuerhalten: *Gutmann, Thomas*, Gattungsethik als Grenze der Verfügung des Menschen über sich selbst, in: *Wolfgang van den Daele* (Hrsg.), Biopolitik, Wiesbaden 2005, 235–264, hier 243.

[14] Vgl. *Birnbacher*, Ambiguities (s. Anm. 7), 116. Reinhard Merkel folgert daraus die ethische und rechtliche Pflicht der „Gattungssolidarität". Vgl. *Merkel, Reinhard*, Forschungsobjekt Embryo, München 2002, 141f.

[15] Weshalb auch in Ländern, in denen wie in Großbritannien die ersten Tage der Entwicklung nicht unter Lebensschutz stehen, die beabsichtigen Forschungen an „Preembryos" von einer gesetzlich eingerichteten Behörde genehmigt werden müssen.

den in der ethischen Tradition seit den Griechen allerdings vielfach einem von der biologischen „Basis" unterschiedenen Wesen (geistige Substanz) zugesprochen. Je nach den Theorien der Beseelung wurde dieses Wesen als von Anfang an in der befruchteten Eizelle präsent, oder sich stufenweise (von der Pflanzen- über die Tier- zur eigentlichen Menschenseele) in ihr entwickelnd verstanden. In der teleologischen Betrachtung kam überdies der Entwicklung die „Bestimmung" zu, das Stadium der handlungsfähigen moralischen Person zu erreichen.

Einer solchen individualisierten geistigen Substanz steht nach einigen dieser Theorien Menschenwürde von Anfang an zu. Heute ist oft das neue genetische „Programm" der Nachfolger der alten „Entelechie" oder forma corporis. Entweder schon dann, wenn es in einer einzelnen Zelle vorhanden ist (Verschmelzung von Ei- und Samenzelle), oder erst wenn die Vereinigung der elterlichen Genome abgeschlossen ist (Ende der „Befruchtungskaskade" wie im deutschen Embryonenschutzgesetz). Allerdings muss man sich bewusst sein, dass dies keine biologische These ist. Biologisch-naturwissenschaftlich gesehen liegt in keinem Entwicklungsstadium ein Ziel, sondern nur (sozusagen biochemische) Entwicklungsmöglichkeiten. Moralität, Personalität, Freiheit sind zudem keine naturwissenschaftlichen Begriffe, sie können nur mehr oder minder plausibel bestimmten Entwicklungsstadien zugeordnet werden – welchen, das war etwa auch in der katholischen Kirche über Jahrhunderte umstritten.[16]

Eine absolute Begründung der Menschenwürde ist auch aufgrund anderer philosophischer Positionen versucht worden, etwa der Subjektivitätsphilosophie oder des Personalismus. Wenn selbstbewusste Vernunftwesen oder Personen „jederzeit zugleich als Zweck, niemals bloß als Mittel" behandelt werden dürfen, wie Kant in der „Zweckformel" des kategorischen Imperativs formuliert (AA IV, 429), dann muss man offenbar zumindest unschuldigen Personen ihre Lebenschancen soweit als möglich erhalten oder fördern. Die Probleme des „finalen Rettungsschusses" auf einen vermeintlichen Geiselnehmer oder des Abschusses von Verkehrsmaschinen in den Händen von Terroristen lasse ich hier beiseite.

---

[16] Etwa zwischen Thomas von Aquin und seinem Lehrer Albertus Magnus, vgl. *Seidl, Horst*, Zur Geistseele im menschlichen Embryo nach Aristoteles, Albertus Magnus und Thomas v. Aquin. Ein Diskussionsbeitrag, in: Salzburger Jahrbuch für Philosophie XXXI (1986) 37–63, hier 51f. Zur Geschichte theologischer Statusbestimmungen des werdenden Menschen vgl. auch *Dunstan, Richard, Seller, Mary J.* (Hrsg.), The Status of the Human Embryo, London 1988. Nach Otfried Höffe ist es „in der katholischen Theologie bis heute nicht entschieden, wann die »geistige Beseelung« des Menschen beginnt" (*Höffe, Otfried*, Wessen Menschenwürde?, in: *Christian Geyer* [Hrsg.], Biopolitik. Die Positionen, Frankfurt a.M. 2002, 68).

Hinweisen muss man aber darauf, dass „absolute" Menschen-würdebegründungen dieser Art über keine Mittel verfügen, die Frage zu entscheiden, wann einem biologischen Organismus der Status der Personalität zukommt. Das gilt auch für Kant, der zwar (in § 28 der Metaphysischen Anfangsgründe der Rechtsleh-re) den Akt der Zeugung als diejenige zurechenbare Handlung be-trachtet, durch die Eltern Verantwortung für ihre Kinder übernehmen, aber damit keine Aussage über den biologischen Beginn der Existenz einer inkorporierten „noumenalen Person" macht.[17]

Absolute Begründungen sind in dieser Verwendungsweise keine „letztbegründeten", denn weder der Kantianismus noch der Thomismus sind heute in der Lage, alle Alternativen als in sich widersprüchlich zu beweisen.[18] Aber auch der Gläubige, der den Menschen als Geschöpf und als Bild Gottes betrachtet, kann kaum aus der Offenbarung ablesen, auf welches Entwicklungssta-dium des biologischen Lebens diese Würde zutrifft.

Unter den säkularen Begründungen der Menschenwürde gibt es solche, die Moralität auf eine erfahrungsunabhängige „reine" Vernunft gründen, ohne dass deren Verwandtschaft mit einer göttlichen Vernunft angenommen werden müsste. Auch Kant führt ja das Gottespostulat nur als Stärkung der Motivation und als ratio-nale Hoffnung auf eine „letzte" Einheit von Vernunft und Natur ein, nicht als Grund der Verbindlichkeit der Moral. In der Moral-fähigkeit liegt aber für ihn die Menschenwürde begründet. Die Verbindung zwischen Moralbegründung und Gottespostulat wur-de von seinen Nachfolgern (etwa von Fichte) weiter gelockert und ist heute in vielen Positionen der Metaethik ganz gelöst. Von vielen Philosophen der Gegenwart (etwa in der Existenzphiloso-phie des 20. Jahrhunderts) wird die Würde des Menschen gerade darin gesehen, ohne Hoffnung auf göttliche Belohnung oder die Gewissheit eines guten Ausgangs der Dinge am moralischen Standpunkt festzuhalten und die Integrität und Freiheit der ande-ren zu achten.[19]

---

[17] Vgl. *Geismann, Georg*, Kant und das vermeinte Recht des Embryos, in: Kant Stu-dien 95 (2004) 443–469.

[18] Auch katholische Moraltheologen betonen die „Begründungsoffenheit" der Men-schenwürde. Vgl. *Hilpert, Konrad*, Die Idee der Menschenwürde aus der Sicht christ-licher Theologie, in: *Hans Jörg Sandkühler* (Hrsg.), Menschenwürde. Philosophische, theologische und juristische Analysen, Frankfurt u. a. 2007, 41–55: „Kulturell und weltanschaulich unterschiedliche Weisen, die Menschenwürde zu begründen, wider-sprechen nicht notwendig ihrer Einheit und Allgemeingültigkeit" (49).

[19] Zur säkularen Idee der Menschenwürde seit dem 18. Jh. vgl. auch *Bayertz, Kurt*, Menschenwürde (s. Anm. 13), 469ff. Auch antike Philosophen, etwa Protagoras, ha-ben freilich schon die Unabhängigkeit der moralischen Einstellung gleicher Achtung

Auch Agnostiker und Atheisten können begründen, dass Menschen Würde zukommt. Etwa mit den Mitteln einer Anthropologie, die von der Sonderstellung des Menschen im Kosmos ausgeht. Oder mit Hinweis auf die Selbstentdeckung der menschlichen Fähigkeiten und der ihnen angemessenen Verhaltensweisen in der Kulturgeschichte. Menschen haben in einer langen Reihe schmerzhafter Erfahrungen gelernt, worunter sie leiden, was sie erniedrigt und unter welchen sozialen und natürlichen Bedingungen sie „gedeihen", sich selber und andere achten und ihre menschlichen Fähigkeiten entwickeln können. Personalität wird dann als kulturelle Errungenschaft verstanden, nicht als zeitlose Substanz. Auch aufgrund einer solchen historischen Begründung der Menschenwürde muss man ihre Unantastbarkeit fordern und die Grundrechte als weitgehend irreversible Normen betrachten.

Ob man die Menschenwürde auf die Gottebenbildlichkeit und Gottgewolltheit des Menschen begründet oder auf die historisch unwiderruflichen Erfahrungen mit den Bedingungen eines menschenwürdigen Lebens, besagt zunächst wenig über die Frage nach dem Beginn der „Würdeträgerschaft". Die Stärke der absoluten Begründungen scheint darin zu liegen, dass die Unbedingtheit von Geboten am ehesten durch einen unbedingten Gesetzgeber (den göttlichen Willen) oder auf die „Vernunftnotwendigkeit" von Geboten zurückführbar scheint. Allerdings beruhen diese Begründungen entweder auf Offenbarungswahrheiten oder auf „starken" Vernunftbegriffen, die heute nicht alternativlos erscheinen. Unbedingte Gebote lassen sich auch anders begründen.[20]

Historische Begründungen haben demgegenüber den Vorzug, den historischen Wandel von Wertungen, sozialen Rollen, gesellschaftlichen Praktiken und Rechtsgesetzen ernst zu nehmen. Dass sich durch die Erfindung und Akzeptanz von empfängnisverhütenden Mitteln oder auch die Möglichkeiten der künstlichen Befruchtung soziale Rollen – etwa Geschlechterrollen – und Einstellungen geändert haben, ist kaum zu bestreiten. Diese Änderungen müssen nicht alle „vom Teufel" sein. Dass in ihrem Gefolge „überzählige" befruchtete Eizellen anders angesehen werden als werdende Kinder im Mutterschoß, muss auch nicht unbedingt ein Wertezerfall sein. Allerdings müssen Regeln gefunden werden, die Normen

---

von der Gottesannahme betont. Vgl. dazu *Döring, Klaus*, Antike Theorien über die staatspolitische Notwendigkeit der Götterfurcht, in: Antike und Abendland 24 (1978) 43–56, hier 48 und 56.
[20] Zur Kritik am starken Vernunftbegriff Kants vgl. *Tugendhat, Ernst*, Probleme der Ethik, Frankfurt 1993, 70. Zu alternativen Begründungen unbedingter Gebote vgl. *Siep, Ludwig*, Konkrete Ethik, Frankfurt 2004, 50ff.

einleuchtend zu Entwicklungsstadien zuordnen und verhindern, dass der Lebensschutz auch bei entwickelten Föten oder gar Geborenen geschwächt wird,[21] wobei ich die Konflikte zwischen dem Lebensrecht des nasciturus und der Gesundheit bzw. Belastbarkeit der Mutter hier nicht auch noch diskutieren will.

III. Menschenwürde und Potentialität

Es ist offenkundig, dass der Status des frühen Embryos hinsichtlich der Trägerschaft von Menschenwürde umstritten ist. Vielleicht muss man einer totipotenten Zelle keine Menschenwürde zusprechen. Aber genügt es nicht, auf das Entwicklungspotential hinzuweisen? Lässt sich daraus nicht die Verpflichtung ableiten, einem noch so frühen Anfang menschlichen Lebens die Chance zu erhalten oder auch erst zu bieten – durch Einpflanzung, Ernährung und evtl. medizinische Maßnahmen –, sich zu einem geborenen Individuum zu entwickeln? Die Bestimmung des deutschen Stammzellgesetzes, als Embryo gelte „bereits jede totipotente Zelle" (§ 3 Abs. 4), scheint genau dies zu besagen. Wenn sie nicht nur gegen Manipulation an einem werdenden Menschen oder gar Menschenzüchtung gerichtet ist, dann muss ihr der Schutz von Entwicklungschancen zugrunde liegen. Dann wäre es also nicht die Menschenwürde einer mikroskopisch kleinen Zelle oder eines Mikroorganismus', sondern das Potential, sich zu einem Menschen mit unzweifelhafter Würde zu entwickeln, das Schutz und Förderung verdiente.

Das Entwicklungspotential eines Wesens kann aus verschiedenen Gründen geschützt bzw. in seiner Verwirklichung unterstützt werden:

a) Weil es dem Wesen einen Wert verleiht, der seinen Rang gegenüber nicht-entwicklungsfähigen Wesen erhöht. So werden wir in der Regel einem Samenkorn einen höheren Wert zusprechen als einem Sandkorn und dem Samen einer Blume oder Nutzpflanze einen höheren als dem eines „Unkrauts". Der Wert, den das entwickelte Wesen hat, kann dabei auf verschiedene Wertbezie-

---

[21] Zu einer graduellen Betrachtung des Würde- und Lebensschutzes vgl. *Hufen, Friedhelm,* Erosion der Menschenwürde?, in: Juristen Zeitung 59 (2004) 313–375: „Eine wachsende Zahl von [...] Verfassungsjuristen vertritt deshalb Stufen- und Wachstumstheorien der Menschenwürde, die [...] den Schutzbereich der Menschenwürde, beginnend mit der Kernverschmelzung, über Nidation, Bewusstwerdung, Lebensfähigkeit und Geburt wachsen lassen" (315). Ähnlich *Häberle,* Menschenwürde (s. Anm. 3), 360. Vgl. auch die Stellungnahme zur Stammzellforschung der Zentralen Ethik-Kommission bei der Bundesärztekammer, abrufbar unter http://www.zentrale-ethikkommission.de/downloads/Stammzell.pdf, Stand: August 2008.

hungen, intrinsische (die Schönheit der Pflanze, das erfreuliche Leben eines Menschen) oder extrinsische (der Nutzwert für Tiere und Menschen) zurückführbar sein.

b) Weil dem Wesen eine Bestimmung innewohnt, eine bestimmte Entwicklung zu durchlaufen und einen „Reifezustand" zu erreichen. Das ist die teleologische Voraussetzung, die in der Vormoderne auch als Kausalerklärung biologischer Prozesse diente. Heute wird man nur noch bei Prozessen, die von menschlichen Zielsetzungen gesteuert werden – etwa Produktionsprozessen – von teleologischen Kausalerklärungen ausgehen können. Bei natürlichen Prozessen kann man zwar immer noch von „ungestörten Wachstumsprozessen" reden, aber nicht mehr davon, dass etwas ein Ziel erreichen „soll". Von Potentialen auf Ziele zu schließen, wäre ein naturalistischer Fehlschluss. Man kann aber mit guten Gründen Wachstumsprozesse insgesamt als gut bewerten – etwa wenn man ein menschliches Leben als erfreulich, sinnvoll, gut bewertet, wie das an ihrer Selbsterhaltung interessierte Menschen offenbar tun. Wenn das der Fall ist, dann folgt der dritte Grund zum Schutz von Entwicklungsmöglichkeiten und -prozessen:

c) Weil die späteren Entwicklungsstadien für das sich entwickelnde Wesen ein Gut darstellen. Beim Menschen ist unbestreitbar das Gut des Lebens ein solches, worauf er ein Recht hat. Wenn eine Entwicklung bei ungestörtem Verlauf dieses Ziel erreichen kann oder gar mit hoher Wahrscheinlichkeit erreicht, dann wird man von einem Recht und einer Pflicht ausgehen, in diesen Prozess nicht störend einzugreifen.

Der erste Grund (a) für den Wert einer Entwicklung und den Respekt vor ihr liegt offenbar der oben erörterten Gattungswürde zugrunde. Die Zugehörigkeit zur Spezies Mensch verleiht einer befruchteten Eizelle offenbar einen besonderen Wert. In abgeschwächter Weise gilt das allerdings bereits für Gameten. Wenn von der zweiten Begründung (b), der Bestimmung zum Erreichen eines Entwicklungsziels, zur Erklärung natürlicher Prozesse nicht mehr ausgegangen werden kann, dann kommt es darauf an, inwieweit ein Entwicklungsprozess bereits in Gang gekommen ist. Wenn das Potential auf bewusste Handlungen zurückführbar ist, wie der Zeugungsvorgang oder die „potentialverleihende" Handlung, etwa die Reprogrammierung einer Zelle, die ihre Pluri- oder Totipotenz bereits verloren hatte, dann kommt es zudem auf die Zielsetzung einer solchen Handlung an.

Im menschlichen Reproduktionsvorgang ist seit langem ein Wechsel von natürlichen Prozessen zu bewusst gesteuerten im Gang. Entscheidende Schritte waren dabei die Empfängnisverhütung, die es erlaubte, den Sexualverkehr von der Zeugung von Kindern abzulösen und rein auf Zwecke des Genusses, nicht allein des körperlichen, sondern auch einer Reihe von psychischen und kulturell geprägten Emotionen, zu beschränken. Der nächste Schritt war die Technik der extrakorporalen Befruchtung, durch die Zeugung und Einpflanzung von einigen natürlichen Zufällen und Hindernissen unabhängig wurden. Er eröffnete darüber hinaus eine Reihe von Handlungsspielräumen, von der bewussten Auswahl gesunder oder erwünschter Zygoten bis zu ihrer Verwendung zu anderen als reproduktiven Zwecken. Eine neue Stufe der Technisierung ist erreicht, wenn die Entwicklungspotentiale von Zellen durch gen- und andere biotechnische Maßnahmen beeinflusst werden können. Dies ist heute in einigen Fällen bis zur „Verleihung" von Pluripotenz möglich, könnte aber evtl. auch die völlige „Manipulation" der Potentiale bis zur Totipotenz erreichen.

Die Frage, die sich bei einem solchen Stand der technischen Kontrolle menschlicher Reproduktion stellt, ist folglich, wie mit dem Entwicklungspotential von menschlichen Zellen umgegangen werden muss bzw. soll, die innerhalb dieser Verfahren entstehen. Darf ihre Entwicklung von den Absichten und Zielsetzungen der sie verursachenden Handlungen aus beurteilt werden oder muss das allein von ihrem „natürlichen" Entwicklungspotential her geschehen? Wobei „natürlich" immer beinhaltet, dass eine Reihe menschlicher Handlungen und Unterlassungen zugunsten dieser Entwicklung stattfindet (Einpflanzung, Ernährung, evtl. medizinische Behandlung der Mutter bzw. des Fötus usw.). Ferner, dass günstige natürliche Umstände eintreten und Störungen unterbleiben.

An dieser Stelle scheiden sich wiederum die ethischen Wege: Der eine wird das aus unterschiedlichen Absichten (Liebe, Reproduktion, medizinische Forschung) entstandene „Produkt", die totipotente Zelle, als „tabu" betrachten. Ihr Entwicklungspotential muss respektiert und ihre Entwicklung zu einem lebensfähigen Menschen gefördert werden. Dem Potential der Zelle, auch wenn es aus ganz anderen Absichten und evtl. mit technischen Mitteln erzeugt wurde, wird eine Zielbestimmtheit durch ein immanentes Telos oder eine Schöpferabsicht zugesprochen. Diesem natürlichen Zweck muss sich das menschliche Handeln unterwerfen, sobald eine Zelle mit einem bestimmten Potential entstanden ist.

Der andere Weg wird den Umgang mit den Potentialen menschlicher Zellen, einschließlich der Frühstadien eines Gesamtorganismus, von den Zwecksetzungen des menschlichen Handelns abhängig machen: Durch Liebesgenuss entstandene befruchtete Eizellen werden anders zu behandeln sein als solche, die der menschlichen Reproduktion dienen sollen und diese wieder anders als solche, die zu medizinischen Zwecken hergestellt worden sind. Diejenige menschliche Handlung, die zwischen diesen Wegen unterscheidet, ist die Beförderung oder Verhinderung der Einpflanzung des frühen Embryos in die Mutter. Erst nach dieser Handlung ist er „auf den Weg zur Geburt" gebracht und darf in diesem Prozess nicht mehr aus anderen Gründen als den Rechten der Mutter gestört werden.[22]

Rechtlich ist dieser Weg zumindest durch die Zulassung oder Nicht-Verhinderung von Nidationshemmern schon beschritten worden. Aber man kann diesen Schritt natürlich kritisieren oder ihn durch die Grenzen staatlicher Eingriffe in das Privatleben rechtfertigen. Die grundlegendere Frage ist die, ob menschlichem Handeln, das von den Leiden und Belastungen der natürlichen Reproduktion oder von Krankheiten, die mit Hilfe pluripotenter Zellen bekämpft werden sollen, befreien kann, auf Dauer Grenzen durch die „natürlichen" Eigenschaften seiner Produkte gesetzt werden können.

Den Umgang mit den Entwicklungspotentialen menschlicher Zellen und Organismen von den Zwecksetzungen und Handlungen abhängig zu machen, die zu ihnen geführt haben, bedeutet nicht, alle Handlungszwecke auf diesen Gebieten für zulässig oder gut zu erklären. Die Erzeugung von Wunschkindern mit beliebigen, von den Eltern oder anderen „Designern" ausgewählten genetischen Programmen, könnte für das Kind, seine Umgebung und die gesellschaftlichen Chancenverteilungen und Kompensationspflichten so viel an Lasten bringen, dass dem Recht auf reproduktive Freiheit hier Grenzen zu setzen wären.

Ein weiterer Grund, der für die Einschränkung von Handlungsmöglichkeiten im Umgang mit totipotenten Zellen und frühen Embryonen spricht, ist ein „tutioristischer". Mit gutem Recht spielt er auch bei den derzeitigen deutschen Embryonenschutzgesetzen eine maßgebliche Rolle. Verhindert werden soll dabei zweierlei: Zum einen ein Umgang mit menschlichem „Material", der das Menschenleben der Manipulation durch Züchter aussetzt. Das könnte nicht nur zu einer Instrumentalisierung führen, in der Menschen einander wie Nutztiere behandelten, sondern auch zu Veränderungen in der menschlichen Natur, durch die die Basis un-

---

[22] Bei einer zukünftig vielleicht möglichen technischen Verlängerung der Pränidationsphase wird man allerdings an der Zeitspanne bis zur natürlichen Nidation als „Referenzmaßstab" für die graduelle Statusbestimmung festhalten müssen.

serer grundlegenden Regeln und Normen der Gleichheit, Gerechtigkeit und des personalen Respekts untergraben würden.[23]

Was zweitens verhindert werden soll, ist eine Aufweichung des Lebensschutzes durch Verschwimmen der Grenzen der Gattungszugehörigkeit: Wenn menschlichen Embryonen eines bestimmten Entwicklungsstadiums keine Menschenwürde und kein Lebensschutz mehr zusteht, dann könnte das vielleicht auch auf „nicht ganz menschliche" Wesen wie Schwerbehinderte oder Sterbende übertragen werden. Auch dieses Ziel ist zweifellos gewichtig, vor allem angesichts der deutschen Vergangenheit.

Trotzdem lässt sich diskutieren, ob solche tutioristischen Argumente den Schutzwall an der richtigen Stelle errichten. Schutzstrategien müssen auch realistisch und angesichts der medizinischtechnischen Emanzipation des Menschen „nachhaltig" sein. Dem Staat aufzubürden, jede befruchtete Eizelle oder totipotente Zelle wie einen Bürger zu schützen, könnte eine hoffnungslose Überforderung sein. Die Zulassung von Nidationshemmern hat den Damm hier schon verschoben. Angesichts von hunderttausenden befruchteten Eizellen, die jährlich in Reproduktionskliniken der Welt als Abfall („biological waste") behandelt werden, könnte auch auf dem Gebiet der künstlichen Befruchtung die Implantation möglicherweise der klarere und sicherere Einschnitt sein – auch was die Sanktionsmöglichkeiten betrifft. Das würde erst recht gelten, wenn eines Tages eine große Zahl von bis zur Totipotenz reprogrammierten Zellen zur Verfügung stünde.

Die Befürchtung der Schwächung des Lebensschutzes durch einen solchen „späteren" Damm ist sicher ernst zu nehmen. Sie beruht aber, wie alle Dammbruch- oder slippery slope Argumente, auf Vermutungen über künftige Entwicklungen. Dass erst das Entwicklungspotential eingepflanzter Eizellen (und solcher in dem gleichen Entwicklungsstadium) geschützt werden muss, lässt sich rechtlich zweifellos festlegen und sanktionieren. Es hat auch argumentativ nichts mit „unvollständigen" oder nicht mehr voll funktionsfähigen menschlichen Wesen zu tun – oder wie immer man die Gruppe der durch diese Grenzziehung möglicherweise gefährdeten Menschen bezeichnen möchte.

Rechtspraktische Fragen des Schutzes von Rechtsgütern und der Sanktion von Schutznormen entziehen sich weitgehend der philosophischen Beurteilung. Sie sind Gegenstand interdisziplinä-

---

[23] Vgl. *Siep, Ludwig*, Die biotechnische Neuerfindung des Menschen, in: *Günter Abel* (Hrsg.), Kreativität. Kolloquiumbeiträge, XX. Deutscher Kongress für Philosophie, Hamburg 2006, 306–323.

rer Beratungen, gesetzlicher Formulierungen und letztlich der Diskussionen und Entscheidungen der Parlamente. Philosophische Erörterung richtet sich also nicht direkt auf die Gesetze und den ihnen zu Grunde liegenden Erfahrungshorizont. Niemand wird den deutschen Gesetzen zum Embryonenschutz absprechen können, dass sie auf reiflichen Überlegungen, bedenkenswerten Argumenten und leidvollen Erfahrungen beruhen. Philosophie kann und muss aber zur Klärung und Bewertung der grundlegenden Argumente beitragen, etwa bezüglich der Eigenschaften, aufgrund derer menschliche Wesen – oder Zellen – Lebensschutz verdienen, und zu den Werten und grundlegenden Normen wie der Menschenwürde, die diesem Schutz zugrunde liegen.

„Menschenwürde" ist ein Begriff, dessen Gehalt nicht leicht zu erfassen ist und der sich einer schlichten Definition entzieht. Dass Menschen solche Würde und der daraus folgende Respekt vor ihrem Leben, ihrer Integrität und ihrer Freiheit zukommt, kann auf unterschiedliche Weise begründet werden. Dennoch – oder gerade deshalb, weil sich unterschiedliche Weltanschauungen in ihm treffen können – spielt er zu Recht die Rolle eines letzten Maßstabes der Rechtsordnungen pluralistischer Gesellschaften. Man sollte aber sehr sparsamen und reflektierten Gebrauch von diesem Begriff machen. Für die Normen im Umgang mit geborenen Rechtspersonen sagen uns vor allem die Grundrechte, was die Beachtung von Menschenwürde bedeutet. Bei der Beurteilung des Umganges mit frühen Embryonen lassen sich aus dem Menschenwürdebegriff keine eindeutigen Normentscheidungen ableiten. Ob totipotenten Zellen oder Blastozysten unterschiedlicher Entstehungsweise Menschenwürde und Lebensschutz zusteht, kann und wird weiterhin Gegenstand eines Streites von Positionen sein, die einander ernst nehmen müssen.

Literaturverzeichnis

Balzer, Philipp, Rippe, Klaus-Peter, Schaber, Peter, Menschenwürde versus Würde der Kreatur, Freiburg, München 1998.
Bayertz, Kurt, Die Idee der Menschenwürde. Probleme und Paradoxien, in: Archiv für Rechts- und Sozialphilosophie 81 (1995) 465–481.
Beiträge zur 2. Plenarsitzung der Ethisch-Rechtlich-Sozialwissenschaftlichen Arbeitsgruppe des Kompetenznetzwerks Stammzellforschung NRW, in: Jahrbuch für Wissenschaft und Ethik 8 (2003) 275–378.
Birnbacher, Dieter, Ambiguities in the Concept of Menschenwürde, in: *Kurt Bayertz* (Hrsg.), Sanctity of Life and Human Dignity, Dordrecht, Boston u. a. 1996, 107–121.

Bundesgesundheitsblatt, Band 51, Heft 9 (2008), Forschung mit humanen embryonalen Stammzellen.

Cyranoski, David, Stem cells: 5 Things to Know Before Jumping on the iPS Bandwagon, in: Nature 452 (2008) 406–408.

Döring, Klaus, Antike Theorien über die staatspolitische Notwendigkeit der Götterfurcht, in: Antike und Abendland 24 (1978) 43–56.

Dunstan, Richard, Seller, Mary J. (Hrsg.), The Status of the Human Embryo, London 1988.

Enders, Christoph, Die Menschenwürde in der Verfassungsordnung, Tübingen 1997.

Fenner, Dagmar, Menschenwürde – eine „Leerformel"? Das Konzept „Menschenwürde" in der Bioethik, in: Allgemeine Zeitschrift für Philosophie 32 (2007) 137–157.

Geismann, Georg, Kant und das vermeinte Recht des Embryos, in: Kant Studien 95 (2004) 443–469.

Gutmann, Thomas, Gattungsethik als Grenze der Verfügung des Menschen über sich selbst, in: *Wolfgang van den Daele* (Hrsg.), Biopolitik, Wiesbaden 2005, 235–264.

Häberle, Peter, Die Menschenwürde als Grundlage der staatlichen Gemeinschaft, in: *Josef Isensee, Paul Kirchhof* (Hrsg.), Handbuch des Staatsrechts der Bundesrepublik Deutschland, Teil 2, § 22, Heidelberg [3]2004, 317–368.

Hilpert, Konrad, Die Idee der Menschenwürde aus der Sicht christlicher Theologie, in: *Hans Jörg Sandkühler* (Hrsg.), Menschenwürde. Philosophische, theologische und juristische Analysen, Frankfurt u. a. 2007, 41–55.

Höffe, Ottfried, Wessen Menschenwürde?, in: *Christian Geyer* (Hrsg.), Biopolitik. Die Positionen, Frankfurt a.M. 2002, 65–72.

Hufen, Friedhelm, Erosion der Menschenwürde?, in: Juristen Zeitung 59 (2004) 313–375.

Isensee, Josef, Menschenwürde: die säkulare Gesellschaft auf der Suche nach dem Absoluten, in: Archiv des öffentlichen Rechts 131 (2006) 173–218.

Kant, Immanuel, Werke. Akademie-Textausgabe, Berlin 1968 [= AA].

Koch, Hans-Georg, Stammzellforschung aus rechtsvergleichender Sicht, in: Bundesgesundheitsblatt, Bd. 51, H. 9 (2008), 985–993.

Merkel, Reinhard, Forschungsprojekt Embryo, München 2002.

Podlech, Adalbert, Art. 1. RN 17–55, in: Wassermann, Rudolf (Hrsg.), Alternativkommentar zum Grundgesetz für die Bundesrepublik Deutschland, Neuwied [2]1989.

Seidl, Horst, Zur Geistseele im menschlichen Embryo nach Aristoteles, Albertus Magnus und Thomas v. Aquin. Ein Diskussionsbeitrag, in: Salzburger Jahrbuch für Philosophie XXXI (1986) 37–63.

Siep, Ludwig, Die biotechnische Neuerfindung des Menschen, in: *Günter Abel* (Hrsg.), Kreativität (Kolloquienbeiträge). XX. Deutscher Kongress für Philosophie, Hamburg 2006, 306–323.

Siep, Ludwig, „In diesem Sinne ethisch vertretbar". Zum Ethikverständnis der Zentralen Ethik-Kommission für Stammzellenforschung, in: Bundesgesundheitsblatt, Bd. 51, H. 9 (2008), 950–953.

Siep, Ludwig, Konkrete Ethik, Frankfurt 2004.

Stellungnahme zur Stammzellforschung der Zentralen Ethik-Kommission bei der Bundesärztekammer, abrufbar unter http://www.zentrale-ethikkommission.de/downloads/Stammzell.pdf, Stand: August 2008.

Tugendhat, Ernst, Probleme der Ethik, Frankfurt 1993.

Waldhoff, Christian, Menschenwürde als Rechtsbegriff und Rechtsproblem, in: Evangelische Theologie 66 (2006) 425–440.

Angewandte Ethik und Allgemeine Ethik

Moraltheologie unter den Herausforderungen bereichsspezifischen Normierungsbedarfs

von Jochen Sautermeister

I. Zur Begründungsproblematik bereichsspezifischer Regelungen

1. Handlungsorientierung in der Krise?

„Krisen der Handlungsorientierung, wie sie gegenwärtig weltweit zu registrieren sind, müssen in der ethischen Theorie dazu führen, die Frage nach den Grundlagen neu zu stellen und angemessenere Formen ihrer Beantwortung zu finden."[1] Diese Forderung, die Wilhelm Korff vor 30 Jahren der theologischen Ethik ins Stammbuch geschrieben hat, als er sich mit der damals virulenten Frage der zivilen Nutzung von Kernenergie auseinandersetzte, gilt heute gleichermaßen. Denn die Beschäftigung mit drängenden Problemen etwa in Fragen der modernen Biomedizin lässt vielfach erkennen, dass es zunehmend schwieriger wird, einen tragfähigen Konsens herzustellen oder wenigstens allgemein akzeptierte Kompromisse zu finden. Das ist nicht nur auf die unterschiedlichen moralischen Standards der an den Entscheidungsprozessen beteiligten gesellschaftlichen Akteure und Gruppen zurückzuführen, sondern auch auf die dahinter liegenden, mehr oder weniger transparent gemachten Argumentations- und Begründungsstrategien. In diesem Sinne bedeutet die Auseinandersetzung mit Fragen der Angewandten Ethik auch eine Herausforderung für das Selbstverständnis der theologischen Ethik überhaupt. Ihr Anspruch, plausibel, argumentativ, diskursiv und rational ethische Urteile zu fällen und zur ethischen Entscheidungsfindung beizutragen, muss sich immer neu bewähren, wenn sie sich als handlungsrelevante Orientierungswissenschaft begreift.[2] Ein aus praktischen Herausforde-

---

[1] *Korff, Wilhelm*, Kernenergie und Moraltheologie. Der Beitrag der theologischen Ethik zur Frage allgemeiner Kriterien ethischer Entscheidungsprozesse, Frankfurt a.M. 1979, 9. S. auch *Vieth, Andreas*, Ausweitungsstrategien des moralisch Relevanten in der Angewandten Ethik. Negative Argumente gegen Ethik als philosophische Teildisziplin, in: Ethica 15 (2007) 395–420, bes. 415.

[2] S. hierzu *Autiero, Antonio*, Zwischen Glaube und Vernunft. Zu einer Systematik

rungen erwachsendes Begründungserfordernis ist der Moraltheologie nicht fremd, kennt sie doch schon länger die Notwendigkeit, aufgrund moralischer Dilemmata und Schwierigkeiten in der pastoralen Praxis die Begründungsfrage konkreter sittlicher Normen zu überdenken.[3] Die daraus resultierende theologisch-ethische Aufgabe, die Gültigkeit sittlicher Normen unter veränderten kontextuellen Bedingungen normativ zu reflektieren, weiß sich dabei dem kognitivistischen Selbst-Anspruch kirchlicher Morallehre verbunden.[4] Zugleich steht Moraltheologie heutzutage verstärkt in prospektiver Verantwortung, indem sie Zielreflexionen vornimmt und sich mit der Frage nach verantwortlichen Richtlinien für zukünftige Praxis und Handlungsmöglichkeiten auseinandersetzt.[5]

Angesichts der grundsätzlichen Kontextbezogenheit der Angewandten Ethik, demzufolge „Formen und Möglichkeiten einer Handlungsleitung durch die Ethik [...] wesentlich von der Gestalt des jeweiligen Handlungsfeldes" abhängen, „in dem sich moralische Fragen stellen und das einer angemessenen Normierung unterzogen werden soll", wie Ludger Honnefelder und Dietmar Hübner betonen,[6] ist zu klären, ob sich aus der Beschäftigung mit Fragen bereichsspezifischer Ethiken auch Konsequenzen für das Selbstverständnis der Moraltheologie ergeben könnten. Um dies zu eruieren, erfolgt zuerst eine Skizze der besonderen Begründungsproblematik bereichsspezifischer Regelungen im Kontext der Biomedizin (I). Insofern die Fragen von Normanwendung und Normbegründung für anwendungsethische Fragen eine zentrale Funktion im Rahmen von Normierungsprozessen einneh-

---

ethischer Argumentation, in: *Klaus Arntz, Peter Schallenberg* (Hrsg.), Ethik zwischen Anspruch und Zuspruch. Gottesfrage und Menschenbild in der katholischen Moraltheologie, Freiburg i.Ue., Freiburg i.br., Wien 1996, 35–53.

[3] S. *Weiß, Andreas M.*, Sittlicher Wert und nichtsittliche Werte. Zur Relevanz der Unterscheidung in der moraltheologischen Diskussion um deontologische Normen, Freiburg i.Ue., Freiburg i.Br., Wien 1996, 36.

[4] Vgl. *Schockenhoff, Eberhard*, Zwischen Wissenschaft und Kirchlichkeit? Zum Standort der Moraltheologie, in: Theologie und Glaube 87 (1997) 590–626, 594. Zum kognitivistischen Anspruch der Moraltheologie s. auch *Ernst, Stephan*, Sind ethische Normen objektiv begründet? Norbert Hoersters Bestreitung einer kognitivistischen Ethik als Herausforderung an die Moraltheologie, in: *Gerhard Gäde* (Hrsg.), Hören – Glauben – Denken, Münster 2005, 269–285.

[5] Vgl. *Hunold, Gerfried W.*, Ethik in einer sich verändernden Welt, in: Theologische Quartalschrift 166 (1986) 1–7, bes. 3f.

[6] *Honnefelder, Ludger, Hübner, Dietmar*, Ethik als Handlungsanleitung in einer pluralistischen Gesellschaft: Ethische Fragen im Rahmen der Patentierung von Gensequenzen und deren rechtliche Relevanz, in: *Marcella Rietschel, Franciska Illes* (Hrsg.), Patentierung von Genen. Molekulargenetische Forschung in der ethischen Kontroverse, Hamburg 2005, 69–94, 70.

men, soll mittels einer Funktionsanalyse des Wechselverhältnisses von Normbegründung und Situationserfahrung eine erkenntnistheoretische Reflexion die Interdependenz von Angewandter Ethik und Allgemeiner Ethik erhellen (II). Abschließend werden fundamentalethische Überlegungen dazu angestellt, welche Konsequenzen für das Selbstverständnis theologischer Ethik aus ihrer Beschäftigung mit Fragen der Angewandten Ethik gezogen werden können (III).

2. Fundamentaler ethischer Perspektivismus?

Das Bemühen um ein einheitliches methodologisches Vorgehen für die Behandlung von Problemen der Angewandten Ethik sieht sich mit einer Vielzahl unterschiedlicher Ansätze konfrontiert, die nur schwer auf einen gemeinsamen Nenner zu bringen sind.[7] Das ist nicht nur darauf zurückzuführen, dass generell verschiedene Argumentations- und Begründungskonzepte und divergierende moralische Standards miteinander konkurrieren,[8] sondern auch auf unterschiedliche Formen interaktioneller ethischer Meinungsbildungsprozesse in institutionellen und öffentlichen Räumen wie Ethik-Kommissionen oder Ethik-Komitees[9]. Dabei ist die Reflexion Angewandter Ethik in einen unhintergehbar pluralen gesellschaftlichen und globalen Kontext eingebettet, der auch durch eine Koexistenz heterogener Menschenbilder[10], Wertvorstellungen und moralischer Überzeugungen gekennzeichnet ist. Diese Pluralität wird zwar weitgehend durch eine Übereinstimmung in der prinzipiellen Anerkennung der Menschenrechte und der Menschenwürde zusammengehalten. Aufgrund ihres hohen Abstraktionsgrades, der maßgeblich konsensgenerierend wirkt, ist aber

---

[7] S. hierzu *Düwell, Marcus*, ,Begründung' in der (Bio-)Ethik und der moralische Pluralismus, in: *Cordula Brand, Eve-Marie Engels, Arianna Ferrari, László Kovács* (Hrsg.), Wie funktioniert Bioethik?, Paderborn 2008, 27–51.

[8] Einen guten Überblick für die Bioethik gibt *Rehmann-Sutter, Christoph*, Bioethik, in: *Marcus Düwell, Christoph Hübenthal, Micha H. Werner* (Hrsg.), Handbuch Ethik, Stuttgart, Weimar 2002, 247–253, hier: 248–250; *Quante, Michael, Vieth, Andreas*, Angewandte Ethik oder Ethik in Anwendung? Überlegungen zur Weiterentwicklung des principlism, in: Jahrbuch für Wissenschaft und Ethik 5 (2000) 5–34.

[9] Vgl. *Honnefelder, Hübner*, Ethik als Handlungsanleitung (s. Anm. 6), 76; s. auch *Hilpert, Konrad*, Institutionalisierung bioethischer Reflexion als Schnittstelle von wissenschaftlichem und öffentlichem Diskurs, in: *ders., Dietmar Mieth* (Hrsg.), Kriterien biomedizinischer Ethik. Theologische Beiträge zum gesellschaftlichen Diskurs, Freiburg i.Br., Basel, Wien 2006, 356–379.

[10] Vgl. *Hunold, Gerfried W.*, Die Herausforderung der Moderne an die Theologie, in: *Jakob Hans Josef Schneider* (Hrsg.), Ethik – Orientierungswissen, Würzburg 2000, 191–199, 192.

eine direkte und unvermittelte Applikation dieser grundlegenden Freiheitsrechte und des Menschenwürdeprinzips auf neue Handlungsmöglichkeiten zu Normierungszwecken nicht möglich. Das lässt sich nicht einfach nur damit erklären, dass mit zunehmender Konkretisierung neu zu bestimmender und anzustrebender rechtsverbindlicher Normen auch die Meinungsverschiedenheiten steigen, die durch unterschiedliche Kontextualisierungen hervorgerufen werden. Vielmehr kann sich darin ebenso ein „quer zu den meisten weltanschaulichen Fronten verlaufender Grundlagenstreit"[11] manifestieren, in dem es auch um die Tragfähigkeit und Reichweite einer ethischen Argumentation geht, die sich maßgeblich auf den Begriff der Menschenwürde stützt.[12] Die hierzu getroffenen Grundentscheidungen bzw. zugrundeliegenden Präsuppositionen[13] zeichnen damit in gewisser Weise schon die ethische Positionierung vor, so dass sich die Frage aufdrängt, ob ein fundamentaler ethischer Perspektivismus überhaupt zu vermeiden ist.

3. Biotechnologie und Biomedizin als neuartige Handlungsfelder

Neben den generellen Bedingungen einer pluralen Gesellschaft stellen die bereichsspezifischen Fragen der Biotechnologie und Biomedizin zusätzliche Herausforderungen an ethische und rechtliche Normierungsprozesse dar. Nach Honnefelder und Hübner zeichnet sich dieses Handlungsfeld durch seine *Innovativität* aus.[14] Aufgrund der Neuartigkeit, die nicht zuletzt aus der Möglichkeit, Eingriffe in die basale Ebene von Organismen vorzunehmen, resultiert, lassen sich „die entsprechenden Tätigkeiten nicht mehr adäquat als Fortsetzung traditioneller Forschungstätigkeit bzw. ärztlichen Handelns"[15] beschreiben. Entsprechend bewegt sich die fachwissenschaftliche Frage nach den Möglichkeiten, Gefahren und Wirkungen dieser Tätigkeiten in einem antizipatorischen Raum mit vielfältigen und unübersehbaren Unwägbarkeiten, die gepaart mit der Aussicht auf qualitativ neue Zielbestimmungen auch den Aspekt der Werteinsicht und Sinnperspektive[16] berührt. Dabei ist jedoch zu beachten, dass ein Zuwachs an Gestaltungs-

[11] *Schweidler, Walter*, Biopolitik und Bioethik. Über Menschenwürde als ethisches Prinzip des modernen Rechtsstaates, in: Information Philosophie (2008) Heft 2, 18–25, 18.
[12] S. *Schweidler*, Biopolitik und Bioethik (s. Anm. 11), 18.
[13] S. hierzu *Vieth*, Ausweitungsstrategien des moralisch Relevanten (s. Anm. 1).
[14] Vgl. *Honnefelder, Hübner*, Ethik als Handlungsanleitung (s. Anm. 6), 70.
[15] *Honnefelder, Hübner*, Ethik als Handlungsanleitung (s. Anm. 6), 70.
[16] Vgl. *Hunold*, Die Herausforderung der Moderne (s. Anm. 10), 194–196.

macht, eine Erweiterung menschlichen Könnens auch Einfluss auf Ethosformen haben kann, etwa wenn es darum geht, mittlerweile vermeidbare und zu vermeidende Übel auszuschließen.[17]

Die Neuartigkeit der zu regulierenden Handlungen bzw. Verfahren erschwert es, diese mit bekannten Tätigkeiten, die bereits normierten Handlungsklassen zugeordnet sind, zu vergleichen. Da eine vergleichende Fokussierung auf bestimmte Merkmale entweder Gemeinsamkeiten, Ähnlichkeiten oder Besonderheiten hervorheben kann, ist eine solche Zuordnung nicht unumstritten. Dieses Problem der *Inkompatibilität* hat weitreichende Folgen für biomedizinische Regelungen: „Je nachdem welcher dieser Handlungsklassen das Verfahren zugeordnet wird, ergeben sich abweichende Ausgangskonstellationen für die Kennzeichnung seiner ethischen und auch rechtlichen Konturen."[18] Die Zuordnung einer neuartigen Handlungsmöglichkeit zu einer bereits bestehenden Norm ist daher mit erheblichen Schwierigkeiten behaftet, nicht zuletzt auch deshalb, weil bislang wenige Erfahrungen im Umgang mit ihnen vorliegen. Da eine Normierung im Bereich der Angewandten Ethik immer auch empirischer Erkenntnisse bedarf, bedeutet ein Erfahrungsdefizit in neuartigen Handlungsweisen zugleich eine Verunsicherung und ein Erschwernis des Regulierungsprozesses. Wenn sich ethische Meinungsbildung jedoch nicht nur retrospektiv versteht, sondern prospektiv geschehen soll, müssen solche Szenarien trotz aller Unwägbarkeiten antizipiert werden – und dies umso mehr, als sich deutlich abzeichnet, dass das biomedizinische Handlungsfeld „*starke Auswirkungen* sowohl auf den Einzelnen als auch auf die Gemeinschaft"[19] zeitigen wird. Das verschärft die Dringlichkeit und Wichtigkeit sowohl der fachwissenschaftlichen Risikofolgenabschätzung als auch der ethischen Reflexion auf die Zielbestimmungen selbst.

Aufgrund der Neuartigkeit bestimmter biomedizinischer Verfahren stellt sich also das Problem der gerechtfertigten Anwendung im Rahmen ethischer und rechtlicher Normierungsprozesse. Wie lassen sich konkrete Handlungsweisen beurteilen, wenn zwar abstrakte Prinzipien und Normen als gültig angesehen werden, von denen aber nicht einfach konkrete ethische Entscheidungen ohne zusätzliche „anreichernde" Bestimmungen deduziert werden können bzw. wenn Zuordnungen von Handlungsweisen zu den bereits normier-

---

[17] Vgl. *Schüller, Bruno*, Die Begründung sittlicher Urteile. Typen ethischer Argumentation in der Moraltheologie, Düsseldorf ²1980, 315f.

[18] *Honnefelder, Hübner*, Ethik als Handlungsanleitung (s. Anm. 6), 73.

[19] *Honnefelder, Hübner*, Ethik als Handlungsanleitung (s. Anm. 6), 71 [Hervorhebung im Original].

ten Handlungskategorien nicht ohne weiteres möglich sind? Eine erkenntnistheoretische Reflexion auf Normierungsprozesse vermag hierfür wesentliche Begründungsmomente offenzulegen.

II. Zur Interdependenz von Angewandter Ethik und Allgemeiner Ethik

Entgegen der Vorstellung, bei der Speziellen Moraltheologie handle es sich um eine Anwendung der allgemeinen Inhalte und Einsichten der Fundamentalethik, ist vielmehr von einer strukturellen Interdependenz beider Bereiche auszugehen.[20] Ethische Grundlegungsfragen, also die wissenschaftliche Beschäftigung mit Grundbegriffen, Methoden und allgemeinen Voraussetzungen der ethischen Reflexion, müssen an praktische Erfahrungen rückgebunden sein, um prinzipiell die Möglichkeit handlungsrelevanter und kontextsensibler Anwendungen zu eröffnen.[21] Da neuartige Verfahren nicht ohne Weiteres und ungeprüft eine Ausweitung des Geltungsbereiches bestimmter und bewährter Normen auf innovative bzw. neuartige Handlungsweisen erlauben, bedarf es eigener Reflexionsgänge, die im Rahmen bereichsspezifischer Ethiken angesiedelt sind.

Versteht man mit Wilhelm Korff unter Normen „Regulative menschlichen Deutens, Ordnens und Gestaltens, die sich mit einem Verbindlichkeitsanspruch darstellen, der die Chance hat, Anerkennung, Zustimmung und Gehorsam zu finden"[22], so sind insbesondere spezielle Normen der Maßgabe funktionaler Applikation und kritischer Innovation ausgesetzt.[23] Sie müssen sich also

---

[20] So „dürfen die Reflexion praktischer ethischer Fragen (angewandte oder „spezielle" Moraltheologie) und die theoretische Behandlung der Grundlegungsfragen („allgemeine" Moraltheologie oder üblicherweise „Fundamentalmoral" genannt) nicht auseinandergerissen werden. Beide brauchen einander und beide stehen in einem wechselseitigen (und eben nicht nur konsekutiven) Verhältnis zueinander" (*Hilpert, Konrad*, Die Rolle der Theologie in der Ethik und ihre Implikationen für die Theorie der angewandten Ethik, in: *Michael Zichy, Herwig Grimm* (Hrsg.), Praxis in der Ethik. Zur Methodenreflexion in der anwendungsorientierten Moralphilosophie, Berlin, New York 2008, 223–248, 245).

[21] Vgl. *Vieth, Andreas*, Situation versus Fall. Zum Prinzipienbegriff in kasuistischen Ethiken, in: *Oliver Rauprich, Florian Steger* (Hrsg.), Prinzipienethik in der Biomedizin. Moralphilosophie und medizinische Praxis, Frankfurt, New York 2005, 163–189, hier: 163.

[22] *Korff, Wilhelm*, Norm und Sittlichkeit. Untersuchungen zur Logik der normativen Vernunft, Freiburg i.Br., München ²1985, 114.

[23] Vgl. *Hunold, Gerfried W.*, Subjektive Wirkfaktoren des Geltungsanspruchs von Normen: das Autoritätsniveau, in: *Anselm Hertz, Wilhelm Korff, Trutz Rendtorff, Hermann Ringeling* (Hrsg.), Handbuch der Christlichen Ethik Bd. 1, Freiburg i.Br., Basel, Wien 1993, 126–134, bes. 134.

im Handlungsfeld aus Sicht der Akteure bewähren, ansonsten stehen sie unter dem Druck der Modifikation, damit sie Anerkennung, Zustimmung und Gehorsam finden können.[24] Wenn jedoch nicht a priori davon ausgegangen werden kann, dass bestimmte Handlungsweisen einfach durch bereits bestehende Normen hinreichend ethisch reguliert werden können, weil aufgrund mangelnder Situationserfahrungen die erforderliche Kontextsensibilität (noch) nicht gewährleistet ist, drängt sich die Frage der Rechtfertigung situationsbezogener ethischer Urteile und damit der Begründung konkreter Normen als deren regulativer Form auf.

Die Interdependenz von Normbegründung und Situationserfahrung konkretisiert sich in Normierungs- und Normanwendungsprozessen. Eine metaethische Strukturanalyse der verschiedenen Funktionsmomente von Normierungsprozessen vermag die verschiedenen Wechselbeziehungen zwischen den einzelnen Funktionsäquivalenten aufzuzeigen, anhand derer die Interdependenz von Angewandter Ethik und Allgemeiner Ethik sichtbar wird. Dabei lassen sich zugleich diejenigen Ansatzpunkte benennen, an denen die bewussten oder unbewussten Vorverständnisse und Prämissen des einen Bereichs und die daraus folgenden Implikationen und Auswirkungen für den anderen markiert werden können.

Wenn es um Fragen der Normierung von (neuartigen) Handlungsweisen geht, ist es erforderlich, zwischen einer Begründung sittlicher Normen einerseits und der gesellschaftlich-politischen Durchsetzbarkeit rechtlicher Normen andererseits zu unterscheiden. Es besteht zwar der Anspruch, dass Recht und Sittlichkeit aufeinander bezogen sein sollen, damit humane Grundwerte in einer Gesellschaft und ein gelingendes Miteinander gewährleistet sein können;[25] zugleich sind konkrete Normen stets durch gesell-

---

[24] Damit wird nicht eine Normativität des Faktischen behauptet. Denn moralische Normen zeichnen sich im Unterschied zu sozialen Normen durch eine eigenständige Geltungslogik aus. „Ihre Geltung folgt nicht aus der faktischen Akzeptanz, die sie finden oder aus der Tatsache ihrer wahrscheinlichen Befolgung, sondern allein daraus, daß sie in einem rational überprüfbaren Vermittlungsprozeß aus anthropologischen Wert- und Sinneinsichten hervorgehen oder in selbstevidenten Prinzipien der praktischen Vernunft begründet sind." (*Schockenhoff, Eberhard*, Moralische Normen als Artefakte der Vernunft? Zur Bedeutung des sozialwissenschaftlichen Normbegriffs für die Moraltheologie, in: *Arntz, Schallenberg*, Ethik zwischen Anspruch und Zuspruch (s. Anm. 2, 150–176, 170f.) Bewähren müssen sich moralische Normen jedoch insofern, als sie in ihren empirischen und anthropologischen Implikaten prinzipiell plausibilisierbar sein müssen.

[25] Vgl. hierzu *Korff, Wilhelm*, Objektive Wirkfaktoren des Geltungsanspruchs von Normen: das Sanktionsgefüge und das Legitimationsgefüge, in: *Hertz, Korff, Rendtorff, Ringeling*, Handbuch der Christlichen Ethik Bd. 1 (s. Anm. 23), 134–146, hier:

schaftliche Bedingungen und Moralvorstellungen determiniert[26].
Allerdings ist diese Differenzierung von sittlichen Begründungsstrategien und strategischem Handeln sinnvoll, um sich methodologisch auf das Wechselverhältnis von Angewandter und All-
gemeiner Ethik konzentrieren zu können.[27] Normativ-ethische Reflexionen stehen generell vor einer doppelten Aufgabe: Zum einen ist zu klären, wie sich sittliche Normen
begründen lassen. Hierbei geht es um ethische Begründungs- und
Argumentationsfiguren. Zum anderen stellt sich die Frage der
„Anwendung", also welche normativen Aussagen für eine bestimmte Entscheidungssituation bzw. Handlungsweise relevant
sind und berechtigterweise gelten. Obgleich begründungstheo-
retisch die normative Bewertung einer Handlung von der Rechtfertigung der dieser Bewertung zugrundeliegenden Normen zu unterscheiden ist, bestehen doch Zusammenhänge in der konsistenten
Beantwortung der beiden erkenntnistheoretischen Fragen: (1)
Wie funktioniert Normanwendung? Und (2) wie funktioniert
Normbegründung? Dabei ist zu beachten, dass „Anwendung" trotz
unterschiedlicher Bedeutungsweisen dieses Begriffs im ethischen
Kontext[28] allgemein „im Sinne konkreter sach- und situationsge-
rechter Beurteilung"[29] verstanden werden kann, um mithilfe von
„allgemeinen Prinzipien begründete (oder wenigstens nachvollziehbare), realisierbare und in ihrem Verbindlichkeitsanspruch
anerkannte Maßstäbe für die wirklichen Fälle des Handelns und
der Lebensführung zu gewinnen"[30].

134–138 sowie *Mieth, Dietmar*, Was wollen wir können? Ethik im Zeitalter der Biotechnik, Freiburg i.Br., Basel, Wien 2002, 324–343.

[26] Zur ethischen Relevanz von gesellschaftlichem Ethos s. *Kluxen, Wolfgang*, Ethik
und Ethos, in: Philosophisches Jahrbuch 73 (1965/66) 339–355, bes. 348–354 sowie
Korff, Norm und Sittlichkeit (s. Anm. 22), bes. 62–75.

[27] Diese Unterscheidung bedeutet nicht zwangsläufig, dass die Frage der politisch-ge-
sellschaftlichen Durchsetzbarkeit von Normen keine ethische sei. Die Position dazu,
ob es ethische Kompromisse geben kann oder nicht und wie die Frage der Mitwirkung in einer pluralistischen Gesellschaft zu beurteilen ist, hängt von vorab getroffenen Entscheidungen und einem bestimmten Ethikverständnis ab; s. auch *Demmer,
Klaus*, Der Anspruch der Toleranz. Zum Thema „Mitwirkung" in der pluralistischen
Gesellschaft, in: Gregorianum 63 (1982) 701–719.

[28] Vgl. hierzu *Hilpert*, Die Rolle der Theologie in der Ethik (s. Anm. 20), 229–235.

[29] *Hilpert*, Die Rolle der Theologie in der Ethik (s. Anm. 20), 229f.

[30] *Hilpert*, Die Rolle der Theologie in der Ethik (s. Anm. 20), 229. Ein solches An-
wendungsverständnis setzt jedoch voraus, dass es prinzipiell sinnvoll ist, Normen als
Regulative menschlichen Handelns anzunehmen. Damit ist aber noch nicht vorentschieden, wie das Verhältnis von Norm und Situation genauer zu verstehen ist.

1. Vorverständnis und Normanwendung

Für die Anwendung von Normen gilt ebenso das Erfordernis ihrer Rechtfertigung wie für den Geltungsanspruch von Normen. Von dieser begründungstheoretischen Leistung ist nochmals die epistemologische Funktion einer kontextsensiblen Normanwendung zu unterscheiden, obgleich beide nicht voneinander unabhängig sind[31]. Hierbei geht es nämlich um die Frage, wie überhaupt eine situationsangemessene Normanwendung möglich ist. Diese Differenzierung ist deshalb vonnöten, weil nur so grundsätzliche Verschiedenheiten im Erfassen von Situationen hervorgehoben werden können. Es macht nämlich einen Unterschied in der Annahme, ob intuitiv die ethisch relevanten Merkmale einer Situation wahrgenommen werden oder ob das „Wissen vom ethisch Angemessenen"[32] aus inferenzieller Erkenntnis[33] resultiert. Je nach dem, welches epistemologische Modell einer Theorie zugrunde liegt, variieren auch die Ansprüche und Möglichkeiten, welche Begründungsleistung eine ethische Theorie vollbringen kann. So können deduktive Ansätze zwar für sich in Anspruch nehmen, die für eine Situation relevanten Normen zu explizieren und durch rationale Überlegungen deren sittliche Legitimation etwa durch ein Universalisierungskalkül auszuweisen. Die Frage, wie ein solches Vorgehen diejenigen ethisch bedeutsamen Elemente der Situation erfassen kann, die für die Normierung bzw. Bewertung dieser entscheidend sind, bleibt jedoch unbeantwortet. Der Ausweis von Kontextsensibilität steht weiterhin aus. Solchen Ethikmodellen sind Ansätze eines ethischen Intuitionismus gegenüberzustellen.[34] Indem diese der Wahrnehmung die entscheidende ethische Erkenntnisfunktion zusprechen, die zugleich motivationalen Charakter für den Handelnden hat, messen sie der Kontextualität eine entscheidende Bedeutung bei. Allerdings muss sich der Anspruch der Situationsgerechtigkeit und Konkretheit der Anfrage stellen, ob es sich hierbei nur um rein subjektive Urteile ohne intersubjektive Geltung handelt bzw. wie sich der sittliche Anspruch dieser Situation überhaupt interindividuell begründen lässt.[35]

---

[31] Vgl. *Vieth, Andreas, Quante, Michael*, Wahrnehmung oder Rechtfertigung? Zum Verhältnis inferenzieller und nicht-inferenzieller Erkenntnis in der partikularistischen Ethik, in: Jahrbuch für Wissenschaft und Ethik 6 (2001) 203–234, bes. 203–205.

[32] *Vieth*, Situation versus Fall (s. Anm. 21), 167.

[33] Unter einer inferenziellen Erkenntnis ist ein Wissen zu verstehen, das „im weitesten Sinne durch diskursive Reflexion" (*Vieth, Quante*, Wahrnehmung oder Rechtfertigung? [s. Anm. 31], 204f.) erlangt wird.

[34] Vgl. *Vieth*, Situation versus Fall (s. Anm. 21), 168.

[35] Die in der gegenwärtigen Medizinethik geführte Debatte zwischen Vertretern des deduktivism, principlism und casuism zu der Frage, wie sich situationsangemessene

Die Einsicht in die Notwendigkeit konkreter Ethik und das Bemühen um Situationsgerechtigkeit sind für die Ethik und die Moraltheologie nicht neu. Mit der Lehre von den Handlungsumständen und dem Instrument der Billigkeit bzw. der Tugend der Epikie etwa wurde versucht, auch unter der Annahme objektiv gültiger Normen kontextsensible moralische Entscheidungen zu ermöglichen.[36] Darüber hinaus können die klassischen Moralsysteme als Versuche verstanden werden, um in aller Komplexitätsreduktion immer noch möglichst situationsgerecht Normen anwenden zu können.[37] Am Beispiel der moraltheologischen Grundlagendiskussion, die sich mit situationsethischen Ansätzen auseinander setzte,[38] soll das fundamentalethische Problem der kontextsensiblen Normierung verdeutlicht werden: Die Wahrnehmung einer zunehmenden Pluralisierung von Gesellschaft, Moral und Weltanschauung und damit verbunden der Zweifel an einer Wesenskonstanz des Menschen problematisieren die Ansicht, „sittliche Urteile und in der Folge verbindliche Normen als ‚objektiv gültige' anzuerkennen. Diese ‚gesellschaftliche Prämisse' fördert den *ethischen Subjektivismus* und stellt auf breiter gesellschaftlicher Ebene Systematisierungen, Verbindlichkeiten und Institutionalisierungen in Frage."[39] Mit dem Begriff der Situation wird die moralische Bedeutsamkeit des Augenblicks und der personalen sittlichen Entscheidung konzipiert, der sich gegenüber Bestimmungsversuchen mit ausschließlich normativen bzw. soziologischen allgemeinen Kategorien als gehaltvoller erweist.[40] Das situationsethische Anliegen versteht sich somit nicht nur abgrenzend im Sinne einer berechtigten Kritik an einer rein kasuistischen Deduktionsmoral,[41] sondern es betont auch die Notwendigkeit, situative und personale Erfahrungen für sittliche Entscheidungen und moralische Bewer-

---

und ethisch begründete Urteile erzeugen lassen, spiegelt das Problem der Normierung auf methodologischer Ebene wider, s. *Vieth, Andreas*, Intuition, Reflexion, Motivation. Zum Verhältnis von Situationswahrnehmung und Rechtfertigung in antiker und moderner Ethik, Freiburg i.Br., München 2004, bes. 27–62.

[36] Vgl. hierzu *Korff*, Kernenergie und Moraltheologie (s. Anm. 1), 29–40.

[37] S. *Demmer, Klaus*, Moraltheologische Methodenlehre, Freiburg i.Ue., Freiburg i.Br., Wien 1989, 137–139.

[38] Vgl. *Steinbüchel, Theodor*, Die philosophische Grundlegung der katholischen Sittenlehre 1 (Handbuch der katholischen Sittenlehre Bd. I/1), Düsseldorf [4]1951 (EA 1939), 237–257; *Böckle, Franz*, Bestrebungen in der Moraltheologie, in: *Johannes Feiner, Josef Trutsch, Franz Böckle* (Hrsg.), Fragen der Theologie heute, Einsiedeln, Zürich, Köln 1957, 425–446, bes. 428–430 sowie 443–445.

[39] *Reifenberg, Peter*, Situationsethik aus dem Glauben. Leben und Denken Ernst Michels (1889–1964), St. Ottilien 1992, 537f. (Hervorhebungen im Original).

[40] Vgl. *Reifenberg, Peter*, Art. Situationsethik, in: LThK[3] 9 (2000) 641–643, bes. 642.

[41] S. auch *Steinbüchel*, Philosophische Grundlegung (s. Anm. 38), 245f.

tungen adäquat zu berücksichtigen. In der Diskussion um die Situationsethik wird also um eine richtige Verhältnisbestimmung von Allgemeinem und Besonderem in ethischer Hinsicht gerungen.[42]

Mit Rudolf Hofmann lassen sich drei Typen von Situationsethik unterscheiden, die auf je unterschiedliche Weise das Zueinander von individueller Einzelentscheidung und allgemeinen Normen bestimmen:[43] (1) eine *extreme Situationsethik* (z. B. Ernst Grisebach), wonach ausschließlich die situativen Momente in einer Entscheidungssituation sittlich relevant sind. „Jeder Versuch einer ethischen Erklärung aus allgemeinen Normen […] wird als Verfälschung der tatsächlichen persönlichen Entscheidungslage betrachtet.“[44] (2) Eine andere situationsethische Denkrichtung (z. B. Ernst Michel) geht zwar von der grundsätzlichen Annahme einer allgemeinen sittlichen Wesensordnung aus. Sie lässt aber die Möglichkeit offen, dass es *unter Umständen* aufgrund spezifischer persönlicher und situativer Bedingungen sittlich geboten ist, gegen objektive Normen zu handeln. (3) In einer dritten Spielart, die vor allem in der katholischen Moraltheologie vertreten wurde (z. B. Theodor Steinbüchel, Josef Fuchs, Richard Egenter, Franz Böckle, ebenso Karl Rahner), bleibt eine allgemeingültige sittliche Ordnung unbedingt gültig. Ihre Übertretung kann auch nicht durch besondere Situationen sittlich gerechtfertigt werden. Da dies ausnahmslos für Verbotsnormen gilt, ist die konkrete Situation in ihrer Eigenqualität und ihren spezifischen ethisch relevanten Bestimmungsfaktoren jedoch durch einen alleinigen Rekurs auf allgemeine Normen sittlich unterbestimmt. Die sittliche Forderung einer Situation ergibt sich demnach „aus Allgemeinem und Besonderem“[45], wobei das Situative nicht als nachrangig und akzidentiell gegenüber einer objektiven Sollensforderung allgemeiner Normen missverstanden werden darf. *Objektiv-allgemeingültige und subjektiv-situative Sollensforderungen* sind in diesem situationsethischem Ansatz konstitutiv *aufeinander bezogen* und schließen einander nicht aus – auch nicht in Ausnahmefällen.

Die situationsethische Diskussion zeigt, dass die Antworten auf das Problem, ob bestimmte Erfahrungen berechtigterweise allgemeingültige und universale Normen in Frage stellen können, sehr unterschiedlich ausfallen. Das hängt zum einen vom zugrunde liegenden Normverständnis und dem dahinter liegenden Wirklich-

---

[42] S. *Reifenberg*, Situationsethik aus dem Glauben (s. Anm. 39), 538 sowie 560–565.

[43] Vgl. *Hofmann, Rudolf*, Moraltheologische Erkenntnis- und Methodenlehre (Handbuch der Moraltheologie Bd. VII), München 1963, 209–211.

[44] *Hofmann*, Moraltheologische Erkenntnis- und Methodenlehre (s. Anm. 43), 210.

[45] *Steinbüchel*, Philosophische Grundlegung (s. Anm. 38), 253.

keitskonzept ab sowie zum anderen von der grundsätzlichen Position, ob eine sittliche Entscheidungslage als Fall (casus) oder als Situation zu verstehen ist.[46] Damit verbunden ist auch das Urteil darüber, ob die ethisch relevanten Merkmale einer Entscheidungslage inferenziell und subsumtiv bzw. analog erkannt oder nicht-inferenziell und intuitiv erfasst werden. Das Thema der Normanwendung ist also unabdingbar mit einer zugrunde liegenden ethischen Erkenntnistheorie verknüpft, die ihrerseits ihre impliziten Wirklichkeitsannahmen ausweisen muss, um dem Anspruch argumentativer Transparenz Genüge leisten zu können. Die Einsicht, dass metaethische Voraussetzungen eine Positionierung innerhalb der Diskussion um die Situationsethik beeinflussen, ist als ein Ergebnis der funktionalen Analyse von Normierungsprozessen festzuhalten.

Im Falle eines akzeptierten Regelungsbedarfs ist bereits vorentschieden, dass Normen für eine spezifische Handlungsweise gefunden und in adäquate sprachliche Formulierungen, also in normative Sätze, gegossen werden sollen. Dabei ist zu klären, wie die zu normierende Handlungsweise so erfasst werden kann, dass die relevanten ethischen Merkmale darin zur Geltung kommen. Obgleich die Notwendigkeit eines Erfahrungsbezugs auf der Hand liegt, wird die Bestimmung des Wechselverhältnisses von Normbegründung und Situationserfahrung[47] bedeutsam, wenn etwa die fundamentale und unbedingte limitierende Funktion bestimmter Normen angenommen wird. Dann könnten nämlich unter Umständen konkrete Situationserfahrungen bzw. Aspekte davon, die mit einem subjektiven sittlichen Geltungsanspruch einhergehen, dennoch nicht als objektiv sittlich gerechtfertigt gelten. In der Terminologie Bruno Schüllers führte ein unmittelbarer Rekurs auf Erfahrungen in einem solchen Fall zu sittlich falschen Urteilen.[48] Es wird also ersichtlich, dass ein bestimmtes Vorverständnis bereits beinhalten kann, ob Erfahrungen möglich sind, die in berechtigter Weise bestimmte Normen in Frage stellen und damit ein bestehendes moralisches Bewusstsein irritieren dürfen. Das heißt, dass in solchen grundsätzlichen Vorverständnissen der Möglichkeitsraum sittlich richtiger Erfahrungen als moralischer Erkenntnisquelle – sei es explizit oder implizit –

---

[46] Während die Situation als „tatsächliche Lage in ihrer konkreten persönlichen Bestimmtheit und existenziellen Einmaligkeit" verstanden wird, wird diese Lage mit dem Begriff Fall (casus) „von vornherein als Schnittpunkt, als Ergebnis allgemeiner Normen" definiert (*Hofmann*, Moraltheologische Erkenntnis- und Methodenlehre [s. Anm. 43], 202).

[47] S. *Reifenberg*, Art. Situationsethik (s. Anm. 40), 642.

[48] S. *Schüller*, Begründung sittlicher Urteile (s. Anm. 17), 133–141.

festgelegt ist.[49] Für die theologisch-ethische Reflexion stellt sich hier die Frage, wie sie ihren Möglichkeitsraum sittlich legitimierter Erfahrung, also ihre sittliche Erfahrungsoffenheit, bestimmt und welche Erfahrungen für sie als Lernerfahrungen akzeptabel sind. Wie irritierbar darf und kann die theologisch-ethische Reflexion und mit ihr auch das moralische Bewusstsein sein? Dabei wird nicht angetastet, dass sittlich errungene Substanz nicht preisgegeben werden darf, insofern es sich um einen unhintergehbaren sittlichen Einsichtsstand handelt. Vielmehr geht es um die Frage, ob die Beschäftigung mit neuartigen Handlungs- und Erfahrungsfeldern zu neuen sittlichen Einsichten führen kann bzw. darf und ob unter Umständen vor diesem veränderten Erfahrungshintergrund normative Sätze gewisser Modifikationen bedürfen, um den eigentlichen sittlichen Gehalt von Normen besser artikulieren zu können. Die Beschäftigung mit der Angewandten Ethik fordert die theologische Ethik also zur Selbstbesinnung heraus, inwieweit ihre fundamentalethischen Voraussetzungen sittliche Lernfähigkeit unterstützen oder beeinträchtigen.

2. Vorverständnis und Normbegründung

Die Bestimmung eines Möglichkeitsraums für sittlich richtige Erfahrungen steht in Zusammenhang mit der Frage nach der Rechtfertigung sittlicher Urteile. Denn die Annahme unbedingt limitierender Normen muss entsprechend dem Selbstverständnis theologischer Ethik eigens ausgewiesen werden. Die Interdependenz von Situationserfahrung und Normbegründung ist gerade für bereichsspezifische Ethiken konstitutiv, weil es sich im Feld der Angewandten Ethik immer um gemischte normative Urteile handelt. Mit Schüller lassen sich normative Aussagen für konkrete Handlungsfelder und normative Urteile von bestimmten Handlungen als „gemischt" verstehen.[50] Diese sind Imperative, die sich aus zwei verschiedenen Urteilsarten zusammensetzen: aus einem sittlichen Werturteil, einer moralischen Einsicht, einerseits und einer empirischen Einsicht, einem Tatsachenurteil, andererseits.[51] „Durch sittliche Einsicht bestim-

---

[49] Den Überlegungen liegt ein aktiver Erfahrungsbegriff im Unterschied zu einem passiv-rezeptiven Widerfahrnis zugrunde, der bereits reflexive Deutungsprozesse impliziert; s. auch *Mieth, Dietmar*, Moral und Erfahrung I. Grundlagen einer theologisch-ethischen Hermeneutik, Freiburg [4]1999, 142–145 sowie *Mieth, Dietmar*, Erfahrung als Quelle einer Tugendethik – bezogen auf das ärztlich-therapeutische Handeln, in: Moraltheologisches Jahrbuch 1 (1989), 175–201, bes. 177–183.

[50] S. *Schüller*, Begründung sittlicher Urteile (s. Anm. 17), 306–320.

[51] Vgl. *Schüller*, Begründung sittlicher Urteile (s. Anm. 17), 313–315.

men wir, welche Ziele wir uns setzen *sollen.* Durch empirische Einsichten haben wir Kenntnis von den Mitteln und Wegen, die uns die Erreichung der gesollten Ziele *ermöglichen.*[52] Diese Unterscheidung ist für Normierungen unabdingbar, weil sie die verschiedenen Kompetenzbereiche bewusst macht: Empirische Einsichten liegen im Bereich der empirischen Wissenschaften und können nicht durch das spezifische Instrumentarium normativer Ethik gewonnen, bestätigt oder widerlegt werden. Moralische Werturteile dagegen können nicht mit den Methoden empirischer Wissenschaften gefällt werden.

a) Tatsachenurteile

Es hat den Anschein, dass aufgrund der genannten Unterscheidung innerhalb gemischter Normen die eigentliche Problematik in der ethischen Urteilsfindung (auch in bioethischen Diskussionen) der normativen Dimension des sittlichen Werturteils zuzuschreiben ist.[53] Allerdings erweist sich eine solche Dichotomie nur auf den ersten Blick als klar. Denn bereits der naturwissenschaftliche Zugriff auf empirische Daten geschieht innerhalb eines theoriegeleiteten Deutungsrahmens.[54] Ein Rekurs auf objektive Sachverhalte im Sinne eines Dings an sich ist nicht möglich. „Statt der häufig behaupteten klaren Trennung zwischen empirischen Sätzen der Biologie und methodologischen Sätzen der Wissenschaftsphilosophie" lässt sich „ein Kontinuum von wissenschaftlichen Forschungsprogrammen und spekulativer Metaphysik" belegen, worauf der Naturphilosoph Kristian Köchy aufmerksam macht.[55]

„Allgemeine naturphilosophische Überlegungen gehen in fachwissenschaftliche Theorien und Praxen über und verbinden sich mit konkreten empirischen Befunden an speziellen Modellorganismen. Sowohl fachwissenschaftliche als auch naturphilosophische Konzepte sind nicht nur untereinander, sondern vor allem auch mit bestimmten Beobachtungen und Experimenten verzahnt."[56]

Damit sind empirische Daten immer als kontextgebunden anzusehen.[57] Die Komplexitätsreduktion von Wirklichkeit durch naturwis-

---

[52] *Schüller*, Begründung sittlicher Urteile (s. Anm. 17), 313.

[53] So etwa *Tugendhat, Ernst*, Über normative Begründungen in der Bioethik, in: *Brand, Engels, Ferrari, Kovács*, Wie funktioniert Bioethik? (s. Anm. 7), 143–151, 143.

[54] Vgl. *Köchy, Kristian*, Wie beeinflussen naturwissenschaftliche Fakten moralische Vorstellungen?, in: *Brand, Engels, Ferrari, Kovács*, Wie funktioniert Bioethik? (s. Anm. 7), 189–206, 193.

[55] *Köchy, Kristian*, Biologie ohne Philosophie? Zur naturphilosophischen Dimension der Debatte um Differenzierungsgrad und Potenzialität von Stammzellen und Klonen, in: Biospektrum 11 (2005) 50–52, 52.

[56] *Köchy*, Biologie ohne Philosophie? (s. Anm. 55), 52.

[57] Vgl. auch *Köchy, Kristian*, Philosophische Grundlagenreflexion in der Bioethik, in:

senschaftliche Beobachtungs- und Erklärungsvorgänge steht immer in einem Interpretationsrahmen und einem Denkstil,[58] innerhalb dessen auch das wissenschaftliche Wahrnehmen geschult wird[59]. In diesem Sinne ist bereits „die naturwissenschaftliche Faktenlage selbst als hochgradig paradigmenrelativ"[60] einzuschätzen. Zudem ist zu beachten, dass hierbei auch pragmatische Interessen nicht unterschätzt werden dürfen.[61] Ein reiner Rückgriff auf empirische Fakten erscheint vor diesem Hintergrund als naiv. Vielmehr ist die erfahrungswissenschaftliche Kontextualität in concreto hermeneutisch in der angewandt-ethischen Reflexion zu berücksichtigen.

Schließlich ist, wenn es z. B. um Fragen der embryonalen Stammzellforschung geht, noch eine weitere Interpretationsleistung zu bemühen: Wie sind die naturwissenschaftlichen ‚Fakten' zu deuten? Empirische Wissenschaften können aus sich heraus nicht klären, ob ein Embryo als Person anzusehen ist oder nicht. „Die Entscheidung hierüber ist eine hermeneutische Frage, eine Frage der Deutung und des Verstehens"[62], wie Stephan Ernst betont. Dabei bleibt die Deutung an ein zugrunde liegendes Wirklichkeitsverständnis rückgebunden, das die Interpretationsmöglichkeiten der Datenlage einschränkt. Ein Diskurs über ein angemessenes Verständnis des Menschen und der Welt fällt jedoch nicht in den Bereich der empirischen Wissenschaften, weil sich damit vielmehr die Frage nach den leitenden Sinnvorstellungen einer Gesellschaft verbindet.[63] Hinsichtlich von Tatsachenurteilen in der biomedizinischen Ethik und einer ethischen Bezugnahme darauf gilt also, dass sie „von *phi-*

---

*Hans-Martin Sass, Herbert Viefhues, Michael Zenz (*Hrsg.), Medizinethische Materialien Bd. 135, Bonn 2002. Ebenso *Mitchell, Sandra,* Komplexitäten. Warum wir erst anfangen die Welt zu verstehen, Frankfurt a.M. 2008, 14, 134, 147 sowie 152.

[58] S. hierzu die wissenschaftssoziologischen Ausführungen von *Fleck, Ludwik,* Entstehung und Entwicklung einer wissenschaftlichen Tatsache. Einführung in die Lehre vom Denkstil und Denkkollektiv, Frankfurt a.M. 1980 (EA 1935), die auch großen Einfluss haben auf *Kuhn, Thomas S.,* Die Struktur wissenschaftlicher Revolution, Frankfurt a.M. [20]2007.

[59] Vgl. *Fleck, Ludwik,* Über die wissenschaftliche Beobachtung und die Wahrnehmung im allgemeinen, in: *ders.,* Erfahrung und Tatsache. Gesammelte Aufsätze, Frankfurt a.M. 1983, 59–83 (Originalbeitrag 1935).

[60] *Köchy, Kristian,* Wie beeinflussen naturwissenschaftliche Fakten moralische Vorstellungen? (s. Anm. 54), 201.

[61] S. *Mitchell,* Komplexitäten (s. Anm. 57), 25 und 148–150.

[62] *Ernst, Stephan,* Stammzellenforschung und Embryonenschutz. Überlegungen zur angemessenen Diskursebene aus theologisch-ethischer Sicht, in: Stimmen der Zeit 219 (2001) 579–590, 587.

[63] Vgl. *Ernst, Stephan,* Vergegenständlichung des Menschen? Anfragen der theologischen Ethik angesichts der Macht der Biotechnologie, in: *Bernhard Nacke, ders.* (Hrsg.), Das Ungeteiltsein des Menschen. Stammzellforschung und Präimplantationsdiagnostik, Mainz 2002, 163–168, 165f.

losophisch-anthropologischen Vorentscheidungen über das Wesen des Menschen"[64] abhängen.

b) Werturteile

Die andere Komponente sittlich gemischter Urteile, die Werteinsicht, bezieht sich auf eine zugrunde liegende Axiologie. Die theologische Ethik differenziert formal gesehen zwischen sittlichen und nicht-sittlichen Werten[65] und berücksichtigt dabei die anthropologische Zuschreibung von Verantwortungsfähigkeit. Ist etwas Gutes oder Schlechtes ausschließlich der freien Verantwortlichkeit einer Person zuzurechnen, dann handelt es sich um einen sittlichen Wert. „Gegenstand einer rein sittlichen Wertung sind also nur: der Akt der freien Selbstbestimmung selbst und die damit gesetzte freie Befindlichkeit des Menschen, seine frei angenommene Gesinnung sowie alle daraus frei entspringenden Handlungen und Unterlassungen."[66] Von einem nicht-sittlichen Wert dagegen ist die Rede, wenn Gutes oder Schlechtes noch von anderen, nicht völlig kontrollierbaren Faktoren abhängt. Insofern der Mensch sich frei zu sittlichen und nicht-sittlichen Werten verhalten kann, kann sich die sittliche Güte einer Person auch in seinem Umgang mit nicht-sittlichen Werten erweisen. Entsprechend der Vorzugsregel, dass „im Konkurrenzfall der sittliche Wert vor jedem denkbaren nicht-sittlichen Wert den Vorrang beansprucht"[67], ist mit der Annahme sittlicher Werte eine normative Grenze bestimmt, die im Handeln nicht überschritten werden darf. Würde man gegen diese Prämisse verstoßen, geriete man in einen praktischen Selbstwiderspruch. Denn man sähe es als sittlich geboten an, das sittlich Schlechte zu tun, wenn man einen nicht-sittlichen Wert einem sittlichen Wert vorzöge.[68] Diese Vorentscheidung für das sittlich Gute kann auch als sittlich gute Gesinnung bezeichnet und als grundlegende Bereitschaft, einen moralischen Standpunkt einzunehmen, gedeutet werden, indem man andere Personen und sich selbst in ihrer Selbstzwecklichkeit und Würde achtet. Einen ethischen Egoismus, der ausschließlich auf das Eigeninteresse abzielte, würde man als moralisches Prinzip allein schon deshalb ablehnen

---

[64] *Engels, Eve-Marie,* Was und wo ist ein „naturalistischer Fehlschluss"? Zur Definition und Identifikation eines Schreckgespenstes der Ethik, in: *Brand, dies., Ferrari, Kovács,* Wie funktioniert Bioethik? (s. Anm. 7), 125–141, 137.

[65] Vgl. hierzu *Weiß,* Sittlicher Wert und nichtsittliche Wert (s. Anm. 3).

[66] *Schüller,* Begründung sittlicher Urteile (s. Anm. 17), 74; vgl. *Weiß,* Sittlicher Wert und nichtsittliche Wert (s. Anm. 3), 336.

[67] *Schüller,* Begründung sittlicher Urteile (s. Anm. 17), 77.

[68] S. *Schüller,* Begründung sittlicher Urteile (s. Anm. 17), 77.

müssen, weil er das mit dem moralischen Anspruch verbundene Merkmal der Unparteilichkeit nicht erfüllt.[69]

c) Deontologische und teleologische Argumentationstypen

Für die Begründung sittlicher Urteile ist die Unterscheidung zwischen sittlichen und nicht-sittlichen Werten zwar relevant. Sie liefert jedoch kein entscheidendes Kriterium für eine weitere Differenzierung zwischen den in der Moraltheologie vorherrschenden Begründungsansätzen; dieses Kriterium ist vielmehr im Urteilskriterium selbst zu verorten.[70] Insofern es sich bei Normierungsfragen im Bereich der Angewandten Ethik um gemischte Normen handelt, stellt sich also die Frage nach ihrer Begründung. Während es im Blick auf die gute Gesinnung des Urteilenden bzw. Handelnden um das sittlich Gute geht, bezeichnet die sittliche Richtigkeit die richtige Einsicht in die jeweils relevanten nicht-sittlichen Sachverhalte, also die nicht-sittlichen Güter und ihre richtige Abwägung. Eine Norm ist „sittlich richtig oder sittlich falsch zu nennen, je nachdem ob darin der jeweils bedeutsame nicht-sittliche Sachverhalt richtig oder falsch beurteilt wird"[71]. In aller Differenzierung kann man für die Begründung sittlicher Urteile in der theologischen Ethik zwei grundsätzlich verschiedene Argumentationstypen ausmachen: einen teleologischen und einen deontologischen. Demnach lassen sich als Kriterien für sittliche Richtigkeit entweder nur die Folgen benennen (teleologische Begründungsfigur) oder neben den Folgen auch ein anderes Merkmal (deontologische Begründungsfigur).[72] Innerhalb der katholischen Moraltheologie ist die Auseinandersetzung darüber, welche Begründungsfiguren überzeugend sind, nicht definitiv entschieden. Neben Vertretern teleologischer Theorien lassen sich auch deontologische Positionen finden. Ob es sich zwischen beiden Argumentationstypen aber um einen unüberbückbaren Gegensatz handelt oder ob sie nicht doch in eine einheitliche Begründungsfigur integriert werden können, ist noch nicht ausdiskutiert.[73] Der Anspruch einer einheitlichen Be-

---

[69] Vgl. *Frankena, William*, Analytische Ethik. Eine Einführung, München 1972, 37–40 sowie *Weiß*, Sittlicher Wert und nichtsittliche Wert (s. Anm. 3), 336f.

[70] Vgl. *Weiß*, Sittlicher Wert und nichtsittliche Wert (s. Anm. 3), 336–345.

[71] *Schüller*, Begründung sittlicher Urteile (s. Anm. 17), 136.

[72] Zu verschiedenen Klassifikationen s. *Weiß*, Sittlicher Wert und nichtsittliche Wert (s. Anm. 3), 38–47.

[73] So fragt Stephan Ernst zum Beispiel, „ob nicht auch deontisch geltende Normen teleologische begründet sein können" (*Ernst, Stephan*, Zwischen Prinzipienmoral und Situationsethik. Konfessionelle Unterschiede in der christlichen Bewertung aktueller bioethischer Fragen?, in: *Hilpert, Mieth*, Kriterien biomedizinischer Ethik (s. Anm. 9) 313–336, 336).

gründungsfigur hängt nämlich auch davon ab, ob man eine konsistente ethische Rechtfertigung universalistisch oder partikularistisch konzipiert.[74] Wie verschiedentlich innerhalb der Moraltheologie betont, unterscheiden sich deontologische Theorien von teleologischen u. a. darin, dass sie Handlungen identifizieren, die als in sich schlecht (intrinsece malum) gelten.[75] Ihre sittliche Qualität bestimmt sich allein durch ihre innere Struktur ungeachtet aller Folgen und Umstände. Kritiker, insbesondere Vertreter eines teleologischen Argumentationstyps, monieren die fehlende Argumentativität bei der Behauptung solcher in sich schlechten Handlungen, wenn sie deontologisch erfolge. Denn entweder handle es sich um sprachlich tautologische Urteile oder es werde eben doch unausgewiesen Bezug auf bestimmte Güter genommen, so dass begründungslogisch eigentlich eine teleologische Figur vorliege.[76] Außerdem müsse ein argumentativer Rückgriff auf eine diese in sich schlechten Handlungen fundierende Anthropologie bzw. einen spezifischen Naturbegriff die eigenen Voraussetzungen plausibilisieren können, wenn solche Normierungen nicht „schlicht als Setzung"[77] erscheinen wollen. Während deontologische Begründungsmodelle also explizit Grenzen und Fälle bestimmen, die in Entscheidungslagen eine Güterabwägung bzw. Folgenabschätzung sittlich verbieten und damit methodologisch den Möglichkeitsraum sittlich richtiger Erfahrung limitieren, müssen sie mit Handlungstypen operieren. Diese werden durch bestimmte Merkmale als ethisch hinreichend festgelegt angesehen, so dass keine weiteren situativen Merkmale das sittliche Urteil in irgendeiner Weise zulässig verändern können; es sei denn durch die Einführung von Gründen, die den „Ausnahmefall" als nicht der in sich verbotenen Handlungsklasse subsumierbar ausweisen.[78] Eine in sich schlechte

[74] Vgl. *Düwell, Marcus*, Angewandte oder Bereichsspezifische Ethik: Einleitung, in: *ders., Hübenthal, Werner*, Handbuch Ethik (s. Anm. 8), 243–247, hier: 245f.; *Quante, Vieth*, Angewandte Ethik oder Ethik in Anwendung? (s. Anm. 8), bes. 17 und 24f. sowie *Düwell, Marcus*, Zur kulturellen Situation der Ethik oder: Über das Elend des Kohärentismus, in: *Jean-Pierre Wils* (Hrsg.), Die kulturelle Form der Ethik. Der Konflikt zwischen Universalismus und Partikularismus, Freiburg i.Ue. 2004, 55–69.
[75] Vgl. *Schockenhoff, Eberhard*, Grundlegung der Ethik. Ein theologischer Entwurf, Freiburg i.Br., Basel, Wien 2007, 397f.
[76] S. hierzu *Autiero*, Zwischen Glaube und Vernunft (s. Anm. 2), 40–42 sowie *Schüller*, Begründung sittlicher Urteile (s. Anm. 17) sowie *Wolbert, Werner*, Die in sich schlechten Handlungen und die Menschenwürde. Zu E. Schockenhoff: Naturrecht und Menschenwürde, in: Theologie und Glaube 87 (1997) 563–589.
[77] *Autiero*, Zwischen Glaube und Vernunft (s. Anm. 2), 41.
[78] Das Prinzip der Handlung mit Doppelwirkung findet in der moraltheologischen Tradition dann Anwendung, wenn eine indirekte Handlung deontologisch untersagt

Handlung ist damit einerseits strukturparallel zum Fall, zum casus, zu verstehen. Denn sie ist in dieser Hinsicht abstrakt und ihr konkreter Vollzug erlaubt der Theorie zufolge keine andere sittliche Bewertung. Andererseits können Fälle durch die Berücksichtigung von Handlungsumständen im Sinne der Kontextsensibilität weiter spezifiziert und situativ angepasst werden, während sich das für die in sich schlechten Handlungen aufgrund der begründungstheoretischen Bezugnahme auf die Handlungsstruktur verbietet. Wenn jedoch gilt, dass Normierungen und sittliche Bewertungen durch Vorverständnisse beeinflusst sind, bedarf es hermeneutischer Bemühungen, um den ethischen Gehalt der Figur einer in sich schlechten Handlung zu verstehen.[79] Denn sie

> „entstammt einer Denkstruktur, welche die metaphysische Begründung der sittlichen Wahrheit ohne zwischengeschaltete hermeneutische Absicherung in konkrete Inhalte umzusetzen sucht und den gleichen Prozeß auf die Bestimmung der Handlungsstrukturen im Sinne einer Metaphysik der Handlung ausweitet"[80].

Eine solche hermeneutische Absicherung, die mit einem „säkularen Menschenrechtsethos und einer autonomen Vernunftmoral der Gegenwart"[81] kompatibel ist, schlägt Eberhard Schockenhoff vor. Mit Rekurs auf die naturrechtliche Denktradition und unter Zurückweisung einer dualistischen Sichtweise des Menschen zugunsten eines ganzheitlichen Menschenbildes[82] möchte er „die unhintergehbaren Möglichkeitsbedingungen sittlicher Selbstbestim-

---

ist, aber Ausnahmen unter Wahrung begründungslogischer Konsistenz ermöglicht werden sollen; s. *Weiß*, Sittlicher Wert und nichtsittlicher Wert (s. Anm. 3), 79.

[79] Vgl. *Demmer, Klaus*, Deuten und handeln. Grundlagen und Grundfragen der Fundamentalmoral, Freiburg i.U., Freiburg i.Br., Wien 1985, 175–181 sowie *Demmer, Klaus*, Natur und Person. Brennpunkte gegenwärtiger moraltheologischer Auseinandersetzung, in: *Bernhard Fraling* (Hrsg.), Natur im ethischen Argument, Freiburg i.U., Freiburg i.Br., Wien 1990, 55–86, bes. 64–70.

[80] *Demmer*, Deuten und handeln (s. Anm. 79), 181.

[81] *Schockenhoff, Eberhard*, Stärken und innere Grenzen. Wie leistungsfähig sind naturrechtliche Ansätze in der Ethik?, in: Herder Korrespondenz 65 (2008) 236–241, 240.

[82] S. *Schockenhoff, Eberhard*, Zwischen Wissenschaft und Kirchlichkeit? (s. Anm. 4), 598f. Für Schockenhoff ist eine Handlungstheorie leitend, derzufolge „sich die Bedeutung einer Handlung nur erfassen lässt, wenn sie nicht auf eine physikalische Begebenheit reduziert, sondern aus dem Lebenszusammenhang der handelnden Person heraus interpretiert und als Bestandteil ihrer Lebensführung verstanden wird. Insofern eine Handlung im Vollsinn immer als Selbstvollzug der Person gegeben ist, stellt sie die Verleiblichung ihrer inneren Einstellungen, Überzeugungen oder Absichten in der gemeinsamen Welt dar. Deshalb erfordert ein angemessenes Verständnis menschlichen Handelns eine Metaphysik der Person in ihrer leib-seelischen Einheit, die deren reflexive Selbstgegebenheit in den geistigen Akten ihres Wollens, Urteilens und Sich-Entschließens ontologisch erhellt" (*Schockenhoff, Eberhard*, Theologie der Freiheit, Freiburg i.Br., Basel, Wien 2007, 87).

mung zur Geltung"[83] bringen. Im Sinne einer „Grenzklausel"[84] sollen die Minimalbedingungen bestimmt werden, um die Fähigkeit des Menschen, frei zu handeln und in Eigenverantwortung sein Leben zu gestalten, zu schützen. Schockenhoff argumentiert also auf zwei Ebenen. Im normativen Begriff der Menschenwürde geht es zum einen um die Selbstzwecklichkeit des Menschen selbst und um die Wahrung dieser Minimalbedingungen für eine humane Lebensgestaltung. Der Menschenwürdebegriff kann dann auf einer zweiten Ebene durch „die Einsicht in anthropologische Sinnzusammenhänge"[85] zu einer „Maximaldefinition"[86] angereichert werden. Eine solche – man könnte fast sagen: hermeneutisch-anthropologische – Naturrechtslehre zeichnet sich durch eine Integration humanwissenschaftlicher Einsichten in die moraltheologische Reflexion aus, um den Menschen als endlich freies Wesen in seiner anthropologischen Grundverfassung ernst zu nehmen und angemessen ethisch zu berücksichtigen.[87] Damit der allgemeine Geltungsanspruch eines solchen Naturrechts nicht desavouiert wird, darf dieses nur ein „material bescheidenes" sein, „das sich auf die unerlässlichen Mindestvoraussetzungen des Menschseins beschränkt" und gleichzeitig kultureller und biografischer Kontextualität Rechnung trägt.[88] Eine „Rücknahme des Geltungsbereiches, in dem die Kategorie des *intrinsece malum* Anwendung finden kann"[89], ist eine Konsequenz daraus.

Im Rahmen einer teleologischen Konzeption ließe sich die Argumentationslogik dieser zweistufigen Naturrechtslehre in nuce so rekonstruieren, dass bestimmte nicht-sittliche Güter derart mit dem sittlichen Wert verbunden sind, dass sie anthropologisch begründet gleichsam an dessen unbedingtem sittlichem Anspruch partizipieren. Wenn man also nicht-sittliche Werte von Abwägungsprozessen ausnimmt, dann nur deshalb, weil ein vorgängiger Abwägungsprozess darüber stattgefunden hat, weshalb ein solches Verbot sittlich gefordert ist, um einen sittlichen Wert zu schützen. In diesem Sinne könnte

[83] *Schockenhoff*, Zwischen Wissenschaft und Kirchlichkeit? (s. Anm. 4), 592; vgl. *Schockenhoff, Eberhard*, Naturrecht und Menschenwürde. Universale Ethik in einer geschichtlichen Welt, Mainz 1996, 209f.
[84] *Schockenhoff*, Stärken und innere Grenzen (s. Anm. 81), 240.
[85] *Schockenhoff*, Naturrecht und Menschenwürde (s. Anm. 83), 231.
[86] *Schockenhoff*, Stärken und innere Grenzen (s. Anm. 81), 240.
[87] Damit steht zugleich ein Instrumentarium bereit, um solchen Relativierungen, die anthropologische Grundverfassungen in ihrer naturalen Fundiertheit als reine Konstruktionen völlig verflüssigen möchten, argumentativ zu begegnen.
[88] *Schockenhoff*, Stärken und innere Grenzen (s. Anm. 81), 241.
[89] *Schockenhoff*, Zwischen Wissenschaft und Kirchlichkeit? (s. Anm. 4), 597 (Hervorhebung im Original).

man die Figur einer in sich schlechten Handlung auch als Abbreviatur solcher vorgängiger Überlegungen verstehen.[90] Allerdings, so warnt Demmer, bleibt die „Gefahr zu übersehen, daß das ‚in sich' die Gerinnungsform eines vorlaufenden Abwägungsprozesses ist"[91]. Wenn Schockenhoff eine „anthropologische Kritik an dem latenten Dualismus der teleologischen Ethik"[92] formuliert, dann wird der Zusammenhang zwischen anthropologischen Prämissen und normativen Begründungsstrategien deutlich. Die Einsicht in die praktische „Unmöglichkeit, einen intersubjektiv verbindlichen Konsens über die Bedeutung, Maßgeblichkeit und unterschiedliche Ranghöhe aller vor-sittlichen Lebensgüter zu erzielen"[93], im Kontext des Pluralismus ist u. a. ein Kritikpunkt Schockenhoffs am universalen Anspruch einer teleologischen Ethik. Wenn man jedoch zwischen einer teleologischen Reflexion auf faktische Güterordnungen und einer Reflexion, die auch in sittlich-anthropologischer Hinsicht auf Güter ausgerichtet ist, differenziert, scheint – unter bestimmten Prämissen – eine unüberbrückbare Differenz zwischen deontologischen und teleologischen Ansätzen auf der vordergründigen Ebene der Argumentationsstruktur nicht zwingend zu bestehen. Denn vor dem Hintergrund eines entsprechenden hermeneutischen Vorverständnisses lassen sich komplementäre Begründungsansätze in der Ethik durchaus vertreten. Allerdings stellt sich dann die Aufgabe, das eigene hermeneutische Vorverständnis zu plausibilisieren.

d) Ein Zwischenfazit

Die metaethischen Ausführungen zur Normbegründung haben gezeigt, dass Argumentationsstrategien in der Ethik durch anthropologische, metaphilosophische und metaethische Vorverständnisse, die oft unbewusst aus bestimmten Überzeugungen resultieren, beeinflusst werden.[94] Diese betreffen sowohl die normativen Begründungsstrategien als auch die ethisch relevanten empirischen Erkenntnisse. Damit verringert sich einerseits die Kluft zwischen Normativität und Empirie; andererseits erweist sich eine direkte

---

[90] Vgl. *Hilpert, Konrad*, Glanz der Wahrheit: Licht und Schatten. Eine Analyse der neuen Moralenzyklika, in: Herder Korrespondenz 47 (1993) 623–630, bes. 626f.

[91] *Demmer*, Deuten und handeln (s. Anm. 79), 181f.

[92] *Schockenhoff*, Zwischen Wissenschaft und Kirchlichkeit? (s. Anm. 4), 599.

[93] *Schockenhoff*, Zwischen Wissenschaft und Kirchlichkeit? (s. Anm. 4), 612.

[94] In diesem Sinne lassen sich die metaethischen Reflexionen auch als hermeneutische Anstrengung verstehen, „den Ursachen auftauchender Unterschiede auf den Grund zu kommen" (*Demmer, Klaus*, Fundamentale Theologie des Ethischen, Freiburg i.Ue., Freiburg i.Br., Wien 1999, 31).

und unmittelbare Bezugnahme auf empirische Daten als gemeinsame Grundlage im ethischen Diskurs aufgrund der hermeneutischen Mittelbarkeit als problematisch.

Die analytische Unterscheidung einer gemischten Norm in einen normativen und einen empirischen Anteil erweist sich trotz ihrer prinzipiellen Sinnhaftigkeit vor dem Hintergrund dieser hermeneutischen Reflexionen als nicht erschöpfend. Denn sie markiert nicht die verschiedenen Ansatzpunkte, in denen Vorverständnisse das ethische Urteil mitbestimmen. Zur normativen Beurteilung bedarf es einer kritisch-reflektierten Zuordnung von Werturteil und Tatsachenurteil. Der Gegenstand des Tatsachenurteils muss unter die im Werturteil bestimmte Handlungskategorie subsumiert werden können, damit der Gegenstand des Tatsachenurteils berechtigterweise mit der moralischen Einsicht verbunden werden kann. Die Bestimmung einer gemischten Norm ergibt sich aus der erfolgten Zuordnung von Werteinsicht und Sacheinsicht. Analog gilt für die normative Beurteilung einer bestimmten Handlung, dass diese überhaupt in den Gegenstandsbereich einer bestimmten Norm, sei sie gemischt oder rein, fallen kann. Wenn nun allerdings Vorverständnisse, die zumindest schwach normative Implikate haben, bereits das Tatsachenurteil beeinflussen und die Deutung empirischer Einsichten die Zuordnung zu einer bestimmten Norm überhaupt erst möglich und als plausibel bzw. unplausibel erscheinen lassen, dann erweist sich eine einfache Bezugnahme auf sogenannte „empirische Daten" als kurzschlüssig, insbesondere dann, wenn bezüglich neuartiger Handlungsfelder, wie sie in der Biotechnologie und Biomedizin anzutreffen sind, ein nur sehr begrenzter Erfahrungshintergrund besteht, der aber für die Frage der Normanwendung unerlässlich ist.

Die Interdependenz von Angewandter Ethik und Allgemeiner Ethik zeigt sich in den Wechselverhältnissen einzelner Funktionsmomente im Normierungsprozess. Die moralischen, religiösen und weltanschaulichen Gehalte der jeweiligen Vorverständnisse bestimmen somit maßgeblich die ethische Theorie, den von ihr her zugestandenen Möglichkeitsraum sittlich richtiger Situationsfahrung sowie die Normfindung und Normbegründung. Neben einer hermeneutischen Vergewisserung über das eigene Vorverständnis ist daher ein „methodologisch reflektiertes Denken […] wesentliche Voraussetzung dafür, weder sich selbst noch andere über den Sinn und die Tragfähigkeit der eigenen Aussagen zu täuschen"[95].

---

[95] *Hilgendorf, Eric*, Begründung in Recht und Ethik, in: *Brand, Engels, Ferrari, Kovács*, Wie funktioniert Bioethik? (s. Anm. 7), 233–254, 233.

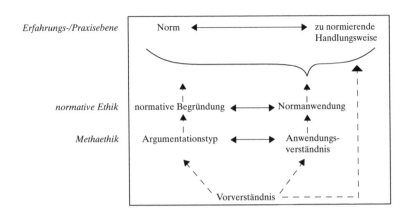

Abbildung: Strukturelle Interdependenzen im Rahmen
von Normierungsprozessen

III. Das Erfordernis einer selbstreflexiven Moraltheologie

Die Ausführungen zur Interdependenz von Normanwendung und Normbegründung sowie die Einsicht in die erkenntnistheoretische Bedeutung von Hintergrundannahmen im Sinne eines hermeneutischen Vorverständnisses für ethische Normierungsprozesse legen die Notwendigkeit einer methodologischen Selbstreflexion der theologischen Ethik nahe. Wenngleich der sogenannte Positivismusstreit innerhalb der deutschen Soziologie und Philosophie für das „Problem der Wahl zwischen wissenschaftstheoretischen Programmen"[96] sensibilisiert hat, kann man mitunter den Eindruck gewinnen, dass dieses erkenntnistheoretische Bewusstsein noch nicht zu einer Selbstverständlichkeit geworden ist. Die Beobachtung, dass in Fragen der Angewandten Ethik zum Teil unüberbrückbare Differenzen und ein Überzeugungspluralismus bestehen,[97] kann dazu verleiten, entweder in einen resignativen Relativismus bzw. Dezisionismus zu verfallen oder sich ideologisch bzw. fundamentalistisch zu positionieren und damit den kognitivistischen Anspruch normativer Urteile aufzugeben. Stattdessen ist gerade die Einsicht in die Unhintergehbarkeit eines Vorverständ-

---

[96] *Dahms, Hans-Joachim*, Die Auseinandersetzungen der Frankfurter Schule mit dem logischen Positivismus, dem amerikanischen Pragmatismus und dem kritischen Rationalismus, Frankfurt a.M. ²1998, 9.
[97] Vgl. *Lesch, Walter*, Die Vielfalt praktisch gelebter Überzeugungen als Voraussetzung und Gegenstand der Ethik, in: *Andreas Lob-Hüdepohl* (Hrsg.), Ethik im Konflikt der Überzeugungen, Freiburg i.Ue., Freiburg i.Br., Wien 2004, 40–58, bes. 40.

nisses für Anwendungsfragen eine notwendige Bedingung, um den Geltungsanspruch von Normen und normativen Urteilen rational rechtfertigen zu können.

Insbesondere Jürgen Habermas hat auf die epistemologische Funktion erkenntnisleitender Interessen hingewiesen, „die die Bedingungen der Objektivität der Geltung von Aussagen bestimmen"[98]. Indem jede Erkenntnis an einen Lebenszusammenhang, der zugleich ein Interessenzusammenhang ist,[99] angebunden ist, ist sie transzendental auf die Grundanforderungen menschlicher Existenz, nämlich Arbeit und Interaktion, verwiesen[100]. Insofern diese „fundamentalen Bedingungen der möglichen Reproduktion und Selbstkonstituierung der Menschengattung"[101] immer nur in konkreten kulturellen und sozialen Zusammenhängen real sind, ist eine Selbstreflexion unerlässlich, um sich von Ideologien emanzipieren zu können. „Das erkennende Bewußtsein muß sich ideologiekritisch auch gegen sich selbst richten."[102] Als Modell für eine solche selbstkritische Wissenschaft führt Habermas die Psychoanalyse, genauer das Therapeut-Patienten-Gespräch an. In Deutungs- und Erfahrungsprozessen eigener „Identifikationen und Entfremdungen"[103] wird die Selbstkonstitution dem Subjekt zunehmend bewusst, so dass dieser emanzipatorische Bildungsprozess als eine Hermeneutik verstanden werden kann, die die Selbsttäuschungen bearbeitet[104]. Diese Diskrepanzen in der Selbstwahrnehmung und im Selbstkonzept, die durch biografische und sozio-kulturelle Einflüsse entstehen, durchzuarbeiten, bedeutet dann zugleich, die Kommunikationssperren, die durch solche Entfremdungen aufgebaut werden, aufzubrechen[105], was für gelingende Interaktionsprozesse eine wichtige Bedeutung hat.

Habermas' These, „dass radikale Erkenntniskritik nur als Gesellschaftstheorie möglich ist"[106], muss für die hier verfolgte Fragestellung nicht weiter diskutiert werden. Entscheidend ist vielmehr der Ausweis, dass eine Verbindung von Erkenntnis und Interesse nicht per se den Abschied von kognitivistischen Begründungskonzepten bedeuten muss. Indem das eigene erkenntnistheoretisch notwendi-

---

[98] *Habermas, Jürgen*, Erkenntnis und Interesse, Frankfurt a.M. 1973, 351.

[99] *Habermas*, Erkenntnis und Interesse (s. Anm. 98), 260.

[100] *Habermas*, Erkenntnis und Interesse (s. Anm. 98), 239–244 und 400.

[101] *Habermas*, Erkenntnis und Interesse (s. Anm. 98), 242.

[102] *Habermas*, Erkenntnis und Interesse (s. Anm. 98), 84.

[103] *Habermas*, Erkenntnis und Interesse (s. Anm. 98), 317.

[104] *Habermas*, Erkenntnis und Interesse (s. Anm. 98), 267.

[105] *Habermas*, Erkenntnis und Interesse (s. Anm. 98), 314.

[106] *Habermas*, Erkenntnis und Interesse (s. Anm. 98), 9.

ge Vorverständnis transparent wird, ist überhaupt die Möglichkeit gegeben, Selbsttäuschungen über vermeintliche Objektivität aufzudecken. Dabei kann gegen Habermas kritisch eingewendet werden, dass Selbstreflexion eigentlich Aufgabe jeder Wissenschaft und nicht nur die der Psychoanalyse und einer Kritischen Theorie sein kann[107]. So ist etwa die Relevanz des Vorverständnisses bei der juristischen Urteilsbildung und richterlichen Rechtsprechung ein mittlerweile intensiv erörtertes Thema innerhalb der rechtswissenschaftlichen Methodenlehre.[108]

Indem Normanwendungsprozesse immer einem Anwendungszirkel unterliegen, stehen Norm und zu normierender Sachverhalt in einem hermeneutischen Wechselverhältnis. Denn deren wechselseitige Zuordnung und Zubereitung sind nur unter Bezugnahme auf ein Vorverständnis, „ein noch vorläufiges Verständnis der Sache, das nicht mehr als eine erste Orientierung"[109] erlaubt, möglich. Dieses erst setzt nämlich den Verstehensprozess überhaupt in Gang. Eine solche Sinnerwartung richtet allererst den Blick darauf aus, sowohl welche Normen für den zu bewertenden Sachverhalt relevant sind und für die Konkretisierung in Frage kommen, als auch welche Merkmale des Sachverhalts entsprechend zu würdigen sind. Der Zirkel von Vorverständnis und Applikation lässt sich unter der Voraussetzung selbstkritischer Reflexivität als eine Spirale deuten, wenn die Beurteilungsmaßstäbe sich im Anwendungs- und Beurteilungsprozess durch das wechselseitige Zusammenspiel von Norm und Sachverhalt inhaltlich weiter bestimmen. Die Berücksichtigung der Bedeutung von Vorverständnissen und von erkenntnisleitenden Interessen sollte daher Bestandteil ethischer Normtheorie inklusive der Frage von Normanwendung bzw. Normfindung sein. Denn gerade in Fragen der Angewandten Ethik, die sich explizit durch ein praktisches Interesse auszeichnen, kann die Versuchung bestehen, die empirischen Grundlagen in der Wahrnehmung und Interpretation so zuzubereiten, dass sie einseitig auf die zuvor für relevant bestimmten Normen passen. Und besonders eine elaborierte Kasuistik, die mit typischen Fällen inklusive der Kategorie der in sich schlechten Handlung arbeitet, kann gerade bei neuartigen Handlungsweisen dazu verleiten, den zu normierenden Sachverhalt in seiner Eigenständigkeit nicht an-

---

[107] Vgl. *Dahms*, Auseinandersetzungen (s. Anm. 96), 400.

[108] S. etwa *Esser, Josef*, Vorverständnis und Methodenwahl in der Rechtsfindung. Rationalitätsgrundlagen richterlicher Entscheidungspraxis, Frankfurt a.M. 1972; *Larenz, Karl*, Methodenlehre der Rechtswissenschaft, Berlin, Heidelberg, New York u. a. 1991, bes. 204–214.

[109] *Larenz*, Methodenlehre (s. Anm. 108), 211.

gemessen zu würdigen. Die Einsicht in das erkenntnistheoretische Gewicht des Vorverständnisses erfordert also eine selbstreflexive Ethik. Denn ethische Erkenntnis ist nur im Zusammenspiel von Norm und Situation möglich. Weil Hintergrundannahmen sowohl Argumentations- und Begründungsstrategien als auch Situationswahrnehmung und -beschreibung[110] beeinflussen, bedarf es eines ethischen Bewusstseins für die eigene Kontextualität. Ein moralischer und weltanschaulicher Verstehenshorizont, der über Sozialisationsprozesse biografisch in der Identität einer Person und von Gruppen vermittelt ist und deren Selbstverständnis im Allgemeinen sowie deren Wahrnehmungsvermögen im Besonderen beeinflusst,[111] bildet den Kontext ethischer Reflexion. Diese Einsicht muss jedoch nicht zu Ethikansätzen führen, die ausschließlich von einer *common morality*, also von einem faktischen moralischen Konsens innerhalb einer Gesellschaft, ausgehen und somit nur einen partikulären Begründungsanspruch vertreten. Insofern nämlich in moralischen Konflikten zumindest implizit beansprucht wird, „dass der Andere die entsprechende Handlungsverpflichtung im Grunde einsehen können müsste"[112], wird gerade ein universaler Begründungsanspruch erhoben.[113] Dieser ist allerdings nicht als Kontext-los, sondern als Kontext-bewusst zu verstehen.

Eine Fundamentalethik, die ihr eigenes konstitutives Vorverständnis konzeptionell reflektiert, ist damit selbstkritisch im Blick auf die eigenen Argumentations- und Wahrnehmungsmuster. Angesichts eines ethischen Kognitivismus mit universalem Begründungsanspruch, wie ihn die theologische Ethik und die kirchliche Moralverkündigung vertreten, ist eine Allgemeine Ethik dazu angehalten, ihre eigenen Voraussetzungen als begründet auszuweisen.[114] Damit muss natürlich ein „Wille zur eigenen Redlichkeit in

---

[110] Vgl. *Heinrichs, Bert*, Zum Beispiel. Über den methodologischen Stellenwert von Fallbeispielen in der Angewandten Ethik, in: Ethik in der Medizin 20 (2008) 40–52, bes. 45 und 50.

[111] S. hierzu auch *Sautermeister, Jochen*, Selbstwahrnehmung und Empathie. Konturen einer Perspektiven-bewussten Ethik, in: *Gerhard Droesser, Ralf Lutz, ders.* (Hrsg.), Konkrete Identität. Vergewisserungen des individuellen Selbst, Frankfurt a.M. 2008, 47–81, bes. 76–81.

[112] *Düwell*, Zur kulturellen Situation der Ethik (s. Anm. 74), 67.

[113] Einer kohärentistisch-partikulären Kritik, dass Ethikansätze mit universalem Geltungsanspruch (z. B. *Quante, Michael, Vieth, Andreas*, Konkrete Ethik, in: *Bernhard Gesang* (Hrsg.), Biomedizinische Ethik. Aufgaben, Methoden, Selbstverständnis, Paderborn 2002, 62–85, hier: 74) einem pluralistisch verfassten Kontext nicht gerecht werden können, weil sie keinen Konsens herstellen könnten, unterschlägt gerade die Differenz von sozialen und moralischen Normen, s. hierzu *Schockenhoff*, Moralische Normen als Artefakte der Vernunft? (s. Anm. 24).

[114] Vgl. *Lesch*, Die Vielfalt praktisch gelebter Überzeugungen (s. Anm. 97), 56f.

der Zeit"[115] verbunden sein, der prinzipiell eine Lernfähigkeit und eine Lernbereitschaft beinhaltet, um verzerrte Wahrnehmungen, zweifelhafte Voraussetzungen und problematische Interessensansprüche aufzuspüren und zu vermeiden.[116] Diese Fähigkeit zur Selbstdistanzierung ist für ethische Urteilsfindungsprozesse unerlässlich.[117] Ansonsten wird aus einer ethischen Diskussion eine lobbyistische Plattform für „moralische Positionsbekundungen"[118] und für die Durchsetzung von Interessen. In diesem Sinne ist im Blick auf ethische Diskurse eine Grundentscheidung für eine offene Dialogbereitschaft als conditio sine qua non für sittliche Urteilsprozesse einzufordern. Denn gerade ein dialogisches Vorgehen kann die Wahrscheinlichkeit verringern, eigenen uneingestandenen Interessen und intersubjektiv problematischen Annahmen, die die eigene moralische Position bestimmen, blind ausgeliefert zu sein. Eine fehlende, methodologisch ausgeblendete kritische Selbstreflexivität auf die eigenen Vorentscheidungen wiederum kann dazu führen, den universalen Anspruch des Sittlichen leichtfertig zu diskreditieren.

Wenn ethische Konflikte zumeist auch Überzeugungskonflikte sind, dann ist mit den Worten Walter Leschs eine „pluralitätskompetente nicht-relativistische Ethik"[119] erforderlich. Um in einen Dialog mit anderen Überzeugungen und Positionen treten zu können, bedarf es der Sensibilität und Empathie, um die für einen Dialog unverzichtbaren Perspektivenwechsel und kritischen Selbstdistanzierungen einerseits vornehmen und die Diskurs-kompetente wie auch kongruente Selbstartikulation und -explikation andererseits betreiben zu können. Eine hermeneutische Reflexion auf das eigene Vorverständnis vermag den Vermittlungscharakter des scheinbar Unmittelbaren offen zu legen. Sie ermöglicht auch einen gelösten

„Umgang nicht nur mit Veränderung, sondern auch mit Verschiedenheiten. Gewiss bleibt das Mühen um Konsens bestehen, und auch die

---

[115] *Hunold, Gerfried W.*, Möglichkeitsraum Zukunft. Ethiktreiben im Zeitalter beschleunigter Machbarkeit, in: Trierer Theologische Zeitschrift 144 (2005) 94–106, 103.

[116] S. *Hilpert, Konrad*, Den Menschen entdecken und begreifen. Von der moralischen Würde des Lernens, in: *Klaus Biberstein, Hanspeter Schmitt* (Hrsg.), Prekär. Gottes Gerechtigkeit und die Moral der Menschen. Im Gespräch mit Volker Eid, Luzern 2008, 51–57, bes. 56f.

[117] Vgl. *Wimmer, Reiner*, Zur Eigenart moralischer Beurteilungen und ihrer anthropologischen Begründung, in: *Jean-Pierre Wils* (Hrsg.), Orientierung durch Ethik? Eine Zwischenbilanz, Paderborn 1993, 149–167, bes. 166f.

[118] *Düwell, Marcus, Steigleder, Klaus*, Bioethik – Zu Geschichte, Bedeutung und Aufgaben, in: *dies.* (Hrsg.), Bioethik. Eine Einführung, Frankfurt a.M. 2003, 12–37, 28.

[119] *Lesch*, Die Vielfalt praktisch gelebter Überzeugungen (s. Anm. 97), 56.

Forderung nach Verallgemeinerungsfähigkeit wird nicht außer Kraft gesetzt. Dennoch erfolgt so etwas wie eine Feinabstimmung, sie sucht jeden Anschein der Schematisierung zu vermeiden, indem sie sich auf die Komplexität und die vielen Abschattungen normativen Denkens einlässt."[120]

Die Selbstauslegung des Menschen im Blick auf seine Sinnperspektive weist ihn als ein erfahrungsoffenes und geschichtliches Wesen aus. Seine Geschichtlichkeit erfordert eine ethische Hermeneutik, die den „Menschen vor eine unbeendbare Aufgabe"[121] stellt. Eine metaethische Reflexion, die auf die konstitutive Bedeutung des Vorverständnisses für ethische Normierungsprozesse aufmerksam macht, verweist auf die Unhintergehbarkeit in der Vermittlung von Universalität und Kontextualität. Diese ist jedoch niemals abgeschlossen. Eine solche „provisorische Moral" ist damit nicht Zeichen der Resignation oder der Beliebigkeit, sondern Ausdruck einer selbst-reflektierten und selbst-bewussten Ethik, die nur so ihrem Anspruch, prinzipiell nachvollziehbare und allgemeingültige sittliche Urteile fällen zu können, Aussicht auf Erfolg verschaffen kann. Dass gerade die theologische Ethik das Potenzial zur Selbstreflexion hat, hat sie nicht zuletzt in der Diskussion um das Proprium christlicher Ethik gezeigt. Es wäre jedoch verfehlt zu meinen, dass damit die selbstkritische Aufgabe erledigt sei.

---

[120] *Demmer*, Fundamentale Theologie des Ethischen (s. Anm. 94), 31.
[121] *Hunold*, Möglichkeitsraum Zukunft (s. Anm. 115), 105.

4. Konflikte

Als Theologe in einer staatlichen Ethikkommission

Chancen und Konflikte

von Antonio Autiero

Nachdem am 28. Juni 2002 das „Gesetz zur Sicherstellung des Embryonenschutzes im Zusammenhang mit Einfuhr und Verwendung menschlicher embryonaler Stammzellen" (StZG) durch den Bundestag verabschiedet wurde und am 1. Juli 2002 in Kraft getreten ist, sind auch in Deutschland neue Wege der Forschung mit menschlichen embryonalen Stammzellen für hochrangige Ziele, aber unter strengen Voraussetzungen, eröffnet worden.

1. Was zeigt die Diskussion?

Die kontrovers verlaufene Diskussion während der Phase der Gesetzesentstehung hat nicht nur innerhalb des Parlaments zu Positionen geführt, die sich teilweise als Fronten gegenüberstanden. Sie hat auch in der Gesamtgesellschaft eine intensive Debatte ausgelöst, die aufgrund der Sachverhalte, die tangiert werden, zu erwarten war. Daran haben sich Institutionen und Gruppierungen, Führungskräfte und einzelne Mitbürgerinnen und Mitbürger beteiligt. Sachkenntnisse und Argumente, Zeugnisse über elementare ethische Wahrnehmungen, wie auch Bekenntnisse von differenzierten Überzeugungen haben dabei eine Rolle gespielt. Diese Diskussion ist auch nach dem Zustandekommen des Gesetzes im Jahr 2002 nicht zur Ruhe gekommen. Sie ist wieder aufgenommen, ja sogar intensiviert worden, als es darum ging, Vorschläge für die Lockerung des Gesetzes in Erwägung zu ziehen und neue Bestimmungen durch das Parlament zu genehmigen, was im April 2008 mit einer Mehrheit von 346 Abgeordneten geschah, die für die einmalige Verschiebung des Stichtags für den Import embryonaler Zelllinien stimmten.

Kirchen und Theologen waren damals bzw. sind heute und in der Zeit dazwischen maßgeblich an der Diskussion beteiligt, weil der Umgang mit fundamentalen Gütern bedeutsame ethische Implikationen hat. Ganz unterschiedliche Subjekte haben ihrer Meinung öffentlich Ausdruck gegeben: Vertreter der Kirchenleitung und Repräsentanten von Fachgruppen, einzelne Theologinnen und Theologen und einfache Gläubige. Manchmal ist das mit leisen Tönen und ausdifferenzierten Gedanken geschehen, manchmal mit autoritativen Worten und Zeugnissen von echter Sorge um die Schutzwürdigkeit des menschlichen Lebens. Dabei sind Polarisierung und Spaltung nicht immer vermieden worden. Auch Spuren einer latenten Diffamierung Andersdenkender innerhalb der Debatte waren und sind dabei zu beobachten.

Im Folgenden soll vor allem eine Frage behandelt und in diskursiv-narrativer Weise zur Sprache gebracht werden: Welche Rolle nimmt der Theologe ein, wenn er sich an der Arbeit einer staatlichen Ethikkommission beteiligt?

Das StZG sieht im § 8 die Errichtung „einer interdisziplinär zusammengesetzten, unabhängigen Zentralen Ethikkommission für Stammzellenforschung" vor, die „sich aus neun Sachverständigen der Fachrichtungen Biologie, Ethik, Medizin und Theologie zusammensetzt. Vier der Sachverständigen werden aus den Fachrichtungen Ethik und Theologie, fünf der Sachverständigen aus den Fachrichtungen Biologie und Medizin berufen". Mit dieser im Gesetz verankerten Bestimmung ist zuerst einmal für die Theologie ein Platz in der Beratungstätigkeit hinsichtlich der Erarbeitung von Stellungnahmen gesichert, die unabdingbar für die Genehmigung des Imports von humanen embryonalen Stammzelllinien sind. Dies kann man mit einer doppelten Optik betrachten: Auf der einen Seite kann die Frage der Mitwirkung der Theologie an Entscheidungsfindungen, die prinzipiell durch lehramtliche Instanzen der Kirche als ethisch unzulässig betrachtet werden, in den Mittelpunkt gestellt werden. Auf der anderen Seite steht der Theologie gerade durch ihre Präsenz in solchen Gremien eine neue Chance offen, gesellschaftliche Relevanz und Diskursfähigkeit zu markieren. Dass der Theologe im Fokus beider Ansprüche steht, steht außer Diskussion. Und dass eine glatte Äquivalenz von beiden Ansprüchen nicht gegeben ist, ist ebenso klar.

2. Welchen Ansprüchen ist Rechnung zu tragen?

Der Tenor lehramtlicher Aussagen verpflichtet den Theologen, sich jeder Anstrengung zu unterziehen, damit der Charakter menschlichen Lebens als eines fundamentalen und schutzwürdigen Guts nicht verletzt wird. Es steht in seinem Kompetenz- und Aufgabenbereich, dass er die lehramtlichen kirchlichen Traditionen, das Begriffsinstrumentarium der theologischen Disziplinen und die erlebten Erfahrungen der gläubigen Gemeinschaft im Umgang mit diesen Sachverhalten ständig reflektiert, daraus differenzierte Lehren und Weisungen entnimmt und inhaltliche Präzisierungen in ihren handlungsorientierten Konsequenzen zur Sprache bringt. Dieser Anstrengung ist allein durch die Proklamierung von prinzipiellen Lehrstücken nicht ausreichend Rechnung getragen. Der wissenschaftliche Charakter der Theologie verlangt eine Hermeneutik, die über die Rezeption der traditionellen Lehre hinausgeht. Vor diesem Hintergrund ist Theologie sicherlich ihrer *ekklesialen* (das ist etwas mehr als bloß *kirchlichen*!) Verortung verpflichtet, sieht aber diese Verpflichtung nicht in linear-synchroner Verengung, sondern stellt sie in dem Horizont diachroner Entwicklungen dar.

Schon aufgrund dieser fundamentaltheologischen Überlegungen ergibt sich, dass der Theologe sich bewusst sein muss, dass eine Mitwirkung in staatlichen Ethikkommissionen – hier konkret in der ZES (Zentrale Ethikkommission für Stammzellforschung) – nicht ohne Konflikte sein kann, dies aber auch nicht unbedingt so sein muss. Denn die Arbeit einer Ethikkommission beruht auf rationaler Basis, spricht Themenfelder an und erarbeitet regulative Vorgehensweisen, die primär durch den Einsatz von Vernunft-geleiteten Prozessen definiert und nachvollziehbar werden. Um nichts anderes geht es auch dem Lehramt und der Theologie, wenn sie sich Sachgebieten des ethischen Diskurses widmen. Diese gemeinsam getragene rationale Basis soll als Potenzial für die Entkräftung von möglichen Konflikten wirken, die oft gar keine sind oder – aus welchen Gründen und mit welchen Funktionen auch immer – manchmal konstruiert werden. Hier spielt die Frage eine entscheidende Rolle, welche Art von Rekurs auf den Wahrheitsbegriff genommen wird. Da die Theologie ein gleichzeitiges – wenn auch nicht gleich zu setzendes – Interesse an den Wahrheitsfragen hinsichtlich des Glaubens und hinsichtlich der Ethik hat, soll sie behutsam die Grenzen zwischen diesen beiden Wahrheitstypen markieren und dabei die Unterscheidung von theoretischer und praktischer Vernunft vor Augen haben. Diese Differenzierung schafft Plausibilität mit entsprechender Kompetenz, in beiden Bereichen authentisch mitreden zu können. Gerade die Erfahrung in Gremien der staatlichen Ethikkommissionen zeigt, wie wichtig es für den Theologen ist, sich auf die Ebene der sittlich-praktischen Fragen zu konzentrieren. Oft ist die Aufgabenschilderung so klar definiert, dass jegliche Abweichung legitimationsbedürftig wäre.

Sicherlich trifft für das StZG zu, dass das Gesetz der Ethikkommission eine präzise Funktion zuweist, die sich im Bereich von Stellungnahmen hinsichtlich des Genehmigungsverfahrens bewegen, deren Kriterien das Gesetz selbst aufstellt. Man könnte hier von einer eingeschränkten Funktion der Ethik sprechen, die gleichsam auf ein prozedurales Genehmigungsinstrument reduziert wird. Das ist sachlich gesehen korrekt, bedeutet aber nicht *per se* eine Diskreditierung der Ethik und darf nicht als Grund dafür genommen werden, dass sie sich der Intention und dem Geiste des Gesetzes entzieht. Ziel und Sinn des Gesetzes sind in der Tat von ethischer Relevanz und Valenz, indem dieses versucht, in der Güterabwägung und in der Balance zwischen unterschiedlichen Interessen und Erwartungen im Stil des ethischen Kompromisses eine plausible Lösung in der Frage zu finden, wie man einerseits Leben schützen und Missbräuche vermeiden sowie andererseits annehmbare Bedingungen schaffen kann, um die intendierten Güter der Erkenntnisgewinnung und der Therapiemöglichkeiten durch die Stammzellforschung zu fördern. Die Anerkennung der Würde eines solchen Kompromissstils ist Voraussetzung der Teilhabe am Diskurs und soll auch für den Theologen die Basis seiner Mitwirkung bilden. Dass er dies als Theologe tut, bedeutet nicht, Abstand von der Lehre seiner Kirche nehmen zu wollen, sondern vielmehr, diese Lehre in geeigneter Form der Kommunikation innerhalb einer pluralistischen Gesellschaft zu vermitteln zu versuchen.

3. Wofür steht der Theologe?

In einer so komplexen Sachlage wirkt der Theologe zuerst als Interpret von Instanzen und Ansprüchen, die wach gerufen, im Diskurs nicht vergessen und nicht verschwiegen werden sollen. Aufgrund seiner theologischen Ausrichtung nimmt die Ausübung der ethischen Kompetenz des Theologen auch eine kritische und advokatorische Funktion gegenüber Dimensionen und Gütern ein, die sonst Gefahr laufen würden, wegen interessengeleiteter Opportunismen voreilig zur Seite geschoben zu werden. Im Bewusstsein davon ist die Beteiligung des Theologen an staatlichen oder gesellschaftsinitiierten Gremien *per se* ein sittlich relevantes Gut. Nicht primär die potenziellen Konflikte, sondern das Angebot der Teilhabe am Diskurs und dadurch die Einflussnahme auf die Vergegenwärtigung der implizierten Wertvorstellungen sowie die Suche nach passenden und konsensfähigen Argumenten sollen in den Mittelpunkt gerückt und gutgeheißen werden.

In dieser Perspektive nimmt auch das Thema der zu verantworteten Mitwirkung neue Konturen an. Sehr oft wird – auch in Anlehnung an die klassische Lehre der „*cooperatio ad malum*" – bei der Kategorie der Mitwirkung hauptsächlich das negative Gewicht der Ko-Produktion von unannehmbarem Bösen gesehen, wobei die Zuständigkeit und Verantwortung der unterschiedlich beteiligten Handlungsträger nicht immer klar differenziert werden. Dass wir heute eine aktive Form des Mittragens an der Entscheidungsfindung und der Mitverantwortung für die zu schaffenden Bedingungen hinsichtlich der uns alle angehenden Sorgen um die mögliche Verbesserung der Lebensqualität und Krankheitsbekämpfung und in diesem Sinne eine positive Form der Mitwirkung benötigen, wird nicht immer thematisiert. Der Theologe, der in Institutionen mitarbeitet, wo eine solche Dynamik auf der Tagesordnung steht, erfährt ständig das positive Bild der Mitwirkung und macht damit nicht sich selbst als Person, sondern die Fachdisziplin, die er vertritt, zu einer akzeptierbaren Quelle der Vermittlung.

Aber der Theologe weiß auch um die konkreten Erwartungen, die in bestimmten Gremien legitim oder auch nicht legitim sind: Solche Orte des ethischen Diskurses im Kontext pluraler Zusammensetzung zu schnell mit der Erwartung der eindeutigen Denkorientierung zu betrachten, sie sogar als Schauplätze für die Behauptung zu funktionalisieren, man könne mit einer einzigen legitimen ethischen Optik alle Probleme lösen, würde als fatale Verwechslung der Kompetenzbereiche und der Zielsetzungen dieser institutionellen und für die Gestaltung des gesellschaftlichen Zusammenlebens so wichtigen Räume fungieren. Eine solche Erwartung würde dem Verdacht der unangemessenen Missionierung nicht so leicht den Boden entziehen. In einer pluralismussensiblen Gesellschaft wie der heutigen wären solche Versuche eher kontraproduktiv und würden mehr Distanz erzeugen als Kräfte der möglichen Konvergenz zwischen den unterschiedlich konnotierten Lebensanschauungen freisetzen. Für eine solche Aufgabe der Konvergenzbildung ist der Theologe aber genauso verantwortlich wie für die Traditionen, die er aus der erlebten Geschichte seiner Glaubensgemeinschaft und der Lehre kirchlicher Autorität kennt und denen gegenüber er sich verpflichtet wissen soll. Für die Vermittlung von inhaltlichen Bestimmungen und methodischen Vorgehensweisen in überparteilicher und interessenfreier Hinsicht ist der Theologe in gesellschaftsrelevanten Gremien demnach ein kostbarer Gesprächspartner.

4. Logik und Sprache

Die Erfahrung im Umgang mit ethischen Fragestellungen und mit Gremien, die sich damit beschäftigen, zeigt aber für den Theologen auch die Notwendigkeit, über die Logik und die Sprache seines Bemühens sorgfältig nachzudenken, sie ständig zu verifizieren im Blick darauf und in der Sorge darum, dass sie nicht zur Isolation führen oder eine Sondermoral postulieren, sondern die Überzeugung von der Legitimität der Positionen der Anderen unterstützen soll, auch dann, wenn sie nicht oder nicht ganz geteilt werden können. Vor allem ist daran zu denken, dass Logik und Sprache des Theologen, wenn er im Kontext von Ethikkommissionen mitwirkt, dem genuin typischen Charakter der ethischen Diskursivität zu entsprechen haben, die eine eigene Grammatik und Syntax besitzt, die Ziele und Mittel ihrer Intentionen und Interventionen genau zu benennen hat, sowie Stärken und Grenzen der zu erwartenden Ergebnisse nicht aus den Augen verlieren darf. All das trägt dazu bei, dass der Theologe, wenn er als Ethiker fungiert, um die gleichzeitige Wichtigkeit, aber auch um die Bescheidenheit seines Wirkens wissen muss.

Die Qualifikation „theologisch" bei der Ethik, die vom Theologen betrieben wird (Moraltheologie wird heute üblicherweise auch theologische Ethik genannt) lässt deutlich erkennen, dass Inhalte des theologischen Diskurses nicht *a priori* ausgeklammert werden dürfen, d. h. dass Elementen der theologischen Anthropologie eine besondere Funktion zugeschrieben werden muss. Das Hauptmerkmal aber soll bei der Verständnisform der Ethik als argumentativer und diskursiver Disziplin bleiben. Eine ausgeprägte Sensibilität für ethisches Argumentieren fördert heute in fruchtbarer Weise die Reflexion über Ethik und stellt sich als konstitutiver Faktor für das Verständnis der Ethik als wissenschaftlicher Disziplin dar. All das darf dem Theologen nicht fern und fremd bleiben. Auch ist er verpflichtet, Argumente für seine Positionen beizubringen und deren Gewichtung in die Waagschale der gesamten Diskussion zu werfen.

Über die Notwendigkeit, eine geeignete Sprache zu finden, um diese Kunst des Argumentierens zu aktivieren und ihre Ergebnisse zu vermitteln, herrscht kein Zweifel. Die Bescheidenheit in der Wahrnehmung der möglichen Ziele und im Einsatz der passenden Mittel im ethischen Diskurs inspiriert – nicht nur den Theologen, aber auch ihn – zu einem Sprachduktus, der zwar Kohärenz und Klarheit verlangt, doch gleichwohl um die mögliche Konvergenz und die nötige Befriedung in einer pluralistischen Gesellschaft bemüht sein soll. Auch das gehört zu der Erfahrung der Beteiligung und Mitwirkung als Theologe in Ethikkommissionen, deren Radius so breit angelegt ist und die ein Spiegel der Komplexität heutiger ethischer Fragestellungen sind, zu deren Bewältigung sie als Instrumente beitragen wollen.[1]

[1] Vgl. auch *Autiero, Antonio*, Verletzender Fundamentalismus. Ein Plädoyer für mehr Besonnenheit in der Stammzelldebatte, in: DIE ZEIT Nr. 2 (2008) 30. – Auch in: *Beck, Uwe* (Hrsg.), Positionen 2009. Lesebuch aus Kirche und Gesellschaft, Stuttgart 2008, 90–93; ferner *ders.*, Grenzen geben Freiheit. Fragen der Stammzellforschung – Gespräch mit Antonio Autiero und Hans Schöler, in: *Stephan Goertz, Katharina Klöcker* (Hrsg.), Ins Gespräch gebracht. Theologie trifft Bioethik, Mainz 2008, 33–50.

Die Debatte um die Novellierung des Stammzellgesetzes – aus der Perspektive des Mediziners

von Gustav Steinhoff

Deutschland ist ein Land der Meinungsfreiheit und der Demokratie. So ist jedenfalls die landläufige Vorstellung über ein Land der kultivierten Öffentlichkeit und der Akzeptanz von Mehrheitsentscheidungen durch delegierte Volksvertreter. Wie entsteht jedoch eine Meinung über neue Entwicklungen der Forschung und Medizin, wie verläuft die gesellschaftliche Auseinandersetzung über Nutzen und Risiko im Vorfeld von neuen Entwicklungen, wie die Wissensfindung, wie die Interessensvertretung? Die erneute bioethische Debatte über die Novellierung des Stammzellgesetzes im Jahre 2007 und 2008 war eine exemplarische Auseinandersetzung in einem gesellschaftlichen Spannungsfeld und ein Vorgeschmack auf die im 21. Jahrhundert zu erwartenden weitergehenden gesellschaftlichen Regelungen für die biomedizinische Forschung, medizinische Technologieumsetzung und deren Einsatz in allen Lebensbereichen.

Ein wesentliches Problem der *Kommunikation zwischen Gesellschaft, Medizin und Wissenschaft* ist die Harmonisierung der Information von wissenschaftlichem Erkenntnisgewinn mit der gesellschaftlichen Bewertung in Bezug auf Nutzen-Risiko-Analyse und dem Abgleich mit moralisch-ethischen Wertvorstellungen. Die ethische Bewertung wird erschwert durch den Pluralismus der Ethiken in einer zunehmend pluralistischen Gesellschaft. So ist die öffentliche Auseinandersetzung ein notwendiger Prozess zur Bewertung und Einführung neuer medizinischer Verfahren und der Berücksichtigung von Lebensrechten, der auf einer Basis von sehr verschiedenen Menschenbildern, religiösen und moralischen Überzeugungen steht. Das demokratische Prinzip der Mehrheitsentscheidung kann zwar Wege zur praktischen Umsetzung ebnen, schließt aber das Risiko der Missachtung anderer Bewertungskriterien von Minderheiten mit ein. Deshalb ist der fortgesetzte Dialog über die Entwicklung und Bewertung von ethischen Bewertungen ein sehr wichtiger Prozess zur Schaffung einer hochqualitativen Auseinandersetzung über

Nutzen-Risikoabwägungen in der Biomedizin mit dem Ziel eines breiten Konsenses. Bei der gesetzlichen Regulation von Grenzfragen des Lebens wie Gewebespende, Organspende, Abtreibung und Euthanasie, genetische Selektion, genetische Modifikation von Organismen, Klonierung von Lebewesen, Tierschutz etc. sind neben den sozialethischen, moralischen und regulativen Richtlinien auch insbesondere die individuelle Zustimmungspflichtigkeit und -fähigkeit durch Aufklärung der Bürger zu berücksichtigen. Die öffentliche Diskussion der Abwägungen sollte deshalb immer die Aufklärung und den Erhalt der Mündigkeit der Bürger bei Entscheidungen über das Leben zum Ziel haben.

Ein großes Problem bei der öffentlichen Diskussion über die Ethik des Lebens ist die sehr ungenaue und vieldeutige *Definition von Leben in Wissenschaft und Ethik*. Dies führt zu einer erheblichen Erschwernis der Auseinandersetzung und Bewertung von ethischen Fragen über Lebensprozesse. Ein wichtiger Ausgangspunkt der Veränderung der Sichtweise liegt in der heute stark naturwissenschaftlich geprägten Definition von Leben:

Angesichts der rasanten Weiterentwicklung der biomedizinischen Wissenschaft, insbesondere aktuell in der Genom- und Stammzellforschung, sind in den letzten 50 Jahren erhebliche Neudefinitionen in der Entstehung und Regulierung von Lebensprozessen entstanden. Mit der Entdeckung der DNA-Struktur durch Watson und Crick (1953) begann die Entschlüsselung der Regulation von Lebensprozessen, in deren Mitte sich die heutige biomedizinische Forschung befindet. Die Sequenzierung des menschlichen Genoms durch das „Human Genome Project", zuerst veröffentlicht durch Craig Venter im April 2000, war der Beginn der Erforschung und Manipulation von Lebensprozessen des Menschen im 21. Jahrhundert.

Das *biologische Leben* in der Natur ist sehr vielschichtig und definiert durch die Bildung von Zellen und Organismen, die als biologisches Kontinuum über die Weitergabe der DNA-Information im Zellkern konzipiert sind. Insofern lässt sich jede kernhaltige Zelle als Lebensträger definieren. Die Diskussion um Stammzellen und embryonale Stammzellen als Keimzellen des Lebens hat zwar eine gewisse Berechtigung, da diese Zellen die Entstehung und den lebenslangen Erhalt von Gewebe und des Organismus kontrollieren. Insbesondere embryonale Stammzellen sind Keimbahnzellen, die in der Frühphase der Lebensentstehung einen kompletten neuen Organismus bilden können. Jedoch ist seit der erfolgreichen Klonierung von Organismen – bewiesen mit dem Schaf „Dolly" 1997 durch Transfer des Kerns einer beliebigen Zelle des Körpers in eine Eizellhülle – klar geworden, dass aus dem Zellkern jeder kernhaltigen Körperzelle ein neuer Organismus entstehen kann. Die neuesten Erkenntnisse der Möglichkeit von Rückprogrammierung von Körperzellen wie z. B. Hautzellen in frühe Keimbahnzellen mit nur drei Schlüsselgenen zuerst durch Yamanaka et al. (2006) als sogenannte induzierte pluripotente Zellen (iPS-Zellen) zeigen auf, dass das Leben und die Entstehung von Organismen ein frei regulierbarer Prozess auf Zellkernebene ist.

Die Versuche der *Definition des Lebensbeginns* durch Zellen der Keimbahn, embryonale Reifungsstadien und embryonaler Stammzellen als alleinige Entstehungs- und Trägerstrukturen des individuellen Lebens sind angesichts dieser neuen Erkenntnisse nicht mehr gut haltbar. Jede kernhaltige Zelle ist inzwischen im naturwissenschaftlichen Sinne als Lebensträger zu definieren. Die Entstehung von komplexen Organismen als Embryo, Fötus oder nach Geburt ist angesichts der Organisation des Lebens als zelluläres Kontinuum schwer abzugrenzen. Eine nicht abgegrenzte Natur- und Lebensbetrachtung der Religionen im Sinne der jüdisch-christlichen Schöpfungslehre kann für eine ethische Betrachtung abwägender Bewertung zwar grundsätzlich eine „Ehrfurcht vor dem Leben" (Albert Schweitzer) definieren, die aber für einen Bewertungskanon wenig hilfreich ist. Vielmehr besteht die Gefahr einer Beliebigkeit, wenn nicht klare Bewertungsabwägungen zum Schutz des Lebens in Bezug auf individuelle oder artbedingte Schützungsziele bestehen.

Die biologische Definition des Lebens bietet keinerlei Hilfe bei *ethischen und moralischen Betrachtungen des Lebens.* Dies betrifft sowohl menschliche Lebensprozesse wie auch die ethische Bewertung von tierischem Leben wie in der Gesetzgebung des Tierschutzes. Insofern wird die Fortführung einer Wertedefinition des Umgangs mit Leben in verschiedenen Formen von der Zelle bis zum Menschen in der Medizin und den Naturwissenschaften ein notwendiger Prozess sein, um durch Vernunft und Ehrfurcht vor dem Leben getragene Bewertungsgrundlagen für Veränderungen der Lebensprozesse zu schaffen. Die Verfügungsgewalt über Leben ist ein rechtliches und staatliches Regulationsgebiet, wo für die verschiedenen Anwendungen von der Blutspende bis zur Organspende kontrollierbare Bedingungen geschaffen werden müssen. Die Beispieldiskussion im Embryonenschutzgesetz und Stammzellgesetz zur Berücksichtigung des Schutzes von ungeborenem Leben in Form von überzähligen Embryonen, die bei der In-vitro-Fertilisation nicht verwendet werden konnten, hat alle Facetten der fehlenden klaren Strukturierung einer übergreifenden Wertebetrachtung aufgezeigt. Besonders widersprüchlich ist die gesetzlich erlaubte Möglichkeit der Abtreibung und der Gewebespende von höherentwickeltem menschlichen Leben aus dem Gewebe von abgetriebenen Föten. Entsprechend ist die ablehnende Haltung der katholischen Kirche in Bezug auf eine Freigabe der Embryonenspende für Forschungszwecke konsequent, da sie insgesamt das ungeborene Leben schützen will und jegliche Eingriffe in Lebensprozesse ablehnt. Dass die Abwägung zwischen dem altruistischen Heilungsziel durchaus mit der rechtlich gesicherten Nutzung von lebendem Gewebe verbunden werden kann, haben die christlichen Kirchen mit der Unterstützung des Transplantationsgesetzes in Bezug auf hierauf angewendete Definition christlicher Werte der Nächstenliebe als Grundlage der Gewebespende geschaffen. Deshalb ist die *Entwicklung eines übergeordneten Wertekanons* für Eingriffe in Lebensprozesse und deren Priorisierung auf staatlicher und religiöser Ebene unabdingbar, um von einer beliebigen Einzelfalldiskussion abzukommen.

In Deutschland spielen *Religionsgemeinschaften* historisch und auch aktuell eine wichtige Rolle bei der Definition von ethischen und moralischen Lebensprinzipien. Aus Sicht der demokratischen Staatsordnung ist sowohl eine religiöse Mehrheit in der Bevölkerung wie auch ein gewisser Pluralismus gegeben durch die Verteilung der Bevölkerung auf etwa 31 Prozent Katholiken, 31 Prozent Protestanten, 4 Prozent Muslime, 3,5 Prozent Anhänger anderer Religionen und – vor allem in Ostdeutschland – 30 Prozent Konfessionslose bzw. Atheisten. Die mehrheitsfähige Dominanz der christlichen Glaubensgemeinschaften prägt die staatliche Grundordnung und ethisch-moralische Wertebestimmung des Landes. Die ursprüngliche Meinungsdominanz der christlichen Kirchen in der Bestimmung ethischer und moralischer Werte hat sich allerdings in den letzten Jahrzehnten stark reduziert und ist auch nur bei Erreichen von Konsensrichtlinien der katholischen und protestantischen Kirche gesellschaftlich wirksam. Ein solches Beispiel ist die Verabschiedung des Transplantationsgesetzes, vom Bundestag am 25. Juni 1997 verabschiedet, dem eine Konsensdiskussion der christlichen Kirchen voran ging. In der aktuellen Diskussion hat die Uneinigkeit der katholischen und protestantischen Kirchen eine klare Ausrichtung der Diskussion auf Basis von kirchlichen Stellungnahmen verhindert. Die in der Hitze der Auseinandersetzung entstandene Polemik in der öffentlichen Diskussion, zum Teil geführt von hohen Kirchenvertretern, war kaum geeignet, die moralische Autorität der Kirchen zu stärken.

Exemplarisch in der Vorbereitung der Gesetzesänderung des Stammzellgesetzes war die Rolle der Politiker, die sich als Bürgervertreter einer Wertediskussion über die Liberalisierung des Imports von kultivierten embryonalen Stammzelllinien stellten. Ausgehend von den eingebrachten Gesetzesvorschlägen hat sich innerhalb fast eines Jahres der Auseinandersetzung mit der Problematik bei den Bundestagsmitgliedern ein Klima der sachlichen und differenzierten Auseinandersetzung mit der Abwägungsproblematik entwickelt. Die insbesondere von Politikern wie Hubert Hüppe (CDU) und Ulrike Flach (FDP) auf höchstem Niveau geführte Diskussion mit Wissenschaftlern, Medizinern, Kirchenvertretern, Ethikkommissionen und Bürgern hat zu einer sehr differenzierten Meinungsbildung bei den Abgeordneten der verschiedenen Parteien geführt. Die Fragen an die Wissenschaftler und Mediziner, die von den Politikern in vielen öffentlichen Diskussionen gestellt wurden, haben zu einer sachlichen Klärung vieler Sachverhalte und Schaffung einer weitgehenden Transparenz geführt. Dass dieser Dialog nach Abschluss der Gesetzgebung nicht abgeschlossen ist, zeigt die aktuelle Diskussion über das Potenzial der iPS-Zellforschung und die dadurch entstandene Relativierung der Forschungsmöglichkeiten mit humanen embryonalen Stammzellen.

Mein eigener Beitrag zur Debatte als Stammzelltherapieexperte in vielen Diskussions- und Expertenforen, parlamentarischen Abenden, sowie in der Anhörung des Forschungsausschusses des Deutschen Bundestags erlaubte mir Stellungnahmen zu verschiedenen Aspekten der Forschungs- und Therapieentwicklung, die ich mit meiner eigenen christlichen Überzeugung vereinbaren kann. Foren zur Entwicklung und Anwendung übergeordneter ethisch-moralischer Prinzipien der Gesetzesregulation waren allerdings selten.

Ein ethisches Dilemma

von Annette Schavan

Als ich mein Amt im November 2005 antrat, erschien es mir sehr wahrscheinlich, dass die Gesetzgebung zur Stammzellforschung mich in dieser Legislaturperiode beschäftigen würde. Ich wusste auch, dass ich damit in die bislang schwierigste Situation meines politischen Lebens geraten würde, war und bin ich doch davon überzeugt, dass Wege zur Gewinnung von Stammzelllinien gefunden werden müssen, die nicht mit der Nutzung und damit Zerstörung menschlicher Embryonen verbunden sind.

Die neue Debatte begann im Juli 2006 im Wettbewerbsfähigkeitsrat der EU-Forschungsminister bei der Verabschiedung des 7. Forschungsrahmenprogramms.

Im Vorfeld trugen Vertreter beider Kirchen die Bitte an mich heran, mich in der Europäischen Union für einen europäischen Stichtag einzusetzen. Den gab es nicht. Mein Hinweis, dass dieser Stichtag dann vermutlich auf einen späteren Zeitpunkt gelegt werde, als wir ihn in Deutschland haben, wurde diskutiert, gleichwohl aber in der Abwägung darauf verwiesen, dass die Vorzüge eines europäischen Stichtages schwerer wiegen als die Gefahr einer neuerlichen Diskussion in Deutschland.

Im Juli 2006 fand die entscheidende Sitzung der EU-Forschungsminister in Brüssel statt. Einziger Tagesordnungspunkt war die Verabschiedung des 7. Forschungsrahmenprogramms. Die Debatte hierüber zeigte deutlich, wie unterschiedlich Stammzellforschung bewertet wird. Ich war erstaunt, wie stark einzelne Mitgliedsländer vor allem ökonomisch und sehr pragmatisch argumentierten. Die Vertreter aus Großbritannien erklärten gar, aus moralischen Gründen dürfe embryonale Stammzellforschung nicht eingeschränkt werden. Spanien kündigte an, ein neues großes Forschungszentrum einrichten zu wollen. Auf der anderen Seite standen Länder wie Österreich und Polen, die jede Forschung mit embryonalen Stammzelllinien, die aus menschlichen Embryonen gewonnen werden, ablehnten. Mein Ziel war es, die Einführung eines europäischen Stichtages zu beschließen und ein Verbot der verbrauchenden Embryonenforschung durchzusetzen.

Trotz vieler Einzelgespräche im Vorfeld der Sitzung und während unserer Beratungen gelang es nicht, die Einführung eines europäischen Stichtages durchzusetzen. Der EU-Forschungsministerrat war weit entfernt von einer Mehrheit für einen Stichtag. Zu stark war das Plädoyer vieler, es dürfe keine Begrenzung für die embryonale Stammzellforschung geben. So blieb am Ende einer langen Sitzung lediglich übrig, eine Erklärung zum Verbot der verbrauchenden Embryonenforschung abzugeben. Damit ist eine Förderung von Projekten, bei denen menschliche Embryonen zerstört werden, auch im 7. Forschungsrahmenprogramm ausgeschlossen. Dazu gehört auch die Gewinnung neuer embryonaler Stammzellen. Darüber hinaus aber einen für alle verbindlichen Stichtag einzuführen, war im europäischen Interessengemenge – das von sehr liberalen bis zu sehr restriktiven Möglichkeiten für die Forschung reicht – nicht möglich.

Einige Monate später veröffentlichte die Deutsche Forschungsgemeinschaft ein Gutachten zur Stammzellforschung. Darin wurde der Zeitpunkt des Stichtages in Deutschland kritisiert. Er bedeute eine zu starke Einengung der embryonalen Stammzellforschung. Neuere, qualitativ bessere Stammzelllinien, die bereits vorhanden seien, müssten auch für deutsche Forschergruppen zur Verfügung stehen. Wenn nicht eine Abschaffung des Stichtages möglich sei, so müsse zumindest ein neuer Zeitpunkt für den Stichtag möglich gemacht werden.

Damit war eine neuerliche Diskussion in Deutschland eröffnet. Ich antwortete darauf zunächst mit der Veröffentlichung eines neuen Forschungsprogramms, das für jene Forschergruppen Forschungsgelder zur Verfügung stellt, die an alternativen Wegen zur Gewinnung von pluripotenten Stammzellen arbeiten. Erfolgversprechend, so war mir von Experten gesagt worden, seien vor allen Dingen Wege der Reprogrammierung somatischer Körperzellen.

In den folgenden Monaten wurde deutlich, dass der Weg der Reprogrammierung tatsächlich erfolgversprechend ist. Allererste positive Ergebnisse wurden bekannt. Das war für mich die entscheidende Situation, in der ich mit Experten in verschiedenen Runden die Frage diskutierte, inwieweit eine Verschiebung des Zeitpunktes des Stichtages solche alternativen Wege fördern könne. Mir wurde glaubhaft versichert, dass diejenigen, die an der Reprogrammierung arbeiten, den Vergleich mit den herkömmlichen, ethisch bedenklichen Wegen der Gewinnung von embryonalen Stammzelllinien aus menschlichen Embryonen brauchen. Dies wurde mir von vielen Wissenschaftlern bestätigt; vor allem von jenen, die an den alternativen Wegen der Gewinnung von pluripotenten Stammzelllinien arbeiten.

Bei den Beratungen zur Gesetzgebung im Blick auf Stammzell-forschung im Jahr 2001 konnte noch niemand davon ausgehen, dass die Reprogrammierung tatsächlich erfolgreich sein kann. Davon war die damalige Debatte geprägt. Nun kam ein neuer Gesichtspunkt – auf der Grundlage des aktuellen Wissens – hinzu, der nicht unberücksichtigt bleiben konnte. So sehr das bestehende Gesetz in Teilen der Wissenschaft als Einschränkung der Forschung gewertet wurde, so sehr hat auch dieses Gesetz dazu beigetragen, Schwerpunkte in der Forschung zu entwickeln, die sich auf Alternativen beziehen. 95 Prozent aller Forschungsmittel in Deutschland – vergeben durch die Deutsche Forschungsgemeinschaft und die Forschungsministerien – wurden in die Forschung außerhalb des Verbrauchs humaner embryonaler Stammzellen investiert. Deutschland war mit diesem Gesetz seither in besonderer Weise dem Lebensschutz verpflichtet und hatte zugleich einen schmalen Korridor für die Forschung mit humanen embryonalen Stammzellen geöffnet. Die heftigen Debatten waren vielen Kolleginnen und Kollegen im Deutschen Bundestag noch präsent. Die Intention: Von Deutschland darf kein Anreiz zur Zerstörung humaner Embryonen ausgehen. Das bestehende Gesetz war in den Augen derer, die im Sinne des Lebensschutzes gegen die Zerstörung humaner Embryonen waren, bereits ein weitgehender Schritt.

Im Laufe der Monate artikulierten sich vier Gruppen im Deutschen Bundestag: Jene, die – wie bereits in der Debatte um das bestehende Gesetz – den Wegfall des Stichtages befürworteten und damit den weitestgehenden Schritt tun wollten; jene, die für die Beibehaltung des Zeitpunktes des Stichtages votierten, sowie jene, die eine einmalige Verschiebung des Zeitpunktes für verantwortbar hielten. Eine vierte Gruppe entschloss sich, einen Antrag zu formulieren, der hinter dem bestehenden Gesetz jede Forschung an humanen embryonalen Stammzellen verbietet.

Der Vorsitzende des Rates der EKD, Bischof Wolfgang Huber, äußerte in der Debatte seinen Standpunkt, den er auch bereits in der Diskussion auf europäischer Ebene formuliert hatte. Danach bleibe die einmalige Verschiebung des Stichtages in der Logik des Gesetzes. Weil damit der Zugang zu Stammzelllinien ermöglicht werde, die bereits existieren, werde mit einer einmaligen Verschiebung kein Anreiz zur Zerstörung weiterer humaner Embryonen verbunden sein. Die katholische Kirche formulierte ihre klare Ablehnung jedweder embryonaler Stammzellforschung.

Ich äußerte mich öffentlich relativ spät und erntete harsche Kritik aus Kreisen der katholischen Kirche. Da mir die Überzeugung „meiner Kirche" nicht gleichgültig ist, habe ich mich über Wochen und Monate intensiv mit beiden Standpunkten auseinandergesetzt. Letztlich wollte ich jenen helfen, die in der Forschung auf einem erfolgversprechenden Weg waren, über die Reprogrammierung somatischer Körperzellen zu dem Potenzial humaner embryonaler Stammzellen zu gelangen. Wenngleich dieses Anliegen von den Gegnern der embryonalen Stammzellforschung anerkannt wurde, so erschien ihnen doch mein Plädoyer für eine einmalige Verschiebung des Zeitpunktes des Stichtages inakzeptabel. Der aus Kreisen der Wissenschaft für notwendig erachtete Vergleich konnte sie nicht überzeugen.

Zu keinem Zeitpunkt meines politischen Lebens habe ich so mit meiner Position gerungen. Ich war und bin davon überzeugt, dass denjenigen, die alternative, ethisch unbedenkliche Wege gehen wollen, die dazu notwendige Forschung und eben auch der Vergleich möglich gemacht werden müsse. Zugleich war mir klar, dass dies in den Augen vieler ein Schritt zur Liberalisierung war. Den konnte ich nicht wollen, da am Ende kein Einfallstor geschaffen werden durfte, um die weitere Zerstörung humaner Embryonen zu befördern. Deutschland hat mit seiner Gesetzgebung zur Stammzellforschung eine wichtige Vorreiterrolle übernommen – im Blick auf den Lebensschutz. Meine Überzeugung – nach vielen Gesprächen mit Experten – war, dass wir mit der Verschiebung des Stichtages hierfür keinen Anreiz geben. Zwischenzeitlich waren weitere erfolgversprechende Ergebnisse aus Forschergruppen bekannt geworden, die den Weg der Reprogrammierung gehen.

Meine Argumente für den Umgang mit dem ethischen Dilemma, das für diejenigen entsteht, die die Forschung an ethisch unbedenklichen Alternativen zur Gewinnung humaner pluripotenter Stammzellen fördern wollen, habe ich in meinen beiden Reden im Deutschen Bundestag formuliert.

*Rede am 14. Februar 2008 im Deutschen Bundestag anlässlich der
Plenardebatte zum Stammzellgesetz*

Die Entscheidung, die der Deutsche Bundestag nach Abschluss seiner Beratungen zur Stammzellgesetzgebung zu treffen hat, ist nicht nur bedeutsam für Deutschland. Von ihr gehen auch Signale an die internationale Wissenschaftswelt aus. Forschung ist international vernetzt. Unser Wertefundament findet seine Grenzen nicht an nationalen Grenzen, sondern ist vielmehr Teil einer europäischen Wertetradition. Die besondere Stellung des Menschen als Individuum, die Überzeugung von der Würde eines jeden Menschen und den grundlegenden Wert des Lebensschutzes zu achten, sind das kulturelle Fundament für die Forschung in dieser Tradition. Davon ist das Stammzellgesetz aus dem Jahr 2002 ebenso geprägt wie das Gesetz zum Schutz von Embryonen aus dem Jahre 1990. Wissenschaft und Politik in Deutschland haben bei der Frage der Stammzellforschung einen weitreichenden Konsens erreicht. Das haben die Debatten der vergangenen Monate – trotz aller Meinungsverschiedenheiten in Fragen der konkreten Umsetzung – gezeigt. Niemand will grenzenlose Forschung. Das Embryonenschutzgesetz ist nicht infrage gestellt. Wissenschaft und Politik führen seit Monaten einen ernsthaften Dialog, der auch für andere Länder beispielgebend ist.

Das Signal, das vom Stammzellgesetz in Deutschland bislang ausgeht und nach meiner Überzeugung auch in Zukunft ausgehen soll, lautet:

– Es darf keine Herstellung von menschlichen Embryonen zum Zweck der Forschung geben und
– es darf von Deutschland kein Anreiz zum Verbrauch von Embryonen für die Forschung ausgehen.

Der Import von embryonalen Stammzelllinien, gewonnen aus menschlichen Embryonen, darf nur im Ausnahmefall und für einen streng definierten Korridor der Forschung erfolgen.

Die seit dem Inkrafttreten des Stammzellgesetzes bewilligten 25 Anträge mussten sich einer Prüfung durch die Genehmigungsbehörde stellen, bei der die Kriterien der Alternativlosigkeit und Hochrangigkeit aufgrund der gesetzlichen Vorgaben wissenschaftlich bewiesen werden.

Der damalige Justizminister Klaus Kinkel schrieb 1990 im Vorwort zum Embryonenschutzgesetz: „Das Embryonenschutzgesetz ist im europäischen Vergleich die umfassendste Regelung der mit der Fortpflanzungsmedizin zusammenhängenden strafrechtlichen Fragen." Die Stammzellgesetzregelung in Deutschland gilt bis heute als eine der restriktivsten Regelungen weltweit.

Beide Gesetze haben dazu beigetragen, davon bin ich überzeugt, dass sich die Forschung in Deutschland erfolgreich auf solche Stammzellforschung konzentriert hat, die ethisch unbedenkliche Alternativen betrifft. 97 Prozent der Forschungsmittel des BMBF und der DFG sind seit Bestehen des Gesetzes in die Forschung mit tierischen Stammzellen bzw. adulten Stammzellen geflossen.

Die Bundesregierung hat im vergangenen Jahr einen neuen Förderschwerpunkt „Wege der Reprogrammierung" veröffentlicht, der mit jährlich bis zu 10 Millionen Euro ausgestattet ist. Bedenkt man, dass seitens des BMBF insgesamt im gesamten Zeitraum 49 Millionen Euro Fördermittel vergeben wurden (DFG: 65 Millionen Euro), so wird deutlich, wie sehr wir in Deutschland gerade dort investieren, wo in den vergangenen Monaten international Durchbrüche in der Forschung erzielt wurden.

Noch vor wenigen Jahren galt die Reprogrammierung als unmöglich. Sie spielte in der Debatte 2001 keine Rolle. Genau hier setzt aber auch das Dilemma im Blick auf die ethische Bewertung ein, in dem wir jetzt stehen. Der in Berlin in diesem Forschungsbereich arbeitende Wissenschaftler James Adjaye und mit ihm viele andere sagen uns: „Diese Erfolge (der Reprogrammierung) wären ohne embryonale Stammzellforschung nicht möglich. Hätte man die embryonalen Stammzellen nicht untersucht, wüsste man nicht einmal, wann aus einer Hautzelle eine embryonale Stammzelle geworden ist."

Und für die häufig zitierten Erfolge des Forscherteams Yamanaka und Thompson gilt eben auch: Sie werden ihre Ergebnisse nochmals mit neuen Stammzellen bestätigen müssen, wenn die Reprogrammierung selbst kontaminationsfrei gelingt.

Mit den vor 2002 gewonnenen Stammzelllinien lässt sich forschen. Aber um die neuen Wege der Reprogrammierung zum Erfolg zu bringen, sind qualitativ bessere und neue Stammzelllinien notwendig. Die Forschung in diesem Feld braucht die Überprüfung, um zu wissen, ob der Weg wirklich erfolgreich ist und sich daraus Therapien entwickeln lassen.

Deshalb halte ich eine Verschiebung des Stichtages auf den 1. Mai 2007 für verantwortbar. Das bedeutet nach meiner Überzeugung weder Dammbruch noch grenzenlose Forschung. Damit ermöglichen wir auch in Zukunft einen eng definierten Korridor für die Forschung, der im Gesetz 2002 vorgesehen war. Für mich bedeutet dieser Schritt nicht Liberalisierung, sondern eine Weiterentwicklung des Gesetzes, die die Intention von 2002 bestätigt.

Rede am 11. April 2008 im Deutschen Bundestag anlässlich der Plenardebatte zum Stammzellgesetz

Wissenschaftlerinnen und Wissenschaftler haben ebenso ethische Überzeugungen wie wir. Sie stehen in Deutschland mit ihrer Arbeit auf dem Wertefundament, das sich auch in unserer Verfassung findet. Sie sind keine bloßen Interessenvertreter. Und sie wissen zugleich, dass wir ihre Argumente bei Gesetzgebungsverfahren sorgsam prüfen müssen. Deshalb sollte uns auch klar sein, dass bei der Frage der Novellierung des Stammzellgesetzes nicht auf der einen Seite nur Interessen im Spiel sind bei jenen, die sich für eine Veränderung aussprechen, und auf der anderen Seite Moralität bei jenen, die gegen jede Veränderung sind.

Schon das bestehende Stammzellgesetz war verbunden mit einem schwierigen Prozess, Positionen miteinander zu verbinden, die sich schwerlich verbinden lassen. Das ging nur über den Weg der Abwägung. Der jetzige Inhalt des Gesetzes war die Verbindung von Lebensschutz und einem schmalen, streng definierten Korridor für die Forschung.

Er war nur möglich, weil klargestellt wurde, dass es keinen Anreiz für die Herstellung menschlicher Embryonen für die Forschung geben darf und auch keine Anreize zum Verbrauch von menschlichen Embryonen gegeben werden dürfen. Deshalb gibt es den Stichtag in der Vergangenheit.

Die Forschung gewinnt embryonale Stammzelllinien aus solchen Embryonen, bei denen die Entscheidung bereits getroffen ist, sie nicht für eine Schwangerschaft einzusetzen.

Wir entscheiden heute, wenn wir über eine Stichtagsverlegung sprechen, nicht darüber, ob aus diesen überzähligen Embryonen Stammzellen gewonnen werden dürfen. Wir entscheiden auch nicht über den Import solcher im Ausland gewonnenen Stammzellen. Beides gehört zum Inhalt des bestehenden Gesetzes.

Wer – wie ich – findet, dass eine Verlegung des Stichtages auf ein neues, in der Vergangenheit liegendes Datum verantwortbar ist, ist sich auch bewusst, dass das aus der Gesetzeslage resultierende ethische Dilemma nicht aufgelöst wird. Ich bin aber zugleich der Meinung, dass wir dieses Dilemma nicht vergrößern und halte eine solche kleinstmögliche Veränderung des Gesetzes für eine Weiterentwicklung eben dieses Gesetzes.

Nun ist in den vergangenen Wochen immer wieder die Frage gestellt worden, ob für den Erfolg ethisch unbedenklicher Forschung tatsächlich der Vergleich mit embryonalen Stammzelllinien zwingend sei, da es Stammzellforschung und auch Zelltherapien gibt, die diesen Vergleich nicht brauchen. Für jene, die reprogrammieren, ist aber die Überprüfung ihrer Erkenntnisse mit qualitativ besseren embryonalen Stammzelllinien notwendig. Aus der Antwort meines Hauses auf eine Anfrage des Kollegen Hüppe wird auch ersichtlich, dass die Zahl der infrage kommenden registrierten Stammzelllinien überschaubar ist, also auch von daher nicht von einem Dammbruch gesprochen werden kann.

Wer den Vergleich aus ethischen Gründen ablehnt, möge daraus aber nicht den Schluss ziehen, dass er auch sachlich nicht nötig ist. Der Vergleich ist gerade da unerlässlich, wo sich neue Wege der Gewinnung pluripotenter Stammzellen ergeben.

Aus all dem ergibt sich für mich nach gewissenhafter Prüfung der Argumente, dass eine Verschiebung des Stichtages auf einen neuen Zeitpunkt in der Vergangenheit verantwortbar ist, um den schmalen Korridor für die Forschung zu erhalten, der im Stammzellgesetz von 2002 vorgesehen ist. Mir geht es vor allem um jene Forschergruppen, die mit ihrer Arbeit dazu beitragen, dass wir dauerhaft zu einer Stammzellforschung kommen können, die ohne den Verbrauch menschlicher Embryonen zur Gewinnung von Stammzelllinien auskommt.

Kirchliches Lehren im sittlichen Bereich

Regelungskompetenz des kirchlichen Lehramts in moralischen Fragen

von Christoph Böttigheimer

Trotz eines wachsenden Plausibilitätsschwunds an Glaubenseinsichten bleiben kirchenoffizielle Verlautbarungen und Stellungnahmen zu ethischen Themen und Fragestellungen nicht unbeachtet. Im moralischen Bereich wird die Stimme der Kirchen und Theologen noch durchaus gehört, was die Reaktion auf die Sozialpapiere der großen Kirchen in Deutschland oder deren Mitarbeit im Deutschen Ethikrat oder in den Enquête-Kommissionen des Deutschen Bundestages deutlich macht. Zur Diskussion stehen Fragen wie Abtreibung, In-vitro-Fertilisation, Stammzellenforschung oder Euthanasie, die jüngst anlässlich des Falls Terri Schiavo[1] in den USA und Piergiorgio Welby[2] in Italien in das Bewusstsein einer breiten Öffentlichkeit getreten ist.

Fragen Gesellschaft und Politik nach der Lehre der katholischen Kirche in konkreten ethischen Problemen, verbindet sich damit zumeist die Erwartung einer eindeutigen, verbindlichen Antwort. Diese ist indes nicht immer sogleich eruierbar[3], stellt doch die Erkenntnisgewinnung in Theologie und Kirche grundsätzlich einen komplex-komplizierten Vorgang dar, insbesondere in moralischen Belangen. Denn einerseits werden die ethischen Fragestellungen immer diffiziler und andererseits ist das kirchliche

---

[1] Der Fall hat in den USA zu großem Medienecho geführt. Sie war 1990 ins Wachkoma gefallen und 15 Jahre künstlich ernährt worden. Nach langer und harscher Auseinandersetzung (gerichtlich und vor allem medial) zwischen ihrem Ehemann und ihren Eltern wurde auf richterlichen Beschluss die Magensonde entfernt, so dass Frau Schiavo starb.

[2] Piergiorgio Welby litt an Muskeldystrophie, war seit Jahren gelähmt und zehn Jahre an sein Bett gefesselt, wurde beatmet und konnte nur noch über Augenzwinkern kommunizieren. Sein Arzt verabreichte ihm 2006 ein Beruhigungsmittel und entfernte den Beatmungsschlauch. Die Kirche in Italien hat ihm das Begräbnis verweigert, betet allerdings für sein Seelenheil.

[3] Unterschiedlich waren beispielsweise die Hirtenworte amerikanischer, französischer und deutscher Bischöfe in der ethischen Bewertung der Sicherheitspolitik durch nukleare Abschreckung (*Schuster, Josef*, Die Kompetenz des Lehramtes in Fragen der Moral. Historischer Überblick und systematische Überlegungen, in: *Alfons Auer* [Hrsg.], Die Autorität der Kirche in Fragen der Moral, Freiburg 1984, 69–89, hier 69).

Lehramt in ethischen Fragen auf ganz unterschiedliche Instanzen verwiesen: „Bei ihrer Aufgabe, die christliche Moral zu lehren und anzuwenden, benötigt die Kirche den Eifer der Seelsorger, das Wissen der Theologen und den Beitrag aller Christen und Menschen guten Willens."[4]

Nachfolgend soll zunächst das Interaktionsgefüge theologischer Erkenntnisgewinnung bzw. das Zustandekommen kirchlicher Lehrmeinungen (I.) näher beleuchtet, sodann die zunehmende Kompetenzerweiterung des kirchlichen Lehramts in den letzten Jahrzehnten dargelegt (II.) und abschließend die lehramtliche Kompetenz in konkreten moralischen Fragen (III.) beleuchtet werden, bevor ein problemorientierter, perspektivischer Ausblick (IV.) folgt.

I. Lehren der Kirche

1. Quellen theologischer Erkenntnis

Die Kirche gewinnt ihre theologischen Erkenntnisse und Lehreinsichten ausschließlich anhand des kognitiven Gehalts der geschichtlich ergangenen Offenbarung Gottes, der in der theologischen Prinzipien- und Erkenntnislehre auf den Begriff „Wort Gottes" gebracht wird. Dieses Wort Gottes, das im Wortgeschehen der Verkündigung weitergegeben wird, liegt der Kirche jedoch nicht direkt vor, sondern immer nur vermittelt durch Objektivationen (Hl. Schriften, regula fidei, Glaubenssymbola, Tradition etc.) im Raum der Kirche; es wird an unterschiedlichen Orten bezeugt und gesichert. Wo sind solche Orte und welche Verbindlichkeit kommt ihnen zu? Dieser Frage ging erstmalig der Dominikaner Melchior Cano (1509–1560) in systematischer Absicht nach[5]; seine theologische Methodenlehre „De loci theologicis" ist 1563 posthum erschienen.[6] Die „loci" werden von Cano selbst als „domicilia", Heimstätten, Wohnsitze für die Argumente des theologischen Beweises

---

[4] Katechismus der Katholischen Kirche, München 1993, Nr. 2038.

[5] In den mittelalterlichen Theologenschulen wurden einzelne Fragen der Theologischen Erkenntnislehre – Theorie des Glaubensaktes, Wissenschaftscharakter der Theologie, Verhältnis von Offenbarung (auctoritas) und Vernunft (ratio), theologische Qualifikationen – in den Einleitungen zu den theologischen Summen und Sentenzenkommentaren behandelt. Erste erkenntnistheoretische Untersuchungen lieferten im 14. Jahrhundert u. a. Pierre d'Ailly (1351–1420) und Jean Gerson (1363–1429). Seit dem 16. Jahrhundert kamen dann systematisch ausgearbeitete Darlegungen der Theologischen Erkenntnis auf.

[6] *Cano, Melchior*, De locis theologicis libri XI. Erste Ausgabe von Mathias Gastius, Salamanca 1563.

verstanden. Wird jedoch in einer Relecture seines Werkes diese Engführung überwunden, können die loci theologici als Bereiche der Bezeugung, Auslegung, Vergewisserung und Beförderung des Glaubens verstanden werden, als „lebendige und aktive Trägerschaften" des Wortes Gottes, „in denen sich Erkenntnis ereignet und ereignet hat"[7] und denen darum Autorität zukommt. Weil an diesen Orten Gottes Wort normativ gelebt und bezeugt wird, kommen sie quasi Quellen (principium) gleich, anhand derer Theologie und Kirche ihre Erkenntnisse gewinnen. Die loci theologici bilden ein interaktives Regelgefüge, innerhalb dessen das Wort Gottes zur Sprache kommt, sich die göttliche Offenbarung konkretisieren und daraus theologische Erkenntnis geschöpft werden kann.

Cano unterscheidet näherhin zehn lebendige Bezeugungsinstanzen des Wortes Gottes[8], die sich entsprechend dem Kriterium innerer und äußerer Autorität in zwei Gruppen einteilen lassen, ohne indes getrennt zu sein: Die ersten sieben loci – kanonische Bücher der Hl. Schrift, mündliche Überlieferungen Christi und der Apostel, Gesamtkirche, Konzilien, römische Kirche bzw. päpstliches Lehramt, hl. Kirchenväter, Theologen – gelten als erstrangige Fundorte (loci theologici proprii), da sie auf der Autorität göttlicher Offenbarung (Innen) beruhen, während die andern drei loci – natürliche Vernunft, Philosophen, Geschichte der Menschheit –, insofern sie auf der Autorität des Außen beruhen, beigeordnete und allgemeine Fundorte (loci theologici adscriptitii) darstellen. Nichtsdestotrotz gilt auch die geschichtliche Welt als ein theologisches Erkenntnisprinzip. Die ersten beiden loci proprii gelten als „propria et legitima theologiae principia", sie sind nämlich theologieeigen, während die anderen fünf loci theologieabgeleitet sind, d. h. als interpretative loci zu gelten haben. Der Traditionsprozess wird somit als Deutungsprozess des Ursprungs vorgestellt, in dem die Hl. Schrift und mündliche Überlieferung, der gelebte Glaube der Gesamtkirche, die kirchlichen Entscheidungsinstanzen (Konzilien, päpstliches Lehramt) sowie die Theologie (hl. Kirchenväter, Theologen) zusammenwirken.

Wichtiger als die konkrete Anzahl der loci theologici ist wohl Canos Überzeugung, dass die loci Fundorte theologischen Wissens sind, denen in unterschiedlichem Maße Autorität bzw. eine Wächterfunktion zukommt. Sein besonderes Interesse war es, den Grad

---

[7] *Seckler, Max*, Die ekklesiologische Bedeutung des Systems der „loci theologici". Erkenntnistheoretische Katholizität und strukturale Weisheit, in: *ders.*, Die schiefen Wände des Lehrhauses, Freiburg 1988, 79–104, hier 96.

[8] *Ders.*, Communio-Ekklesiologie, theologische Methode und Loci theologici, in: Theologische Quartalschrift 187 (2007) 1–20, hier 8.

der Autorität, der den einzelnen Quellen innewohnt, herauszufinden. Der Glaube wird von der Autorität der Argumente bestimmt, mit denen er präsentiert wird – auf den Überzeugungswert einzelner Darstellungen kommt es an. Damit liegt hier erstmals eine systematische theologische Methodenlehre vor, die allerdings noch sehr offen war. In der Neuscholastik wurden die loci schließlich in eine feste Ordnung gebracht, wobei allerdings das kirchliche Lehramt zum dominierenden Prinzip der theologischen Erkenntnis avancierte, was sich insbesondere auf dem Ersten Vatikanum niederschlug. Der Dreischritt der neuscholastischen Theologie lautete: Darlegung des lehramtlich fixierten Glaubens, dessen Begründung aus Schrift und Tradition und schließlich spekulative Durchdringung mit Hilfe von Konklusionen. Diese neuscholastische Engführung konnte nach ersten Anfängen im Reformkatholizismus des 19. Jahrhunderts erst dank verschiedener Erneuerungsbewegungen im 20. Jahrhundert endgültig überwunden werden.

Die katholische Theologie tendiert in der Diskussion um die Autorität der einzelnen loci theologici zu einer aktiven Interaktion verschiedener Instanzen. John Henry Newman hat in diesem Zusammenhang im 19. Jahrhundert von einer wünschenswerten „conspiratio pastorum et fidelium"[9] von Lehramt, Glaubenssinn des Gottesvolkes und Theologie gesprochen. Ein Problem entsteht immer dort, wo eine Instanz oder eine Person sich auf Kosten der anderen verabsolutiert. Johann Adam Möhler nennt deshalb die beiden Extreme des kirchlichen Lebens „Egoismus".

„[S]ie sind: wenn *ein jeder* oder wenn *einer* alles sein will; im letzten Fall wird das Band der Einheit so eng und die Liebe so warm, daß man sich des Erstickens nicht erwehren kann; im erstern fällt alles so auseinander, und es wird so kalt, daß man erfriert; der eine Egoismus erzeugt den andern; es muß aber weder einer noch jeder alles sein wollen; alles können nur alle sein, und die Einheit aller nur ein Ganzes. Das ist die Idee der katholischen Kirche."[10]

Hans Urs von Balthasar spricht vom katholischen „und"[11]: Natur und Gnade, Schrift und Tradition, Vernunft und Offenbarung etc.

---

[9] *Newman, John Henry*, On consulting the Faithful in Matters of Doctrine, London 1859, § 3 (dt.: Über das Zeugnis der Laien in Fragen der Glaubenslehre, in: *ders.*, Ausgewählte Werke [Hrsg. *Laros, Matthias, Becker, Werner*], Bd. IV, Mainz 1959, 290, vgl. 264; 269).

[10] *Möhler, Johann Adam*, Die Einheit in der Kirche oder das Prinzip des Katholizismus dargestellt im Geiste der Kirchenväter der drei ersten Jahrhunderte, hrsg., eingeleitet und kommentiert v. *Josef Rupert Geiselmann*, Darmstadt 1957, 237.

[11] *Balthasar, Hans Urs von*, Der antirömische Affekt. Wie lässt sich das Papsttum in der Gesamtkirche integrieren?, Einsiedeln ²1989, 248–253, bes. 249.

Heute haben sich die Konfessionen in der theologischen Prinzipien- und Erkenntnislehre weitgehend angenähert und die meisten christlichen Theologen gehen von fünf „loci theologici" als Bezeugungsinstanzen des Wortes Gottes aus[12], von denen zwei der Vergangenheit zugewandt sind: Hl. Schrift und Tradition, und die restlichen drei den Glauben der Kirche gegenwärtig objektiv und verbindlich bezeugen: Lehramt, Theologie und Glaubenssinn der Gläubigen. Diese fünf Bezeugungsinstanzen der Glaubenswahrheit sind je für sich eigenständige Größen. Dennoch durchdringen und bereichern sie sich gegenseitig, bezeugen sie doch auf je unterschiedliche Weise ein und dasselbe Wort Gottes. Allerdings gestaltet sich das Zusammenspiel der drei gegenwartsbezogenen Bezeugungsgestalten des Wortes Gottes im kirchlichen Leben nie ganz spannungsfrei.

2. Glaubenssinn der Gläubigen

Als ersten und damit wichtigsten interpretativen locus theologicus nennt Cano das Glaubensbewusstsein der Gesamtkirche. Die Kirche tritt in besonderer Weise als Subjekt der Wahrheitsfindung auf, ist sie doch primordialer Träger der apostolischen Überlieferung. Das heilige Volk ist in seiner Gesamtheit Geschöpf des göttlichen Wortes, weshalb sich die Kirchlichkeit des Wortes Gottes auf das Christusvolk als Ganzes bezieht. Alle Gläubigen haben am Wort Gottes aktiv teil und die gesamte Kirche ist Lern- und Lehrgemeinschaft.[13] Alle Getauften sind Subjekt des innerkirchlichen Wortgeschehens; sie sind Ort und Hort der Offenbarungswirklichkeit und haben am Handlungsdialog Gottes mit den Menschen teil (DeiV[14] 2): Das Gottesvolk hält „unter der Leitung des heiligen Lehramtes ... den einmal den Heiligen übergebenen Glauben (vgl. Jud 3) unverlierbar fest" (LG = Lumen gentium 12), indem es ihn lebendig bekennt und verwirklicht. Für das Gotteswort trägt das Kirchenvolk also eine aktive Verantwortung; es ist primärer Träger des auf Christus zurückgehenden Lehrauftrags.

Das Festhalten der Gläubigen am Wort Gottes schließt die Infallibilitas in credendo mit ein, was von den Konzilsvätern durch

---

[12] Bilaterale Arbeitsgruppe der Deutschen Bischofskonferenz und der Kirchenleitung der Vereinigten Evangelisch-Lutherischen Kirche Deutschlands, Communio Sanctorum. Die Kirche als Gemeinschaft der Heiligen, Nr. 42–73.

[13] *Böttigheimer, Christoph*, Mitspracherecht der Gläubigen in Glaubensfragen, in: Stimmen der Zeit 214 (1996) 547–554.

[14] Dei Verbum, Dogmatische Konstitution über die göttliche Offenbarung des Zweiten Vatikanischen Konzils, in: Lexikon für Theologie und Kirche Ergzbd. 2 (²1967) 497–583.

die Geistsalbung und den supernaturalis sensus fidelium begründet wird (LG 12): Alle Glieder der durch Gottes Pneuma geleiteten Kirche besitzen aufgrund ihres Glaubens die unfehlbare Geistgabe, mit dem Gegenstand des Glaubens innerlich überein zu stimmen, d. h. „den Glaubensgegenstand ... so zu erfassen, daß dieser erfaßte ‚Gegenstand' dem Erfassungsvermögen des Gläubigen konnatural ist".[15] Der mit dem Glauben gegebene Sinn ist also Bedingung der Möglichkeit, dass das Volk Gottes den wahren Glauben unfehlbar erkennt und übermittelt, was wiederum Voraussetzung der Infallibilitas magisterii ist. Wegen der Unmittelbarkeit des sensus fidelium zum Geist Gottes muss von einer originären Form der Glaubenserkenntnis gesprochen werden und damit von einer originären Lehrautorität der Gläubigen. Der Glaubenssinn ist ursprünglicher Bestandteil kirchlicher Erkenntnisstruktur und darum ist der geistgewirkten Glaubensüberzeugung der Gesamtkirche eine institutionelle Geltung innerhalb der theologischen Erkenntnislehre einzuräumen.

Das Zweite Vatikanum hat die theologische Bedeutung des unfehlbaren Glaubenssinns der Gläubigen als eines eigenen Erkenntniskriteriums des Gotteswortes neu aktualisiert. Denn wurde seit der Alten Kirche bis ins 19. Jahrhundert dem Glaubenszeugnis der Gläubigen eine hohe dogmatische Relevanz zugemessen, die Gesamtkirche als kriteriologische Instanz herangezogen und das Charisma des kirchlichen Glaubenssinns von Kirchenvätern, Bischöfen und Theologen reflektiert, so geriet in der Neuzeit die Geistgabe irrtumsfreier Wahrheitserkenntnis vor allem aufgrund eines instruktionstheoretischen Offenbarungsmodells und einer vertikal am Leib Christi orientierten und juridisch verengten Ekklesiologie zunehmend in den Hintergrund: Im Zuge der Zweiteilung der koinonia in eine lehrende und eine lernende Kirche wurde die Unfehlbarkeit einseitig auf das Amt verlagert, aus der aktiven Unfehlbarkeit der Gesamtkirche eine passive und aus der aktiven Stimme des Volkes ein passiver Glaubensgehorsam. Damit büßte der Glaubenssinn als Erkenntniskriterium der Glaubenswahrheit seine theologische Relevanz mehr und mehr ein[16], bis er schließlich von der „Römischen Schule" des 19. Jahrhunderts nur noch als Reflex der kirchlichen Hierarchie interpretiert wurde.

Dass das Zweite Vatikanum den Ort göttlicher Offenbarung

---

[15] *Wagner, Harald*, Glaubenssinn, Glaubenszustimmung und Glaubenskonsens, in: Theologie und Glaube 69 (1979) 263–271, hier 264.

[16] *Beinert, Wolfgang*, Bedeutung und Begründung des Glaubenssinnes (sensus fidei) als eines dogmatischen Erkenntniskriteriums, in: Catholica 25 (1971) 271–303, hier 272–288.

wieder auf die Kirche als Ganzes ausdehnte und den Begriff des Glaubenssinns („sensus fidei") neu aufgriff, hat Auswirkungen auf den erkenntnistheoretischen Standort des Lehramts: Weil die gesamte Glaubensverantwortung beim Volk Gottes liegt, ist das Lehramt ein Teilsubjekt neben anderen und hat sich in den Wahrheitsfindungsprozess zu integrieren, seine Funktion mit anderen Erkenntnisinstanzen zu vermitteln und mit diesen zu kommunizieren. „Wie andere Teilsubjekte ihren Subjektstatus nur zusammen mit ihrer gegenseitigen Kommunikation erlangen, entwickeln und behalten, so auch das Lehramt."[17] Als korrespondierendes Teilsubjekt steht das Lehramt in der Pflicht, seine Erkenntnisse und Entscheidungen argumentativ einsichtig zu machen und nicht allein auf die Glaubenspflicht der Gläubigen zu rekurrieren. Nur so kann eine Kommunikation stattfinden und können die Gläubigen ihre Glaubenserfahrungen und -praxis einbringen bzw. in späteren kirchlichen Lehramtsverkündigungen ihren eigenen, apostolischen Glauben wieder erkennen und lehramtliche Entscheidungen kritisch, verantwortet rezipieren.

Das kirchliche Lehramt ist stets auf den Glauben der Gesamtkirche bezogen. Es lehrt nichts anderes, als in der Kirche direkt oder indirekt als von Gott geoffenbarte Wahrheit geglaubt wird. Umgekehrt rezipiert die Gesamtkirche die Lehrentscheidungen des kirchlichen Lehramts als Ausdruck ihres eigenen Glaubens. Diese wechselseitige Bezogenheit und Rezeption ist wie der Glaube selbst wesentlich geistgetragen und geisterfüllt. Eine lebendige Perichorese zwischen Lehramt und authentischem Glaubenssinn wird durch die nur bedingte Objektivierbarkeit des Glaubenssinns des ganzen Volkes („sensus fidelium") erschwert, aber nicht verunmöglicht, insofern nämlich der Glaubenssinn der Gesamtkirche „consensus fidelium" eine soziale, feststellbare Gestalt annimmt, sich die Unfehlbarkeit „im Glauben" in der „allgemeine[n] Übereinstimmung [des ganzen Volkes] in Sachen des Glaubens und der Sitte äußert" (LG 12).

3. Zweifaches Lehramt

Cano geht sowohl von der Unfehlbarkeit des päpstlichen Lehramtes als auch von der Irrtumslosigkeit des übereinstimmenden Urteils der Theologen aus. Tatsächlich wurden die Kirchenväter

---

[17] *Wiederkehr, Dietrich,* Sensus vor Consensus: auf dem Weg zu einem partizipativen Glauben – Reflexion einer Wahrheitsproblematik: Der Glaubenssinn des Gottesvolkes – Konkurrent oder Partner des Lehramts? (Quaestiones disputatae 151), Freiburg i.Br., Basel, Wien 1994, 182–206, hier 199.

seit der Spätantike zur literarischen Quelle und zur Autorität theologischer Erkenntnisgewinnung, auf deren Schriften und Lehren sich auch das kirchliche Lehramt häufig berief[18], und immer wieder betonte, dass „gegen die einmütige Übereinstimmung der Väter" die Hl. Schrift nicht ausgelegt werden darf.[19] Im Zuge der Konstituierung einer schulmäßigen Theologie im 12./13. Jahrhundert kam es zur Ausbildung eines zweifachen Lehramtes in der Kirche: „magisterium cathedrae pastoralis" bzw. „pontificalis" und dem „magisterium cathedrae magistralis".[20] Grund dieser Zweiteilung sind nach Thomas von Aquin die beiden unterschiedlichen Typen der „doctrina fidei". Sie umfasst zum einen die überlieferte, vor- und außerwissenschaftliche Lehre, die den informativen Gehalt des apostolischen Kerygmas vermittelt, und zum anderen die akademisch-wissenschaftliche Lehre, die gestützt auf die Glaubens- und Vernunftprinzipien eine Analyse der Glaubenswahrheiten und ihrer inneren Kohärenz betreibt. Die irreduzible Eigengesetzlichkeit glaubenswissenschaftlicher Erkenntnisgewinnung begründet die Eigenständigkeit der theologischen Lehre bzw. des theologischen Lehramts und sichert ihm den Rang einer eigenen Bezeugungsinstanz des Glaubens der Kirche zu. Aufgrund der konstruktiven wie auch kritischen Funktion der universitären Theologie stehen pastorales und wissenschaftliches Lehramt in einem polaren Spannungsverhältnis zueinander – analog dem Verhältnis von Glaube und Wissen(schaft).

Wie sich die beiden Typen von Lehre funktional und strukturell unterscheiden, so auch die zwei Arten des Lehramtes. Papst und Bischöfen fällt als Trägern des kirchlichen Lehr- und Hirtenamtes[21]

„die Sorge für den diachronen und synchronen Konsens der Kirche zu, um so Glaubwürdigkeit des Evangeliums und Identität der Gemein-

---

[18] *Denzinger, Heinrich*, Enchiridion symbolorum, definitionum et declarationum de rebus fidei et morum. Kompendium der Glaubensbekenntnisse und kirchlichen Lehrentscheidungen. Lat.-dt., übers. u. hrsg. v. *Peter Hünermann*, Freiburg, Basel, Wien [40]2005 (= DH), 271, 370, 396, 399, 485, 501, 548, 550, 635, 1510, 2876 u.ö.

[19] DH (s. Anm. 18), 1507, 1863, 2771, 2784, 3007.

[20] *Thomas von Aquin*, Quodlibet III q.4 a.I[9]c; Summa theologiae II–II q.1 a.10; Scripta Super Libros Sententiarum ds. 19 qu. 2 ar. 2b ra 4.

[21] Träger des kirchlichen Lehramtes sind die Einzelbischöfe, Bischofsgremien und Papst. Sie können ihr Lehramt auf zweierlei Weise (DH [s. Anm. 18], 3011; LG 25) ausüben, entweder auf ordentliche Weise, d. h. die alltägliche, nicht irrtumsfreie Lehrtätigkeit von Einzelbischöfen (Katechismus, Hirtenschreiben, Predigt etc.) oder Papst (Enzyklika, Apostolische Konstitution etc.) sowie die einmütige Glaubensübereinstimmung aller Bischöfe zusammen mit dem Papst außerhalb des Ökumenischen Konzils (irrtumsfrei) umfassend, als auch auf außerordentliche Weise, d. h. die konziliaren, irrtumsfreien Definitionen eines ökumenischen Konzils oder die definitiven Äußerungen aufgrund der höchsten Gewalt des Papstes (ex cathedra) umfassend.

schaft der Glaubenden zu wahren. Dieser Konsens umfasst ebenso die Bekenntnissätze wie die korrespondierenden Lebensformen, ohne welche solche Bekenntnissätze und die Identität der Glaubensgemeinschaft Schaden nehmen"[22].

Den Theologen obliegt dagegen der wissenschaftliche Diskurs: das methodisch-systematische, streng an den Kriterien der Wissenschaft orientierte Erforschen des intellectus fidei sowie die zeitgemäße, praxis- und zukunftorientierte Explikation der Glaubensregel, unter Berücksichtigung anderer innerkirchlicher Bezeugungsgestalten des Wortes Gottes und verwandter wissenschaftlicher Disziplinen („loci theologici alieni"). Beide Lehrämter sind zwar aufgrund der Eigenständigkeit ihrer Lehrarten selbständige Erkenntniskriterien des Glaubens, doch ist dem episkopalen Lehramt zusätzlich die mit der sakramentalen Ordination verliehene jurisdiktionelle Lehrgewalt inne, das letztinstanzliche Wächteramt über Einheit und Kontinuität des kirchlichen Glaubens. Ihm obliegt die authentische Verkündigung und verbindliche Erklärung der apostolischen Überlieferung, des depositum fidei, das sich aus Hl. Schrift und Tradition zusammensetzt und in den lehramtlichen Verlautbarungen seit dem Trienter Konzil mit der Paarformel „Glaube und Sitten" (fides et mores) umschrieben wird, wobei der Begriff „mores" im Laufe der Zeit unterschiedlich eng bzw. weit gefasst wurde – während er auf dem Tridentinum noch die Disziplin im Sinne von Realtraditionen mit umfasste, wurde er auf dem Ersten Vatikanum auf das sittliche Verhalten enggeführt.[23] Außerdem lehrt das Magisterium unfehlbar, wenn die Absicht zu einer unfehlbaren Lehraussage eindeutig zum Ausdruck kommt[24] und das kirchliche Lehramt kollegial ausgeübt wird oder der Papst allein ex cathedra spricht.

4. Kooperative Partnerschaft

Den drei Erkenntnisinstanzen – pastorales Lehramt, wissenschaftliche Theologie und Glaubenssinn der Gläubigen – ist gemeinsam, dass sie unter dem Primat des Wortes Gottes, im Dienst an der Wahrheit stehen und den Glauben der Kirche verbindlich bezeugen. Als Funktionsmomente des kirchlichen Lebens ist ihnen das

---

[22] *Hünermann, Peter*, Verbindlichkeit kirchlicher Lehre und Freiheit der Theologie, in: Theologische Quartalschrift 187 (2007) 21–36, hier 33.

[23] *Riedl, Alfons*, Die kirchliche Lehrautorität in Fragen der Moral nach den Aussagen des Ersten Vatikanischen Konzils, Freiburg i.Br. u. a. 1979, 363f.

[24] Nach dem Codex Iuris Canonici. Kodex des kanonischen Rechts, ⁴1994 (= CIC), can. 749 § 3, muss vom Papst oder von einem Konzil deutlich bekundet werden, wenn eine Aussage als irreformabel anzusehen ist.

Kriterium der Kirchlichkeit wesensimmanent. Aufgrund ihrer Irreduzibilität sind sie zudem eigenständige Bezeugungsinstanzen für die Glaubensregel, doch stehen sie wegen der „prima veritas"[25], die sie gemeinsam bezeugen, in einer funktionalen Relation: In ihrer bleibenden Verwiesenheit[26] haben sie aufeinander zu hören und insofern, als sie unterschiedliche Profile aufweisen und die Aufgabe der Glaubensinterpretation auf je unterschiedliche Weise erfüllen, sich gegenseitig ihre Erfahrungen und Erkenntnisse zu vermitteln. Denn das Lehramt kann nur verkünden, was die Gesamtheit der Kirche glaubt bzw. das ganze „heilige Volk" dank seines Glaubenssinns als apostolische Überlieferung festhält. Weil es „aus diesem einen Schatz des Glaubens schöpft" (DeiV 10), hat es den Glaubenssinn des ganzen Christusvolkes als relativ eigenständige, irreduzible Bezeugungsgestalt, als ein normatives Erkenntniskriterium der Glaubenswahrheit zu respektieren. Dies trifft umgekehrt auf die Gläubigen zu: Weil der Glaube vom Hören kommt (Röm 10,14), ist das Gottesvolk in seinem Glauben auf die lehramtliche Verkündigung angewiesen.

Auch die universitäre Theologie spielt für die Erkenntnisgewinnung im Glauben eine nicht unwesentliche Rolle. Da der Glaube selbst nach Erkennen fragt, vermögen weder das Lehramt noch die Gläubigen auf evidente Erläuterungen der Glaubenssätze, auf vertiefte Glaubenserkenntnisse und theologisch-differenziertes Fachwissen als Bedingung der Möglichkeit einer argumentativ verantworteten Glaubensentscheidung zu verzichten, wie umgekehrt die Glaubenswissenschaft bei ihrer Glaubensbegründung und -auslegung a priori den Glauben der Kirche voraussetzt. „[E]ine Kirche ohne Theologie verarmt und erblindet; eine Theologie ohne Kirche aber löst sich ins Beliebige auf"[27], und eine Kirche ohne den Glaubenssinn verliert ihren Glauben und ihre Vitalität.[28]

---

[25] *Thomas von Aquin*, Summa theologiae II–II q.1 a.3.

[26] Sie sind „so miteinander verknüpft und einander zugesellt …, daß keines ohne die anderen besteht und daß alle zusammen, jedes auf seine Art, durch das Tun des einen Heiligen Geistes wirksam dem Heil der Seelen dienen" (DeiV 10).

[27] *Ratzinger, Joseph*, Wesen und Auftrag der Theologie. Versuche zu ihrer Ortsbestimmung im Disput der Gegenwart, Einsiedeln, Freiburg 1993, 41.

[28] *Steinhauer, Eric Wilhelm*, Die Lehrfreiheit katholischer Theologen an den staatlichen Hochschulen in Deutschland (Theologie und Hochschule 2), Münster 2006, 68: „Es ist im heutigen theologischen Kontext sicher unrichtig zu behaupten, das Lehramt könne unproblematisch ohne Rücksicht auf die wissenschaftliche Theologie und ohne Anbindung an den Glaubenssinn der Gesamtkirche lehren. Die vorkonziliaren, juridisch argumentierenden Positionen des Lehramtes sind von daher überholt und theologisch nicht mehr haltbar."

Da die Wahrheitserkenntnis als ein geschichtlich-hermeneutischer Prozess zu verstehen ist, „als Konvergenz *auf* Wahrheit *hin*"[29], legt sich die Interaktion der drei gegenwartsbezogenen Bezeugungsinstanzen des Glaubens nahe: Als offener Prozess liegt die Wahrheit nie abgeschlossen vor und bleibt die Erkenntnis einer theologischen Bezeugungsgestalt stets bruchstückhaft. Zudem handelt es sich aus demselben Grunde bei den theologischen Erkenntniskriterien um keine statische, sondern um dynamische, den geschichtlichen und kulturellen Wandlungen unterworfene Bezeugungsgestalten, die von den jeweiligen Erfahrungen in der je konkreten Welt und geschichtlichen Situation geprägt werden. So spiegelt sich in den Glaubenserkenntnissen die ganze Vielschichtigkeit gelebter Wirklichkeit wider, weshalb ein Konsens in Glaubensfragen nur in einem langen, geduldigen und vertrauensvollen Dialog gefunden werden kann.

Ein freier, streitbarer Dialog ist ferner in der immer komplexer werdenden inner- wie auch außerkirchlichen Problematik begründet, theologisch aber vor allem deshalb dringend geboten, weil Gott selbst als dialogische Gemeinschaft existiert, seiner Selbstoffenbarung eine dialogische Gestalt eignet und demzufolge die Kirche als Communio pluralistisch-dialogisch strukturiert ist. So ist die Kommunikation eine Seinsweise der Kirche; in ihrem dialogischen Miteinander ist Christus gegenwärtig.[30] Inneres Prinzip dieser Kommunikation ist der Hl. Geist, das Lebensprinzip der Kirche. Er wohnt Amtsträgern, Theologen und Gläubigen gleichermaßen inne, weshalb alle gemeinsam am prophetischen Amt Christi partizipieren und selbst Laien „gültige Verkünder des Glaubens an die zu erhoffenden Dinge" (LG 35) sind. Auch unter diesem ekklesiologisch-pneumatologischen Aspekt ergibt sich für die innerkirchlichen Bezeugungsgestalten der göttlichen Wahrheit die Verpflichtung zur ständigen Kommunikation und Kooperation. Daran ändert der Umstand nichts, dass das Amt seine Weihe und Sendung von Christus her empfängt und insofern mit seiner Bezeugungsfunktion des apostolischen Glaubens dem Christusvolk gegenübersteht. Denn weil der in jedem Gläubigen innewohnende Geist der Geist Jesu Christi ist, empfängt das Amt seine Autorität auch von der Kirche her, steht es immer auch im Volk Gottes und hat dieses zu repräsentieren. So kommt dem kirchli-

---

[29] *Wiederkehr*, Sensus vor Consensus (s. Anm. 17), 205.
[30] Mt 28,20; 18,19f.; *Koch, Günter*, Glaubenssinn – Wahrheitsfindung im Miteinander, in: *ders.* (Hrsg.), Mitsprache im Glauben? Vom Glaubenssinn der Gläubigen, Würzburg 1993, 99–114, hier 103ff.

chen Lehramt nicht nur die apostolische Verkündigung zu, sondern es hat auch im Sinne repräsentativer Vereindeutigung den Glaubenssinn qualifiziert zu bezeugen, was eine pneumatisch-aktive Rolle des Glaubenssinns der Gläubigen bei lehramtlichen Entscheidungen impliziert: Wie die Unfehlbarkeit des kirchlichen Lehramtes in docendo auf der grundlegenderen Unfehlbarkeit aller Gläubigen in credendo aufruht, so können kirchliche Lehramtsentscheidungen nicht anders als in Übereinstimmung mit den allgemeinen Glaubensüberzeugungen, dem Glauben der Kirche getroffen werden.

Die drei Subjekte der Glaubenskommunikation sind zwar, was die Lehrautorität anbelangt, ungleiche Partner, nicht aber unter kriteriologischem Gesichtspunkt: Innerhalb des kollektiven, dialogischen Wahrheitsfindungsprozesses hat das kirchliche Magisterium als korrespondierendes Teilsubjekt die Theologie und das ganze Gottesvolk mit seinem Glaubenssinn als vollwertige Dialogpartner zu respektieren; nur so kann ein fruchtbarer Dialog, wie er vom Zweiten Vatikanum empfohlen wurde, gelingen. Ein „aufrichtiger Dialog" setzt voraus, dass „bei Anerkennung aller rechtmäßigen Verschiedenheit, gegenseitige Hochachtung, Ehrfurcht und Eintracht" gepflegt werden, „um ein immer fruchtbareres Gespräch zwischen allen in Gang zu bringen, die das eine Volk Gottes bilden, Geistliche und Laien" (GS = Gaudium et spes 92). Das kirchliche Lehramt ist demnach keine ungebunden-absolutistische Autorität, sondern bringt das Wort Gottes immer nur auf seine Weise zur Sprache. Weil es nicht mehr als einen Platz im Chor der Bezeugungsinstanzen hat, ist es an den Glauben der Gesamtkirche gebunden. Kein locus ist eliminierbar, der Pluralismus der Bezeugungsarten ist irreduzibel und „kein locus theologicus der alleinige Herr über alle".[31]

Ein fruchtbarer Dialog setzt die Bereitschaft voraus, auf das Zeugnis anderer zu hören, deren Vorgaben aufrichtig zu beachten, sich füreinander zu öffnen, voneinander zu lernen und sich notfalls korrigieren zu lassen. „Dialog in diesem Sinne bedeutet ... Kommunikation, die Systemgrenzen überspringt, indem man versucht, die Perspektive derer, die ein anderes ‚System' repräsentieren, mit in Betracht zu ziehen und zu einem über den bloßen Interessenausgleich hinausgehenden Ergebnis zu gelangen."[32] Ein solcher

---

[31] *Seckler*, Communio-Ekklesiologie (s. Anm. 8), 1–20, hier 20.
[32] Kommission 8 „Pastorale Grundfragen" des Zentralkomitees der deutschen Katholiken am 5. Oktober 1991: Dialog statt Dialogverweigerung. Wie in der Kirche miteinander umgehen?, Berichte und Dokumente (1994/Heft 90), Zentralkomitee der deutschen Katholiken, 3–43, hier 13.

Dialog stellt ein Wagnis dar, da sein Ausgang offen ist. Doch birgt er die Chance in sich, dass sich in dieser Offenheit das Wort Gottes Gehör verschafft und sich die Wahrheit Gottes durchsetzt.

II. Kompetenzbereich des kirchlichen Lehramts

1. Irreduzible Eigenständigkeit der Theologie

Seit der wissenschaftsförmigen Ausbildung der Theologie im Kontext des mittelalterlichen Universitätswesens stellt die ekklesiologische Einordnung ihres Lehramts eine bleibende Herausforderung dar. Denn einerseits beansprucht die Theologie wissenschaftliche Autonomie: Freiheit des Denkens, der Methode, eigenständiges Urteilen und Führen des wissenschaftlichen Diskurses, andererseits aber unterliegt sie dem apostolischen Amt mit seiner normativen, regulativen Funktion. Die Theologie- und Kirchengeschichte zeigt, dass Freiheit und Einfluss des theologischen Lehramts bislang umso größer waren, je schwächer sich das Lehr- und Leitungsamt der Bischöfe bzw. das Papsttum gaben.[33] So kam beispielsweise seit dem Spätmittelalter den Theologen eine herausragende Bedeutung in Bezug auf die Lehre zu, wobei das wissenschaftliche Lehramt zunehmend auf die theologischen Fakultäten als öffentlich-rechtliche Institutionen übertragen wurde und führende theologische Fakultäten wie etwa die Sorbonne in Paris zu *„offiziellen gelehrten Körperschaften"*[34] aufstiegen, die nicht nur die akademische Lehre kontrollierten und Lehrbeanstandungsverfahren durchführten, sondern auch auf den außerwissenschaftlichen Bereich (Urteil der Bischöfe, Inquisitionstribunale etc.) lehramtlichen Einfluss nahmen und im Sinne der Wächterfunktion zur eigentlichen lehramtlichen Entscheidungsinstanz wurden.

Diese Entwicklung kehrte sich Mitte des 17. Jahrhunderts um: Die erstarkte päpstliche Zentralgewalt zog die Lehrautorität wieder an sich und brachte die universitäre Theologie in enge Abhängigkeit von sich: Übten einst die theologischen Fakultäten förmliche Lehrgewalt nach Art einer autonomen jurisdiktionellen Lehrinstanz aus, so musste die Theologie nun dem Papsttum dienen, indem sie den Wahrheitsgehalt päpstlicher Lehramtsentschei-

---

[33] *Seckler, Max*, Kirchliches Lehramt und theologische Wissenschaft, in: *ders.*, Die schiefen Wände (s. Anm. 7), 105–135, hier 108–127; *Hünermann*, Verbindlichkeit (s. Anm. 22), 22–25.

[34] *Scheeben, Matthias Joseph*, Theologische Erkenntnislehre (Handbuch der katholischen Dogmatik, 1. Buch), in: *ders.*, Gesammelte Schriften Bd. 3, Freiburg 1959, 94.

dungen aufzeigte und diese im Sinne des pastoralen Lehramts interpretierte. Ab dem 16. Jahrhundert lag die autoritative Lehrentscheidung zunehmend in der Hand des episkopalen Lehramts, das schließlich in der Restauration, dem Papalismus des 19. Jahrhunderts, seinen Höhepunkt erlangte.[35] Den theologischen Hintergrund bildete das neuzeitliche vertikale Kirchenbild: Die lehrende Kirche beanspruchte allein für sich die Überlieferung des Glaubensgutes und ordnete darum die Theologie der „ecclesia discens" zu. So behielt sich die Körperschaft der Hirten im 18./19. Jahrhundert allein die Bezeichnung „magisterium" und die authentische Lehrbefugnis vor.[36]

Mit dem Verlust des Rangs einer theologischen Bezeugungsinstanz änderte sich auch die Aufgabenstellung der Universitätstheologie: In völliger Abhängigkeit vom Lehramt oblag es ihr, die Aussagen desselben im amtlichen Sinne zu kommentieren, sie als offenbarungsgemäß zu erklären und den „Hörenden" zu vermitteln. Diese Zuordnung von Lehramt und Theologie blieb bis in die Mitte des 20. Jahrhunderts bestimmend. So bezeichnete es noch Papst Pius XII. in seiner Enzyklika „Humani generis" (12. August 1950) als die Aufgabe der Theologen, „zu zeigen, auf welche Weise sich das, was vom lebendigen Lehramt gelehrt wird, in der Heiligen Schrift und in der göttlichen ‚Überlieferung' – sei es ausdrücklich, sei es einschlußweise – findet" (DH 3886). Hier hatte die Theologie als Zuarbeiterin des Lehramts ihre kritisch-kriteriologische Funktion eingebüßt. Dies umso mehr, als das Lehramt die theologischen Ergebnisse vorwegnahm, indem sie die Art und Weise festschrieb, wie der Quellennachweis in Bezug auf eine kirchliche Lehrdefinition zu erfolgen hatte: „in eben diesem Sinne, in dem sie definiert wurde" (ebd.).

Erst das Zweite Vatikanum leitet eine erneute Wende in der Bedeutung der wissenschaftlichen Theologie für das kirchliche Lehramt ein. Den Hintergrund bildet die konziliare Worttheologie, die die Kirchlichkeit des Wortes Gottes über das kirchliche Lehramt hinaus auf die Kirche als Ganzes ausdehnt und dadurch die seit der ersten Hälfte des 18. Jahrhunderts geläufige Unterscheidung zwischen den „Laien" als den „Hörenden" und den „Geistlichen" als den „Lehrenden" aufhebt. Zudem bringt die „Dogmatische Konstitution über die göttliche Offenbarung" als

---

[35] *Congar, Yves*, Die Lehre von der Kirche. Vom Abendländischen Schisma bis zur Gegenwart (Handbuch der Dogmengeschichte III, 3d), Freiburg 1971, 89.
[36] *Ders.*, Die Geschichte des Wortes „magisterium", in: Concilium 12 (1976) 465–472.

lehramtlicher Text erstmals zum Ausdruck, dass das kirchliche Lehramt „nicht über dem Wort Gottes" steht, weshalb die Schrift nicht vom Lehramt her zu erklären ist, sondern umgekehrt, das Magisterium dem Wort Gottes zu dienen hat (DeiV 10): Lehrte noch die Enzyklika „Humani generis", die der Offenbarungskonstitution als Vortext zugrunde liegt, dass „das lebendige Lehramt ... das zu beleuchten und zu entfalten [habe], was in der Glaubenshinterlassenschaft nur dunkel und gleichsam einschlußweise enthalten ist" (DH 3886), so kehrt das Zweite Vatikanum diese Ordnung um und sieht in den Heiligen Schriften „zusammen mit der Heiligen Überlieferung ... die höchste Richtschnur ihres Glaubens (suprema fidei suae regula)" (DeiV 21), räumt also dem Wort Gottes die Funktion einer obersten erkenntnistheologischen Bezeugungsinstanz („norma normans non normata") ein. Im Zuge dieser gewandelten Kriteriologie theologischer Erkenntnis gewinnt die Theologie ihre Schriftunmittelbarkeit zurück und wachsen ihr wieder neue Aufgabenfelder zu, über den bloßen Schrift- und Überlieferungsbeweis lehramtlicher Aussagen hinaus: Die Theologie durchforscht „alle im Geheimnis Christi verborgene Wahrheit im Lichte des Glaubens" (DeiV 24).

Indem die Konzilsväter „das Studium des heiligen Buches gleichsam [als] die Seele der heiligen Theologie" (DeiV 24; OT = Optatam totius 16) bezeichnen, räumen sie der Heiligen Schrift eine grundsätzliche Priorität vor den kirchlichen Lehrvorlagen ein, was einem Paradigmenwechsel in der Theologie gleichkommt: Eine stärkere geschichtliche Akzentuierung, eine betont biblische und patristische Orientierung lösen eine überwiegend systematische Ausrichtung ab; das Studium der Schrift und der kirchlichen Überlieferung bilden nun den Ausgangspunkt theologischer Arbeit und nicht mehr thesenhafte systematische Fixierungen. Schrift- und Überlieferungsstudium bilden so die Basis für die eigentliche systematische Darstellung, bei der entsprechend dem Beispiel des heiligen Thomas als Lehrer und Meister „die Heilsgeschichte in ihrer Ganzheit spekulativ zu durchdringen und ihren Zusammenhang zu verstehen" ist (OT 16). Dabei betont das Konzil ausdrücklich, dass sich die dogmatische Analyse durch keine Uniformität auszeichnen kann, weder in Bezug auf die Methoden, noch auf die Erklärungen der Offenbarungswahrheit, sondern aufgrund der geschichtlichen Bedingtheit menschlichen Denkens „die verschiedene Art der theologischen Lehrverkündigung" als „legitime Verschiedenheit" anzusehen ist (UR = Unitatis redintegratio 17). Das Zugeständnis eines legitimen theologischen Pluralismus bedeutet im Hinblick auf das kirchliche Lehramt, dass auch dessen

Verlautbarungen situativ bedingt sind und darum zwischen dem Inhalt lehramtlicher Beschlüsse und der Theologie kirchlicher Lehrverkündigung eigens zu differenzieren ist. Aus diesem Grunde ist in nachkonziliarer Zeit eine eingehende theologische Diskussion vatikanischer Lehrschreiben zu beobachten. „Es werden Voraussetzungen und Verständnishorizonte untersucht, die vorgetragenen Lehren einer kritisch-argumentativen Diskussion unterzogen und Gewichtungen bzw. Differenzierungen im Blick auf Ergebnisse vorgelegt."[37]

Zwar halten die Konzilsväter ungebrochen am Lehrcharisma der Hirten fest, indem sie die authentisch-kritische Interpretation des Wortes Gottes allein dem kirchlichen Lehramt vorbehalten[38], doch lassen sie keinen Zweifel an der Bedeutung der universitären Theologie für die Kultur, die Glaubensvermittlung und das kirchliche Leben aufkommen (GS 44; 62; GE = Gravissimum educationis 11). Außerdem erkennen sie den Theologen die „entsprechende Freiheit des Forschens, des Denkens sowie demütiger und entschiedener Meinungsäußerung" zu (GS 62). Damit gewinnt die theologische Wissenschaft wieder ihre unverzichtbare, irreduzible Eigenständigkeit zurück und kommt ihr wieder der Rang einer verbindlichen Bezeugungsinstanz des Gotteswortes zu. Mit aller Deutlichkeit sprach sich Papst Johannes Paul II. bei seinem zweiten Pastoralbesuch in Deutschland (1980) für die Freiheit der theologischen Forschung und Lehre aus. Er bekräftigte, dass die akademische Theologie „in der Anwendung ihrer Methoden und Analysen" frei sei, und dass Lehramt und Theologie „nicht aufeinander reduziert werden" könnten, da beide unterschiedliche Aufgaben zu erfüllen hätten[39]. Zugleich forderte er die Theologen auf, das Gespräch mit dem Lehramt zu suchen und mit ihm zu kooperieren.

2. Ausweitung infalliblen Lehrens

Die Beziehung zwischen Theologie, Gottesvolk und kirchlichem Lehramt ist in nachkonziliarer Zeit immer wieder von Konflikten überschattet. Erinnert sei nur an die von der römischen Glaubenskongregation erlassene Instruktion über die kirchliche Berufung

---

[37] *Hünermann*, Verbindlichkeit (s. Anm. 22), 35.
[38] Seine Aufgabe ist es, „das geschriebene und überlieferte Wort Gottes verbindlich zu erklären" (DeiV 10).
[39] *Johannes Paul II.*, Ansprache bei der Begegnung mit Theologieprofessoren in Altötting am 18. November 1980, in: Theologie und Kirche. Dokumentation. 31. März 1991 (Arbeitshilfen 86), hrsg. v. Sekretariat der Deutschen Bischofskonferenz, Bonn 1991, 66–71, hier 69f.

des Theologen „Donum veritatis" (24. Mai 1990)[40], in welcher den Theologen die Freiheit, Glaubenssachverhalte auszuforschen, sofern deren Ergebnisse noch nicht feststehen, aberkannt wird. „In der Theologie ist diese Freiheit der Forschung innerhalb eines rationalen Wissens anzusetzen, dessen Gegenstand von der Offenbarung gegeben wird, wie sie in der Kirche unter der Autorität des Lehramtes übermittelt, ausgelegt und vom Glauben angenommen wird."[41] Hier ist weder vom Freiraum für den Prozess wissenschaftlicher Wahrheitssuche noch von der Koexistenz und Kooperation mehrerer loci theologici die Rede.

Spannungen können aber auch zwischen dem kirchlichen Lehramt und der Gemeinschaft der Gläubigen auftreten, sofern dem „Beitrag aller Christen und Menschen guten Willens" zu wenig Beachtung geschenkt wird, wie dies beispielsweise durch das Kirchenvolksbegehren deutlich wurde.[42] Umgekehrt verpflichtet das römische Lehramt die Gläubigen stärker auf die Einhaltung der kirchlichen Disziplin (Laieninstruktion[43], Liturgieinstruktion[44] etc.).

Zudem dehnt das ordentliche und universale Lehramt seinen Anspruch auf infallibles Lehren im sog. sekundären Objektbereich der Glaubensverkündigung immer weiter aus, indem es in theologisch teilweise umstrittenen Fragen „endgültige Lehren" erlässt, die irreformabel, unwiderruflich und unveränderlich sind.[45] Diesen

---

[40] Kongregation für die Glaubenslehre, Instruktion über die kirchliche Berufung des Theologen (24. Mai 1990) (Verlautbarungen des Apostolischen Stuhls 98), hrsg. v. Sekretariat der Deutschen Bischofskonferenz, Bonn 1990.

[41] Ebd., Nr. 12.

[42] *Mette, Norbert*, „Kein geeigneter Beitrag zum Innerkirchlichen Dialog?" Das „Kirchenvolksbegehren" einer dialogischen Kirche, in: *Gebhard Fürst* (Hrsg.), Dialog als Selbstvollzug der Kirche?, Freiburg i.Br. 1997, 329–343.

[43] Kongregation für den Klerus, Päpstlicher Rat für die Laien, Kongregation für die Glaubenslehre, Kongregation für den Gottesdienst und die Sakramentenordnung, Kongregation für die Bischöfe, Kongregation für die Evangelisierung der Völker, Kongregation für die Institute des geweihten Lebens und für die Gesellschaften des apostolischen Lebens, Päpstlicher Rat für die Interpretation von Gesetzestexten, Instruktion zu einigen Fragen über die Mitarbeit der Laien am Dienst der Priester (15. August 1997) (Verlautbarungen des Apostolischen Stuhls 129), hrsg. v. Sekretariat der Deutschen Bischofskonferenz, Bonn 1997.

[44] Kongregation für den Gottesdienst und die Sakramentenordnung, Instruktion Redemptionis Sacramentum über einige Dinge bezüglich der heiligsten Eucharistie, die einzuhalten und zu vermeiden sind (25. März 2004) (Verlautbarungen des Apostolischen Stuhls 164), hrsg. v. Sekretariat der Deutschen Bischofskonferenz, Bonn 2004.

[45] Der Begriff „irreformabilis" schließt „nur den Glaubensirrtum in der Definition aus [...], [behauptet] aber nicht ..., die dogmatische Formulierung müsse in jeder Hinsicht opportun sein, der berechtigten Mentalität einer Zeit völlig entsprechen oder könne auch in Zukunft nicht durch eine bessere Formulierung ersetzt werden. Die Dogmengeschichte hebt die vergangene Geschichte des Glaubens der Kirche nie auf, ist aber auch nie einfach abgeschlossen, sondern bleibt in diesem Sinne immer

neuen Lehrtyp, der sich in den römischen Dokumenten seit den 80er Jahren des letzten Jahrhunderts unter heftiger Kritik von Bischofskonferenzen und Theologen herausbildete[46], bemühte sich Papst Johannes Paul II. in seinem am 18. Mai 1998 als Motu Propri erlassenen apostolischen Schreiben „Ad tuendam fidem" rechtlich abzusichern.[47] Das von der Glaubenskongregation erlassene Glaubensbekenntnis „Professio fidei"[48] und der Treueid, der für kirchliche Ämter unterhalb des Bischofsamtes angeordnet wird, unterscheidet in seinen Zusätzen zum nizänokonstantinopolitanischen Glaubensbekenntnis drei Kategorien von Wahrheiten: (1.) die Glaubenslehre, die „im geschriebenen oder im überlieferten Wort Gottes als dem einen der Kirche anvertrauten Glaubensgut enthalten ist" und vom feierlichen oder ordentlichen Lehramt „als von Gott geoffenbart vorgelegt"[49] wird, (2.) ferner „alles und jedes, was bezüglich der Glaubens- und Sittenlehre vom Lehramt der Kirche endgültig vorgelegt wird, nämlich was zur unversehrten Bewahrung und zur getreuen Auslegung des Glaubensgutes erforderlich ist"[50], (3.) sowie die anderen offiziellen Erklärungen der Kirche. Während der Umgang mit den kirchlichen Erklärungen in den Bereich des religiösen Gehorsams fällt und des gebührenden Respekts, der dem päpstlichen Lehramt entgegen zu bringen ist, wird für die beiden ersten Kategorien von Wahrheit – die definierten Aussagen und die endgültigen Lehren – die feste und endgültige Glaubenszustimmung (fides divina et catholica) bzw. die Haltung fester, unbedingter Annahme und Bewahrung (firmiter amplector ac retineo) verlangt. Während sich die Glaubenszustimmung direkt auf die Autorität des sich offenbarenden Gottes richtet (primärer Gegenstandsbereich des Lehramtes: Lehren mit Offenbarungscharakter)[51], gründet die unbedingte, unwiderrufliche

---

,reformabel'" (*Rahner, Karl*, Kommentar zum Lumen gentium 18–27, in: Lexikon für Theologie und Kirche Ergzbd. 1 [1966] 210–246, hier 239).

[46] *Hünermann, Peter*, Die Herausbildung der Lehre von den definitiv zu haltenden Wahrheiten seit dem Zweiten Vatikanischen Konzil. Ein historischer Bericht und eine systematische Reflexion, in: Cristianesimo nella storia 21 (2000) 71–101; *ders.*, Weitere Eskalation? Die Problematik der neuen „Professio fidei" und des Amtseids, in: Herder Korrespondenz 54 (2000) 335–339.

[47] Ad tuendam fidem, in: Acta Apostolicae Sedis 90 (1998) 457–461.

[48] Professio fidei, in: Acta Apostolicae Sedis 81 (1989) 104–106.

[49] CIC (s. Anm. 24), can. 750 § 1.

[50] CIC (s. Anm. 24), can. 750 § 2.

[51] *Trütsch, Josef*, Glaube, systematisch, in: Lexikon für Theologie und Kirche 4 (²1968) 920–925, hier 920: „Insofern das formell Geoffenbarte als in der Offenbarung enthalten gläubig bejaht wird, spricht man von *fides divina*; insofern das in der Offenbarung Enthaltene in der lehramtl.[ichen] Vorlage der Kirche erkannt u.[nd] bejaht wird, spricht man von der *fides catholica* (Dogma)."

Zustimmung im Glauben an den Beistand des Hl. Geistes für das kirchliche Lehramt sowie in der Lehre von dessen Unfehlbarkeit (sekundärer Gegenstandsbereich des Lehramtes: Lehren mit theologischer Gewissheit).[52]

Die Bezeichnung „endgültige Lehre" ist neu. Das Zweite Vatikanum kannte eine solche Kategorie von Lehraussagen nicht.[53] Die Konzilsväter sprachen allgemein davon, dass sich die Unfehlbarkeit des Papstes bzw. Lehramtes auf Dinge „des Glaubens und der Sitten" (res fidei et morum) bezieht[54] und so weit reicht wie die Unfehlbarkeit der Kirche (LG 25). Ob auch der neue Lehrtyp endgültige Lehre, der in den letzten Jahren immer wieder Bestandteil kirchlicher Lehräußerungen geworden ist[55], zu denjenigen Wahrheiten zählt, ohne die der Glaube nicht sachgerecht zur Sprache gebracht werden kann, also zum sekundären Objektbereich der Glaubensverkündigung und unter den Unfehlbarkeitsanspruch des Magisteriums fällt, ist in der Diskussion strittig[56] – ein notwendiger Bezug der endgültigen Lehren zur Offenbarung wird im Treueid nicht thematisiert. Mit der neuen Kategorie von Lehraussagen versucht das ordentliche und allgemeine Lehramt, Unsicherheiten in Fragen des Glaubens, der Ethik oder kirchlichen Praxis

---

[52] Lehrmäßiger Kommentar zu Ad tuendam fidem, in: L'Osservatore Romano 28 (30. Juni 1998) Nr 8. Zurecht kritisiert Hünermann an den Ausführungen Ratzingers, dass sich die Zustimmung zu den definierten und endgültigen Lehren in ihrem vollen und unwiderruflichen Charakter durchaus unterscheidet, insofern die Zustimmung zu definitiven Sätzen anders als die Glaubenszustimmung immer nur geschichtlicher Art sein kann (*Hünermann*, Herausbildung [s. Anm. 46], 91f.).

[53] *Hünermann, Peter*, Schutz des Glaubens. Kritische Rückfragen eines Dogmatikers, in: Herder Korrespondenz 52 (1998) 455–460, hier 459.

[54] DH (s. Anm. 18), 1501, 1507, 3074, 4149.

[55] Schon in der Instruktion der Glaubenskongregation „Donum veritatis" wurde dem Lehramt zuerkannt, dass es nicht nur definitive, unfehlbare Lehren vorlegen kann, die in der Offenbarung enthalten sind, sondern auch Wahrheiten, die Glauben und Sitten betreffen, auch wenn sie nicht in den Glaubenswahrheiten enthalten, „wohl aber mit ihnen innerlich so verknüpft sind, daß ihr definitiver Charakter letztlich sich von der Offenbarung selber herleitet" (Instruktion über die kirchliche Berufung des Theologen [s. Anm. 40], Nr. 16).

[56] So u. a. *Ratzinger, Joseph*, Stellungnahme, in: Stimmen der Zeit 217 (1999) 169–171, hier 169 u. *Mussinghoff, Heinrich, Kahler, Hermann*, can. 750: Münsterischer Kommentar zum Codex Juris Canonici unter bes. Berücksichtigung der Rechtslage in Deutschland, Österreich und der Schweiz, hrsg. v. *Klaus Lüdicke* unter Mitarbeit von *Rüdiger Althaus* u. a. Bd. 3 (cann. 460–833), 750, anders dagegen *Örsy, Ladislas*, Antwort an Kardinal Ratzinger, in: Stimmen der Zeit 217 (1999) 305–316, hier 311: Die Kategorie endgültige Lehren „hat nicht den Rang einer unfehlbaren Definition und kann ihn nicht haben. Wir müssen nicht glauben, daß der Bereich der päpstlichen Unfehlbarkeit ausgeweitet wurde". *Ders.*, Von der Autorität kirchlicher Dokumente. Eine Fallstudie zum Apostolischen Schreiben „Ad tuendam fidem", in: Stimmen der Zeit 216 (1998) 735–740, hier 737f.

zu beseitigen, die diesbezüglichen theologischen Diskussionen zu beenden und eine einheitliche kirchliche Lehre durchzusetzen, mit dem Ziel, „das Glaubensgut treu zu bewahren und auszulegen"[57] – diese Intention verrät ein tiefes Misstrauen gegenüber den Theologen. Die endgültigen Lehren, die „in feierlicher Form vom Papst ... oder von dem auf einem Konzil versammelten Bischofskollegium definiert oder vom ordentlichen und allgemeinen Lehramt der Kirche als ‚sententia definitive tenenda‘ unfehlbar gelehrt werden" können[58], erheben den Anspruch, unfehlbar, unwiderruflich und unanfechtbar zu sein, weshalb sie unter Androhung von Strafen[59] endgültig festzuhalten sind.

Werden mit dem neuen Lehrtyp „endgültige Lehre" die Unfehlbarkeitslehre der Kirche sowie der Bereich der absoluten Zustimmung der Gläubigen bedingungslos ausgedehnt? Innerhalb der Theologie ist eine heftige Diskussion in Gang gekommen, von welcher Natur „endgültige Lehren" sind. Der lehrmäßige Kommentar zur „professio fidei" und zu „ad tuendam fidem" erklärt, dass solche Lehren

> „verschieden und in unterschiedlicher Weise mit der Offenbarung verbunden sein [können]. So gibt es Wahrheiten, die mit der Offenbarung auf Grund einer geschichtlichen Beziehung notwendigerweise verknüpft sind; andere lassen einen logischen Zusammenhang erkennen, der eine Etappe im Reifungsprozess der Erkenntnis der Offenbarung zum Ausdruck bringt"[60].

Zwar gelten diese Wahrheiten nicht als geoffenbart, wohl aber stehen sie mit der geoffenbarten Wahrheit in einer so engen inneren Verbindung, dass sie als definitiv gelten.[61] Werden sie vom univer-

---

[57] Lehrmäßiger Kommentar (s. Anm. 52), Nr. 6. „Zum Schutz des Glaubens der katholischen Kirche gegenüber den Irrtümern, die bei einigen Gläubigen auftreten, insbesondere bei denen, die sich mit den Disziplinen der Theologie beschäftigen, schien es uns, deren Hauptaufgabe es ist die Brüder im Glauben zu stärken (vgl. Lk 22,32), unbedingt notwendig in die geltenden Texte des *Codex iuris canonici* ... Normen einzufügen" (Motu proprio Ad tuendam fidem, in: L'Osservatore Romano 28 [30. Juni 1998] 1. Satz).

[58] Lehrmäßiger Kommentar (s. Anm. 52), Nr. 6.

[59] CIC (s. Anm. 24), can. 1371 § 1. „Der Pflicht der Gläubigen zur festen Annahme und Bewahrung der von § 2 behandelten Lehren ist eine Haltung des Widerspruchs entgegengesetzt, die als ein Sich-Widersetzen gegen die Lehre der katholischen Kirche bezeichnet wird und durch die neue Bestimmung in 1371,1° mit Strafe bedroht ist" (*Mussinghoff, Kahler*, can. 750 [s. Anm. 56], 750/4f.).

[60] Lehrmäßiger Kommentar (s. Anm. 52), Nr. 7.

[61] *Ratzinger, Joseph*, Hinweise zum „motu proprio" *Ad tuendam fidem* und zum „Lehrmäßigen Kommentar" der Glaubenskongregation, in: *Wolfgang Beinert* (Hrsg.), Gott – ratlos vor dem Bösen?, Basel 1999, 224–227, hier 226f.: „Es handelt sich sozusagen um einen Vorhof des im strengen Sinn als offenbart zu Bezeichnenden, wobei – wie der Kommentar der Glaubenskongregation zeigt – das Erinnern der Kir-

salen ordentlichen Lehramt durch confirmatio oder declaratio festgestellt, liegt eine „„notarielle Tätigkeit‘ des Papstes"[62] vor. Das bedeutet, der Papst kann im Grunde nur bestätigen, was als objektiver Sachverhalt eindeutig vorliegt. Dazu bedarf es unumstößlicher Argumente sowie einer grundlegenden Vergewisserung in Form einer umfassenden Befragung der Bischöfe. Ob all diese Konditionen bzgl. jener Lehren erfüllt waren, die das ordentliche päpstliche Lehramt bislang als definitiv, also letztgültig vorgelegt hat: die den Männern vorzubehaltende Priesterweihe[63] sowie die moralische Verurteilung der direkten und freiwilligen Tötung eines unschuldigen Menschen, der Abtreibung und der Euthanasie als schwere Sünde[64] wird teilweise bezweifelt. Da überdies in der Frage der Frauenordination die Bedenken sowohl der congregatio fidelium als auch der Theologen wohl nicht ausreichend gewürdigt wurden, vermögen solche als definitiv vorgelegten Lehren auch der Bezeugung, Auslegung, Vergewisserung und Beförderung des Glaubens nur begrenzt zu dienen und setzen letztlich die bischöflich-päpstliche Lehrautorität aufs Spiel. Kopfschütteln lösen zudem die im „lehrmäßigen Kommentar" genannten Beispiele einer endgültigen Lehraussage aus.[65]

---

che historisch reifen kann, so daß zunächst nicht oder nur unbestimmt Erkanntes langsam in seiner Gewißheit hervortritt."

[62] *Hünermann*, Herausbildung (s. Anm. 46), 89. „Der Papst stellt fest, dass die über den Erdkreis hin verstreuten Bischöfe, die in Gemeinschaft mit ihm sind, diese oder jene Lehre faktisch vortragen, gegebenenfalls sie als formal geoffenbarte oder als notwendig zum Glauben bzw. zu den Sitten gehörige Wahrheit betrachten und so lehren, dass diese oder jene Lehre in der Heiligen Schrift enthalten ist etc." (ebd.).

[63] Apostolisches Schreiben von Papst Johannes Paul II. über die nur Männern vorbehaltene Priesterweihe. Erklärung der Kongregation für die Glaubenslehre zur Frage der Zulassung der Frauen zum Priesteramt (15. Oktober 1976) 22. Mai 1994 (Verlautbarungen des Apostolischen Stuhls 117), hrsg. v. Sekretariat der Deutschen Bischofskonferenz, Bonn 1994, Nr. 4: „Damit also jeder Zweifel bezüglich der Angelegenheit von großer Bedeutung, die die göttliche Verfassung der Kirche selbst betrifft, beseitigt wird, erklären wir kraft unseres Amtes, die Brüder zu stärken (vgl. Lk 22,32), dass die Kirche in keiner Weise die Vollmacht hat, Frauen die Priesterweihe zu spenden, und dass dieser Lehrsatz von allen Gläubigen der Kirche definitiv festzuhalten ist" (DH [s. Anm. 18], 4983).

[64] Enzyklika Evangelium vitae von Papst Johannes Paul II. an die Bischöfe, Priester und Diakone, die Ordensleute und Laien sowie an alle Menschen guten Willens über den Wert und die Unantastbarkeit des menschlichen Lebens (25. März 1995) (Verlautbarungen des Apostolischen Stuhls 120), hrsg. v. Sekretariat der Deutschen Bischofskonferenz, Bonn 1995, Nr. 57; 62; 65.

[65] *Hünermann*, Eskalation (s. Anm. 46), 338: „Die Beispiele, welche der lehrmäßige Kommentar im zweiten Teil aufführt, muten den theologiegeschichtlich einigermaßen gebildeten Theologen – sit venia verbo – abstrus an. Die Theologiegeschichte bietet zahlreiche Beispiele für die stillschweigende Korrektur solcher Lehren aufgrund gewandelter Einsichten. Pius XII. hat den Monogenismus für eine solche Lehre ge-

III. Lehramtliche Kompetenz in konkreten moralischen Fragen

1. Unfehlbares Lehren im sittlichen Bereich

Kontrovers wird seit Jahrzehnten „Die Autorität der Kirche in Fragen der Moral"[66] diskutiert.[67] Dabei geht es weniger um eine grundsätzliche Respektierung des Magisteriums von Papst und Bischöfen, als vielmehr um seine genaue Kompetenzabgrenzung, die Art der Ausübung seiner Wächterfunktion sowie der Wahrheitsfindung. Schwierigkeiten bereitet u. a., dass das kirchliche Lehramt bislang nicht umschrieben hat, was die mores genau umfassen[68], es letztlich selbst entscheidet, ob ein Gegenstand unter seinen Kompetenzbereich fällt[69], und es zudem in der Enzyklika „Veritatis splendor" (6. August 1993) den Eindruck erweckt, das ganze Gewicht seiner Kompetenz undifferenziert in allen moraltheologischen Fragestellungen einbringen und Katholiken zum Gehorsam verpflichten zu können, ungeachtet dessen, was die betreffende Frage mit Offenbarung zu tun hat.[70]

Nach Auskunft des Ersten Vatikanums ist dem kirchlichen und päpstlichen Lehramt eine unfehlbare Lehrkompetenz hinsichtlich der Offenbarung, näherhin in der Glaubens- und Sittenlehre

---

halten (1950, Enzyklika Humani generis). Im Katechismus der Katholischen Kirche von 1993 wird diese Lehre im Zusammenhang mit der Erbsünde nicht einmal erwähnt. Ein Theologe kann nur den Kopf schütteln, wenn ihm von Kardinal Ratzinger in diesem Kommentar zugemutet wird, die Erklärung Leos XIII. zur Gültigkeit bzw. Ungültigkeit der anglikanischen Weihen für unfehlbar zu halten."

[66] *Auer* (Hrsg.), Autorität (s. Anm. 3).

[67] *Hilpert, Konrad*, Ethik und Rationalität. Untersuchungen zum Autonomieproblem und zu seiner Bedeutung für die theologische Ethik (Moraltheologische Studien/Systematische Abteilung 8), Düsseldorf 1980, 552–554; *Schlögel, Herbert*, Kirche und sittliches Handeln. Zur Ekklesiologie in der Grundlagendiskussion der deutschsprachigen katholischen Moraltheologie seit der Jahrhundertwende (Kirche und sittliches Handeln 11), Mainz 1981.

[68] Auf dem Konzil von Trient, auf welchem die Formel „fides et mores" erstmalig als terminus technicus auftaucht, sind mit mores die kirchlichen Gebräuche und Gewohnheiten gemeint (DH [s. Anm. 18], 1501). In späterer Zeit verschob sich der Akzent mehr und mehr in Richtung Sittenlehre (DH [s. Anm. 18], 3007, 3064; 3074), während das Zweite Vatikanum den Ausdruck mores im Sinne von Realtraditionen (DeiV 7) und Sittenlehre (LG 25) gebraucht.

[69] *Lüdecke, Norbert*, Die Grundnormen des katholischen Lehrrechts in den päpstlichen Gesetzbüchern und neueren Äußerungen in päpstlicher Autorität (Forschungen zur Kirchenrechtswissenschaft Bd. 28), Würzburg 1997, 432: „[A]llein das Lehramt [kann] selbst den Umfang des Sekundärobjekts bestimmen ... und [tut] dies jeweils implizit ..., wenn es in diesem Bereich mit dem Anspruch der Unfehlbarkeit Lehren vorlegt."

[70] *Johannes Paul II.*, Enzyklika „Veritatis splendor". An alle Bischöfe der Katholischen Kirche über einige grundlegende Fragen der kirchlichen Morallehre (6. August 1993), Nr. 110–113.

(„doctrina de fide vel moribus") zu eigen (DH 3074). Dabei bezieht sich die päpstliche Unfehlbarkeit, die grundsätzlich so weit reicht wie die Unfehlbarkeit der Kirche, auch auf solche Wahrheiten, die nicht selbst geoffenbart (Primärbereich), aber zum Schutz des depositum fidei (custodia depositi fidei) unabdingbar sind (Sekundärbereich)[71], so dass sich die Unfehlbarkeit sowohl auf die geoffenbarte Sittenlehre als auch auf solche Sittensachen, die zwar nicht geoffenbart sind, aber insofern in einem notwendigen Zusammenhang mit der Offenbarung stehen, als sie zu deren Schutz unerlässlich sind.[72] Allerdings „wird offengelassen, in welcher Weise der Bezug sittlicher Wahrheiten zur Offenbarungshinterlage näherhin zu denken ist".[73] Dieses Desiderat wird auch vom Zweiten Vatikanum nicht überwunden[74], wohl aber wird ausgesagt, die Bischöfe verkündigen „dem ihnen anvertrauten Volk die Botschaft zum Glauben und zur Anwendung auf das sittliche Leben (fidem credendam et moribus applicandam)" (LG 25). Das bedeutet, „[d]er ‚auf die Sitten anzuwendende Glaube' besteht nicht in der Verkündigung besonderer Normen, sondern läuft auf den Inhalt der Rechtfertigungslehre hinaus: Vor Gott können Werke nur gut sein, wenn sie aus der Gemeinschaft mit ihm hervorgehen".[75]

---

[71] *Örsy*, Antwort (s. Anm. 56), 307: „Auf der Basis der bekannten Erklärung, die Bischof Vinzenz Gasser im Namen der theologischen Konzilskommission abgab, waren die Konzilsväter der Meinung, definierten es aber nicht, daß – wann immer es notwendig ist – der Papst seine Unfehlbarkeit mit einem feierlichen Akt ex cathedra ausüben kann, um eine Wahrheit zu bekräftigen, die nicht ausdrücklich in der Offenbarung enthalten ist, aber absolut notwendig ist, um sie zu bewahren."

[72] *Auer, Alfons*, Von einem monologischen zu einem dialogischen Verständnis des kirchlichen Lehramtes, in: *ders.* (Hrsg.), Autorität (s. Anm. 3), 90–121, hier 112: „Ein zweites Problem stellt das Bezugsfeld der Infallibilität lehramtlicher Aussagen in rebus morum dar. Die Reflexion darüber ist allerdings seit 100 Jahren im Gang. Auf dem I. Vatikanum hat Bischof Gasser von Brixen als Relator der damit befaßten Kommission ausdrücklich erklärt, die Unfehlbarkeit beziehe sich nur auf das depositum fidei, also auf die eigentliche Offenbarung im Sinne der Wortoffenbarung und auf das, was unmittelbar damit zusammen hängt. Unfehlbarkeit ist also beschränkt auf geoffenbarte Sittenlehren."

[73] *Schuster*, Kompetenz (s. Anm. 3), 77.

[74] Bestätigt wird lediglich die Aussage des Ersten Vatikanums, dass die Unfehlbarkeit des bischöflich-päpstlichen Lehramtes so weit reicht wie die Unfehlbarkeit der Kirche: „Diese Unfehlbarkeit, mit welcher der göttliche Erlöser seine Kirche bei der Definition einer Glaubens- und Sittenlehre ausgestattet sehen wollte, reicht so weit wie die Hinterlage der göttlichen Offenbarung, welche rein bewahrt und getreulich ausgelegt werden muß, es erfordert" (LG 25).

[75] *Knauer, Peter*, Handlungsnetze. Über das Grundprinzip der Ethik, Frankfurt a.M. 2002, 146. „Die Anwendung des Glaubens auf die Sitten besteht … in der Einsicht, daß nur solche Werke vor Gott gut sein können, die aus der Gemeinschaft mit ihm hervorgehen, die also ‚in Gott getan sind' (vgl. Joh 3,21). Vor Gott gut sind nur solche Werke, die nicht von der Angst des Menschen um sich selber bestimmt sind, sondern Frucht seiner Geborgenheit in Gott sind. Nicht die guten Früchte machen den Baum

Demnach kann das kirchliche Lehramt Fragen der Moral, sofern sich diese auf das Naturrecht bzw. die konkrete Anwendung von sittlichen Prinzipien beziehen[76], nur mit dem Anspruch auf Authentizität, „das heißt mit der Autorität Christi" (LG 25), nicht aber auf Unfehlbarkeit beantworten.[77]

2. Sittliche Vernunft und Lehrautorität

Insofern das naturrechtliche Urteil auf der geschichtlich-kulturell konditionierten Vernunft basiert und die sog. gemischten Normen zudem auf wandelbaren Tatsachenurteilen, können naturrechtliche Deduktionen nie rational zwingend sein. Da ferner der irdischen Wirklichkeit dahingehend eine Autonomie innewohnt, „daß die geschaffenen Dinge und auch die Gesellschaften ihre eigenen Gesetze und Werte haben, die der Mensch schrittweise erkennen, gebrauchen und gestalten muß" (GS 36), nutzt es wenig, wenn das kirchliche Lehramt seine Autorität in Fragen der natürlichen Sittlichkeit mit Nachdruck bekundet, um so das von ihm vorgelegte Sittengesetz näher zu begründen[78]. Ein hermeneutischer Zirkel ist hier unvermeidbar:

„Das ‚Naturrecht' sollte das positive Recht der Kirche decken, wurde aber seinerseits vom positiven Recht der Kirche gehalten. In dieser eigentümlichen Verquerung von Naturrecht und positivem Glaubensrecht liegt die Problematik der Situation der Kirche in der Neuzeit, in der Zeit der Umstellung von einer rein kirchlichen auf eine weltanschaulich gemischte Gesellschaft."[79]

---

gut, sondern nur der gute Baum bringt gute Früchte hervor" (ders., Der neue kirchliche Amtseid, in: Stimmen der Zeit 208 [1990] 93–101, hier 96).
[76] *Schuster, Josef*, Kirchliches Lehramt und Moral, in: *Wilhelm Ernst* (Hrsg.), Grundlagen und Probleme der heutigen Moraltheologie, Leipzig 1989, 173–191, hier 186: „In der Bestimmung des sittlich Richtigen sind sittliche Prinzipien notwendige, aber nicht hinreichende Bedingung. Sittliche Normen und sittliche Werturteile im Sinne bestimmter Handlungsanweisungen und Handlungsurteile implizieren in der Regel neben der sittlichen Prämisse als notwendiger Voraussetzung, nicht-sittlich wertende Prämissen und Tatsachenurteile."
[77] *Levada, William Joseph*, Infallible Church magisterium and the natural moral law, Rom 1971. „[S]ittliche Prinzipien rein philosophischer Natur und damit der Gesamtbereich der natürlichen Sittlichkeit [gehören] *nicht* zum Unfehlbarkeitsobjekt" (*Lüdecke*, Grundnormen [s. Anm. 69], 258).
[78] DigH 14; Kongregation für die Glaubenslehre, Instruktion Dignitas Personae. Über einige Fragen der Bioethik (8. September 2008), (Verlautbarungen des Apostolischen Stuhles 183), hg. v. Sekretariat der Deutschen Bischofskonferenz, Bonn 2008, Nr. 10.
[79] *Ratzinger, Joseph*, Naturrecht, Evangelium und Ideologie in der katholischen Soziallehre. Katholische Erwägungen zum Thema: Christlicher Glaube und Ideologie, hrsg. v. *Klaus von Bismarck, Walter Dirks*, Stuttgart, Mainz 1964, 24–30, hier 26.

Weltethische Normen sind nun mal autonom, sie basieren nicht auf Offenbarung, sondern auf der sittlichen Vernunft und können darum weder durch Autoritätsverweise begründet, noch einfach zum bloßen Glaubensgegenstand erklärt werden (DH 3015). Konkrete sittliche Normen gründen im Gewissenspruch und verdanken sich der sittlichen Vernunft, weshalb „in der Geschichte der Kirche und ihres Lehramts noch nie eine Sittennorm zum Dogma erklärt worden" ist.[80] Allerdings ist nach der Enzyklika „Evangelium vitae" (25. März 1995), die endgültige Lehraussagen hinsichtlich der Tötung unschuldiger Menschen, der Abtreibung und Euthanasie erlassen hat, umstritten, ob lehramtliche Aussagen im Sittenbereich nicht auch den Anspruch auf Unfehlbarkeit erheben können. Während manche Theologen hier einen Präzedenzfall erkennen, nämlich „die unfehlbare [...] Vorlage sittlicher Normen"[81] bzw. die Inanspruchnahme der Unfehlbarkeit[82], sprechen andere Theologen den drei päpstlichen Erklärungen diesen Anspruch ab, räumen aber ein, dass der Papst hier „mit höchster Autorität"[83] spricht, es sich also um „eine neue Form lehramtlicher Äußerung von hoher oder höchster Verbindlichkeit"[84] handelt. Sicherlich wurden die päpstlichen Lehraussagen nicht formal definiert und stellen insofern keine unfehlbaren Glaubensdefinitionen im eigentlichen Sinne dar, trotzdem haben sie aber die Vollmacht des kirchlichen Lehramtes hinter sich und fordern daher eine unbedingte und unwiderrufliche Glaubenszustimmung.

Abgesehen von geoffenbarten oder mit der Offenbarung in engem Zusammenhang stehenden sittlichen Normen unterliegen natürliche Sittennormen als Vernunftwahrheiten dem Vorbehalt besserer Einsicht; „das natürliche Sittengesetz [ist] Gegenstand allein der Vernunft ... und [kann] niemals geglaubt werden".[85] Damit na-

---

[80] *Knauer*, Amtseid (s. Anm. 75), 95.

[81] *Lüdecke*, Grundnormen (s. Anm. 69), 532. Auch Kardinal Ratzinger soll die päpstlichen Erklärungen bei einer Pressekonferenz für unfehlbar erklärt haben (*Fuchs, Josef*, Das „Evangelium vom Leben" und die „Kultur des Todes". Zur Enzyklika „Evangelium vitae", in: Stimmen der Zeit 213 (1995) 597–592, hier 592 Anm. 5.

[82] *Böckenförde, Werner*, Zur gegenwärtigen Lage in der römisch-katholischen Kirche. Kirchenrechtliche Anmerkungen, in: *Norbert Lüdecke, Georg Bier* (Hrsg.), Freiheit und Gerechtigkeit in der Kirche. Gedenkschrift für Werner Böckenförde (Forschung zur Kirchenrechtswissenschaft Bd. 37), Würzburg 2006, 143–158, hier 150: „Mit dieser Enzyklika hat der Papst *erstmals* für konkrete *sittliche* Handlungsnormen die Unfehlbarkeit in Anspruch genommen."

[83] *Fuchs*, Das „Evangelium vom Leben" (s. Anm. 81), 589.

[84] *Kasper, Walter*, Ein prophetisches Wort in die Zeit. Anmerkungen zur Enzyklika ‚Evangelium vitae', in: Internationale Katholische Zeitschrift „Communio" 24 (1995) 187–192, hier 192 Anm. 1.

[85] *Knauer*, Amtseid (s. Anm. 75), 96.

turrechtliche Normen innerhalb und außerhalb der Kirche ihre Plausibilität entfalten und mit Hilfe der menschlichen Vernunft, d. h. verantwortungsvoll rezipiert werden können, ist das Lehramt zur argumentativen Einlösung ihrer Rationalität verpflichtet.[86] Ethische „Forderungen [sind] so viel wert, als die Argumente überzeugen", die durch keinen Verweis auf die Autorität oder den Glaubensgehorsam im Verbund mit der Untersagung öffentlichen Widerspruchs ersetzt werden können; „moralisch-inhaltliche Gängelung" verbietet sich aus diesem Grunde für das Lehramt ebenso sehr wie eine „kirchliche Lehre der öffentlichen Erörterung zu entziehen".[87] Sollen moralische Urteile breite Rezeption erlangen, hat ihre Vermittlung argumentativ und pluralistisch-dialogisch zu geschehen; rekurriert indes das kirchliche Lehramt auf seine Autorität und den moralischen Gehorsam der Gläubigen, bleibt nicht nur die sittliche Norm fraglich, vielmehr unterminiert das Magisterium seinen eigenen moralischen Respekt, wie dies im Zusammenhang mit der Enzyklika „Humanae vitae" (25. Juli 1968) deutlich wurde.[88] Die Rezeption stellt zwar keinen rechtskonstitutiven Akt dar, wohl aber sagt sie etwas aus über die Wirksamkeit bzw. Glaubensförderlichkeit kirchenautoritativer (Moral-)Entscheidungen.[89]

Im Sinne ihrer Anschluss- und Diskursfähigkeit hat die christliche Ethik vor dem Forum der sittlichen Vernunft ihren Wahrheitsanspruch zu legitimieren und ihre Plausibilität einzulösen. Dazu bedarf es der Sachargumentation unter bewusster Hinwendung zur Welt, der Befragung der loci theologici proprii und der loci theologici adscriptitii, v.a. der Humanwissenschaften und philosophischen Konzeptionen. Gerade durch geschichtliche Erfahrung, wissenschaftliche Fortschritte und kulturelle Reichtümer werden „neue Wege zur Wahrheit aufgetan", die „der Kirche zum Vorteil" gereichen (GS 44). Dies gilt umso mehr in solchen ethischen Fragen, die nicht Teil der Offenbarung sind und deren Beantwortung

---

[86] *Böckle, Franz*, Fundamentalmoral, München 1977, 322–331, hier 327: „Das natürliche Sittengesetz muß sich prinzipiell argumentativ aufweisen lassen. Man kann sich vor den Menschen unserer Gesellschaft, seien sie gläubig oder ungläubig, nicht auf die sittliche Vernunfteinsicht berufen und zugleich auch von jenen sittliche Gefolgschaft fordern, die den Vernunftgründen nicht zu folgen vermögen. Hier liegt doch der Grund für die durch ‚Humanae vitae' ausgelöste Autoritätskrise."

[87] *Knauer*, Handlungsnetze (s. Anm. 75), 147.

[88] *Hilpert, Konrad*, Verantwortlich gelebte Sexualität. Lagebericht zu einer schwierigen theologischen Baustelle, in: Herder Korrespondenz 62 (2008) 335–340.

[89] *Beinert, Wolfgang*, Rezeption, in: Lexikon für Theologie und Kirche 8 (³1999) 1147–1149; *Fries, Heinrich*, Rezeption. Der Beitrag der Gläubigen für die Wahrheitsfindung in den Kirchen, in: Stimmen der Zeit 209 (1991) 3–16.

mithin dem wissenschaftlichen Erkenntnisforschritt und geschichtlichen Wandel unterliegt. Nur ein argumentativer Diskurs, der alle
loci theologici, in denen Gottes Geist wirkt, einbindet, kann helfen,
das kirchliche Lehramt vor so schweren Entstellungen und Irrtümern in ethischen Fragen (Sklaverei, Hexenwahn, Kastration,
Folter, Demokratie, Menschenrechte, Religionsfreiheit etc.) zu
schützen, wie sie im Laufe der Kirchengeschichte unterlaufen sind.[90]

IV. Ausblick

Das Magisterium unterscheidet sich hinsichtlich seiner Entschei-
dungs-, nicht aber hinsichtlich seiner Erkenntniskompetenz vom
sensus fidelium und dem theologischen Lehramt. Allen loci theo-
ligici kommt eine irreduzible Eigenständigkeit zu, weshalb das
pastorale Lehramt weder die Theologie noch den sensus fidelium
zu absorbieren oder zu seinem bloßen Exekutivvorgang zu machen vermag. Universitäre Theologie und sensus fidelium sind keine Exponenten des Magisteriums, stattdessen ruht das bischöflich-
päpstliche Lehramt auf dem sensus fidelium auf und es hat das
Freiheitsprinzip von Forschung und Lehre der Theologie zu achten, soll diese auch weiterhin als Wissenschaft betrieben werden
können. Dem kirchlichen Lehramt kommt eine unfehlbare Lehrkompetenz hinsichtlich des Glaubens und seiner Bedeutung für
das ethische Handeln zu, nicht aber in Bezug auf moralische Einzelfragen. Ihre Beantwortung ist anders als die Frage nach dem
Heil des Menschen keine rein theologische Angelegenheit. Die
Geltung sittlicher Prinzipien (Gutes tun und Böses unterlassen,
Goldene Regel, Liebesgebot etc.) hängt darum auch nicht allein
vom Glauben ab, sondern verdankt sich der Vernunfterkenntnis.
Gegenstand kirchlich unfehlbarer Lehrkompetenz könnte allenfalls ihre Leugnung werden, insofern ohne sie der christliche Glaube nicht zur Sprache gebracht werden kann.[91] Zudem nimmt „der
Grad der Verbindlichkeit" des kirchlichen Lehramtes „mit der
fortschreitenden Konkretisierung dieser Prinzipien ab".[92]

Authentische lehramtliche Äußerungen unterliegen grundsätzlich der Irrtumsmöglichkeit. Sie sind darum nicht definitiv fest-

---

[90] Schreiben der Deutschen Bischöfe an alle, die von der Kirche mit der Lehrverkündigung beauftragt sind (23. September 1967), hg. v. Sekretariat der Dt. Bischofskonferenz, Bonn o.J., Nr. 17: Es ist eine „Tatsache, daß der kirchlichen Lehrautorität bei
der Ausübung ihres Amtes Irrtümer unterlaufen können oder unterlaufen sind."
[91] *Schuster*, Kompetenz (s. Anm. 3), 87.
[92] *Auer*, Verständnis des kirchlichen Lehramtes (s. Anm. 72), 111.

zuhalten, sondern es ist „ihnen religiösen Verstandes- und Willens-gehorsam ... entgegenzubringen".[93] Insofern Normen sittlicher Lebensführung keine Glaubenswahrheiten, sondern Vernunfteinsichten darstellen, sind sie geschichtlich bedingt und steht oder fällt ihre Akzeptanz mit ihrer argumentativen Begründung.

> „[D]ie Vorstellung, das Gewissen des Christen unabhängig von seiner Einsicht in die Gründe binden und notfalls den blinden Gehorsam gegen das Lehramt als Garantie sittlichen Handelns hinstellen zu können, verändert schon den Begriff des ethischen Handelns so grundlegend, daß selbst ein im Einzelfall gleichlautendes ethisches Urteil nicht mehr gleich ist."[94]

Verantwortliches sittliches Handeln weiß sich letztlich allein der persönlichen rationalen Einsicht in Sachargumente verpflichtet.

Im Horizont eines kommunikationstheoretischen Offenbarungs- und dialogischen Kirchenverständnisses kann die Antwort auf moralische Fragen nicht anders als interaktiv zwischen allen loci theologici gefunden werden. Weder darf der Dialog in moralischen Fragen, deren Antwort sich nicht unmittelbar aus der Offenbarung erschließen, durch autoritäre Richtlinien oder Bestimmungen gegängelt noch durch instruktives und definitorisches Vorgehen vorzeitig abgebrochen werden.[95] Die Argumente für eine ethische Aussage unterliegen der Beurteilung durch die wissenschaftliche Theologie sowie aller übrigen Weisen der Präsenz von Gottes Wort in der Gesamtkirche.

In ethischen Fragen sind Christen nicht schon im Besitz der Wahrheit, sondern „mit den übrigen Menschen verbunden im Suchen nach der Wahrheit und zur wahrheitsgemäßen Lösung all der vielen moralischen Probleme, die im Leben der Einzelnen wie im gesellschaftlichen Zusammenleben entstehen" (GS 16). Immer wieder stellen sich neue moralische Herausforderungen, deren Antworten auch vom kirchlichen Lehramt nicht sogleich eindeutig und endgültig gewusst werden, sondern erst gesucht und gefunden werden müssen, was u. a. die Einberufung von ad-hoc-Kommissionen belegt. Weil die Antworten der rationalen Zugänglichkeit der Wirklichkeit zu entsprechen und sich als universal, also intersub-

---

[93] CIC (s. Anm. 24), can. 752.

[94] *Pesch, Otto Hermann*, Kontroverstheologische Ethik? Überlegungen zur Zukunft der Ökumene im Blick auf kirchliche Stellungnahmen zu ethischen Fragen, in: *Oswald Bayer* u. a., Zwei Kirchen – eine Moral?, Regensburg 1986, 235–273, hier 254.

[95] *Steinhauer*, Lehrfreiheit (s. Anm. 28), 68: „Ein Lehrkonflikt in der katholischen Kirche läßt sich – entgegen landläufiger Auffassung – nicht auf eine Formel von Entscheidung und Gehorsam und damit letztlich auf eine Frage der Lehrkompetenz reduzieren."

jektiv vermittelbar auszuweisen haben, darf sich in ihnen kein lehramtlicher Subjektivismus widerspiegeln, vielmehr haben sie Ausweis eines umfassenden Dialogs im Sinne einer gemeinsamen Wahrheits- und Entscheidungsfindung zu sein.

> „Heute gibt es eine Menge vor allem ethischer Probleme, deren Lösung nicht in einbahnigem Entscheiden vom kirchlichen Lehramt durchgesetzt werden kann. Wo mehrere Lösungen möglich sind, sollte das Lehramt dies ausdrücklich zugeben und sich zurückhaltend äußern, was nicht ausschließt, daß es seine eigene Meinung mit Gründen vertritt."[96]

---

[96] *Auer*, Verständnis des kirchlichen Lehramtes (s. Anm. 72), 116.

Die Würde des Kompromisses

Ein moraltheologisches Plädoyer

von Stephan Goertz

Es wäre anachronistisch, würde man im Gestus einer endlich notwendigen Aufklärung über die sittliche Würde des Kompromisses in ethischen und politischen Debatten zu sprechen beginnen. Zu intensiv sind in den letzten Jahrzehnten immer wieder theologisch-ethische Reflexionen über den Kompromiss angestellt worden, als dass an dieser Stelle zuerst grundsätzliche Desiderata festgestellt und daran anschließend aufgearbeitet werden müssten.[1] Dennoch

---

[1] Als wichtigste Referenztexte innerhalb der katholischen Theologie dürfen gelten (in chronologischer Reihenfolge): *Monzel, Nikolaus*, Der Kompromiß im demokratischen Staat. Ein Beitrag zur politischen Ethik, in: Hochland 51 (1958/59) 237–247; *Schüller, Bruno*, Zur Rede von der radikalen sittlichen Forderung, in: Theologie und Philosophie 46 (1971) 321–341; *Demmer, Klaus*, Entscheidung und Kompromiß, in: Gregorianum 53 (1972) 323–351; *Attard, Mark*, Compromise in Moraliy, Diss. Theol. Rom 1976; *Weber, Helmut*, Der Kompromiß in der Moral. Zu seiner theologischen Bestimmung und Bewertung, in: Trierer Theologische Zeitschrift 86 (1977) 99–118; *Wilting, Hans-Josef*, Der Kompromiß als theologisches und ethisches Problem. Ein Beitrag zur unterschiedlichen Beurteilung des Kompromisses durch H. Thielicke und W. Trillhaas (Moraltheologische Studien. Systematische Abteilung Bd. 3), Düsseldorf 1975; *Windisch, Hubert*, Handeln in Geschichte. Ein katholischer Beitrag zum Problem des sittlichen Kompromisses, Frankfurt a.M. 1981; *Weber, Helmut* (Hrsg.), Der ethische Kompromiß (Studien zur theologischen Ethik 12), Freiburg i.Ue., Freiburg i.Br. 1984; *Mieth, Dietmar*, Christliche Überzeugung und gesellschaftlicher Kompromiß, ebd., 113–146. Ausführlicher zur Tradition innerhalb der evangelischen Theologie vgl. *Walter, Dieter*, Zur Behandlung des Kompromißproblems in der Geschichte der evangelisch-lutherischen Ethik, in: Kerygma und Dogma 4 (1958) 73–111; *Hertzler, Hans A.*, Die unbedingte Forderung. Eine Untersuchung zum Problem des Kompromisses in der theologischen Ethik, Diss. Theol., Göttingen 1968. Die relevanten Texte sind zwischen Ende der 50er und Anfang der 80er Jahre entstanden. In Anwendung auf eine konkrete politische Auseinandersetzung und mit kriteriologischer Vertiefung: *Heimbach-Steins, Marianne*, Kompromiss: die Not ethischer Verständigung in der pluralen Gesellschaft. Eine politisch-ethische Problemskizze am Beispiel des „Asylkompromisses", in: *Peter Fonk, Udo Zelinka* (Hrsg.), Orientierung in pluraler Gesellschaft (Studien zur theologischen Ethik 81), Freiburg i.Ue., Freiburg i.Br. 1999, 127–148. Weiterführend zuletzt und zudem für das Thema der Stammzellforschung instruktiv: *Kruip, Gerhard*, Gibt es moralische Kriterien für einen gesellschaftlichen Kompromiss in ethischen Fragen? Zugleich ein Kommentar zur getroffenen Regelung des Imports von embryonalen Stammzellen, in: *Bernd Goebel, Gerhard Kruip* (Hrsg.), Gentechnologie und die Zukunft der Menschenwürde, Münster 2003, 133–149.

mag es nicht überflüssig sein, den in der Debatte erreichten Stand einer differenzierten Problemwahrnehmung des Phänomens Kompromiss nochmals gebündelt vorzulegen. Auch, um sich mit Hilfe einer solchen Erinnerung etwas mehr Klarheit zu verschaffen über die Struktur des Konfliktes, der in diesem Band beleuchtet wird. Und schließlich sollen zumindest an einigen Stellen vertiefende Hinweise auf Konstellationen erfolgen, die das Thema des Kompromisses noch einmal in andere Zusammenhänge eintauchen lassen. Wer den Kompromiss lediglich als abgeschottetes Spezialthema behandelt und seine Kontexte vernachlässigt, entlädt gewissermaßen das ihn umgebende Kraftfeld.

I. Entdeckte Würde

Sich der heutigen Allgegenwärtigkeit des Wortes Kompromiss zu vergewissern, fällt leicht. In unterschiedlichen Kontexten wird immer dann von einem Kompromiss gesprochen und dieser eingefordert, wenn es um den *vermittelnden Ausgleich unterschiedlicher Standpunkte und Interessen* geht. Dem Kompromiss geht es um Differenz- und Dissensmanagement auf den verschiedenen Ebenen der sozialen Wirklichkeit mit dem Ziel, Konflikte nicht konfrontativ eskalieren zu lassen, sondern auf dem Wege einer von den Beteiligten akzeptablen Vereinbarung zu befrieden. In dieser weiten Bedeutung meint Kompromiss „die Preisgabe voller Zielverwirklichung durch Teilverzicht aller Parteien"[2] und bezeichnet sowohl dieses spezifische *Verfahren* der Konfliktregelung als auch die getroffene *Vereinbarung* selbst. Die Ursprungsbedeutung des lateinischen ‚compromissum' ist hier noch zu entdecken, ging es doch im römischen Zivilrecht bereits um die Vereinbarung streitender Parteien, sich einem Schiedsrichterspruch zu unterwerfen. Der Bezugsrahmen wird dann im 19. Jahrhundert ausgedehnt auf die politisch-diplomatische Konfliktlösung. Das Einsickern des Wortes in die Alltagssprache signalisiert, wie ubiquitär die Erfahrungen von Verschiedenheit geworden sind und als wie sinnvoll und funktional die kompromissbereite Suche nach einem Interessenausgleich erachtet wird. Die Idee des Kompromisses ist tief in das Fundament des demokratischen Selbstverständnisses eingelassen, denn sie steht für den Verzicht auf die gewaltsame Durchsetzung der Interessen einer machtvollen Zentralinstanz. Weil uns die

---

[2] *Osswald, Klaus-Dieter*, Kompromiß, in: Historisches Wörterbuch der Philosophie Bd. 4 (1976) 941–942, 942.

Wirklichkeit in vielen Fällen nicht den Gefallen tut, auf unsere im Konsens gefallenen Entscheidungen zu warten und weil gewaltsam herbeigeführte Entscheidungen delegitimiert sind, wächst die Bereitschaft zum Kompromiss. Er garantiert nicht schon als solcher die Richtigkeit der Entscheidung, auch wenn er vielleicht spezifische Teilblindheiten der Beteiligten zu überwinden vermag. Jedenfalls reichert er das Resultat mit demokratischer Zustimmungsfähigkeit an.

Je mehr sich Menschen ihrer gemeinsamen Verschiedenheit bewusst werden und das nicht als Bedrohung, sondern als Ausdruck von Identität wahrnehmen, umso mehr wächst die Plausibilität für kompromissbereite Streitbeilegung. Nicht zuletzt durch die historischen Erfahrungen bei der Überwindung religiöser Konflikte sind Gesellschaften toleranter geworden. Kompromisse transportieren im besten Falle die Einsicht, dass andere Überzeugungen nicht gänzlich unvernünftige Überzeugungen sein müssen. Was man selbst für richtig hält, trifft – und das ist die neue Zumutung der Selbstrelativierung – auf vernünftige Widersprüche und kann daher nicht einfach zur Basis einer dann kompromisslos durchzusetzenden allgemein verbindlichen Regelung werden.[3] Man würde also die besondere sittliche Pointe des Kompromisses verfehlen, würde man in ihm das bloß strategische Instrument einer sozial zerklüfteten Gesellschaft erkennen.

II. Zur Unterscheidung zwischen ethischen und sozialen Kompromissen

Die Expansion des Kompromissbegriffs in verschiedene soziale Räume hinein zeigt uns die Plausibilität des damit umschriebenen Verfahrens. Für die ethische Diskussion des Kompromisses ist es hilfreich, eine vor allem von Dietmar Mieth deutlich markierte Unterscheidung aufzugreifen: die Unterscheidung zwischen ‚ethischen‘ und ‚sozialen‘ Kompromissen.[4]

---

[3] Vgl. *Forst, Rainer*, Das Recht auf Rechtfertigung. Elemente einer konstruktivistischen Theorie der Gerechtigkeit, Frankfurt a.M. 2007, 211–223; *ders.*, Toleranz im Konflikt. Geschichte, Gehalt und Gegenwart eines umstrittenen Begriffs, Frankfurt a.M. 2003; *Habermas, Jürgen*, Zwischen Naturalismus und Religion, Frankfurt a.M. 2005, 258–278.

[4] S. *Mieth*, Überzeugung (s. Anm. 1). Mieth spricht von ‚gesellschaftlichen‘ Kompromissen, während hier der Terminus ‚sozialer‘ Kompromiss favorisiert wird, um deutlicher zu machen, dass es um Kompromisse zwischen verschiedenen sozialen Akteuren auf verschiedenen sozialen Ebenen geht.

Der gewöhnliche Sprachgebrauch wird sich auf ‚praktische' Kompromisse sozialer Akteure beziehen, die in der Situation divergenter Interessen und Perspektiven einen für die Beteiligten zumutbaren Ausgleich anstreben. Ob ein solcher Kompromiss Kandidat einer ethischen Reflexion wird, liegt zum einen an der Gestaltung des Verfahrens der Konfliktregelung und zum anderen an der moralischen Relevanz des Gegenstandes des Kompromisses. Die meisten der alltäglich in allen möglichen Interaktionen getroffenen Kompromisse werden nicht auf die ethische Ebene zu heben sein. Erst wenn eine besonders folgenträchtige Entscheidung in Fragen des Guten und Gerechten ansteht, können wir von einem *ethisch relevanten sozialen Kompromiss* sprechen. Vorausgesetzt wird dabei eine Konfliktlage zwischen den moralischen Überzeugungen von Akteuren in Situationen, die auf eine Entscheidung zusteuern. Sobald das Beharren auf den den Dissens begründenden Positionen als problemverschärfend beurteilt wird, kann – durch eigene Einsicht oder mögliche Interventionen von anderen angestoßen – nach einem Ausgleich gesucht werden. Die ethische Debatte um den Kompromiss hat sich immer wieder an öffentlich präsenten sozialen Konflikten entzündet, von der Nachrüstungsdebatte der 1980er Jahre über den Asylkompromiss der 1990er Jahre bis hin zur Stammzelldebatte der letzten Jahre.

Zu unterscheiden von diesem Kompromiss im eigentlichen Sinne ist das, was als ‚ethischer' Kompromiss bezeichnet worden ist. Der Begriff steht hier für das Ausbalancieren konfligierender moralischer Ansprüche in der ethischen Reflexion mit dem Ziel, zu einer vernünftig begründeten sittlichen Position zu finden. Ziel des Kompromisses ist ein „differenziertes und um Ausgewogenheit bemühtes Urteil"[5]. Beim sozialen Kompromiss geht es hingegen um den Ausgleich zwischen divergenten moralischen Überzeugungen. Der ethische Kompromiss produziert die sittlichen Urteile, die dann womöglich in der sozialen Wirklichkeit bei der Regelung strittiger Sachverhalte aufeinander prallen. Anders als beim sozialen Kompromiss geht es beim ethischen Kompromiss erst einmal um die Bestimmung des Inhalts sittlicher Forderungen. Wir befinden uns damit im Bereich der Begründung sittlicher Handlungsurteile.[6] Der moraltheologische Diskurs um die sittliche Würde des ethischen Kompromisses hat bis heute seinen systematischen Ort in der Normierungstheorie.

---

[5] *Weber*, Kompromiß (s. Anm. 1), 99.
[6] Vgl. dazu vor allem *Wilting*, Kompromiß (s. Anm. 1).

III. Wem welche ethischen Kompromisse zum Problem werden

Inmitten der Hochphase der innertheologischen Debatte um die Normierungstheorie urteilte der Pädagoge Theodor Wilhelm: „Die katholische Morallehre kann, selbst wenn sie wollte, Kompromisse nicht anerkennen …"[7] Es widerspräche dem geschlossenen, konservativen Weltbild des Katholizismus, auch nur an einer Stelle Schlupflöcher zu eröffnen. Der standfeste Gläubige müsse sich in Konflikten nicht wirklich entscheiden, weil die Antworten stets schon parat lägen. Nicht auf seine unvertretbare personale Verantwortung komme es an, sondern auf seine Fähigkeit, situativ beurteilen zu können, welche Regel anzuwenden sei. Auch in Konflikten gebe es sichere Wege. In langen historischen Auseinandersetzungen zwischen unterschiedlichen moralischen Denkschulen habe der Rigorismus schließlich gesiegt und der Moraltheologie jede Kompromissliebe ausgetrieben.

Wie zutreffend ist diese Sicht der Dinge? Ganz entgegen der Unterstellung Wilhelms kommt Helmut Weber zu dem Schluss, dass „grundsätzlich jedes menschliche Handeln ein Anwendungsfall" des Kompromisses ist. Denn „es stehen immer gute und negative Folgen einander gegenüber, und immer muss darum auch Negatives in Kauf genommen werden"[8]. Der Kompromiss gilt hier als *handlungstheoretische Konstante*. Ob man es nun Kompromiss nenne oder nicht, dem handelnden Menschen sei es verwehrt, das Gute mit absoluter Sicherheit endgültig zu erkennen und zu verwirklichen. Die menschliche Endlichkeit bedinge eine Ethik des Kompromisses.[9] Entgegen dem vermuteten katholischen Sicherheitsdenken bekennt sich Weber theologisch ausdrücklich (vgl. Mt 13,24–30; 1 Kor 13,9f.) zu den Uneindeutigkeiten unserer sittlichen Erkenntnis und damit zur Offenheit der Kompromissbildung. „Ist die eigene Meinung tatsächlich immer schon die einzig richtige? Muß ich nicht einkalkulieren, daß auch andere und anderes ein gewisses Recht haben?"[10] Die Sache des Kompromisses, seine Absage an die rigoristische Durchsetzung der einen Wahrheit, ist in der Tradition der Moraltheologie gut aufgehoben. Den im Laufe der Geschichte formulierten reflexiven Regeln der *Epikie*, des *minus malum*, der *Handlung mit Doppelwirkung* oder der *cooperatio in malum* ist gemeinsam, dass sie einen Ausweg anbie-

---

[7] *Wilhelm, Theodor*, Traktat über den Kompromiß. Zur Weiterbildung des politischen Bewußtseins, Stuttgart 1973, 71.
[8] *Weber*, Kompromiß (s. Anm. 1), 111.
[9] Vgl. auch *Demmer*, Entscheidung (s. Anm. 1).
[10] *Weber*, Kompromiß (s. Anm. 1), 116.

ten wollen für Situationen, in denen die Konsequenzen der alleinigen Verfolgung einer einzigen sittlichen Intention als nicht tragbar empfunden werden. Einzelne normative Forderungen sollen nicht länger um jeden Preis und unter allen Umständen durchgesetzt werden. Nicht als Aufweichung des Tötungsverbotes, sondern als Präzisierung seiner Geltungsbedingungen ist es etwa erlaubt, unter gegebenen Umständen auch solche Schmerzmittel zu verabreichen, die den Eintritt des Todes eines Patienten beschleunigen können. Hier ist ein Kompromiss herzustellen zwischen dem Gut des Lebens und dem Gut der Linderung schwerer Schmerzen. Viele weitere Beispiele aus der eigenen Tradition zeigen immer wieder diese Bereitschaft, bei neu auftretenden moralischen Herausforderungen findig die Härten unnachgiebiger Forderungen zu mildern. So hielt man zwar am Verbot einer jeden Falschaussage fest, da man aber die Situationen kennt, in denen dies mitunter mit dem berechtigten Schutz anderer kollidiert, definierte man z. B. das mehrdeutige Sprechen aus dem Lügenverbot heraus. Die Strategie ist unschwer zu erkennen: Sittliche Ansprüche sollen auf der einen Seite nicht entschärft werden, auf der anderen Seite ist man „zutiefst bedrängt von der Not und dem Leid, das die strenge Einhaltung"[11] bestimmter Normen mit sich bringt. Die jüngere Moraltheologie hat daraus die Konsequenz gezogen, die hier angelegte Logik zu verallgemeinern. Immer dann, so heißt es nun formalisiert, können die mit einem Handeln verbundenen negativen Folgen in Kauf genommen werden, wenn es dafür einen angemessenen Grund gibt. Erst die Verursachung eines ‚malum physicum' ohne entsprechenden angemessenen Grund macht eine Handlung zu einer schlechten Handlung.[12] Einer teleologischen Normierungstheorie, die immer mit der Notwendigkeit von Abwägungsprozessen rechnet, scheint daher der Kompromiss inhärent zu sein. Präziser aber müsste von zu treffenden Wert*vorzugsurteilen* und nicht von einem Wert*ausgleichsverfahren* gesprochen werden.[13] Die teleologische Begründungsstruktur weist dahingehend eine Ähnlichkeit zum Kompromiss auf, als für sie der reale Handlungskontext unverzichtbar die sittliche Richtigkeit unseres Handelns mitbestimmt. Sie rechnet stets mit der Komplexität sozialer Wirklichkeiten und den verwickelten Handlungsketten einer modernen Gesellschaft. Jedes menschliche Handeln kann die Unbe-

---

[11] *Schüller, Bruno*, Die Begründung sittlicher Urteile. Typen ethischer Argumentation in der Moraltheologie, Düsseldorf ³1987, 179.
[12] Vgl. *Knauer, Peter*, Handlungsnetze. Über das Grundprinzip der Ethik, Frankfurt a.M. 2002.
[13] So *Mieth*, Überzeugung (s. Anm. 1), 119f.

dingtheit des Sittlichen nur im Rahmen des Möglichen annäherungsweise zur Darstellung bringen. Die Konsequenzen der kompromisslosen Befolgung einzelner normativer Ansprüche sind Teil unserer Handlungsverantwortung. Und wir dürfen nicht einfach die Schuld auf die Gesellschaft oder wen auch immer schieben, wenn unsere moralischen Vorstellungen auf keine Resonanz stoßen. Wie wollte man sich sonst vor Selbstgerechtigkeit schützen? Wodurch aber kommt es dann zu der Wahrnehmung, die katholische Morallehre sperre sich gegen die Idee des Kompromisses? Es ist die Klasse der so genannten ‚in sich schlechten‘ Handlungen, die den Kompromiss zum Problem werden lassen. Aus deontologischer Sicht muss das, was Moraltheologie traditioneller Weise tut, nämlich sich mit Hilfe reflexiver Prinzipien neue Handlungsurteile offen zu halten, als Kapitulation ethischer Prinzipien gelten. Was unter keinen Umständen erlaubt ist, darf nicht im Verfahren des Kompromisses zu etwas sittlich Erlaubtem werden. Machen wir uns das an einem Beispiel klar.

Gemäß deontologischer Beurteilung gibt es keine Umstände, die eine durch menschliche Entscheidung herbeigeführte Trennung des ehelichen Sexualaktes von seiner möglichen prokreativen Funktion rechtfertigen könnten. Wie aber ist der folgende Fall zu beurteilen: Ein Ehepaar, von denen ein Partner HIV-positiv ist, möchte weiterhin seiner ehelichen Liebe auch eine körperlich-sexuelle Ausdrucksgestalt geben. Die katholische Kirche hat auf dem II. Vaticanum diese eheliche Sexualität als solche gewürdigt. „Jene Akte also", so *Gaudium et spes* 49, „durch die die Eheleute innigst und lauter eins werden, sind von sittlicher Würde." Was spricht dagegen, die Verantwortung füreinander dadurch zum Ausdruck zu bringen, dass man beim sexuellen Verkehr ein präventives Mittel einsetzt, also ein Kondom benutzt? Dagegen spricht, so eine moraltheologische Auskunft, dass auch in diesem Fall der serodifferenten Eheleute das gewählte präventive Mittel eine in sich schlechte Handlung sei und man das Böse nie tun dürfe, um Gutes zu erreichen.[14] Als Ausweg bleibe nur die Abstinenz. Von einem anderen Verständnis menschlicher Handlungen aus kommen viele Moraltheologen zu einem anderen Urteil. Nicht die bloße *physische* Handlung, sondern die mit der Handlung verknüpfte *Intention* bestimme den moralischen Charakter einer Handlung. Nur ein Beispiel aus den Handbüchern: Wenn ich mir eine fremde Sache widerrechtlich aneigne, dann begehe ich Dieb-

---

[14] Vgl. etwa *Smith, Janet E.*, The Morality of Condom Use by HIV-Infected Spouses, in: The Thomist 70 (2006) 27–69.

stahl; befinde ich mich aber in einer äußersten Notlage, dann wird diese Aneignung einer fremden Sache zu einer erlaubten. Nicht der Diebstahl wird wohlgemerkt erlaubt, sondern es liegt kein Diebstahl vor und wir sollten die Handlung deshalb anders bezeichnen.[15] Ein ethischer Kompromiss. *Eine identische Handlung und doch auf Grund der Umstände eine moralisch andere Handlung.* Übertragen auf unseren Fall: Wenn ein Kondom benutzt wird, um sich oder den Partner/die Partnerin vor einer gefährlichen Infektion zu schützen, dann intendiert eine solche Handlung im *direkten* Sinne den Schutz vor einer Krankheit und nicht die Empfängnisverhütung. Diese ist nur ein nicht intendierter Nebeneffekt der Handlung.[16] Also kann die Benutzung des Kondoms moralisch erlaubt sein. Gleiches gilt, wenn wir das Prinzip des kleineren Übels (*minus malum*) anwenden würden.[17] Diejenigen, die sich im Falle der serodifferenten Eheleute nicht für das strikte Verbot von Kondomen aussprechen, tun dies in dem Bewusstsein, dass sie in der Tradition ein ganzes Arsenal von Instrumenten vorfinden, die genau dies ermöglichen, ohne zugleich eine neue Sexualmoral entwerfen zu müssen.[18] Die Moraltheologie bleibt sich treu, wenn sie neue Beurteilungen von Handlungen nicht ausschließt. Und sie kann darlegen, dass es ihr damit nicht um das Böse um des Guten willen geht. Es ist ja gerade strittig, ob die gar nicht negierte Verletzung eines ‚bonum physicum' sittlich begründet ist oder nicht. Man darf das eigene Urteil nicht immer schon voraussetzen, wenn man in den Prozess der Urteilsbildung eintritt. Wer fragt, ob es je Gründe geben dürfe, Böses um des Guten willen zu tun, der hat nicht nur in unserem diskutierten Fall eine sinnlose Frage gestellt.

Das Beispiel sollte zeigen, dass moraltheologische Plädoyers für den ethischen Kompromiss eine Kritik an bestimmten verabsolutierten Handlungsnormen bedeuten. Um es ausdrücklich zu betonen: Es geht nicht um die Alternative Unbedingtheit versus Relativismus, sondern um das angemessene Verständnis von Unbedingtheit in der christlichen Ethik. „Besteht nicht – wenn es sie gibt – christliche Radikalität schein-paradoxerweise in jener unbedingten Nächstenliebe (zusammen mit der Gottesliebe), welche sich undoktrinär und unfa-

---

[15] Vgl. *Mausbach, Joseph*, Katholische Moraltheologie Bd. 3, bearb. von *Gustav Ermecke*, Münster [10]1961, 533f.

[16] Vgl. *Rhonheimer, Martin*, The Truth about Condoms, in: The Tablet 10.7.2004.

[17] Vgl. *Johnstone, Brian V.*, AIDS Prevention and the Lesser Evil, in: Studia Moralia 39 (2001) 197–216.

[18] So besonders *Keenan, James F.*, Applying the Seventeenth-Century Casuistry of Accomodation to HIV Prevention, in: Theological Studies 60 (1999) 492–512.

natisch dem Mitmenschen in *seiner* konkreten Situation zur Verfügung stellt?"[19]

IV. Können und Sollen

Noch ein weiterer Aspekt des ethischen Kompromisses kann an unserem Beispielfall erläutert werden. Eine häufige Reaktion auf die Feststellung, dass das Festhalten an absoluten Verboten im Falle von AIDS mit ungewöhnlichen Härten für die Betroffenen verbunden sein kann, ist der Hinweis auf die Möglichkeit des Menschen, sich auch in schwierigen Situationen an die vorgelegte Morallehre halten zu können.[20] AIDS wird nicht zur Herausforderung der eigenen normativen Position, denn, so die zum Ausdruck gebrachte Überzeugung, wenn sich alle an die vorgelegte Moral hielten, dann sei das Problem HIV/AIDS von der Wurzel her zu lösen. Abstinenz und Treue seien nun einmal die wirksamsten Mittel gegen das Virus. Das Gesollte könne im Handeln befolgt werden, man müsse es nur wollen. Das Sollen ist ein Können.

Ist es das aber wirklich? Wie steht es um das Können etwa von jungen Frauen in Verhältnissen sexualisierter Gewalt, in Verhältnissen, die sie nicht ihre Rechte erkennen lassen, die ihnen Bildung vorenthalten? Wem außer dem Adressaten der Botschaft nutzt hier der Hinweis auf absolute normative Verbindlichkeiten? Von welchem Verständnis handelnder Akteure geht die strikte Sollensforderung aus? Menschen sind zwar zur Freiheit bestimmt, aber nicht von Natur aus schon frei. Der Hinweis auf die menschliche Freiheit wird als abstrakter Hinweis inhuman, wenn er das konkrete Können nicht in Rechnung stellt. ‚Sollen setzt Können voraus', so lautet das klassische Axiom. Wer sich gegen diesen Satz sperrt, der wird den Adressaten seiner moralischen Forderungen das Gefühl vermitteln, hinter dem ‚eigentlich' gesollten Handeln stets zurückzufallen. Dann von Kompromissen zu sprechen, geschieht im Schatten des unerfüllbar Guten. Aber „ethische Pflichten begründen keine abstrakte Verbindlichkeit unabhängig von jeder Lebenslage, von allen Umständen, von allen Voraussetzungen in der Erkenntnis."[21] Wer aus christlicher Motivation die

---

[19] *Eid, Volker*, Die gestörte Kommunikation über das Ethische. Fakten und Hintergründe, in: *Weber* (Hrsg.), Kompromiß (s. Anm. 1), 59–76, 73.
[20] S. *Cessario, Romanus*, Moral Theology on Earth: Learning from two Thomases, in: Studies in Christian Ethics 19 (2006) 305–322.
[21] *Mieth*, Überzeugung (s. Anm. 1), 120.

Differenz zwischen formal unbedingten Ansprüchen und ihrer notwendigen konkreten Vermittlung in einer kontingenten Welt anerkennt, der „pflegt nicht den Adel reiner Gesinnung (…), sondern hält sich an die in den Verhältnissen der Unfreiheit erschienene Befreiung und geht ohne Angst, sich in der Entäußerung zu verlieren, auf die widerspruchsvolle Wirklichkeit ein, um zu tun, was Menschen tun können"[22].

V. Zwischenbeobachtung: Zum gesellschaftlichen Kontext des Kompromisses

Der Aufstieg des Kompromisses zu einer gesellschaftlichen Wertidee, die in positiver Nachbarschaft zur Tugend der Toleranz angesiedelt ist, kann gesellschafts- und kulturtheoretisch eingeholt werden.[23] Kompromissbereitschaft ist ein Aspekt gesellschaftlicher Zivilisierungsprozesse. Zum explizit formulierten Dissens und zur Option des Kompromisses kommt es erst dann, wenn man nicht mehr fürchten muss, dass auf Widerspruch mit physischer Gewalt reagiert wird. Im Untergrund treibt das gesellschaftliche Differenzierungsgeschehen die Notwendigkeit und Bereitschaft hervor, sich auf Kompromisse einzulassen. Die zentrale Botschaft der Theorie funktionaler Differenzierung lautet, dass sich die Entwicklung westlicher Gesellschaften als das Geschehen einer funktionsspezifischen Ausdifferenzierung unterschiedlicher gesellschaftlicher Teilsysteme begreifen lässt. Seit den 1960er Jahren ist dieser soziologische Theoriestrang in der deutschsprachigen Soziologie im Aufwind. Seine Faszination liegt darin begründet, dass er uns einen Analyseschlüssel zur Erklärung zahlreicher sozialer Phänomene an die Hand gibt. Das gilt auch für die Wertschätzung des Kompromisses. Denn dieser reagiert auf die Allgegenwart von Widersprüchen auf eine nichthierarchische und gewaltfreie Weise. Die Differenzierungstheorie kann erklären, warum die Kontingenz des Sozialen zunimmt und damit die Wahrnehmung des eigenen Standpunktes als eines neben anderen wahrscheinlicher wird. Die je eigene Logik sozialer Teilsysteme wird mit der Zeit verfei-

---

[22] *Pröpper, Thomas*, Freiheit, in: Neues Handbuch theologischer Grundbegriffe Bd. 1, München 2005, 398–422, 421.

[23] Vgl. *Kaufmann, Franz-Xaver*, Sicherheit als soziologisches und sozialpolitisches Problem. Untersuchungen zu einer Wertidee hochdifferenzierter Gesellschaften, Stuttgart ²1973; *Luhmann, Niklas*, Soziale Systeme. Grundriss einer allgemeinen Theorie, Frankfurt a.M. 1984; *Schimank, Uwe*, Theorien gesellschaftlicher Differenzierung, Opladen 1996.

nert und von den Perspektiven anderer Systeme gereinigt. Das Wissenschaftssystem etwa bestimmt die Kriterien für die Wahrheitsfindung selbst und nicht unter den Prämissen anderer Systeme. Die Religion musste mit diesem Autonomieanspruch umzugehen lernen. Auch sie selbst wird thematisch gereinigt, religiöse Sinnansprüche kann man nicht kaufen oder gerichtlich durchsetzen. Je mehr die Individuen lernen, sich zwischen den pluralen Sinnwelten zu bewegen, umso mehr lernen sie deren Grenzen kennen. Denn keines der einzelnen Systeme ist das Ganze der Wirklichkeit und keines kann die anderen umstandslos dominieren. Eine gesellschaftliche Zentralperspektive gibt es jetzt nicht mehr. Zur Lösung von Konflikten kann kein Oberschiedsrichter angerufen werden, der das gesellschaftliche Spielfeld überblickt. Die einzelnen Systeme arbeiten je gemäß ihrer eigenen Logik. Und weil sie zunächst einmal systematisch nicht berücksichtigen, welche Wirkung das auf die Realitäten außerhalb ihrer selbst hat, kommt es dazu, dass die Systeme sich gewissermaßen in die Quere kommen. Sie sind auf Leistungen anderer Systeme angewiesen, und zugleich beeinflussen sie deren Leistungsfähigkeit. Das Wirtschaftssystem ist angewiesen auf sozialisierte und gut ausgebildete Individuen und kann zugleich den externen Effekt haben, dass es die Stabilität familiärer Bindungen schwächt. Eigenlogik und Interdependenzen schließen sich nicht aus. Die Teilsysteme lernen, miteinander umzugehen und bilden intern Strukturen, die die anderen Systeme beobachten und mit ihnen kommunizieren. Wirtschaftsunternehmen oder Wissenschaftsorganisationen haben Rechtsabteilungen, um auf Veränderungen rechtlicher Rahmenbedingungen reagieren zu können und womöglich auf deren Ausgestaltung Einfluss zu nehmen. Die Kirchen unterhalten katholische Büros, um von Veränderungen politischer Entscheidungen nicht überrascht zu werden. Als eine der spannendsten Herausforderungen in ethischer Hinsicht kristallisiert sich dabei die Frage heraus, ob und wie man die diversen Teilsysteme in eine gewünschte Richtung steuern kann. Das moralisch Gesollte muss auf irgendeine Weise in die Systemlogik implementierbar sein, wenn es nicht ohnmächtig bleiben will. Die Hersteller schadstoffreicher Fahrzeuge stellen ihre Produktion nicht um, wenn sie fürchten müssen, dadurch ökonomisch an den Rand gedrängt zu werden. Bildungsinstitutionen tun das, was man von ihnen erwartet, nicht, wenn sie sich rein politischen Opportunitäten beugen sollen. Die Erzwingbarkeit eines Ziels stößt auf Widerstände, die Teilsysteme verfügen über Möglichkeiten, sich fremden Zugriffen zu entziehen. So kommt es dazu, dass „intersystemische Verhandlungsnetzwerke"[24] entstehen, in denen die möglichen Spannungen klein gearbeitet werden. In den vielen Verhandlungsgremien, den runden Tischen, den gemeinsamen Ausschüssen, auch den Ethikkomitees und -räten usw. wird versucht, trotz des generellen und unaufhebbaren Dissenses in den Systemorientierungen „tragbare intersystemische Kompromisse" zu finden,

> „ob es nun darum geht, wirtschaftliches Gewinnstreben politisch verlässlich und ökologisch verträglich zu machen, die gesellschaftlichen Risiken wissenschaftlicher Wahrheitssuche zu begrenzen oder die mit der Leistungssteigerung medizinischer Krankenbehandlung einhergehende ‚Kostenexplosion' zu regulieren"[25].

Immer sollen intersystemische Konflikte bearbeitet werden, die sich nie werden auflösen lassen. Die differenzierte Gesellschaft lebt davon, dass sie nicht mehr integriert ist. Mit den Kompromissen wird es kein Ende geben. Da die Individuen daran gewöhnt werden, sich in verschiedenen sozialen Kreisen zu bewegen, liegt es nahe, Kompromissbereitschaft einzuüben. Wer kompromisslos nur die Logik einer Sinnperspektive verfolgen will, der wird auf kurz oder lang die Kosten dafür zu spüren bekommen. Denn die übrigen Systeme, an denen man zwangsläufig auch teilnimmt, werden ihre Leistungen auf den Prüfstand stellen. Auch ein Akteur im Wirtschaftssystem will Anerkennung als Person, will womöglich politischen Einfluss etc. Das Kompromisslose hat sich einmal heroisch stilisiert, inzwischen wird man es bedauern. Ausgewandert aus der alten Homogenität seiner sozialen Mitwelt saugt der Bewohner einer pluralen, differenzierten Gesellschaft den Kompromiss wie die Muttermilch auf.

VI. Gute und schlechte Kompromisse: eine Kriteriologie

Konflikte kommen und gehen. Gesellschaftlich gewichtige Konflikte, die sozialen Kompromissen öffentliche Aufmerksamkeit verleihen, sind eher die Ausnahme.[26] Die Stammzelldebatte ist ohne Zweifel kein Bagatellereignis. Mit erheblichem Mobilisierungspotential ausgestattet, geht es hier um fundamentale sittliche Überzeugungen. Und moralische Fragen sind per se „konfliktfördernd, indem sie in Aussicht stellen, dass man mit der eigenen Po-

---

[24] *Schimank, Uwe*, Organisationsgesellschaft, in: *Georg Kneer* et al. (Hrsg.), Klassische Gesellschaftsbegriffe der Soziologie, München 2001, 278–307, 298.

[25] Ebd., 299.

[26] Vgl. *Luhmann*, Systeme (s. Anm. 23), 541f.

sition auf der richtigen Seite liegt und die Gegenseite der öffentlichen Ablehnung (...) aussetzen kann"[27]. Besucht man auch nur für kurze Zeit die einschlägigen Internetseiten derjenigen, die sich gerne als eifrige Wächter moralischer Standards inszenieren, wird man der Beobachtung Luhmanns sofort zustimmen. Bei der Frage, wie der gefundene politische Kompromiss zur Forschung mit embryonalen Stammzellen ethisch zu bewerten ist, verlassen wir die Ebene des ethischen Kompromisses. Wir haben es mit einem *ethisch relevanten sozialen Kompromiss* zu tun. In einer moralisch strittigen Frage sollte aus nachvollziehbaren wissenschaftspolitischen Gründen eine Entscheidung herbeigeführt werden. Ein Konsens auf der Ebene der moralischen Beurteilung des Status menschlicher Embryonen aber war und ist nicht zu erwarten. Und wenn das Ausspielen von Macht nicht in Frage kommt, welche Optionen bleiben dann?[28] Man kann sich der Suche nach einem Kompromiss verschließen, weil man an keinem Ergebnis, welches sich nicht völlig mit der eigenen Position deckt, mitwirken will. Einen besseren oder schlechteren Kompromiss gibt es dann nicht; jeder Kompromiss gilt als ein schlechter. Die ethische Kompromisslosigkeit hat die soziale im Schlepptau. In der Auseinandersetzung um den Verbleib der katholischen Beratungsstellen im System der Schwangerschaftskonfliktberatung hat ein solcher Ansatz letztlich den Ausschlag gegeben.

Wer aber bereit ist, einem zu findenden Kompromiss überhaupt Gutes abzugewinnen, weil er nicht in „Schwarz-weiß"-Kategorien denken möchte, der wird sich mit seinen Argumenten an der Debatte beteiligen und das aus seiner Sicht Bestmögliche zu erreichen versuchen. Das Ergebnis des Kompromisses kann dann anschließend nochmals ethisch bewertet werden und auch da gibt es verschiedene Varianten. Der Kompromiss kann abgelehnt werden und das eigene Handeln sich anschließend konzentrieren auf dessen Kritik oder gar Formen des zivilen Widerstandes erkunden. Oder aber man ist zwar inhaltlich gegen den schließlich gefundenen Kompromiss, hält ihn also für eine falsche Entscheidung, bewertet aber das Zustandekommen als einen im Ganzen fairen Vorgang und verweigert ihm zumindest in dieser Hinsicht nicht jede Anerkennung.[29]

Hinter der Idee eines Kompromisses steht die moralische oder pragmatische Einsicht einer pluralen und demokratischen Gesell-

---

[27] Ebd., 535.
[28] Die Freigabe der Bundestagsabstimmung von Fraktionszwängen ist das politisch eindeutige Signal, in einer Frage wie der der Stammzellforschung auf die mögliche Inanspruchnahme von bestehenden Machtverhältnissen zu verzichten.
[29] Siehe *Kruip*, Kriterien (s. Anm. 1).

schaft, dass bestimmte Konflikte besser auf partizipative Weise denn mit Hilfe von Machtüberlegenheit oder Gewalt zu bewältigen sind. Den Kompromiss als Modus von Konfliktlösungen bewusst zu wählen impliziert, ethische Standards nicht nur auf der eigenen Seite zu vermuten. Im Falle der Stammzellforschung stößt die gesellschaftliche Institution des Kompromisses jedoch auf den Verdacht, dass im Verfahren jener Wert unter die Räder kommt, der in der Demokratie geschützt werden soll: die unbedingte Würde eines jeden einzelnen Menschen.[30] Diese Konstellation, die etwa auch' beim so genannten ‚Asylkompromiss' der 1990er Jahre zu Tage trat, ist in der Tat prekär. Ist es denkbar, dass sich die Demokratie auf demokratische Weise selbst gefährdet? Und was wäre die angemessene Reaktion auf eine solche Vermutung? Wie kann vermieden werden, dass das Vertrauen in demokratische Strukturen und die sie stützenden kulturellen Überzeugungen zerbricht? Dadurch, so die These, dass der Respekt vor den unterschiedlichen moralischen Überzeugungen im Verfahren erfahrbar bleibt, dass auch anderes Ethos geachtet wird. Von daher sind alle Mittel auszuschließen, die auf Formen von bloßer Machtausübung, Gewalt oder Manipulation hinauslaufen. Hingegen sind alle Verfahren ethisch auszuzeichnen, die auf die Aktivierung kommunikativer Vernunft für die zivilgesellschaftlichen Willensbildungsprozesse setzen.[31] Und die bei allen weiterhin bestehenden Kontroversen sich doch einfügen lassen in einen durch die Menschenrechte formulierten normativen Rahmen.[32] Aus spezifisch *verantwortungsethischen* Gründen kommen weitere Aspekte hinzu. Komplexe Zusammenhänge bedürfen einer differenzierten Analyse unter Einbeziehung unterschiedlicher wissenschaftlicher Perspektiven und lassen nicht nur das Tun, sondern auch das Unterlassen rechenschaftspflichtig werden. In die Kompromissbildung sind Überlegungen einzubeziehen, welche Akteure auf welche Weise in welchen Kontexten Verantwortung übernehmen können. Das Ergebnis eines Kompromisses sollte offen sein für mögliche Revisionen. Auf unvorhergesehene Entwicklungen, auf nicht geplante Ereignisse sollte reagiert werden können. Auch nach dem Kompromiss verlieren die für den Kompromiss aktivier-

---

[30] Vgl. hierzu *Römelt, Josef*, Moralischer Pluralismus. Problemstellungen in Theologie, Ethik und Politik, in: *Wilhelm Guggenberger, Gertraud Ladner* (Hrsg.), Christlicher Glaube, Theologie und Ethik, Münster 2002, 27–40.

[31] Dazu näher *Kruip*, Kriterien (s. Anm. 1).

[32] Vgl. *Kettner, Matthias*, Welchen normativen Rahmen braucht die angewandte Ethik?, in: *ders.* (Hrsg.), Angewandte Ethik als Politikum, Frankfurt a.M. 2000, 388–407.

ten Verhandlungsnetzwerke nicht ihre Funktion. Viele Regelungen bleiben vorläufig und es besteht Anlass für ein „permanentes Monitoring mit daraus folgender Nachbesserungspflicht"[33]. In einer differenzierten Gesellschaft, die auf Grund ihrer internen Komplexität per se eine Risikogesellschaft darstellt, in der die Folgen unserer Entscheidungen immer öfter unüberschaubar sind, wachsen die kognitiven Anforderungen an die Übernahme von Verantwortung. Schon von daher sind kooperative Aushandlungsprozesse unverzichtbar.

VII. Theologische Zweitcodierung des Kompromisses?

Für religiöse Traditionen stellen Kompromisse wie in der Frage der Stammzellforschung oder bei der rechtlichen Regelung des Schwangerschaftsabbruches oder der Sterbehilfe häufig eine besondere Belastung dar. Auf der einen Seite – und jetzt sprechen wir von der katholischen Kirche – hat man sich die normativen Grundlagen des liberalen Staates theologisch und lehramtlich angeeignet. Auf der anderen Seite wird die Erfahrung gemacht, dass dieser demokratische Staat Fragen, die man selbst für menschenrechtliche Fragen von Freiheit und Würde erachtet, als Ausdruck einer nicht verallgemeinerbaren Sondertradition behandelt.[34] Soll daraufhin die Anerkennung demokratischer Verfahren der Willensbildung unter einen Vorbehalt gestellt werden? Zumindest stellt sich verschärft die Frage nach der Qualität des Verfahrens, wenn der Eindruck sich verdichten sollte, die eigenen moralischen Überzeugungen seien nicht auf die gleiche Weise geachtet worden wie die anderer, nicht religiöser Staatsbürger. Die besondere Zumutung für religiöse Bürger, Positionen tolerieren zu müssen, die aus der Sicht religiös verbürgter Wahrheitsansprüche als falsch erscheinen, bleibt für Jürgen Habermas nur dann vernünftig, wenn auf der anderen Seite „religiösen Überzeugungen aus der Sicht des säkularen Wissens ein epistemischer Status zugeschrieben

---

[33] *Heidbrink, Ludger*, Handeln in der Ungewissheit. Paradoxien der Verantwortung, Berlin 2007, 87. Diese verantwortungsethisch abzuleitenden Forderungen stoßen jedoch nicht selten auf politischen Widerstand, weil ein Konflikt, der einmal mehr oder weniger sozial befriedet worden ist, nicht wieder aufbrechen soll. Man kann das beobachten an dem politischen Unwillen, etwa das Transplantationsgesetz von 1997, das offenbar nicht die selbst gesetzten Ziele erreicht hat, zu ändern. Was bleibt? Die Suche nach einem Kompromiss, der die berechtigten politischen Bedenken in Rechnung stellt.

[34] Vgl. *Habermas*, Naturalismus (s. Anm. 3), 268ff.

wird, der nicht schlechterdings irrational ist"[35]. Die katholische Tradition einer kognitiven Ethik kommt dem entgegen. Das Modell einer christlich begründeten autonomen Moral dient ohne Zweifel der wechselseitigen Anerkennung von religiösen und nicht religiösen Mitgliedern einer Gesellschaft. Denn es geht von der gemeinsamen Moralfähigkeit des Menschen aus und setzt in moralischen Fragen keine Glaubensbekenntnisse voraus. Es entzerrt das Verhältnis von Religion und Moral und bringt die religiöse Perspektive eines unbedingten Sinns an den richtigen Stellen zur Geltung, d. h. dort, wo ein autonom begründetes Ethos an seine eigenen humanen Grenzen stößt und es an seiner eigenen Endlichkeit zu verzweifeln droht. Auch jenseits einer im engeren Sinne normativen Ethik bleibt für die Religion in Fragen der Moral Raum für glaubwürdiges Handeln. Im Gegenteil gilt, dass eine

> „starke Betonung des religiösen Profils in kirchlichen Stellungnahmen ... in der Gefahr (steht), auf die innerkirchliche Diskussion einengend oder sogar disziplinierend zu wirken, die inzwischen erreichte innertheologische und innerkirchliche Pluralität wieder zu reduzieren und damit ein Glaubwürdigkeitsproblem zu erzeugen"[36].

Es gibt Bestrebungen, bioethische Kontroversen zum Gegenstand eines neuen Kulturkampfes zu machen. Eine lebensförderliche christliche Kultur stehe diametral einer gesellschaftlichen Kultur des Todes gegenüber. Wer Konflikte um bioethische Fragen auf diese Weise beobachtet, der behindert die eigene Kompromissfähigkeit. In der Vorstellungswelt des Kulturkampfes kann es nicht um Ausgleich, sondern nur um Sieg oder Niederlage gehen. Weil Kulturkämpfe aber nicht zu gewinnen sind, rettet man sich in die vermeintliche Reinheit des eigenen Zeugnisses. Was den freiwilligen Teilrückzug aus gesellschaftlichen Lebensbereichen bedeutet. Die Logik des Entweder-oder, entweder der Gesellschaft folgen oder der Religion treu bleiben, produziert ein Unbehagen in der Demokratie und setzt die religiös wertvolle Aneignung dieser Institutionalisierung von Freiheit aufs Spiel.

---

[35] Ebd., 271.
[36] *Kruip*, Kriterien (s. Anm. 1), 146.

Literaturverzeichnis

Attard, Mark, Compromise in Moraliy, Diss. Theol., Rom 1976.

Cessario, Romanus, Moral Theology on Earth: Learning from two Thomases, in: Studies in Christian Ethics 19 (2006) 305–322.

Demmer, Klaus, Entscheidung und Kompromiß, in: Gregorianum 53 (1972) 323–351.

Eid, Volker, Die gestörte Kommunikation über das Ethische. Fakten und Hintergründe, in: *Weber* (Hrsg.), Kompromiß, 59–76.

Forst, Rainer, Toleranz im Konflikt. Geschichte, Gehalt und Gegenwart eines umstrittenen Begriffs, Frankfurt a.M. 2003.

Forst, Rainer, Das Recht auf Rechtfertigung. Elemente einer konstruktivistischen Theorie der Gerechtigkeit, Frankfurt a.M. 2007.

Habermas, Jürgen, Zwischen Naturalismus und Religion. Philosophische Aufsätze, Frankfurt a.M. 2005.

Heidbrink, Ludger, Handeln in der Ungewissheit. Paradoxien der Verantwortung, Berlin 2007.

Heimbach-Steins, Marianne, Kompromiss: die Not ethischer Verständigung in der pluralen Gesellschaft. Eine politisch-ethische Problemskizze am Beispiel des „Asylkompromisses", in: *Peter Fonk, Udo Zelinka* (Hrsg.), Orientierung in pluraler Gesellschaft (Studien zur theologischen Ethik 81), Freiburg/Schweiz, Freiburg i.Br. 1999, 127–148.

Hertzler, Hans A., Die unbedingte Forderung. Eine Untersuchung zum Problem des Kompromisses in der theologischen Ethik, Diss. Theol., Göttingen 1968.

Johnstone, Brian V., AIDS Prevention and the Lesser Evil, in: Studia Moralia 39 (2001) 197–216.

Keenan, James F., Applying the Seventeenth-Century Casuistry of Accomodation to HIV Prevention, in: Theological Studies 60 (1999) 492–512.

Knauer, Peter, Handlungsnetze. Über das Grundprinzip der Ethik, Frankfurt a.M. 2002.

Kruip, Gerhard, Gibt es moralische Kriterien für einen gesellschaftlichen Kompromiss in ethischen Fragen? Zugleich ein Kommentar zur getroffenen Regelung des Imports von embryonalen Stammzellen, in: *Bernd Goebel, Gerhard Kruip* (Hrsg.), Gentechnologie und die Zukunft der Menschenwürde, Münster 2003, 133–149.

Luhmann, Niklas, Soziale Systeme. Grundriß einer allgemeinen Theorie, Frankfurt a.M. 1984.

Mausbach, Joseph, Katholische Moraltheologie Bd. 3, bearb. von *Gustav Ermecke*, Münster [10]1961.

Mieth, Dietmar, Christliche Überzeugung und gesellschaftlicher Kompromiß, in: *Weber* (Hrsg.), Kompromiß, 113–146.

Monzel, Nikolaus, Der Kompromiß im demokratischen Staat. Ein Beitrag zur politischen Ethik, in: Hochland 51 (1958/59) 237–247.

Müller, Max, Der Kompromiß oder Vom Unsinn und Sinn menschlichen Lebens, Freiburg/München 1980.

Osswald, Klaus-Dieter, Kompromiß, in: Historisches Wörterbuch der Philosophie Bd. 4 (1976) 941–942, 942.

Pröpper, Thomas, Freiheit, in: Neues Handbuch theologischer Grundbegriffe Bd. 1, München 2005, 398–422.

Kaufmann, Franz-Xaver, Sicherheit als soziologisches und sozialpolitisches Problem. Untersuchungen zu einer Wertidee hochdifferenzierter Gesellschaften, Stuttgart ²1973.

Rhonheimer, Martin, The Truth about Condoms, in: The Tablet 10.7.2004.

Römelt, Josef, Moralischer Pluralismus. Problemstellungen in Theologie, Ethik und Politik, in: *Wilhelm Guggenberger, Gertraud Ladner* (Hrsg.), Christlicher Glaube, Theologie und Ethik, Münster 2002, 27–40.

Kettner, Matthias, Welchen normativen Rahmen braucht die angewandte Ethik?, in: *ders.* (Hrsg.), Angewandte Ethik als Politikum, Frankfurt a.M. 2000, 388–407.

Schimank, Uwe, Theorien gesellschaftlicher Differenzierung, Opladen 1996.

Schimank, Uwe, Organisationsgesellschaft, in: *Georg Kneer* et al. (Hrsg.), Klassische Gesellschaftsbegriffe der Soziologie, München 2001, 278–307.

Schüller, Bruno, Zur Rede von der radikalen sittlichen Forderung, in: Theologie und Philosophie 46 (1971) 321–341.

Schüller, Bruno, Die Begründung sittlicher Urteile. Typen ethischer Argumentation in der Moraltheologie, Düsseldorf ³1987.

Sellmaier, Stephan, Ethik der Konflikte. Über den moralisch angemessenen Umgang mit ethischem Dissens und moralischen Dilemmata (Ethik im Diskurs 2), Stuttgart 2008.

Smith, Janet E., The Morality of Condom Use by HIV-Infected Spouses, in: The Thomist 70 (2006) 27–69.

Walter, Dieter, Zur Behandlung des Kompromißproblems in der Geschichte der evangelisch-lutherischen Ethik, in: Kerygma und Dogma 4 (1958) 73–111.

Weber, Helmut, Der Kompromiß in der Moral. Zu seiner theologischen Bestimmung und Bewertung, in: Trierer Theologische Zeitschrift 86 (1977) 99–118.

Weber, Helmut (Hrsg.), Der ethische Kompromiß (Studien zur theologischen Ethik 12), Freiburg/Schweiz, Freiburg i.Br. 1984.

Wilhelm, Theodor, Traktat über den Kompromiß. Zur Weiterbildung des politischen Bewußtseins, Stuttgart 1973.

Wilting, Hans-Josef, Der Kompromiß als theologisches und als ethisches Problem. Ein Beitrag zur unterschiedlichen Beurteilung des Kompromisses durch H. Thielicke und W. Trillhaas (Moraltheologische Studien. Systematische Abteilung Bd. 3), Düsseldorf 1975.

Windisch, Hubert, Handeln in Geschichte. Ein katholischer Beitrag zum Problem des sittlichen Kompromisses, Frankfurt a.M. 1981.

Mitschuld am Embryonenverbrauch?

Das moraltheologische Prinzip der Mitwirkung und die Bewertung der Stichtagsverschiebung

von Stephan Ernst

I. Anlass zu einer Grundsatzdebatte – Die Neuregelung des Imports von Stammzelllinien nach Deutschland

Die am 11. April 2008 vom Deutschen Bundestag nach intensiver Debatte beschlossene Verschiebung des Stichtags für den Import von Stammzelllinien aus dem Ausland hat – im Vorfeld und auch nach dem Beschluss – nicht nur quer durch alle politischen Parteien zu unterschiedlichen Stellungnahmen und zu einer heftigen Diskussion geführt, sondern auch innerhalb der christlichen Kirchen in Deutschland eine unterschiedliche und kontroverse Beurteilung gefunden. So hielt die 10. Synode der Evangelischen Kirche in Deutschland (EKD), die vom 4.–7. November 2007 in Dresden stattfand, in ihrem Beschluss zur Stammzellforschung eine Verschiebung des Stichtags, durch den bisher Anreize für die Zerstörung menschlicher Embryonen zur Gewinnung von Stammzellen ausgeschlossen werden konnten, für möglich, „wenn die derzeitige Grundlagenforschung aufgrund der Verunreinigung der Stammzelllinien nicht fortgesetzt werden kann und wenn es sich um eine einmalige Stichtagsverschiebung auf einen bereits zurückliegenden Stichtag handelt".[1] In ähnlicher Weise äußerten sich auch der EKD-Ratsvorsitzende, Bischof Wolfgang Huber, und der Präsident des Kirchenamtes der EKD, Hermann Barth.

Demgegenüber lehnten von Seiten der katholischen Kirche die deutschen Bischöfe auf ihrer Frühjahrsvollversammlung 2008 in einer gemeinsamen Erklärung die Stichtagsverschiebung entschieden ab. Die Bischöfe erklärten, bei der Verschiebung des Stichtags gehe es nicht um eine Terminfrage, sondern um eine Grundsatzentscheidung. „Menschliches Leben ist nicht verfügbar, es ist kein Verbrauchsgut, das einer Güterabwägung unterliegt", heißt es in

---

[1] Vgl. www.ekd.de/synode2007/beschluesse/beschluss_stammzellenforschung.html. – In ähnlicher Weise sprach sich auch der Vorsitzende der EKD, Bischof Wolfgang Huber, für die Vertretbarkeit einer einmaligen Stichtagsverschiebung aus.

der Stellungnahme. „Die Tötung embryonaler Menschen kann und darf nicht Mittel und Voraussetzung für eine mögliche Therapie anderer Menschen sein." In ähnlicher Weise betonte Kardinal Lehmann[2] in ausdrücklicher Bezugnahme auf den Beschluss der EKD und auf die Stellungnahme von Bischof Huber, in der ganzen Auseinandersetzung gehe es letztlich – auch wenn dies nicht bewusst zur Sprache gebracht werde – um den moralischen Status des Embryos, um seine Menschenwürde und seinen unbedingten Lebensschutz von Anfang an. Es dürfe nicht übersehen werden, dass bei der Herstellung von Stammzellen Embryonen getötet werden. An dieser Einsicht führe kein Weg vorbei, „auch wenn man im Brustton moralischer Empörung eine verbrauchende Embryonenforschung ablehnt". Bischof Gerhard Ludwig Müller betonte, jeder Mensch existiere um seiner selbst willen und nicht, um für andere instrumentalisiert zu werden. Es widerstreite jeder Logik christlicher Moral, Böses zuzulassen oder zu dulden, damit etwas Gutes erreicht werden kann.

Nun haben freilich weder die Synode der EKD noch ihr Ratspräsident Bischof Huber den moralischen Status des Embryos, seine Menschenwürde, sein Lebensrecht und seine unbedingte Schutzwürdigkeit vom Zeitpunkt der Kernverschmelzung an – im Unterschied zu einigen evangelischen Ethikern[3] – jemals in Frage gestellt. Im Gegenteil beginnt der Beschluss der Synode mit der Bekräftigung, „dass die EKD die Zerstörung von Embryonen zur Gewinnung von Stammzellen für die Forschung ablehnt". Dennoch halten die Mitglieder der Synode den Import von embryonalen Stammzellen aus dem Ausland, obwohl deren Gewinnung dort die Zerstörung menschlicher Embryonen voraussetzt, aufgrund der Stichtagsregelung und auch aufgrund der jetzt erfolgten einmaligen Verschiebung des Stichtags für ethisch vertretbar. Läuft also die Kritik der katholischen Bischöfe an der Haltung der EKD und ihres Ratspräsidenten, Bischof Huber, ins Leere?

Dies scheint nur dann nicht der Fall zu sein, wenn man davon ausgeht, dass die eigentliche Frage, um die es in der Kontroverse geht, eben nicht darin besteht, ob der menschliche Embryo von der Kernverschmelzung an Lebensrecht besitzt und unbedingt zu schützen ist, sondern darin, ob die Verschiebung des Stichtags für den Import humaner embryonaler Stammzellen tatsächlich ein ge-

[2] *Lehmann, Karl Kardinal*, Im Zweifel für das Leben. Embryonenschutz ist keine Frage des Stichtags. Ein Meinungsbeitrag, in: Die Zeit 4 (17.1.2008).
[3] Vgl. dazu: *Anselm, Reiner, Körtner, Ulrich H.J.* (Hrsg.), Streitfall Biomedizin. Urteilsfindung in christlicher Verantwortung, Göttingen 2003.

eignetes Mittel darstellt, in Deutschland Stammzellforschung zu ermöglichen, ohne sich dabei an dem vorausgehenden Embryonenverbrauch mitschuldig zu machen. Nur wenn dies nicht der Fall wäre, würde der Stammzellimport gegen das – von Bischof Gerhard L. Müller zu Recht angemahnte – Prinzip verstoßen, dass ein guter Zweck nicht das schlechte Mittel heiligt.

In diesem Zusammenhang kann darauf hingewiesen werden, dass auch im Zwischenbericht der Enquête-Kommission des Deutschen Bundestages „Recht und Ethik der modernen Medizin" vom November 2001 bereits die Frage der „strafbaren Mitwirkung" ausdrücklich erwähnt wurde: „Strafrechtlich ist der Import pluripotenter Stammzellen bisher nicht eingeschränkt, wenn die Importabsicht nicht zur strafbaren Mitwirkung an ihrer Gewinnung führt."[4] Auch hier wurde also die Frage einer möglichen Mitwirkung und deren Ausschluss als zentraler Punkt der Diskussion genannt.

II. Kriterien der Mitschuld – Die moraltheologische Lehre von der Mitwirkung an der schlechten Handlung eines anderen

Nun stellt freilich die Frage, ob und wann die Mitwirkung an der schlechten Handlung eines anderen eine Mitschuld begründet, für die katholische Moraltheologie kein Neuland dar. Vielmehr gehört ihre Beantwortung zu den obligatorischen Lehrstücken der traditionellen Handbücher. Sie wurde hier – neben der „Verführung" und dem „Ärgernis" – auch unter dem Titel der „Beihilfe zur fremden Sünde" verhandelt.[5] Ausgehend von der Einsicht in die vielfältigen und zum Teil auch unvermeidlichen Verflechtungen des jeweils eigenen Handelns mit dem Handeln anderer wurden eine Reihe von Kriterien entwickelt, nach denen sich unterscheiden lässt, unter welchen Bedingungen die Mitwirkung an der schlechten Handlung eines anderen selbst auch schlecht und damit Schuld begründend ist und unter welchen Bedingungen eine Mitwirkung am schlechten Tun eines anderen erlaubt oder sogar ethisch geboten sein kann.

---

[4] *Enquête-Kommission des Deutschen Bundestages „Recht und Ethik der modernen Medizin"*, Forschung an importierten humanen embryonalen Stammzellen. Kurzfassung ergänzend zum Zwischenbericht Stammzellforschung mit dem Schwerpunkt der Importproblematik, in: Jahrbuch für Wissenschaft und Ethik 7 (2007) 453.
[5] Vgl. dazu paradigmatisch: *Häring, Bernhard*, Das Gesetz Christi, Freiburg 1954, 913–928; *Mausbach, Joseph, Ermecke, Gustav*, Katholische Moraltheologie Bd. I: Die allgemeine Moral, Münster 1959, 356–362.

Dabei wundert es, dass diese Thematik innerhalb der theologischen Ethik heute kaum mehr eine Rolle spielt[6], obwohl durch die Arbeitsteiligkeit und die Komplexität der Produktionsprozesse, durch die Globalisierung und das rasante Zusammenwachsen der Welt die Verwobenheit der Handlungen der Einzelnen nicht geringer geworden ist, sondern dramatisch zugenommen hat. Die Fragen selbst jedenfalls sind präsent: Werden wir durch Waffenexporte an Länder Afrikas oder des Mittleren Ostens mit schuld daran, wenn in dort geführten Kriegen Menschen umgebracht werden? Werden wir durch den Kauf von preiswertem Kaffee mit schuld an der Ausbeutung der Kaffeebauern der Dritten Welt? Tragen wir durch unser Konsumverhalten mit dazu bei, dass in Entwicklungsländern selbst Kinder unter inhumanen Bedingungen arbeiten müssen? Oder: Macht sich die Kirche mit schuldig an Abtreibungen, wenn sie Beratungsscheine ausstellt, die einen straffreien Schwangerschaftsabbruch ermöglichen? Macht sich der Angestellte einer Firma, die unlautere Geschäftspraktiken tätigt, mit schuldig, wenn er weiter bei dieser Firma arbeitet, um nicht seine Existenzgrundlage zu verlieren? Oder kann er sich dadurch von einer Mitschuld freisprechen, dass er selbst nur ein „Rädchen im Getriebe" war, durch das insgesamt ein Unrecht begangen wurde?

Zwar wird in der theologischen Ethik und auch in Lehramtlichen Dokumenten die Interdependenz menschlichen Handelns durch die Rede von der „sozialen" oder „strukturellen" Sünde durchaus thematisiert. Auch wird hervorgehoben, dass es Situationen gibt, in denen eine Unrechtstat nur dadurch zustande kommt, dass alle Mitglieder einer Gemeinschaft durch ihr Handeln etwas dazu beitragen, auch wenn die Tat selbst nicht auf das Handeln jedes Einzelnen zurückgeführt werden kann. Doch werden hier – über die Feststellung des Schuldzusammenhangs hinaus – keine klaren Kriterien entwickelt, wann die Verwobenheit in eine Unrechtstat mitschuldig macht und wann eine Mitwirkung verantwortet werden kann. Solche rationalen Kriterien aber scheinen – über ethische Intuitionen hinaus – notwendig zu sein, will man die Fragen nicht auf sich beruhen lassen oder nach Gutdünken entscheiden.

---

[6] Während sich in der 2. Auflage des Lexikons für Theologie und Kirche noch ein informativer und klarer Artikel zur „Mitwirkung" findet, kommt dieses Stichwort in der 3. Auflage nicht mehr vor. *Rotter, Hans, Virt, Günter* (Hrsg.), Neues Lexikon der christlichen Moral, Innsbruck 1990, enthält das Stichwort ebenfalls nicht. Und auch der Katholische Erwachsenenkatechismus Bd. 2: Leben aus dem Glauben, hrsg. v. der Deutschen Bischofskonferenz, Freiburg, Basel, Wien, Kevelaer 1995, erwähnt das Problem der Mitwirkung nicht.

a) Grundlegend für die Kriterien, die in der traditionellen moral-theologischen Lehre von der Beihilfe angegeben wurden, ist die Unterscheidung zwischen formeller und materieller Mitwirkung zur schlechten Tat eines anderen. Der Unterschied zwischen beiden Formen der Mitwirkung, der als *Wesensunterschied* gekennzeichnet wurde, als derjenige Unterschied also, der darüber entscheidet, ob die Mitwirkung schuldig macht oder nicht, wurde dabei folgendermaßen erläutert:

– Eine *formelle Mitwirkung* liegt dann vor, wenn man die schlechte Tat des anderen *innerlich ausdrücklich bejaht* (cooperatio explicita) oder die eigene Handlung bereits *von ihrer Natur her* eine Bejahung der schlechten Tat des anderen einschließt (cooperatio implicita). Als Beispiel für eine solche implizite formelle Mitwirkung bei der schlechten Tat eines anderen (cooperatio in actu pravo) wurde etwa der Fall angeführt, dass ein Assistenzarzt bei einer Abtreibung mithilft, obwohl er die Abtreibung innerlich ablehnt. Eine solche formelle Mitwirkung – ob explizit oder implizit – ist nach den Regeln der Tradition selbst auch immer schlecht, und zwar in dem Maß der Schlechtigkeit, zu der sie einen Beitrag leistet, nach der Größe des Beitrags, den sie leistet, und nach der Bestärkung des anderen in seiner Schlechtigkeit.

– Eine *materielle Mitwirkung* liegt dagegen dann vor, wenn man etwas an sich Gutes oder Indifferentes tut, von dem man aber sicher oder auch nur wahrscheinlich *voraussehen* kann, dass es missbraucht wird. Unterschieden wurde dabei weiterhin eine unmittelbare und eine mittelbare materielle Mitwirkung (cooperatio immediata/mediata). Als Beispiel wurde genannt, dass jemand beim Diebstahl eines anderen unmittelbar mitwirkt, wenn er mit ihm die Leiter zum Ort des Diebstahls trägt oder dort hält, mittelbar wirkt er nur mit, wenn er ihm die Leiter verkauft. Weitere Einteilungen der materiellen Mitwirkung waren die Unterscheidung von nächster, entfernterer und entfernter (cooperatio proxima/remota) sowie zwischen notwendiger und nicht-notwendiger Mitwirkung (cooperatio necessaria/ non necessaria seu mere contingens). Generell galt eine solche bloß materielle Mitwirkung als erlaubt, ja sogar als geraten oder verpflichtend, wenn sie aus wichtigen Gründen erfolgte. Diese Gründe müssten umso triftiger sein, je größer das Unheil ist, zu dem die Handlung missbraucht wird, je näher der eigene Beitrag zur schlechten Handlung des anderen ist und je sicherer vorauszusehen ist, dass die Handlung missbraucht wird. Außerdem mussten auf die Mitwirkung an der schlechten Handlung des anderen aus guten Gründen die Regeln über das indirekt Gewollte bzw. der Handlung mit Doppelwirkung zutreffen.

b) Mit diesem begrifflichen Instrumentarium glaubte man, klare Kriterien benannt zu haben, mit deren Hilfe sich alle Fragen, ob eine Mitwirkung mitschuldig macht oder nicht, beantworten lassen. Allerdings führte die Anwendung dieser Kriterien in eine Kasuistik hinein, die in ihrer Detailliertheit und aufgrund der vorausgesetzten Wertvorstellungen zu heute kaum mehr nachvollziehbaren Kuriositäten führte und möglicherweise dazu beigetragen hat, dass in der gegenwärtigen Moraltheologie der Frage der Mitwirkung eher weniger Aufmerksamkeit geschenkt wird.

So führt etwa das Handbuch von J. Mausbach und G. Ermecke den Fall an, dass einem katholischen Arbeitslosen in einer nicht-katholischen Kirche das Küster- oder Organistenamt sowie die Arbeiten zur Reinigung des Versammlungsraums angeboten werden. Während er jenes nicht annehmen darf, weil es als Mitwirkung am nicht-katholischen Ritus eine cooperatio in actu pravo wäre, darf er die Reinigungsarbeiten durchführen, weil es sich um eine entferntere materielle Mitwirkung handelt und auf diese die Regeln über das indirekt Gewollte zutreffen.[7] Fragwürdig aufgrund der vorausgesetzten Werturteile ist auch die Feststellung, dass ein Apotheker oder Verkäufer in einer Drogerie einer formellen Mitwirkung schuldig ist, wenn er Kondome verkauft.[8]

Doch nicht nur in der konkreten Durchführung erweist sich die traditionelle Lehre von der Mitwirkung als problematisch. Unklar bleibt auch, worin genau das eigentliche *ethische* Kriterium für den – das Objekt der Handlung und damit ihre Artbestimmung konstituierende – *Wesensunterschied* zwischen formeller und materieller Mitwirkung besteht, durch den dann auch Mitschuld oder Schuldlosigkeit begründet sind. Entscheidend scheint die Bejahung des schlechten Ziels der Handlung des anderen durch die eigene Handlung zu sein. Doch kann damit nicht einfach die *psychologische* Absicht gemeint sein. Sonst könnte man sich immer damit herausreden, man habe ja nichts Böses gewollt, sondern es nur gut gemeint. Die psychologische Absicht modifiziert – wie die Unterscheidung von cooperatio explicita und implicita zeigt – lediglich das Maß der subjektiven Schuld, zählt also zu den Umständen. Auch die Entfernung der eigenen Handlung von der fremden schlechten Tat ist lediglich zu den Umständen zu rechnen. Ebenso schwierig zu klären wie unerheblich ist es, ob eine Handlung *von sich her*, also physisch,

---

[7] Vgl. *Mausbach, Ermecke*, Katholische Moraltheologie (s. Anm. 5), 360f.
[8] Vgl. *Häring,* Das Gesetz Christi (s. Anm. 5), 920.

einen Beitrag zur schlechten Tat des anderen darstellt oder ob dieser die eigene Handlung nur missbraucht. Auch wenn sie vom anderen missbraucht wird, muss die Handlung nämlich für die Durchführung der schlechten Tat eine geeignete und notwendige Voraussetzung darstellen. Unklar bleibt schließlich auch, was einen wirklich rechtfertigenden Grund darstellen kann, der eine Mitwirkung bloß materiell sein lässt und entschuldigt.

c) Ausgehend von dieser letzten Frage, was einen rechtfertigenden Grund darstellen kann, lässt sich aber auch eine Klärung dieser Schwierigkeiten in der traditionellen Kriteriologie erreichen. Ein solcher rechtfertigender Grund nämlich kann nicht nur irgend ein, wenn auch wichtiger, ernster oder triftiger Grund sein[9]; eine solche Formulierung bliebe nämlich stets vage und könnte kein klares Kriterium abgeben. Der Grund, an der schlechten Handlung eines anderen mitzuwirken, ist vielmehr erst dann ein die Mitwirkung rechtfertigender Grund, wenn nur durch die Mitwirkung Schlimmeres verhindert werden kann.

Die Mitwirkung an der schlechten Handlung eines anderen ist also dann bloß *materiell* und macht nicht schuldig, wenn die Mitwirkung das durch die Tat des anderen verursachte Übel mindern oder wenn die Verweigerung der Mitwirkung das entsprechende Übel nicht verringern, sondern noch vergrößern würde. Genau dann – und nicht aufgrund dessen, was man psychologisch gerade möchte – ist die schlechte Handlung des anderen nicht beabsichtigt und bejaht und bleibt entsprechend *außerhalb der Intention*. Gibt es dagegen keinen rechtfertigenden Grund, warum man sich an der schlechten Handlung eines anderen beteiligt, handelt es sich um *formelle* Mitwirkung, die grundsätzlich schuldig macht, wobei das Maß der Schuld nach den genannten Bedingungen zu differenzieren wäre.

III. Ausschluss der Mitwirkung – Die Konsequenzen der Stichtagsregelung und der Stichtagsverschiebung

Ausgehend von dieser in der Tradition der Moraltheologie gut beheimateten Lehre von der Mitwirkung stellt sich nun die Frage, was sich dann für die ethische Beurteilung des Imports von humanen Stammzelllinien aus dem Ausland und die Frage einer möglichen Mitschuld an der dort vorausgehenden Zerstörung früher menschlicher Embryonen ergibt.

---

[9] So in *Rehrl, Stefan*, Mitwirkung zur Sünde, in: Lexikon für Theologie und Kirche Bd. 7, 504.

1. Stammzellimport ohne Stichtag

Betrachtet man zunächst die Frage des Imports von Stammzellen nach Deutschland *ohne die Stichtagsregelung,* so muss von einer *formellen Mitwirkung* am Embryonenverbrauch im Ausland ausgegangen werden. Unter der Voraussetzung, dass man den Embryonenverbrauch als ethisch unerlaubt betrachtet, würde eine solche Regelung eine Beteiligung an einer ethisch schlechten Handlung darstellen, die selbst auch ethisch schlecht ist.

a) Voraussetzung, um von formeller Mitwirkung sprechen zu können, ist zunächst, dass es überhaupt einen Kausal- bzw. Ermöglichungszusammenhang zwischen der Importanforderung von embryonalen Stammzelllinien und dem Embryonenverbrauch im Ausland gibt. Dieser Zusammenhang besteht im vorliegenden Fall – anders als bei den üblichen Beispielen, die in den traditionellen Handbüchern für Fälle der Mitwirkung gegeben werden – nicht darin, dass man sich am Vorgang der Zerstörung menschlicher Embryonen selbst beteiligt und eine Teilhandlung im Gesamtrahmen der Handlung des Embryonenverbrauchs leistet. Die Mitverursachung besteht vielmehr darin, dass durch die Importanforderung embryonaler Stammzellen der Verbrauch menschlicher Embryonen zur Herstellung der Stammzellen im Ausland angeregt, gefördert und unterstützt wird. Wenn deutsche Wissenschaftler neue Stammzelllinien anfordern, würde dies – so das Argument – mit dazu beitragen, dass im Ausland Embryonen zur Herstellung von Stammzelllinien verbraucht werden.

Der Einwand, dass durch den deutschen Import in der Realität vermutlich nicht mehr Embryonen verbraucht werden als ohne deutschen Import, dass also nicht eigens für Deutschland Embryonen getötet werden, kann dabei allerdings – streng genommen – den ursächlichen Zusammenhang nur faktisch, nicht aber prinzipiell ausschließen. Auch wenn vielleicht nicht mehr Embryonen verbraucht werden, so lässt sich immer noch sagen, dass sie doch *auch für den Import nach Deutschland* verbraucht werden. Auch lässt sich nicht argumentieren, der Embryonenverbrauch sei keine notwendige Folge der Importanforderung, vielmehr sei es die Entscheidung der entsprechenden ausländischen Firmen, die Anforderung zu bedienen und dafür erneut Embryonen zu verbrauchen. Die Importanforderung kann nicht – im Sinne der traditionellen Regeln über die Mitwirkung – lediglich als neutrale Handlung verstanden werden, die möglicherweise missbraucht wird (und somit lediglich eine materielle Mitwirkung darstellt), und zwar deshalb, weil im Ausland der Embryonenverbrauch nicht als ethisch unerlaubt angesehen wird und sich daher mit Sicherheit voraussehen lässt, dass die Importanforderung erfüllt wird. Es wäre darum eher zu fragen, ob es nicht Gründe gibt, die die Erfüllung der Anforderung zweifelhaft erscheinen lassen.

b) Allein dadurch, dass der Import humaner embryonaler Stammzelllinien aus dem Ausland kausal zum dortigen Verbrauch menschlicher Embryonen beiträgt, lässt sich aber noch nicht von einer *formellen* Mitwirkung sprechen. Dies ist – nach den oben angegebenen Kriterien – erst dann der Fall, wenn sich für die kausale Mitwirkung am Embryonenverbrauch *kein rechtfertigender Grund* angeben lässt. Dies ist allerdings unter der – auch im deutschen Embryonenschutzgesetz festgeschriebenen – Voraussetzung, dass auch der menschliche Embryo von der Kernverschmelzung an volles Lebensrecht besitzt und unbedingt schützenswert ist, kaum möglich.

Der Verweis auf eine *Ethik des Heilens* jedenfalls kommt – ebensowenig wie der Verweis auf das unbestritten sehr hohe Gut der Forschungsfreiheit – nicht als rechtfertigender Grund in Betracht. Zwar wird in der politischen und ethischen Diskussion immer wieder versucht, den für die Stammzellforschung notwendigen Embryonenverbrauch durch eine Güterabwägung zu legitimieren. Das Argument lautet dann, dass man angesichts der vielen tausend Menschen, deren Krankheiten durch die Ergebnisse der Stammzellforschung geheilt oder gelindert werden könnten, und der dagegen verschwindend geringen Anzahl von verbrauchten Embryonen klar für diese Forschung votieren müsse, ja dass wir geradezu ethisch verpflichtet seien, diese Forschung zu fördern und die gesetzlichen Voraussetzungen dafür zu schaffen. Andererseits kann dies bei allem Recht auf Gesundheit und bei allem Bemühen um bessere Heilungsmöglichkeiten, so sehr diese zu bejahen und zu fördern sind, doch nicht auf Kosten des Lebens anderer Menschen verwirklicht werden. Noch so großes Leid eines oder tausender Menschen, so schrecklich es ist, kann es nicht rechtfertigen, zu seiner Linderung oder Beseitigung in die körperliche Integrität eines anderen Menschen einzugreifen oder sein Leben zu beenden, auch dann nicht, wenn dies die einzige Möglichkeit wäre, wie die Heilung der anderen erreicht werden kann. Selbst wenn es sichere und Erfolg versprechende Therapiemöglichkeiten auf der Basis embryonaler Stammzellen gäbe, ließe sich daraus kein rechtfertigender Grund für den Embryonenverbrauch ableiten.

Als rechtfertigender Grund, der die Beteiligung am Embryonenverbrauch zu einer bloß materiellen und damit erlaubten Mitwirkung machen würde, käme allenfalls in Betracht, dass der Import der Stammzelllinien nach Deutschland und die daran durchgeführte

Forschung dazu führen würde, dass auf Dauer weniger Embryonen verbraucht werden, weil etwa schneller das Forschen mit embryonalen Stammzellen überflüssig und eine erfolgreiche Arbeit mit adulten Stammzellen möglich würde. Dies lässt sich aber in der gegenwärtigen Situation der Forschung nicht mit Sicherheit sagen. Ist dies aber nicht gegeben, lässt sich kein rechtfertigender Grund für die Mitwirkung angeben.

Lässt sich aber kein rechtfertigender Grund angeben, ist im Blick auf einen uneingeschränkten Import von humanen embryonalen Stammzellen aus dem Ausland von formeller Mitwirkung auszugehen, die ethisch ebenso als schlecht zu bewerten ist wie die Haupthandlung, bei der mitgewirkt wird. Die Handlung des Embryonenverbrauchs ist dann *direkt beabsichtigt* und bleibt nicht außerhalb der Intention. Dies gilt auch dann, wenn derjenige, der die Stammzellen importiert, den Embryonenverbrauch selbst ausdrücklich missbilligt und verurteilt. Damit ist lediglich die *psychologische* Absicht zum Ausdruck gebracht, nicht aber die *Intention im ethischen Sinne* geändert. Auch die institutionelle Missbilligung und Verurteilung des Verbrauchs menschlicher Embryonen durch das Embryonenschutzgesetz in Deutschland ändert nichts daran, dass die Importanforderung selbst einen ursächlichen Beitrag zum Embryonenverbrauch im Ausland darstellt. Insofern könnte man nach der Differenzierung der traditionellen Handbücher in jedem Fall von *impliziter formeller Mitwirkung* ausgehen, die tatsächlich mitschuldig macht.

2. Stammzellimport mit Stichtag

a) Ist so der uneingeschränkte Import embryonaler Stammzellen im Sinne der traditionellen Unterscheidungen zwar nicht als explizite, wohl aber als implizite formelle Mitwirkung zum Embryonenverbrauch im Ausland zu verstehen, so ändert sich dies durch die Stichtagsregelung des Stammzellgesetzes von 2002 entscheidend. Dadurch nämlich, dass es dieses Gesetz nur zulässt, solche Stammzelllinien zu importieren, die *vor* einem in der Vergangenheit liegenden Stichtag gewonnen worden sind, ist definitiv ausgeschlossen, dass durch die Importanforderungen aus Deutschland der Embryonenverbrauch im Ausland gefördert wird. Durch die vorgeschriebene Beachtung des Stichtags lässt sich nicht mehr behaupten, deutsche Forscher wirkten ursächlich am Embryonenverbrauch mit, indem sie ihn anregen. Es geht also nicht darum, dass durch die Einführung des Stichtags die formelle Mitwirkung zu einer bloß materiellen Mitwirkung würde, sondern darum, *dass die*

Voraussetzung, um überhaupt von einer Mitwirkung zu sprechen, gar nicht mehr gegeben ist. Die Einfuhr von Stammzelllinien, die vor dem Stichtag bereits existierten, stellt daher – gerade auch nach den Kriterien der traditionellen katholischen Moraltheologie – *keinerlei* Mitwirkung, also weder formelle noch materielle, am Embryonenverbrauch im Ausland dar.

Dagegen lässt sich nicht argumentieren, dass auch die vor dem Stichtag gewonnenen Stammzelllinien durch den Verbrauch menschlicher Embryonen und damit auf eine Weise gewonnen worden sind, die aus moraltheologischer Sicht unerlaubt – und nach deutschem Recht verboten – ist. Dass die embryonalen Stammzellen durch eine unerlaubte Handlung hergestellt wurden, haftet ihnen nicht – quasi materiell als ethisch schlechte Eigenschaft – an, so dass bereits ihre bloße Verwendung ethisch verwerflich wäre. Sonst dürften prinzipiell keine Medikamente oder Erkenntnisse weiter verwendet werden, die auf ethisch unerlaubte oder inhumane Weise gewonnen worden sind. Durch die Verwendung solcher Erkenntnisse wird nicht auch der Weg ihrer Gewinnung akzeptiert und gebilligt. Selbst wenn einzelne Forscher subjektiv vielleicht froh darüber sein mögen, dass es bereits vor dem Stichtag existierende Stammzelllinien gibt, die durch Embryonenverbrauch gewonnen worden sind, ändert dies nichts daran, dass durch die Beachtung der Stichtagsregelung *objektiv* keine Mitwirkung und damit auch keine Mitschuld besteht.

Zwar ist es richtig, dass die Festlegung eines Stichtags nicht die Tatsache ungeschehen macht, dass der Import menschlicher Stammzellen die Tötung menschlicher Embryonen voraussetzt.[10] Dennoch schließt der Stichtag aus, dass durch den Import eine Mitwirkung an dieser Tötung gegeben ist und damit eine Mitschuld am Embryonenverbrauch entsteht. Er stellt damit auch keinen Verstoß gegen das Prinzip dar, dass der gute Zweck nicht das schlechte Mittel heiligt.

Verdeutlichend kann auf folgendes fiktive, aber erschließende Szenario hingewiesen werden:

> „In einem Land besteht großer Mangel an Blutkonserven. Die Polizei kommt einer Bande auf die Spur, die sich Blutkonserven auf kriminelle Weise (durch Entführung und Ausbeutung von Straßenkindern) verschafft und sie verkauft. Die Polizei verhaftet die Täter und beschlagnahmt die Blutkonserven. Aber anstatt diese zu vernichten, stellt sie sie

---

[10] Vgl. zu diesem Argument: *Reiter, Johannes*, Menschenwürde oder Forschungsfreiheit. Die Stammzellforschung bleibt umstritten, in: Herder Korrespondenz 62 (2008) 177.

einem Krankenhaus zur Verfügung. Damit würde keineswegs die kriminelle Weise der ursprünglichen Beschaffung der Blutkonserven nachträglich gebilligt; und man kann der Polizei nicht den Vorwurf der Doppelmoral machen oder dass sie sich auf eine abschüssige Bahn begebe. Ganz anders läge der Fall, wenn man die Bande absichtlich würde gewähren lassen, um auf diese Weise hin und wieder durch Razzien an Blutkonserven für ein Krankenhaus heranzukommen. Dies wäre die selber in sich schlechte Mitwirkung an einer in sich schlechten Handlung."[11]

b) Aber auch aufgrund der *Neuinterpretation der formellen Mitwirkung*, wie sie sich in der Enzyklika „Evangelium vitae"[12] findet, lässt sich die Stichtagsregelung nicht als schuldig machende Mitwirkung verstehen.

In Nr. 73 und 74 dieser Enzyklika ruft Papst Johannes Paul II. die traditionelle Lehre von der Mitwirkung an der schlechten Handlung anderer in Erinnerung, um zu verdeutlichen, dass die Beteiligung am Unrecht der Abtreibung und der Euthanasie selbst Unrecht ist und dass es für Ärzte, Pflegepersonal sowie für verantwortliche Träger von Krankenhäusern, Kliniken und Pflegeheimen ein vom Staat sichergestelltes Recht sein muss, die Teilnahme an der Phase der Beratung, Vorbereitung und Durchführung solcher Handlungen gegen das Leben zu verweigern. (74) Dabei stellt sie zunächst den möglichen Fall dar,

> „dass es einem Abgeordneten, dessen Missbilligung der Abtreibung öffentlich klargestellt ist, dann, wenn die vollständige Aufhebung eines Abtreibungsgesetzes nicht möglich wäre, gestattet sein könnte, Gesetzesvorschläge zu unterstützen, die die *Schadensbegrenzung* eines solchen Gesetzes zum Ziel haben und die negativen Auswirkungen auf das Gebiet der Kultur und der öffentlichen Moral zu vermindern". (73)

In einem solchen Fall, der – auch nach dem bereits entwickelten Verständnis – klar als bloß materielle Mitwirkung aus einem entsprechenden Grund zu charakterisieren ist, würde es sich nicht um unerlaubte Mitwirkung an einem ungerechten Gesetz handeln, sondern um einen legitimen Versuch, „die ungerechten Aspekte zu begrenzen". Allerdings könne es in manchen Fällen auch sein, dass man sich – selbst unter dem Opfer der Aufgabe des Berufs – aus solchen Handlungszusammenhängen herausziehen müsse.

Dann aber fährt der Papst fort, auch in solchen Fällen, in denen „die Durchführung von an sich indifferenten oder sogar positiven

---

[11] *Knauer, Peter*, Handlungsnetze. Über das Grundprinzip der Ethik, Frankfurt a.M. 2002, 64.
[12] *Johannes Paul II*, Enzyklika „Evangelium vitae" (25. März 1995), Verlautbarungen des Apostolischen Stuhls Nr. 120, hrsg. vom Sekretariat der Deutschen Bischofskonferenz, Bonn.

Handlungen, die in den Artikeln von insgesamt ungerechten Gesetzgebungen vorgesehen sind, den Schutz bedrohter Menschenleben erlaubt", in denen also nach den Regeln der traditionellen Moraltheologie nur eine materielle Mitwirkung vorliege, dürfe man „mit Recht befürchten, dass die Bereitschaft zur Durchführung solcher Handlungen nicht nur zu einem Stein des Anstoßes wird und dem Nachlassen des notwendigen Widerstandes gegen Anschläge gegen das Leben Vorschub leistet, sondern unmerklich dazu verleitet, immer mehr einer permissiven Logik nachzugeben". Im Klartext bedeutet dies, dass auch solche Handlungen, die nach traditioneller Lehre bloß materielle Mitwirkung darstellen, dann formelle Mitwirkung und nicht erlaubt sind, wenn sie zu Missverständnissen in der Öffentlichkeit führen können. Der Papst belässt es aber nicht nur bei dieser Feststellung, sondern fügt dann eine Erläuterung der formellen Mitwirkung an, die von der traditionellen Bestimmung abweicht und es dadurch erlaubt, auch den genannten Fall zur formellen Mitwirkung zu erklären.

„Zur Erhellung dieses schwierigen sittlichen Problems muss an die allgemeinen Grundsätze über die *Mitwirkung an schlechten Handlungen* erinnert werden. Wie alle Menschen guten Willens sind die Christen aufgerufen, aus ernster Gewissenspflicht nicht an jenen Praktiken formell mitzuwirken, die, obgleich von der staatlichen Gesetzgebung zugelassen, im Gegensatz zum Gesetz Gottes stehen. Denn unter sittlichem Gesichtspunkt ist es niemals erlaubt, formell am Bösen mitzuwirken. Solcher Art ist die Mitwirkung dann, wenn die durchgeführte Handlung entweder auf Grund ihres Wesens oder wegen der Form, die sie in einem konkreten Rahmen annimmt, als direkte Beteiligung an einer gegen das unschuldige Menschenleben gerichteten Tat oder als Billigung der unmoralischen Absicht des Haupttäters bezeichnet werden muß." (Nr. 74)

Mit dieser Bestimmung führt der Papst – über die Definition der klassischen Handbücher hinausgehend – ein weiteres Kriterium für die formelle Mitwirkung ein. Neben den traditionellen Kriterien, dass man die schlechte Handlung des anderen, an der man mitwirkt, ausdrücklich billigt (cooperatio explicita) oder dass die Handlung von ihrer Natur her die Billigung der schlechten Tat des anderen einschließt (cooperatio implicita), führt der Papst nun ein weiteres Kriterium ein, wonach eine Handlung auch *wegen der Form, die sie in einem konkreten Rahmen annimmt*, formelle Mitwirkung sein kann. Angesichts der vorangehenden Ausführungen des Papstes geht es bei diesem Kriterium offenbar darum, eine Handlung, die nach traditioneller Auffassung als erlaubte, ja sogar als gebotene bloß materielle Mitwirkung eingestuft wurde, doch noch wegen der möglichen Missverständlichkeit in der Gesellschaft zur formellen Mitwirkung zu erklären.

Diese Neuinterpretation der formellen Mitwirkung bekam Bedeutung vor allem in der Frage des Beratungsscheins. Auf der Grundlage dieses erweiterten Verständnisses nämlich war es möglich, das Mitwirken am staatlichen Beratungskonzept selbst dann, wenn dadurch viele Abtreibungen verhindert werden können und so auch nach traditioneller Auffassung ein entsprechender Grund gegeben ist, der diese Mitwirkung zur bloß materiellen, ja sogar zu einer verpflichtenden Mitwirkung macht[13], dennoch wegen der möglichen Missverständlichkeit in der Öffentlichkeit als formelle Mitwirkung zu bezeichnen. Ganz eindeutig schien dies aber auch dem Papst selbst nicht zu sein. Jedenfalls hieß es – nachdem der Papst in seinem Brief an die deutschen Bischöfe vom 11. Januar 1998 die Ausstellung eines Beratungsscheins definitiv verboten hatte – in dem am 28. Januar 1998 veröffentlichten Kommentar des Päpstlichen Staatssekretariats zu diesem Schreiben, dass es nicht leicht sei, die traditionellen Kriterien der Mitwirkung unverändert auf die Problematik des Beratungsscheins anzuwenden.[14]

Andererseits[15] ist zu dieser Neuinterpretation, in der offensichtlich die Bemessungsgrundlage dem gewünschten Ergebnis angepasst wurde[16], zu sagen, dass damit aufgrund des neuen, letztlich unklaren und der Beliebigkeit Raum lassenden Kriteriums – die

---

[13] Zu dieser Einschätzung vgl. auch: *Knauer, Peter*, Schwangerschaftskonfliktberatung und Beratungsschein. Ethische Analyse des kirchlichen Dilemmas und ein Lösungsvorschlag, in: Stimmen der Zeit 123 (1998) 246–252.

[14] Der Brief des Papstes und der Kommentar des päpstlichen Staatssekretariats ist veröffentlicht in: *Reiter, Johannes* (Hrsg.), Der Schein des Anstoßes. Schwangerschaftskonfliktberatung nach dem Papstbrief. Fakten – Dokumente – Perspektiven, Freiburg, Basel, Wien 1999, 34–47. In dem Kommentar heißt es wörtlich (ebd., 45): „Der Papst geht nicht näher auf die moraltheologische Frage ein, welche Art der Mitwirkung an der Abtreibung hier genau vorliegt. Es scheint auch nicht leicht, die entsprechenden traditionellen Kriterien unverändert auf die Problematik des Beratungsscheins anzuwenden, zumal die Sachlage überaus komplex ist und es um eine institutionelle Mitwirkung der Kirche geht, in deren Auftrag die Beraterinnen in vielen Fällen handeln. Der entscheidende Grund, weshalb der Papst nach gründlicher Abwägung aller Argumente zur Auffassung gekommen ist, dass die Bescheinigung in kirchlichen Beratungsstellen nicht ausgestellt werden soll, liegt auf einer anderen Ebene: Durch die Ausstellung der Bescheinigung wird die Klarheit und Eindeutigkeit des Zeugnisses der Kirche und ihrer Beratungsstellen verdunkelt. Es geht letztlich darum, das Evangelium vom Leben in der pluralistischen Welt von heute wirksam und glaubwürdig zu verkünden. Der unbedingte Einsatz für jedes ungeborene Leben, der die Kirche von Anfang an von der Umwelt unterschieden hat, lässt keine Abstriche, Kompromisse oder Zweideutigkeiten zu."

[15] Vgl. dazu: *Schockenhoff, Eberhard*, Schwangerschaftskonfliktberatung – der Ernstfall der Ethik, in: Caritas 98 (1997) 355–358.

[16] Vgl. ebd., 356

Möglichkeit des Missverständnisses in der Gesellschaft lässt sich letztlich nie ausschließen, wäre aber andererseits, wenn sie behauptet wird, auch in signifikantem Maße nachzuweisen – im Prinzip auch all diejenigen Handlungen, die bisher als bloß materielle Mitwirkung galten, zur formellen Mitwirkung erklärt werden könnten. Dem entspricht, dass in „Evangelium vitae" überhaupt nur die formelle Mitwirkung definiert wird, während die bloß materielle Mitwirkung unerwähnt bleibt und erst recht keine nähere Bestimmung erfährt. Damit aber wird der *Wesensunterschied* zwischen formeller und materieller Mitwirkung nicht mehr erkennbar, sondern durch die *erweiterte* Umschreibung der formellen Mitwirkung unterlaufen.[17] Für die Möglichkeit mitzuwirken, ohne schuldig zu werden, bestehen praktisch keine klaren Kriterien mehr. Denkt man dies konsequent zu Ende, dürfte so ein Handeln in den immer auch schuldhaften Zusammenhängen dieser Welt praktisch überhaupt kaum noch möglich sein, wofür aber die traditionelle Lehre von der Mitwirkung gerade rationale Kriterien an die Hand geben wollte.

Angesichts dieser Konsequenzen sollte man an einer klaren Bestimmung des Wesensunterschieds zwischen formeller und materieller Mitwirkung – wie dies in der Tradition der katholischen Moraltheologie versucht worden ist – festhalten[18], und dies auch dann, wenn man selbst nach der Neuinterpretation von „Evangelium vitae" die Stichtagsregelung wohl kaum als formelle Mitwirkung am Verbrauch menschlicher Embryonen im Ausland bezeichnet werden kann. Durch den Stichtag nämlich ist grundsätzlich eine wie auch immer geartete kausale Verbindung zum Embryonenverbrauch im Ausland ausgeschlossen, ohne die sich aber von einer wie auch immer gearteten Mitwirkung nicht sinnvoll sprechen lässt.

c) In der auf den 8. September 2008 datierten Instruktion der Kongregation für die Glaubenslehre „Dignitas humanae" über einige Fragen der Bioethik wird in Nr. 35 die Frage der Beihilfe und der Gefahr des Ärgernisses nun auch ausdrücklich im Blick auf die Verwendung von „biologischem Material" unerlaubten Ursprungs – wie es etwa auf Forschung mit importierten humanen embryonalen Stammzellen aus dem Ausland zutrifft – behandelt. Dabei wird die Auffassung zurückgewiesen, die Verwendung biologischen Materials unerlaubten Ursprungs sei dann ethisch zulässig, stelle also keine schuldhafte Mitwirkung dar, wenn es eine klare Trennung gäbe zwischen denen, die die Embryonen herstellen und töten, und de-

---

[17] Vgl. ebd., 357.
[18] Vgl. ebd.

nen, die an den so gewonnenen Stammzellen wissenschaftlich forschen. Von diesem „Kriterium der Unabhängigkeit" wird gesagt, es genüge nicht …

> „… um eine Widersprüchlichkeit im Verhalten jener zu beseitigen, die zwar das von anderen begangene Unrecht nicht gutheißen, aber zugleich für die eigene Arbeit das ‚biologische Material' annehmen, das andere durch dieses Unrecht hergestellt haben. Wenn das, was unerlaubt ist, durch Gesetze abgestützt wird, die das gesundheitliche und wissenschaftliche System regeln, muss man sich von den ungerechten Aspekten dieses Systems distanzieren, um nicht den Eindruck einer gewissen Toleranz oder stillschweigenden Akzeptanz von schwer ungerechten Handlungen zu geben. Dies würde dazu beitragen, die Gleichgültigkeit, wenn nicht sogar die Zustimmung zu verstärken, mit der einige medizinische und politische Kreise diese Handlungen betrachten."

Mit diesen Ausführungen hat die Instruktion sicher insofern recht, als eine kausale Mitwirkung am Unrecht anderer, die ohne entsprechenden Grund immer auch formelle Mitwirkung darstellt, nicht nur dadurch zustande kommen kann, dass man am Vorgang der unerlaubten Handlung – in diesem Fall also an der Entnahme von humanen embryonalen Stammzellen aus der Blastozyste, was gleichzeitig zu deren Absterben führt – teilnimmt und einen kausalen Beitrag dazu leistet, sondern auch darin ihre Grundlage haben kann, dass man durch den Import – obwohl eine klare Trennung zwischen Herstellern und Forschern besteht – die Gewinnung von embryonalen Stammzellen und damit den Embryonenverbrauch fördern und anregen kann.[19]

Andererseits ist durch die Stichtagsregelung gerade auch diese Möglichkeit der Verursachung und damit der Mitwirkung ausgeschlossen. Durch die Stichtagsregelung wird lediglich auf bereits vorhandene und in der Vergangenheit etablierte Stammzelllinien zurückgegriffen. Auf diesen Fall trifft eher die Beurteilung zu, die die Instruktion selbst im Weiteren immer noch unter Nr. 35 unter dem Titel der „differenzierten Verantwortlichkeit" entfaltet.

> „Aus gewichtigen Gründen könnte die Verwendung des genannten ‚biologischen Materials' sittlich angemessen und gerechtfertigt sein. So dürfen zum Beispiel Eltern wegen der Gefahr für die Gesundheit der Kinder die Verwendung von Impfstoffen gestatten, bei deren Vorbereitung Zelllinien unerlaubten Ursprungs verwendet wurden, wobei je-

---

[19] Diese Interpretation legt die Instruktion nahe, wenn betont wird, die Verpflichtung zur Ablehnung von biologischem Material unerlaubten Ursprungs bestehe auch dann, „wenn es keinen direkten Zusammenhang der Forscher mit den Handlungen der Techniker der künstlichen Befruchtung oder mit den Taten jener gibt, welche die Abtreibung vorgenommen haben".

doch alle verpflichtet sind, dagegen Einspruch zu erheben und zu fordern, dass die Gesundheitssysteme andere Arten von Impfstoffen zur Verfügung stellen."

Wollte man dagegen (was die Instruktion aber nicht tut) auch in solchen Fällen, in denen in keiner Weise ein ursächlicher Zusammenhang besteht, dennoch – lediglich aufgrund von befürchteten möglichen Missverständnissen durch einige Mitglieder der Gesellschaft – von Mitwirkung und sogar von formeller Mitwirkung sprechen, würden – wie bereits oben verdeutlicht – nicht nur die Kriterien der Unterscheidung zwischen formeller und materieller Mitwirkung bedeutungslos, vielmehr ließe sich jede beliebige Handlung als Mitwirkung zu allen anderen – und damit auch unerlaubten – Handlungen verstehen.

3. Stammzellimport nach Verschiebung des Stichtags

Ist so durch die Stichtagsregelung gewährleistet, dass die Einfuhr von Stammzelllinien aus dem Ausland keine Form der Mitwirkung an der Tötung menschlicher Embryonen darstellt, so ist nun weiter zu fragen, ob sich diese Situation nicht durch die jetzt erfolgte Stichtagsverschiebung geändert hat und der Ausschluss der Mitwirkung am Embryonenverbrauch im Ausland nicht mehr gegeben ist.

a) Grundsätzlich lässt sich dazu sagen, dass auch eine Verschiebung des Stichtags den Ausschluss der Mitwirkung nur dann nicht mehr wahren kann, wenn sich aus den Gründen für diese jetzt erfolgte Verschiebung ein *Automatismus* ergibt, nach dem sich weitere Verschiebungen des Stichtags in der Zukunft absehen und datieren lassen. Lässt sich nämlich aus den Gründen, die jetzt für die Verschiebung entscheidend waren, der Zeitpunkt der nächsten Verschiebung des Stichtags voraussehen, so kann eine Förderung des Embryonenverbrauchs im Ausland – jedenfalls nicht mehr prinzipiell – ausgeschlossen werden. Es kann nicht mehr ausgeschlossen werden, dass neue Stammzelllinien auch im Blick darauf gewonnen werden, um sie für die nächste Stichtagsverschiebung in Deutschland bereitzustellen.[20] Lässt sich demgegenüber jedoch nicht zeigen, dass sich ein solcher Automatismus ergibt, bleibt eine Mitwirkung auch weiterhin ausgeschlossen.

---

[20] Zu diesem Argument vgl.: *Reiter*, Menschenwürde oder Forschungsfreiheit? (s. Anm. 10), 177: „Durch eine Stichtagsverlegung können nämlich die Hersteller von embryonalen Stammzellen ermuntert werden, durch Vorratshaltung jeweils frische Stammzellen aus neuerlich getöteten Embryonen auch für den deutschen Wissenschaftsmarkt bereitzustellen."

Der Gruppenantrag von R. Röspel u. a. sowie die Stellungnahme der EKD haben deshalb hervorgehoben, dass es sich um eine *einmalige* Verschiebung des Stichtags handelt. Wenn es sich nämlich um eine einmalige Verschiebung handelt, entfällt das Argument der Berechenbarkeit und Absehbarkeit weiterer Verschiebungen. Die Einmaligkeit wird damit begründet, dass es zu Verunreinigungen gekommen ist, dass die bisherigen Stammzellen gealtert sind und dass jetzt sehr viel mehr Stammzelllinien existieren als vor dem letzten Stichtag (während von den vor dem ersten Stichtag 1. Januar 2002 78 existierenden Stammzelllinien heute nur 21 brauchbar sind, stehen dem heute 500–600 standardisierte Stammzelllinien gegenüber).[21]

b) Gegen diese Begründung sind freilich in der Diskussion verschiedene Einwände angeführt worden. So wurde zunächst überhaupt die Notwendigkeit einer Verschiebung bestritten. Es sei nicht notwendig, neue Stammzelllinien zu importieren, weil sich die bisher vor dem ursprünglichen Stichtag nach Deutschland eingeführten und in der Forschung seitdem verwendeten verunreinigten Stammzellen wieder reinigen ließen.[22] Wenn aber so der Stichtag ohne Not verschoben werde, falle die Grundlage weg, auf der sich die jetzt erfolgte Verschiebung des Stichtags als einmalige Verschiebung charakterisieren lässt. Dem steht allerdings die Auskunft von Seiten der Stammzellforschung entgegen, dass es zwar technisch möglich sei, bestimmte Verunreinigungen durch tierischen Zucker zu beseitigen, dass es aber nicht möglich sei, die Kontaminierung der Stammzellen mit Viren[23] durch die als Kultivierungsträger verwendeten feeder-Zellen rückgängig zu machen.

Außerdem ist die Verunreinigung der bisherigen Stammzellen nicht das einzige Problem. Es kommt hinzu, dass sich – aufgrund des Alterungsprozesses der Zellen – Veränderungen an den vorhandenen Stammzelllinien eingestellt haben, die zu einem unterschiedlichen Differenzierungspotential führen, so „dass Arbeiten mit einer bestimmten hES-Zelllinie nicht zu den gleichen bzw. sogar zu konträren Ergebnissen führen kann, wenn eine andere hES-

---

[21] Vgl. dazu: *Cantz, Tobias,* Überblick über die weltweit existierenden Linien humaner embryonaler Stammzellen im Kontext ihrer Verwertbarkeit unter Annahme verschiedener Modelle der Novellierung des Stammzellgesetzes. Gutachten für das Kompetenznetzwerk Stammzellforschung NRW, in: Jahrbuch für Wissenschaft und Ethik 12 (2007) 263–284.

[22] So etwa: *Reiter,* Menschenwürde oder Forschungsfreiheit (s. Anm. 10), 176. Reiter geht hier freilich nur von einem tierischen Zucker als Verunreinigung der Stammzelllinien aus, nicht aber von einer Kontaminierung mit Viren des Trägermediums.

[23] Vgl. *Cantz,* Überblick über die weltweit existierenden Linien humaner embryonaler Stammzellen (s. Anm. 20), 267f.

Zelllinie verwendet wird". Darüber hinaus lassen sich – aufgrund der Anzahl der inzwischen vollzogenen Teilungen – genetische und epigenetische Veränderungen der Stammzelllinien feststellen, wie sie auch bei Krebszellen auftreten, so dass die „Gefahr der Teratom-Entstehung" besteht.[24]

Gerade im Blick auf diese letztgenannten Gründe lässt sich aber einwenden, dass dann die jetzt erfolgte Verschiebung nicht die letzte sein wird und sich weitere Verschiebungen schon jetzt absehen lassen. Durch den zwangsläufigen Alterungsprozess der Stammzelllinien wird auch in Zukunft der Import neuer Zelllinien und damit eine weitere Stichtagsverschiebung notwendig werden. Und auch im Blick auf die Verunreinigungen der Stammzellen wird darauf hingewiesen, dass es zwar grundsätzlich synthetische Trägermedien und Nährflüssigkeiten gibt, die eine Kontaminierung und Verunreinigung der Stammzelllinien verhindern würden, dass diese aber sehr teuer sind und deshalb im Rahmen der Forschung weiterhin nicht verwendet werden. Sie sollen erst verwendet werden, wenn es zu einer therapeutischen Anwendung kommen sollte. Das bedeutet aber, dass es auch in Zukunft im Bereich der Forschung weiter zu Verunreinigungen der Stammzellen kommen wird. Die jetzt angegebenen Gründe könnten also – so das Resumée – so oder ähnlich in absehbarer Zukunft wieder angeführt werden.

Andererseits lässt sich sagen, dass es zwar sein mag, dass sich in Zukunft weitere Stichtagsverschiebungen in der Tat nicht ausschließen lassen. Aber aufgrund der jetzt gegenüber 2002 gegebenen neuen Bedingungen ist nicht abzusehen und berechenbar, wann das sein wird. Die hohe Zahl der jetzt bereits bestehenden Stammzelllinien macht es nicht möglich vorauszusehen, wann wirklich neue Stammzelllinien gebraucht werden. Ebenso wenig ist es voraussehbar, wie sich die Forschung in Zukunft entwickeln wird. „Einmalig" kann also nicht heißen, dass es nicht in Zukunft irgendwelche Situationen geben kann, die noch einmal eine Verschiebung erforderlich machen. Dies hätte niemand ausschließen können, wenn man jetzt auf die Stichtagsverlegung verzichtet hätte. „Einmalig" kann nur heißen, dass vom jetzigen Zeitpunkt aus nicht vorausgesagt werden kann, ob und wann eine solche Situation eintritt. Zugleich ist aber – im Sinne der Verhältnismäßigkeit der Mittel – darauf zu insistieren, dass in den entsprechenden Forschungsprojekten möglichst spar-

[24] Vgl. dazu: *Cantz*, Überblick über die weltweit existierenden Linien humaner embryonaler Stammzellen (s. Anm. 20), 269; *Beckmann, Jan P.*, Zur gegenwärtigen Diskussion um eine Novellierung des Stammzellgesetzes aus ethischer Sicht, in: Jahrbuch für Wissenschaft und Ethik 12 (2007) 201–202.

sam mit humanen embryonalen Stammzellen umgegangen wird und dass sie in Zukunft überflüssig werden.

Gegen den Vorwurf, die jetzt erfolgte Verschiebung des Stichtags würde zu einem *Automatismus* führen, spricht auch, dass es bei dieser Regelung – im Unterschied zum nachlaufenden Stichtag – der Gesetzgeber weiterhin in der Hand behält, „in bestimmten Zeitabständen zu überprüfen, ob und wie sich die Zielsetzungen des Stammzellgesetzes verwirklichen lassen"[25].

c) Durch die so erläuterte Einmaligkeit der Verschiebung unterscheidet sich diese Position auch signifikant von dem Modell eines kontinuierlich nachlaufenden Stichtags. Zwar wird argumentiert, auch bei einem nachlaufenden Stichtag lasse sich nicht von einem kausalen Zusammenhang zwischen Importanforderung und Embryonenverbrauch sprechen, weil die Forschungsprojekte in Deutschland nie länger als zwei Jahre dauern. Wenn der Stichtag deshalb in einem Abstand von mehr als zwei Jahren hinterherliefe[26], sei ein kausaler Zusammenhang mit konkreten Forschungsprojekten ausgeschlossen. Dagegen spricht jedoch, dass – unabhängig von konkreten Einzelprojekten – davon auszugehen ist, dass die Forschung im Ganzen mit embryonalen Stammzellen in Deutschland langfristig anzusetzen ist, so dass dann aber das nachlaufende Verfahren eine berechenbare Verschiebung des Stichtags darstellt, die dann nicht mehr prinzipiell die Förderung des Embryonenverbrauchs im Ausland ausschließen kann.

Doch selbst wenn auch bei der jetzt vorgenommenen Stichtagsverschiebung die Mitwirkung in dem Sinne ausgeschlossen bleibt, dass man den Embryonenverbrauch fördert: Bedeutet diese Regelung nicht, dass man den auch nach dem Stichtag weiterhin stattfindenden Embryonenverbrauch zur Etablierung neuer Stammzelllinien im Ausland *duldet* und *bejaht*, um von Zeit zu Zeit frische Stammzelllinien importieren zu können, ohne sich selbst „die Hände schmutzig machen zu müssen"? Besteht nicht darin die Doppelmoral einer solchen Regelung, von der in der Debatte immer wieder gesprochen wurde?[27] Andererseits kann man von

---

[25] Vgl. dazu: *Beckmann*, Zur gegenwärtigen Diskussion (s. Anm. 23), 207.

[26] In den Vorschlägen der Berlin-Brandenburgischen Akademie der Wissenschaften ist allerdings von einem nachlaufenden Stichtag im Abstand von zwölf Monaten und im Antrag der FDP von einem Abstand von sechs Monaten die Rede. Vgl. *Cantz*, Überblick über die weltweit existierenden Linien humaner embryonaler Stammzellen (s. Anm. 20), 265–266.

[27] Vgl. etwa: *Bauer, Axel. W.*, Vor einer Revolution der Biopolitik, in: Frankfurter Allgemeine Zeitung (11.4.2008): „Unter ethischen Erwägungen kann man auf längere Sicht keinesfalls jene Doppelmoral rechtfertigen, die in Deutschland hochkarätige Forschung an möglichst frischen embryonalen Stammzellen wünscht, aber die dafür

„dulden" und „bejahen" nur sprechen, wenn es tatsächlich möglich wäre, von Deutschland aus den Embryonenverbrauch im Ausland wirksam zu verhindern. Dies dürfte aber illusorisch sein.

Aber auch die Vermutung, dass mit der Zustimmung zur Stichtagsverschiebung darauf *spekuliert* würde, dass weiterhin im Ausland Embryonen verbraucht werden, um neue Stammzelllinien zu etablieren, lässt sich nur dann zu Recht äußern, wenn jetzt schon sicher absehbar oder sogar geplant wäre, dass und wann der Stichtag wieder verschoben werden soll.

Schließlich lässt sich auch – umgekehrt – noch anführen, dass der *Verzicht auf die Stichtagsverschiebung* zur Folge hätte, dass in Deutschland gewonnene publizierte Forschungsergebnisse von Forschern im Ausland wegen der zunehmenden suboptimalen Qualität der zugrunde gelegten Stammzellen in ihrer Aussagekraft fraglich wären und noch einmal mit neuen Stammzelllinien überprüft würden.[28] Gerade dadurch aber würde wiederum – was man aber eigentlich gerade vermeiden will – die Produktion neuer Stammzelllinien und damit der Embryonenverbrauch angeregt und gefördert. Die Position, es beim bisherigen Stichtag zu belassen, hätte also absehbar kontraproduktive Folgen, die ebenfalls zu verantworten sind.

IV. Auf der Suche nach Glaubwürdigkeit – Der Wunsch nach dem nur Guten und die Ambivalenz der Wirklichkeit

Zieht man ein Fazit aus den bisher angestellten Überlegungen, so lässt sich sagen: Es hat sich gezeigt, dass die Stichtagsregelung – gerade auch nach den Kriterien traditioneller katholischer Moraltheologie – einen Weg darstellt, durch den jede Form der Mitwirkung am Embryonenverbrauch im Ausland ausgeschlossen wer-

---

erforderliche Zerstörung embryonalen menschlichen Lebens dauerhaft ins Ausland verlagern möchte." – Peter Liese: „Schon bisher war aber die Ausnahme für den Import embryonaler Stammzellen nicht leicht zu vermitteln. Von den europäischen Partnern wurde dies oft als Doppelmoral bezeichnet. Wenn der Bundestag nun den Stichtag verschiebt, ist dieser Doppelmoralvorwurf natürlich nur noch sehr schwer zu entkräften" (www.cdl-online.de/aktuell/a-2008/100408.htm).

[28] Zu diesem Argument vgl. auch: Tätigkeitsbericht der Zentralen Ethik-Kommission für Stammzellenforschung (ZES). Dritter Bericht nach Inkrafttreten des Stammzellgesetzes (StZG) für den Zeitraum vom 1.12.2204 bis 30.11.2005. www.rki.de/ cln_091/nn_207098/DE/Content/Gesund/Stammzellen/ZES/Taetigkeitsberichte/ 3-taetigkeitsbericht,templateId=raw,property=publicationFile.pdf/3-taetigkeitsbericht.pdf. Vgl. weiterhin: *Beckmann,* Zur gegenwärtigen Diskussion (s. Anm. 23), 201.

den kann. Auch eine einmalige Verschiebung des Stichtags, wie sie etwa – neben der Mehrzahl der Bundestagsabgeordneten, darunter auch viele aus den Reihen der CDU/CSU – die EKD und ihr Vorsitzender Bischof Huber befürworten, lässt sich aufgrund des immer noch gewahrten Ausschlusses der Mitwirkung ethisch vertreten, sofern ausgeschlossen ist, dass sich aus den Gründen für die jetzt erfolgte Stichtagsverschiebung ein Automatismus weiterer Verschiebungen ableiten lässt.

Doch: Handelt es sich hierbei nicht um eine allzu gefährliche Gratwanderung? Selbst wenn sich die einmalige Stichtagsverschiebung nach den Kriterien der traditionellen moraltheologischen Lehre von der Mitwirkung gerade noch ethisch rechtfertigen ließe, grenzt die Argumentation für diese Rechtfertigung nicht doch an Haarspalterei? Sind die Kriterien der Tradition wirklich geeignet, um sie auf diesen Fall anzuwenden? Besteht nicht intuitiv doch der Eindruck einer heimlichen Mitschuld an der Vernichtung menschlicher Embryonen zu Forschungszwecken, die den Eindruck einer Doppelmoral nahelegt? Muss man demgegenüber nicht doch – um der Glaubwürdigkeit der Ablehnung des Embryonenverbrauchs willen – solche Kompromisse, wie sie die Stichtagsregelung und die Stichtagsverschiebung darstellen, ablehnen und durch ein Importverbot die Missbilligung des Embryonenverbrauchs im Ausland klar und deutlich unterstreichen und unmissverständlich zum Ausdruck bringen? Gerade dieses Anliegen scheint in der Reaktion der deutschen Bischöfe, vor allem auch auf die Synode der EKD und Bischof Huber, leitend zu sein.

Andererseits lässt sich im Blick auf das sicher gewichtige Argument der Glaubwürdigkeit fragen, ob die Tatsache, dass sich eine Handlungsentscheidung an der Grenze zum Unerlaubten bewegt, oder die Tatsache, dass zu ihrer Begründung begriffliche Differenzierungsbereitschaft erforderlich ist, diese Regelung und deren Mittragen deshalb schon tatsächlich fragwürdig und unglaubwürdig macht. Diese Frage wäre übrigens auch an diejenigen zu stellen, die die Glaubwürdigkeit der Stichtagsregelung und der Stichtagsverschiebung in Frage stellen und stattdessen eine Liberalisierung des Embryonenschutzgesetzes fordern. In der Situation globaler Vernetzung menschlichen Handelns und des Aufeinandertreffens unterschiedlicher ethischer Überzeugungen scheint es vielmehr unumgänglich zu sein, nach differenzierten Antworten zu suchen, in denen es nicht allein um das nur Gute gehen kann, sondern in denen es um das *geringere Übel* und die Wahrung der Verhältnismäßigkeit der Mittel und damit um Wirklichkeitsgerechtigkeit geht. Der Verzicht auf die Stichtagsverlegung kann nämlich – wie gesehen – kon-

traproduktive Folgen haben, indem das Arbeiten mit alten Stammzelllinien eher zu einem noch größeren Verbrauch an Embryonen
führt. Auch für diese Folgen muss dann die Verantwortung übernommen werden.

Darüber hinaus lässt sich darauf verweisen, dass der Kompromiss
des Stichtags und seiner jetzt vorgenommenen Verlegung wesentlich mit dazu beigetragen haben dürfte, dass das Embryonenschutzgesetz mit seinem Verbot des Embryonenverbrauchs in Deutschland weiter aufrecht erhalten werden konnte. Ohne diese Lösung
wäre der Druck in Richtung einer Liberalisierung des Embryonenschutzgesetzes viel größer. Zu verweisen ist schließlich auch darauf,
dass der Versuch, sich aus allem herauszuhalten und auf diese Weise
glaubwürdig zu bleiben, dazu führen kann, dass es zu einer Einseitigkeit und zu einem Beharren auf Prinzipien kommt, das die
Glaubwürdigkeit in der Gesellschaft gerade untergräbt statt fördert. Als Beispiel für solche vermeintlich glaubwürdigen Positionen, die dann wegen ihrer Einseitigkeit in der Gesellschaft unglaubwürdig werden und damit die Autorität derer, die sich für sie stark
machen, nachhaltig untergraben, lässt sich etwa auf den Umgang
mit der Aidsproblematik oder auf das Verbot des Beratungsscheins
hinweisen. Anderseits lassen sich aber auch Fälle nennen, in denen die Kirche – wie etwa in der Beurteilung der Organspende –
ihre anfängliche strikte Ablehnung verlassen und ihre Einstellung
nach und nach differenzierter formuliert hat.

Sich glaubwürdig für den Embryonenschutz einzusetzen, muss
deswegen nicht heißen, sich aus allen Bereichen des Handelns,
die mit Embryonenverbrauch in irgendeiner Weise zusammenhängen, generell und grundsätzlich herauszuhalten und alle Möglichkeiten eines Kompromisses zur Ermöglichung der Forschung auszuschließen. Glaubwürdigkeit kann sich gerade auch darin
erweisen, unter den Gegebenheiten der Wirklichkeit unserer Gesellschaft nach Wegen zu suchen, wie sich der Embryonenschutz
mit dem Recht auf Forschungsfreiheit tatsächlich vereinbaren
lässt. Dabei ist es keineswegs ausgeschlossen, sondern eine wichtige und unverzichtbare Aufgabe, immer wieder die Notwendigkeit
des Embryonenschutzes anzumahnen.

5. Perspektiven

Induzierte pluripotente Stammzellen und Totipotenz

Die Bedeutung der Reprogrammierbarkeit von Körperzellen für die Potentialitätsproblematik in der Stammzellforschung

von Christian Kummer

Es ist immer noch unklar, ob embryonale Stammzellen (ES-Zellen) je die großen therapeutischen Erwartungen erfüllen werden, die man ihnen von Anfang an zugeschrieben hat. Es ist andererseits aber auch unübersehbar, dass das Arbeiten mit embryonalen Stammzellen zu einem derart expandierenden Forschungszweig geworden ist, dass demgegenüber die bundesdeutsche Favorisierung der adulten Stammzellforschung immer mehr ins Abseits gerät. Die Gründe dafür sind vielfach und sollen hier nicht im Einzelnen wiederholt oder erörtert werden. Hauptsächlich liegt es wohl daran, dass die Forschung mit humanen embryonalen Stammzellen auf den Schatz jahrzehntelanger Erfahrung im Umgang mit Mäusestammzellen zurückgreifen kann, sowie an der ungleich besseren Vermehrbarkeit und Differenzierbarkeit embryonaler Stammzellen gegenüber adulten. Dass für die Gewinnung humaner embryonaler Stammzellen eine praktisch nie versiegende „Rohstoffquelle" in Form überzähliger, weil für den Uterustransfer bei der künstlichen Befruchtung nicht mehr verwendeter Embryonen vorhanden ist, trägt weiter zur Anziehungskraft der ES-Forschung bei, macht sie gleichzeitig aber auch ethisch fragwürdig. Dass man menschliche Embryonen als Ausgangsmaterial für biotechnische Verfahren verwendet, ist in den Augen vieler ethisch unannehmbar. Auch wenn die so genannten überzähligen Embryonen de facto keine Chance haben, sich je zu einem menschlichen Organismus weiter zu entwickeln, haben sie doch das *Potential* dazu und sind darum genauso vor jeder Instrumentalisierung zu bewahren wie jedwedes menschliche Subjekt, lautet die Begründung. Obwohl der Mehrzahl der Stammzell-Community dieses Potentialitätsargument nicht einleuchtet (wieso etwas vor fremder Zwecksetzung bewahren, das seinen eigenen Lebenszweck ohnehin verloren hat?), wird mehr und mehr nach alternativen Wegen der ES-Erzeugung gesucht, um damit entsprechende, auf dem Potentialitätsargument fußenden Gesetzesregelungen zu umgehen. Verschiedene Methoden wurden dazu im Lauf der letzten Jahre vorgeschlagen, darunter die Verwendung parthenogenetischer bzw. auch arretierter (= im Furchungsverlauf irreversibel geschädigter) Embryonen, Extraktion von Blastomeren mit anschließender Inkorporation in eine schon bestehende ESC-Kultur, Transdifferenzierung adulter Stammzellen unterschiedlicher Provenienz, Fusion von Stammzellen mit Körperzellen u. a. m.[1] Vor allem aber ist es das Verfahren des somatischen Zellkerntransfers (SCNT), besser bekannt als „therapeutisches Klonen", das hier zu Hoffnungen Anlass gibt.

Alternative Methoden des therapeutischen Klonens: ANT und OAR

In der Tat scheint es auf den ersten Blick als möglicher Ausweg, embryonale Stammzellen aus kerntransplantierten Eizellen herzustellen, weil auf diesem Weg neben dem Vorteil der Erzeugung patientenspezifischer ESCs keine natürlichen Embryonen, auch keine übrig gebliebenen, biotechnisch verbraucht werden, sondern nur für eben diesen Zweck hergestellte künstliche Konstrukte. Wenn man aber das Beispiel des Klonschafs Dolly vor Augen hat, wird schnell ersichtlich, dass ebendiese Konstrukte das Potential für einen ganzen Organismus besitzen und damit für die Vertreter des Potentialitätsarguments denselben Schutzkriterien unterliegen wie die überzähligen Embryonen in der Kulturschale. (In strikter, aber konsequenter Anwendung des Menschenwürde-Schutzes heißt dies, dass die Erzeugung menschlicher therapeutischer Klone ethisch genauso unzulässig ist wie die Durchführung einer IVF, bei der nicht alle erzeugten Embryonen implantiert werden.) Der von Hurlbut vorgeschlagene Ausweg zur Gewinnung ethisch akzeptabler Nukleotransfer-Embryonen zeigt das Problem[2]. Hurlbuts Ansatz besteht darin, den zum therapeutischen Klonen verwendeten Zellkern vor seiner Übertragung genetisch derart zu

---

[1] Zusammenstellung bei: *Ach, Johann S., Schöne-Seifert, Bettina, Siep, Ludwig,* Totipotenz und Potentialität: Zum moralischen Status von Embryonen bei unterschiedlichen Varianten der Gewinnung humaner embryonaler Stammzellen: Jahrbuch für Wissenschaft und Ethik 11 (2006) 261–321; *Mertes, Heidi* et al., An ethical analysis of alternative methods to obtain pluripotent stem cells without destroying embryos, in: Human Reproduction 21 (2006) 2749–2755.
[2] *Hurlbut, William B.,* Altered nuclear transfer as a morally acceptable means for the procurement of human embryonic stem cells, in: Perspectives in Biology and Medicine 48 (2005) 211–228.

verändern, dass daraus zwar eine zur Stammzellgewinnung geeignete Blastozyste werden kann, diese aber nicht mehr zur Implantation in den Uterus und damit zur weiteren Entwicklung befähigt ist. Die technische Machbarkeit dieses Vorschlags ist von Meissner und Jaenisch zumindest im Prinzip gezeigt worden.[3] Damit fehlt einer solcherart geklonten Eizelle das Potential zur Bildung eines ganzen Organismus, weshalb sie nach Hurlbut keinen Embryo darstellt, sondern etwas essentiell anderes. Diesem Verfahren liegt aber offensichtlich ein Dilemma zu Grunde: Entweder es kommt bei der ethischen Beurteilung auf das embryonale Entwicklungspotential an, dann wurde dieses durch die genetische Manipulation des Kerns in „weiser Voraussicht", und das heißt beabsichtigt, eingeschränkt , was eine nicht minder gezielte Instrumentalisierung darstellt wie der Embryonenverbrauch selbst. Oder es kommt dafür nur auf die Intention an, Stammzellen und keine Embryonen zu erzeugen, dann ist der ganze Aufwand einer genetischen Veränderung des Spenderkerns überflüssig.

Ein anderer Ansatz, der meist nur als Variante zu Hurlbuts „Altered Nuclear Transfer" (ANT) erwähnt wird, hätte hier tatsächlich weiterführen können, nämlich das von Grompe & George 2005 propagierte „Oocyte Alternative Reprogramming" (OAR). Hier wird vorgeschlagen, das Genom des zur Transplantation verwendeten Spenderkerns und/oder das Zytoplasma der Empfänger-Oozyte derart zu verändern, dass keine vollständige Reprogrammierung des Spender-Genoms mehr möglich ist, sondern diese auf einem Stadium epigenetischer Rekodierung zum Erliegen kommt, die dem Pluripotenz-Zustand embryonaler Stammzellen entspricht.[4] Die Einleitung einer embryonalen Entwicklung bis zur Blastozyste wäre damit hinfällig, weil die Gewinnung von embryonalen Stammzellen jetzt auf direktem Weg erreichbar ist – wenn sie sich denn technisch realisieren ließe. Im Gegensatz zu Hurlbuts ANT-Methode wurde ein experimenteller „proof of principle" hierzu jedoch nicht erbracht.

---

[3] *Meissner, Alexander, Jaenisch, Rudolf*, Generation of nuclear transfer-derived pluripotent ES cells from cloned Cdx2-deficient blastocysts, in: Nature 439 (2006) 212–215.
[4] *Grompe, Markus*, Embryonic stem cells without embryos?, in: Nature Biotechnology 23 (2005) 1496–1497.

Induzierte Reprogrammierung differenzierter Körperzellen

Es ist unwahrscheinlich, dass die beiden Autoren Grompe und George mit ihrem Vorschlag etwas zur nunmehrigen Lösung dieses Problems durch direkte Reprogrammierung somatischer Zellen beigetragen haben – erwähnt werden sie jedenfalls in den einschlägigen Arbeiten nicht. Wenn dafür überhaupt eine ethische Überlegung maßgeblich war, dann wohl eher die einer Umgehung des hohen Oozytenbedarfs, welcher das therapeutische Klonen bisher als unvermeidliche Konsequenz belastet. In erster Linie ist es aber das Grundlagenproblem des Verständnisses der bei der epigenetischen Reprogrammierung wirksamen Faktoren, die hier die Forschung vorangetrieben hat. Jedenfalls haben seit der bahnbrechenden Arbeit der beiden japanischen Forscher K. Takahashi und S. Yamanaka aus dem Jahr 2006[5] mehrere Forschergruppen die Bestätigung erbracht, dass es möglich ist, differenzierte Körperzellen direkt (d. h. ohne den Umweg über einen Kerntransfer in enukleierte Oozyten) in Stammzellen mit einem ES-analogen pluripotenten Entwicklungspotential zu verwandeln. Es ist an dieser Stelle nicht nötig, auf alle Einzelheiten des Verfahrens einzugehen. Wichtig ist nur, dass es sich bei diesen so genannten „induzierten pluripotenten Stammzellen" (iPS-Zellen) im Gegensatz zu den vielen Berichten über „ultimative" adulte Stammzellen mit pluripotenten Eigenschaften nicht um unwiederholbare Zufallsfunde handelt, sondern um ein von verschiedenen Arbeitsgruppen nachvollzogenes, bestätigtes und ständig weiter verbessertes Verfahren.[6] In einigen Untersuchungen wurde explizit nachgewiesen, dass der induzierte Reprogrammierungsweg nicht nur zu Zellen mit einem ES-artigen pluripotenten Differenzierungspotential führt, sondern dass das Genom der erzeugten iPS-Zellen durch dieselben epigenetischen Muster charakterisiert ist wie sie „echte" ES-Zellen besitzen und damit offenbar mit diesen gleichzusetzen ist.[7] Das Verfahren ist sicher noch nicht in allen Einzelheiten verstanden und es bleiben auch noch Schwierig-

---

[5] *Takahashi, Kazutoshi, Yamanaka, Shinya*, Induction of pluripotent stem cells from mouse embryonic and adult fibroblast cultures by definded factors, in: Cell 126 (2006) 663–676.
[6] Zusammenfassungen des Forschungsstandes: *Wobus, Anna M.*, Reversibilität des Entwicklungsstatus menschlicher Zellen, in: Naturwissenschaftliche Rundschau 61 (2008) 221–225; *Tada, Takashi*, Genetic modification-free reprogramming to induced pluripotent cells: fantasy or reality?, in: Cell Stem Cell 3 (2008) 121–122.
[7] *Wernig, Marius* et al., In vitro reprogramming of fibroblasts into a pluripotent ES-cell-like state, in: Nature 448 (2007) 318–324.

keiten in der technischen Durchführung zu überwinden. Vor allem ist unklar, warum sich die Reprogrammierung nur an so wenigen Zellen innerhalb einer einheitlichen Kultur induzieren lässt, und in welchem Umfang sich das Verfahren auf alle differenzierten Zelltypen ausweiten lässt. Auf der anderen Seite ist erstaunlich, in welch rasantem Tempo die Entwicklung nach den ersten Erfolgsmeldungen fortgeschritten ist. Innerhalb weniger Monate wurde die Übertragbarkeit des Verfahrens auf den Menschen gezeigt.[8] Allerdings bleibt zu bedenken, das die als Reprogrammierungsfaktoren wirkenden Gene mithilfe von krebserzeugenden Retroviren übertragen werden und zudem zwei dieser Gene im Signalweg der Tumorentstehung eine wichtige Rolle spielen. Auf der anderen Seite ist inzwischen aber auch gezeigt worden, dass die induzierte Reprogrammierung mit verschiedenen Faktorengemischen arbeiten kann, womit gute Aussichten bestehen, die beiden Krebsgene unter den Reprogrammierungsfaktoren durch harmlose Alternativen zu ersetzen. Auch für die retroviralen Genfähren gibt es inzwischen biotechnischen Ersatz. Was gegenüber all diesen – prinzipiell überwindbar scheinenden – Schwierigkeiten viel mehr Gewicht besitzt, ist jedoch die Tatsache, dass die direkte Reprogrammierung von Körperzellen überhaupt möglich ist und dass sie technisch viel einfacher durchgeführt werden kann als bei der noch kaum durchschauten Komplexität der epigenetischen Kodierung eigentlich zu erwarten war.

Ad absurdum geführtes Potentialitätsargument?

Ist nun mit den Möglichkeiten der induzierten Reprogrammierung differenzierter Körperzellen der Einspruch des Potentialitätsarguments gegen die Stammzellforschung vom Tisch? Man hört vielfach, das Potentialitätsargument sei durch die neuen Befunde ad absurdum geführt, weil man jetzt jeder Körperzelle das volle embryonale Entwicklungspotential zusprechen müsse, was offensichtlich zu absurden Konsequenzen führen würde.[9] In dieser Allgemeinheit ist das nicht richtig. Zwar ist der Nachweis der induzierten Reprogrammierbarkeit bisher nur für nicht allzu diffe-

---

[8] *Takahashi, Kazutoshi* et al., Induction of Pluripotent Stem Cells from Adult Human Fibroblasts by Defined Factors, in: Cell 131 (2007) 861–872; *Yu, Junying* et al., Induced pluripotent stem cell lines derived from human somatic cells, in: Science 318 (2007) 1917–1920.

[9] *Testa, Giuseppe* et al., Breakdown of the potentiality principle and its impact on global stem cell research, in: Cell Stem Cell 1 (2007) 153–156.

renzierte Zelltypen erbracht (in der Regel embryonale Fibroblasten) und es ist noch offen, wie weit sie sich für andere Zelltypen bestätigt. Das ist aber gar nicht der Punkt. Entscheidend ist vielmehr der Ablauf der Reprogrammierung. Wenn er bis zum „Punkt Null", dem zygotischen Startpunkt der Keimesentwicklung abliefe, also bis zur totipotenten Eizelle, aus der dann eine zur ESC-Gewinnung verwendbare Blastozyste entsteht, bliebe der alte Einwand des Potentialitätsarguments gegen dieses Verfahren ja bestehen. Er würde dann lauten, dass es unstatthaft ist, menschliche somatische Zellen zu reprogrammieren, weil dabei Embryonen mit einem vollen Entwicklungspotential entstehen, die definitionsgemäß zu schützen sind. Erst wenn die Reprogrammierung gar nicht bis zu diesem „Punkt Null" vorangetrieben wird, sondern schon vorher bei einer noch nicht (bzw. nicht mehr – je nachdem, von welcher Seite man den Weg ansieht) totipotenten Entwicklungsstufe stehen bleibt, die direkt in pluripotente Stammzellen überführbar ist, ist das Verdikt des Potentialitätsarguments nicht mehr aufrecht zu erhalten. Es wird ja auf dem ganzen Weg von der Fibroblastenzelle bis zur iPS-Zelle kein Stadium durchlaufen, das für sich das Potential zur Bildung eines Embryos und damit eines vollen Organismus besäße.

Totipotente Effekte ohne vollständiges Entwicklungspotential

Die Argumentation wird in diesem Punkt dadurch vernebelt, dass es möglich ist, aus iPS-Zellen mit Hilfe der Technik der „tetraploiden Komplementation" ganze lebensfähige Mäuse zu machen.[10] Dieser Befund, der normalerweise von „der anderen Seite", d. h. Gegnern der Forschung mit humanen ES-Zellen als Beweis für deren „Totipotenz" eingesetzt wird[11], soll nun also dazu dienen, das Potentialitätsargument auf Grund einer allen Zellen innewohnenden latenten Totipotenz obsolet erscheinen zu lassen. Dieser Einwand ist aber in keinem Falle stichhaltig. Nagy hat seine „ESC-Mäuse" ja nur dadurch gewonnen, dass er die embryonalen Stammzellen wie in einem Sandwich zwischen zwei sehr frühe, tetraploide Mausembryonen (im 4–8 Zell-Stadium)

---

[10] *Nagy, Andras* et al., Derivation of completely cell culture-derived mice from early-passage embryonic stem cells, in: Proceedings of the National Academy of Sciences of the United States of America 90 (1993) 8424–8428.
[11] *Denker, Hans-Werner*, Early human development: new data raise important embryological and ethical questions relevant for stem cell research, in: Naturwissenschaften 91 (2004) 16.

gepackt hat (sog. ES Cell-Tetraploid Embryo Aggregation Chimeras). Diese frühen Hilfsembryonen haben für die weitere Entwicklung gerade das ergänzt, was den embryonalen Stammzellen fehlte, die Fähigkeit zur Trophoblast-Bildung und damit zur Einnistung in den Uterus. Im Zuge der weiteren Entwicklung wird dann das tetraploide Trophoblast-Gewebe bzw. die daraus hervorgehende embryonale Plazenta zunehmend durch Abkömmlinge des ES-Anteils des „Sandwichs" ersetzt, so dass am Ende tatsächlich eine nur aus ES-Zellen gebildete Maus resultiert. Das Experiment beweist also, dass es tatsächlich möglich ist, Mäuse aus ES-Zellen zu erzeugen; es zeigt aber auch, dass diese Zellen kein vollständiges Entwicklungspotential haben, also gerade nicht totipotent sind, weil sie sonst die Aggregation mit den tetraploiden Frühembryonen (deren Zellen tatsächlich noch totipotent sind in dem Sinne, dass sie sich sowohl in Trophoblast- als auch ICM-Zellen differenzieren können) nicht nötig hätten. In analoger Weise wurden auch die „iPS cell embryos" durch Injektion von iPS-Zellen in tetraploide Blastozysten erzeugt, bei denen sich ebenfalls nur der diploide Anteil zum Embryo entwickelt.[12] Nebenbei bemerkt hat Nagy seine Experimente nicht durchgeführt, um eine vorhandene oder nicht vorhandene Totipotenz von embryonalen Stammzellen zu beweisen, sondern aus dem ganz praktischen Grund, um auf diese Weise ohne den üblichen Umweg über chimärische Blastozysten schneller zu transgenen Mäusen zu gelangen. Selbstverständlich können auch solche in Blastozysten eingebrachte ES-Zellen über die Keimbahn und entsprechende Herauskreuzung zu ESC-Mäusen werden[13] – aber auch das rechtfertigt nicht die Bezeichnung der eingesetzten ES-Zellen als totipotent.

Wenn Stammzellen auch zu Keimzellen werden können, ist das nichts weiter als ein Beweis für die Richtigkeit, sie als pluripotent zu bezeichnen: Sie können zu wirklich allen Zelltypen des Organismus werden. Auch die Keimzellen selbst sind nicht deshalb schon totipotent zu nennen, weil sie sich zu einem totipotenten Produkt, der Zygote, vereinigen können. Auch wenn bisweilen so argumentiert wird[14], liegt dem nicht nur ein unsauberer Begriff von Totipotenz, sondern ein Trugschluss zu Grunde. Die Frage dahin-

[12] *Wernig, Marius* et al., In vitro reprogramming ... (s. Anm. 7) 322–323.

[13] *Capecchi, Mario R.*, Altering the genome by homologous recombination, in: Science 244 (1989) 1288–1292; *ders.*, Targeted gene replacement, in: Scientific American, March 1994, 34–41.

[14] *Pesce, Maurizio* et al., In line with our ancestors: Oct-4 and the mammalian germ, in: BioEssays 20 (1998) 723.

ter lautet, ob ein Zustand A, der das Vermögen p_1 hat, zum Zustand B mit erweitertem Potential p_2 zu werden, deshalb dem Vermögen nach schon mit B gleichgesetzt werden muss: $A(p_1) \rightarrow B(p_2) = A(p_2)$? Die Antwort kann nur dann positiv ausfallen, wenn A aus sich selber, d. h. allein aus eigenem („intrinsischem") Vermögen zu B werden kann, und ihm nicht durch ein zusätzliches, von außen kommendes („extrinsisches") Ereignis dazu verholfen werden muss. Keimzellen müssten also die autonome Fähigkeit haben, in einen totipotenten Zustand überzugehen, um selber totipotent genannt zu werden. Das ist aber, jedenfalls bei Säugetieren, generell nicht der Fall. Es muss vielmehr ein zusätzlicher Faktor, die Verschmelzung, hinzukommen, um das Potential der Eizellen zur Totipotenz der Zygote werden zu lassen. Auch wenn die Keimzellen auf diese Verschmelzung angelegt sind, ist sie nicht schon notwendig mit ihnen gegeben, sondern sie kann erfolgen oder auch nicht. Damit handelt es sich bei der Verschmelzung um einen kontingenten, im strikten Sinn extrinsischen Vorgang, der als Ursache vom Vermögen der Keimzellen zu unterscheiden ist. Die Totipotenz der befruchteten Eizelle ist also nicht schon intrinsisch mit dem Potential der Keimzellen, und damit auch nicht mit dem ihrer Entstehungsquelle, den pluripotenten Stammzellen, gegeben.

‚Biofakte' – intrinsisches Potential und extrinsische Beeinflussung

Damit sollte gezeigt sein, dass die Reprogrammierbarkeit somatischer Zellen kein „vollständiges Entwicklungspotential" in den Ausgangszellen voraussetzt. Die entsprechenden Körperzellen werden nicht aus eigenem Vermögen zu iPS-Zellen, sondern sie werden erst durch (a) die Isolation aus dem Verband des Organismus und (b) die Behandlung mit entsprechenden Reprogrammierungsfaktoren dazu gebracht – zwei eindeutig extrinsische Einflüsse. Diese Formulierung mag Anlass zu Missverständnissen geben. Wenn man von einem aristotelischen Hintergrund her denkt – in dem das Potentialitätskonzept tatsächlich seinen Ursprung hat – mag es erscheinen, als würde hier die reprogrammierbare Zelle nur als passives Material verstanden, welches durch die Einwirkung entsprechender Faktoren in eine neue Form gebracht wird – ähnlich wie die Wirksamkeit des Tischlers aus Holz einen neuen Stuhl macht. Das Holz ist hier tatsächlich nur das Material, das als „passive Potenz" die Herstellung eines Stuhls (unter vielem anderen) ermöglicht, ohne ihn der Form nach zu enthalten. Die Determination der Form geschieht hier zumindest größtenteils von außen – freilich nicht restlos, weil dem Holz, wie jedem anderen Material auch, gewisse Randbedingungen zukommen, welche den Umfang der Möglichkeiten festlegen: Man kann aus Holz zwar vieles, aber nicht alles machen – z. B. keinen aufblasbaren Reifen. Auch eine reprogrammierbare Körperzelle kann somit als „passive Potenz" für die Herstellung einer pluripotenten Stammzelle bezeichnet werden, aber letztere „steckt" doch auf eine andere Weise in ersterer als der Stuhl im Holz. Sie ist, im Gegensatz zum hölzernen Stuhl, kein bloßes Artefakt, sondern eine lebendige Entität mit eigener Aktivität. Nicole Karafyllis hat für derartige, durch technische Manipulation veränderte „natürlich-künstliche Mischwesen, die durch zweckgerichtetes Handeln in der Welt sind, aber dennoch wachsen können" den Neologismus ‚Biofakte' vorgeschlagen[15], wobei die Wortschöpfung erhellender ist als die Ausführungen dazu – jedenfalls im genannten Artikel. Im Kern geht es um die aristotelische Physis, das Prinzip der Bewegung (von Karafyllis mit „wachsen können", paraphrasiert) von Lebewesen, deren natürliches Ziel durch technischen Eingriff in eine neue Richtung „kanalisiert" wird, womit sie sich zwar nicht dem „Wachsen" nach, wohl aber von ihrer Entstehung her einem „zweckgerichteten Handeln" des Menschen verdanken.

Diese Beschreibung trifft auf die iPS-Zellen zu: Sie verdanken ihre Existenz einem bestimmten menschlichen Handeln, ohne darum vom Menschen gemacht zu sein. Vielmehr determiniert („kanalisiert") dieser Entstehungszweck ihr Entwicklungspotential („Wachstum") in einer ganz bestimmten Weise. Die Reprogrammierungsfaktoren sind ja keine geheimnisvollen Agenzien, sondern bestimmte, in das Erbgut der Körperzellen eingeschleuste Gene, deren ektopische Expression – eine Aktivität der Zelle – die gewünschte epigenetische Modifikation („Reprogrammierung") des – ebenfalls zelleigenen – Genoms hervorbringt. Es ist also tatsächlich die Zelle, die ihr Entwicklungspotential erweitert, aber sie tut es und kann es nur aufgrund einer bestimmten, menschlicher Zwecksetzung entspringenden Manipulation. Aus diesem Grund haben wir es vorgezogen, hier von intrinsischem Potential (der Zelle) und seiner extrinsischen Beeinflussung (durch die Absicht des Menschen) zu sprechen. Diese Terminologie bezeichnet dasselbe wie Karafyllis' Biofakt-Konzept und vermeidet gleichzeitig die Unklarheiten, die sich durch den Gebrauch des un-

---

[15] *Karafyllis, Nicole C.*, Biofakte – Grundlagen, Probleme, Perspektiven, in: Erwägen Wissen Ethik 17 (2006) 547.

eindeutigen Ausdrucks ‚passive Potenz' ergeben könnten. Allerdings darf man nicht übersehen, dass im aristotelischen Kontext ‚passive Potenz' keine absolute, sondern stets eine relative Größe ist, die durch den Bezug zu einer neuerlichen Formübertragung bestimmt wird. Jede aktive Potenz kann so unter der Rücksicht eines zusätzlich auf sie einwirkenden Einflusses als passive Potenz bezeichnet werden, ohne dass dadurch ihre eigene Aktionsfähigkeit in Frage gestellt wird.

Totipotenz und Autonomie der Entwicklung

Vielleicht ist es hilfreich, an dieser Stelle eine schon früher vorgeschlagene Unterscheidung[16], nämlich zwischen Totipotenz und autonomem Entwicklungspotential, einzuführen. Unter autonomem Entwicklungspotential ist die Fähigkeit eines Organismus zu verstehen, das Ziel seiner Entwicklung, die Vollgestalt seiner Organisation, aus eigenen Stücken zu realisieren. Totipotenz hingegen ist die Eigenschaft einer einzelnen Zelle (unter Umständen auch eines Zellverbandes), isoliert vom Ganzen des Organismus zu dessen Entwicklungsautonomie zurückzukehren. Im Fall der befruchteten Eizelle fallen beide Begriffe zusammen, weil die befruchtete Eizelle zu diesem Zeitpunkt der Keimesentwicklung das Ganze des Organismus darstellt. Aber bereits mit den ersten Furchungsteilungen des Eies wird die Unterscheidung sinnvoll. Denn diese Furchungszellen (Blastomeren), die im üblichen Jargon der Entwicklungsbiologen als totipotent bezeichnet werden, haben innerhalb des ganzen Embryos natürlich nur ein eingeschränktes, nicht mehr autonomes Entwicklungspotential, das dadurch bestimmt ist, wie viel die einzelne Furchungszelle zum Entwicklungsziel des vollständigen Organismus beiträgt. Erst nach Abtrennung einer Furchungszelle kann diese als totipotent in Erscheinung treten und zeigen, dass der Umfang ihres Entwicklungspotentials zu diesem Zeitpunkt noch regulierbar ist. Eine solche Regulierung ist angesichts der ungesicherten Bedingungen der ersten Zellteilungen bei vielen Tierarten biologisch äußerst sinnvoll, um rechtzeitig zu ergänzen, was durch etwaigen Ausfall an Keimmaterial verloren geht. Hans Driesch hat darum bekanntlich den frühen Embryo als „harmonisch-äquipotentielles System" bezeichnet – jedenfalls bei den Tieren, die sich aus solchen ‚Regulationseiern'

---

[16] *Kummer, Christian*, Zweifel an der Totipotenz, in: Stimmen der Zeit 222 (2004) 459–472.

entwickeln. Später dann, wenn die vielzellige Organisation derart etabliert ist, dass der Verlust einzelner Zellen keine sonderliche Gefahr mehr bedeutet, verlagert sich das Gewicht von der Regulierung auf die Determinierung der Zellschicksale. Das zelluläre Entwicklungspotential wird nun (intrinsisch) irreversibel eingeschränkt, um der nunmehr im Vordergrund stehenden Gefahr einer nachträglichen Entgleisung des differenzierten Organisationszusammenhangs (Tumorbildung) zu begegnen.

Die artifizielle Reversibilität des autonomen Entwicklungspotentials durch entsprechende extrinsische Beeinflussung differenzierter Zellen darf nicht übersehen lassen, dass auch die durch bloße Isolation erzeugte Totipotenz extrinsischen Ursprungs ist. Streng genommen sind totipotente Zellen stets Biofakte. Daran ändert auch die natürliche Zwillingsbildung höchstens in terminologischer, nicht aber in sachlicher Hinsicht etwas. Denn auch die spontane Aufteilung eines frühen Embryos bleibt ein gegenüber dem autonomen Potential des Organismus extrinsischer Vorgang. Seiner Entstehung nach ist Totipotenz, im Gegensatz zum das „Wachsen-können" beschreibenden Entwicklungspotential, nie eine intrinsische Eigenschaft von Zellen, sondern kommt immer erst unter extrinsischem Einfluss zustande. Sie eignet sich damit auch nicht zur ontologischen Statusbestimmung und, noch weniger, zu daraus abgeleiteten ethischen oder rechtlichen Konsequenzen. Unter der Rücksicht dieser Kontextabhängigkeit der Totipotenz lässt sich z. B. fragen, ob man die Biopsie einzelner Blastomeren mit der Begründung verbieten soll, dass dabei Embryonen zu anderen Zwecken als der Reproduktion erzeugt und im Weiteren wieder vernichtet werden. Darf man die embryonale Regulationsfähigkeit derart isoliert vom autonomen Potential des Organismus betrachten, das ja weiter erhalten bleibt? Damit ist kein Urteil über die Berechtigung jener Verfahren abgegeben, die eine solche Blastomeren-Biopsie voraussetzen. Es geht nur darum, vor der Ontologisierung einer Eigenschaft zu warnen, die nicht unabhängig vom Kontext ihrer extrinsischen Entstehung, und das heißt in diesem Fall einem menschlichen Handlungszweck, auftreten kann.

Geschuldete Vollständigkeit der Reprogrammierung?

Wir haben bisher gezeigt, dass die direkte Erzeugung pluripotenter Stammzellen aus differenzierten Körperzellen unter der Rücksicht des Potentialitätsarguments ethisch akzeptabel ist, weil dabei kein totipotenter Zellzustand, weder im Ursprung, noch im Ergebnis tangiert wird. Wie aber, wenn die Reprogrammierung weitergeführt würde und tatsächlich bis zum Startpunkt zygotischer Totipotenz abliefe? Grundsätzlich auszuschließen ist diese Möglichkeit nicht, stellen doch die Mitarbeiter um Jaenisch selbst heraus, dass die Reprogrammierung ein allmählicher Prozess ist, dessen Ergebnis von der Dauer des Verfahrens und der Anzahl der dabei reaktivierten Gene abhängt[17]. Wir haben schon darauf hingewiesen, dass vom Standpunkt des Potentialitätsarguments eine derartige Erzeugung totipotenter Zellen als äquivalent mit einer künstlichen Schaffung von Embryonen abzulehnen wäre. Darum erfolgt ja die Beendigung des Reprogrammierungsvorgangs mit Erreichen des pluripotenten Zustands. Müsste man nun aber nicht einwenden, dass eine solche vorzeitige Beendigung nicht statthaft sei, weil sie zugunsten der Stammzellerzeugung die Entstehung von Embryonen verhindert – selbst wenn deren Erzeugung, weil nicht der Reproduktion dienend, unerlaubt wäre? Nicht das Potentialitätsargument, sondern das Verfahren der induzierten Reprogrammierung würde damit ethisch ad absurdum geführt. Die Herstellung von iPS-Zellen beruhte dann genauso auf Embryonenverbrauch, zwar nicht von überzähligen wie bei der ESC-Gewinnung, sondern von vorzeitig in ihrer Entwicklung gestörten, aber das macht gegenüber dem Instrumentalisierungsvorwurf keinen Unterschied.

Was ist von einer solchen Argumentation zu halten? Die Frage ist, ob es eine Verpflichtung zur vollständigen Reprogrammierung gibt. Das wäre nur der Fall, wenn gegenüber der Zelle, die reprogrammiert werden soll, eine Bringschuld auf Realisierung ihres als vollständig betrachteten Entwicklungspotentials bestünde. Das aber ist nicht der Fall. Weder hat die differenzierte Körperzelle ein autonomes Entwicklungspotential noch bekommt sie ein solches allein durch die Isolation aus dem Zellverband des Organismus (dessen Autonomie dadurch nicht beeinträchtigt wird). Erst durch die Wirkung der reprogrammierenden Faktoren ändern sich hier die Verhältnisse, aber deren Zufügung ist durch kein inneres Ziel des zellulären Potentials bestimmt, sondern einzig durch die Handlungsabsicht des Experimentators. Wenn dieser

---

[17] *Maherali, Nimet* et al., Directly reprogrammed fibroblasts show global epigenetic remodeling and widespread tissue contribution, in: Cell Stem Cell 1 (2007) 68. Allerdings bezweifelt H. Schöler (mündliche Mitteilung), dass mit der Methode der induzierten Reprogrammierung eine Zelle bis zum Zustand embryonaler Totipotenz zurück verwandelt werden kann, da zwei der verwendeten Faktoren auf eine pluripotente „Remodellierung" des Chromatins festgelegt sind und nicht die Fähigkeit besitzen, den epigenetischen Zustand totipotenter Zellen zu erzeugen. Mit welchen Faktoren etwas Derartiges erreichbar wäre, ist bis zur Stunde unbekannt.

keine totipotenten Zellen erzeugen will, kann ihm das nicht als unerlaubte Unterlassung angelastet werden. Wie die adulte Stammzellforschung ausweist, ist die Erzeugung pluripotenter Stammzellen legitim, wenn die dafür verwendete Quelle ethisch unbedenklich ist. Das ist für die iPS-Zellen nachgewiesenermaßen der Fall, und so sollte ihrer Erzeugung nichts im Wege stehen. Ob sich die embryonale Stammzellforschung in der Praxis dieser Quelle bedienen wird, steht auf einem anderen Blatt. Entlastet von ethischen Bedenken würde sie dadurch auf jeden Fall.

Ausblick auf andere Problemfälle

Ist mit diesen Ausführungen etwas anderes gewonnen als die umständliche philosophische Hinführung zu einer Rechtfertigung, die jedem einigermaßen mit der Szene der Stammzellforschung Vertrauten von vorn herein klar erscheinen musste? Nun, so klar scheint in der öffentlichen Diskussion bisher keineswegs gewesen zu sein, dass die Reprogrammierung somatischer Zellen nur dann ein Königsweg sein kann, wenn sie den Zwischenschritt der Erzeugung eines autonomen Entwicklungspotentials vermeidet und dadurch den Einwand des Potentialitätsarguments umgeht. Darüber hinaus konnte der Hinweis auf die Blastomeren-Biopsie bereits beispielhaft zeigen, dass die für die Beurteilung der induzierten Reprogrammierung verwendete Begrifflichkeit auch zur Klärung anderer Problemfälle der Potentials-Bewertung beitragen kann. So ist es evident, dass auch eine durch Kerntransfer „geklonte" Eizelle ein Biofakt im Sinne von Karafyllis ist, bei dem zwischen extrinsischer Herstellung und intrinsischem Wachstumspotential unterschieden werden muss. Es wird viel darüber gestritten, ob ein derartiger Klon als Embryo zu bezeichnen ist oder nicht. Die DFG hat sich in ihrer Stellungnahme zur Stammzellforschung vom Oktober 2006 dadurch aus dem Dilemma befreit, dass sie eine (sehr weit gefasste) deskriptive Verwendung des Embryo-Begriffs von dessen normativer Differenzierung trennt.[18] Das ist zwar ein Ausweg aus einer ontologischen Aufladung der Terminologie, aber noch keine Angabe von Gründen für die Bewertung der jeweils in Frage stehenden biologischen bzw. biofaktischen Entität. Hurlbut vertritt die Auffassung, dem Embryo komme mit dem Zeitpunkt der Befruchtung ein vollständiges Entwicklungspro-

---

[18] *Deutsche Forschungsgemeinschaft*, Stammzellforschung in Deutschland – Möglichkeiten und Perspektiven, Bonn 2006, 45–46.

gramm zu, durch den der Weg seiner Entwicklung (trajectory) „from zero to everything" intrinsisch festgelegt sei.[19] Diese Meinung erlaubt ihm ja, wie bereits erwähnt, eine Änderung des Genoms vor dem Kerntransfer in die Oozyte, weil dadurch eine Entität mit einem „gänzlich anderen" Entwicklungsprogramm entstanden sei. Ganz so intrinsisch wie Hurlbut meint, ist das „organizing principle" eines Embryos indessen nicht. Es hängt wesentlich auch von extrinsischen Faktoren ab, die zwar aus dem Embryo kein Biofakt machen, weil sie nicht menschlicher Absicht, sondern organismischer Funktionalität entstammen, darum aber nicht weniger zusätzlich zum Embryo hinzutreten müssen, um sein Entwicklungspotential zur „trajectory to everything" werden zu lassen. Gemeint ist die mit der Eireifung korrelierte und von dieser auf hormonellem Weg gesteuerte Empfängnisbereitschaft (conceptivity) des mütterlichen Uterus für den werdenden Embryo. Ohne diese Synchronisation von maternalen Bedingungen und embryonalem Wachstum wird aus dem Entwicklungspotential der befruchteten Eizelle kein „organizing principle" des Embryos.

Selbstverständlich sind die maternalen Faktoren, obwohl extrinsisch, auf nichts anderes als das Ziel der Entwicklung des Embryos hingeordnet und bilden eine derart natürliche Einheit damit, dass unser Blick für die formale Unterscheidung von Entstehung und „Wachsen-können" hier leicht verschleiert wird. Aber genau an dieser Stelle liegt der Unterschied zwischen der Embryobildung durch natürliche Zeugung und durch artifiziellen Kerntransfer, die eben nicht, wie Hurlbut meint, nur zwei verschiedene Möglichkeiten sind, wie der Embryo zu seinem organisierenden Prinzip kommt. Im Fall der natürlichen Zeugung sind die extrinsischen Faktoren eindeutig auf die weitere Entwicklung des Embryos hin gerichtet; beim Klonen durch Kerntransfer ist das nicht oder zumindest nicht in derselben eindeutigen Weise der Fall. Während im ersten Fall das volle Entwicklungspotential des Embryos (gleichgültig, wann er es besitzt) schon mit seinen Entstehungsbedingungen intendiert ist, kann man gleiches vom geklonten Embryo nicht behaupten, weil den Entstehungsbedingungen hier kein natürliches Ziel innewohnt, sondern dieses erst durch die menschliche Absicht definiert wird. Ein Körperzellkern besitzt von Natur aus kein intrinsisches Ziel auf Klonierung – weder in einem therapeutischen noch in einem reproduktiven Zusammenhang. Vielmehr handelt es sich um denselben Ausgangspunkt wie bei der in-

---

[19] *Hurlbut, William B.*, Framing the future: embryonic stem cells, ethics and the emerging era of developmental biology, in: Pediatric Research 59 (2006) 4R–12R.

duzierten Reprogrammierung einer Körperzelle. Müsste man dann aber nicht auch dieselbe Konsequenz daraus ziehen und es von der Absicht des Herstellers abhängig machen, was er mit seinem Biofakt bezweckt – die Gewinnung von Stammzellen, die dann akzeptabel wäre, oder das Klonen eines Menschen, das nach allgemeiner Überzeugung abzulehnen ist?

Es bleibt indessen ein Unterschied bestehen. Während bei der Erzeugung von iPS-Zellen die Reprogrammierung von einer Induktion abhängt, die zu den externen Faktoren zu rechnen ist, gehört sie bei der Gewinnung von geklonten ES-Zellen zum intrinsischen Potential der Oozyte. Auf den Endpunkt dieses Vorgangs hat der Hersteller im Gegensatz zur induzierten Reprogrammierung keinen Einfluss, ja, es gehört geradezu zum natürlichen Ziel der Reprogrammierung in der Eizelle, das Genom in den für die Implantation erforderlichen epigenetischen Zustand zu bringen. Ist dann aber die Beschränkung auf therapeutisches Klonen nicht doch die willkürliche Beschneidung eines vorhandenen autonomen Entwicklungspotentials, und die von Hurlbut vorgeschlagene ANT-Methode der einzige Ausweg aus dem Dilemma?

Erinnern wir uns an das bei der induzierten Reprogrammierung über Biofakte Gesagte. Entscheidend für die Einstufung einer biologischen Entität als Biofakt sind die von der Absicht des Herstellers abhängigen Entstehungsbedingungen, nicht das Wachsen-können. Auch die induzierte Reprogrammierung verläuft autonom als Vorgang der Zelle, und es ist derselbe Prozess, wie er in der Eizelle im Hinblick auf die Implantation geschieht. Im „Wachsen-können" sind sich beide Vorgänge, die induzierte Reprogrammierung und das Klonen durch Kerntransfer, gleich. Es ist jedoch die zu ihrer Entstehung führende Absicht, die hier das Ziel spezifiziert. Wenn dieser Absicht im Fall der induzierten Reprogrammierung nicht zu unterstellen ist, diesen Vorgang bis zum Endzustand vollständiger Totipotenz durchzuführen, dann im Fall des Klonens durch Kerntransfer auch nicht bis zur Implantation. Der Einwand, dass mit dem Kerntransfer der Entwicklungszustand einer totipotenten Eizelle gegeben sei, dem gegenüber man die Bringschuld auf Realisierung seines Potentials hätte, trifft auf die bereits erörterte Schwierigkeit einer ontologisch überzogenen Bewertung von Totipotenz. Um von einem autonomen Entwicklungspotential zu sprechen, müssten, wie wir gesehen haben, die dazu von Natur aus gehörenden extrinsischen Entstehungsfaktoren des Mutterorganismus gegeben sein. Dies ist aber bei einem Klonvorgang offensichtlich nicht der Fall.

Wir haben uns bisher bei den extrinsischen Faktoren der natürlichen Zeugung auf die Regulationsvorgänge in Ovar und Uterus beschränkt. Wie bereits früher bemerkt, sind aber auch das Zusammentreffen und die Verschmelzung der Keimzellen externe Voraussetzungen für die Entstehung eines autonomen Entwicklungspotentials der Zygote. Könnte man dann, analog zum Klonen, die Abhängigkeit von der Zielsetzung der extrinsischen Entstehungsbedingungen nicht auch für den Zeugungsvorgang postulieren und auf diese Weise eine legitime Basis für die Zeugung zu Forschungszwecken gewinnen? Hier ist indessen ein Unterschied zu beachten. Während es, wie gesagt, in der Körperzelle kein natürliches Ziel auf Geklont-werden gibt, der Klon seine Entstehung ausschließlich extrinsischen Zielsetzungen verdankt, was ihn eben als Biofakt charakterisiert, kommt den Keimzellen ein eigenes Ziel durchaus zu. Es ist die natürliche Funktion von Eizelle und Spermium, zu einer Zygote zu verschmelzen und unter den dafür vorgesehenen maternalen Bedingungen die Entwicklung eines neuen Lebewesens zu initiieren. Veränderte extrinsische Bedingungen schaffen hier nicht einfach ein anderes Entwicklungsziel, sondern sie konkurrieren mit einem schon bestehenden. Ob eine solche Konkurrenz zulässig ist, muss hier also im Hinblick auf ein definitiv angezieltes Potential autonomer Entwicklung entschieden werden. Diese Autonomie zu beeinträchtigen, bedarf es entsprechend starker Gründe, und wenn es überhaupt solche geben kann, ist doch äußerst fraglich, ob der Bedarf der Forschung dafür schwer genug wiegt.

Nachbemerkung

Es hat sich gezeigt, dass die Begrifflichkeit, die wir zur Klärung der mit der Herstellung von iPS-Zellen gegebenen Potentialitätsfragen verwendet haben (intrinsisches Potential und extrinsische Beeinflussung, Biofakte, Totipotenz und Autonomie der Entwicklung), auch auf anderen bioethischen Problemfeldern gute Dienste zu leisten vermag. Dabei sind die behandelten Beispiele vermutlich nicht die einzigen. Es sei aber ausdrücklich betont, dass die Beispiele nur verwendet wurden, um das zu Grunde liegende Potentialitätsproblem zu erörtern, nicht jedoch, um die damit im Zusammenhang stehenden Verfahren, wie Klonen, künstliche Befruchtung, Stammzellgewinnung usw. ethisch zu qualifizieren. Es kann nicht die Aufgabe naturphilosophischer Betrachtung sein, ethische Bewertungen zu liefern, sondern lediglich, deren ontologische Voraussetzungen auf ihre Übereinstimmung mit den biologischen Gegebenheiten zu überprüfen. Wenn sich hierbei ein Dissens zu einem bestimmten ethischen Urteil herausstellt, heißt das nur, dass der entsprechende ontologische Befund ein bestimmtes ethisches Urteil nicht trägt, nicht aber, dass es nicht andere, bessere Begründungen für dasselbe Urteil geben könnte.

Der Embryo in kontextueller Perspektive

Zur leiblichen und sozialen Dimension der Entstehung eines Menschen[1]

von Claudia Wiesemann

Menschliche Beziehungen, insbesondere die der Eltern zu ihren Kindern, spielen bei der ethischen und rechtlichen Analyse von Konflikten in der Fortpflanzungsmedizin oft nur eine unbedeutende Rolle. Elterninteressen werden in der Regel allenfalls als Konsumenteninteressen wahrgenommen. Ursache ist eine Tendenz zeitgenössischer Ethik, Individuen – und nicht soziale Beziehungen – in den Mittelpunkt der Betrachtung zu stellen. Den Theorien wird stillschweigend zugrunde gelegt, dass die Beteiligten jeweils nur für sich sprechen können und dass sie mit ihrem Gegenüber keine besondere Beziehung verbindet. Auf Konflikte in der Fortpflanzungsmedizin und den Umgang mit dem frühen Embryo angewendet führen solche ethischen Theorien zu großen Problemen, da sie nicht in der Lage sind, die von Eltern erwartete besondere Fürsorgebeziehung und Verantwortungsübernahme abzubilden. Fortpflanzungsmediziner, die sich als Anwalt der Eltern engagieren, können ihre moralischen Gründe ebenfalls nicht geltend machen. Im folgenden Beitrag wird eine Ethik der Elternschaft entworfen, welche den Embryo in seinem leiblichen und sozialen Kontext betrachtet und damit der Lebenswirklichkeit in der Fortpflanzungsmedizin besser gerecht wird.

I. Das Embryonenschutzgesetz

1990 verabschiedete der Deutsche Bundestag zur Regelung der In-vitro-Fertilisation das Gesetz zum Schutz von Embryonen. Dieses Gesetz bestimmt auch heute noch die gesellschaftlichen und politischen Auseinandersetzungen über den Umgang mit frühen Formen menschlichen Lebens, wenngleich es dabei inzwischen um

---

[1] Überarbeiteter Nachdruck von *Wiesemann, Claudia*, Fortpflanzungsmedizin und die Ethik der Elternschaft, in: Reproduktionsmedizin und Endokrinologie 4 (2007) 189–193. Mit freundlicher Genehmigung des Verlags Krause und Pachernegg.

Anwendungen geht, die nur noch sehr indirekt als Auswirkung der Technik der In-vitro-Fertilisation angesehen werden können, wie zum Beispiel die Forschung an humanen embryonalen Stammzellen oder das Forschungsklonen. Bestimmend für die Debatte über die Anwendbarkeit des Embryonenschutzgesetzes auf neue Techniken ist u. a. die Definition des Embryos in Paragraph 8, Abs. 1. Dort heißt es:

> „Als Embryo im Sinne dieses Gesetzes gilt bereits die befruchtete, entwicklungsfähige menschliche Eizelle vom Zeitpunkt der Kernverschmelzung an, ferner jede einem Embryo entnommene totipotente Zelle, die sich bei Vorliegen der dafür erforderlichen weiteren Voraussetzungen zu teilen und zu einem Individuum zu entwickeln vermag."[2]

Diese Definition wird getragen von der Auffassung, eine kontextunabhängige, „intrinsische" Definition des Embryos sei möglich. Doch allein die Auseinandersetzungen um den Totipotenz-Begriff, welche die Debatte um die Zulässigkeit der Präimplantationsdiagnostik kennzeichneten, haben gezeigt, dass der Begriff der „Entwicklungsfähigkeit", den das Gesetz verwendet, schillernd ist und für eine sinnvolle Verwendung auf praktische Kontexte bezogen werden muss.[3] Auch mit der Formulierung „Vorliegen der dafür erforderlichen weiteren Voraussetzungen" hat der Gesetzgeber eine vage, wenn nicht gar irreführende Umschreibung hochkomplexer Sachverhalte gewählt, deren Interpretation in hohem Maße abhängig von Handlungskontexten ist. Denn obwohl das substantivierte Verb „vorliegen" unterstellt, bei den Voraussetzungen handle es sich um rein materiale Gegebenheiten wie Nährlösung oder Umgebungstemperatur, spielen doch tatsächlich komplexe biologische und soziale Prozesse eine wesentliche Rolle, die nicht „vorliegen", sondern sich allenfalls ereignen können, und Entscheidungen beteiligter Personen – v.a. von Eltern und Fortpflanzungsmedizinern – voraussetzen, wie zum Beispiel die Implantation in eine Gebärmutter. Ohne sie lässt sich die Entwicklungsfähigkeit der befruchteten Eizelle oder einer voraussichtlich totipotenten Zelle nicht beurteilen. Spätestens, wenn die befruchtete Eizelle zu ihrer weiteren Entwicklung in die Gebärmutter einer Frau übertragen werden soll, kommen solche sozialen Faktoren ins Spiel. Für das Verständnis der Definition des Embryonenschutzgesetzes müsste zudem nicht nur erläutert werden, was

---

[2] *Keller, Rolf, Günther, Hans-Ludwig, Kaiser, Peter*, Embryonenschutzgesetz. Kommentar zum Embryonenschutzgesetz, Stuttgart 1992, § 8, Abs.1.
[3] *Beier, Henning M.*, Aktuelle Aspekte zur Forschung mit humanen embryonalen Stammzellen in Deutschland, in: Reproduktionsmedizin 19 (2003) 282–289.

unter einem „Individuum" verstanden werden soll – eine Frage, die keinesfalls trivial ist und spätestens seit dem Warnock Report ausführlich in der ethischen Literatur diskutiert wird –, sondern auch, welche der Umgebungsbedingungen denn als relevant für die weitere Entwicklung der befruchteten Eizelle angesehen und somit definitionsgemäß berücksichtigt werden sollten.[4]

Motiv für die vermeintlich kontextunabhängige Definition des Embryos im Embryonenschutzgesetz war es, möglichst eine von den wechselnden Umgebungsbedingungen der befruchteten Eizelle unabhängige Beschreibung des schützenswerten frühen menschlichen Lebens zu finden.[5] Dies muss man als eine Reaktion auf die Verbreitung der In-vitro-Fertilisation Ende der 80er Jahre verstehen, welche nicht nur die Vorstellung von einer „natürlichen" Entwicklung des Menschen konterkarierte, sondern auch die künstliche Gebärmutter wieder als wahrscheinlicher erscheinen ließ. Der Wunsch, das Wesen des Menschlichen an seinem Ursprung in einer von diesen technologischen Entwicklungen unabhängigen Weise zu definieren, war verständlicherweise groß.

Heute zeigt sich, dass dieser Zweig der ethisch-rechtlichen Debatte in zweierlei Hinsicht problematische Folgen hat. Erstens kann jede vermeintlich von wechselnden Umgebungsbedingungen unabhängige Definition zu Anwendungsproblemen führen, wenn sich neues Wissen über die Entwicklungsfähigkeit von Keim- und Körperzellen ergibt. Neue Verfahren zur Reprogrammierung von Eizellen und die Aussicht auf ein ebensolches Verfahren für Körperzellen lassen es zum Beispiel inzwischen als zumindest fragwürdig erscheinen, in einer vermuteten, aber unter konkreten praktischen Bedingungen nicht überprüfbaren Entwicklungsfähigkeit das entscheidende Kriterium für den moralischen Status menschlichen Lebens zu sehen. Den praktischen Beweis beim Menschen wird angesichts der denkbaren Entwicklungsstörungen niemand ernsthaft erbringen wollen. Der Begriff der „Befruchtung", der bislang semantisch dem Kontext menschlicher Fortpflanzung zuzurechnen war, wird so seiner Bedeutung entkleidet. Und zweitens kann eine intrinsische Definition, die bewusst von sämtlichen leiblichen und sozialen Bedingungen der menschlichen Fortpflanzung abstrahiert, nicht mehr verständlich machen, warum wir uns überhaupt um den Umgang mit befruchteten menschlichen Eizellen so

---

[4] *Warnock, Mary*, Do Human Cells Have Rights?, in: Bioethics Q. 1 (1987) 1–14; *Ford, Norman M.*, When did I begin. Conception of the human individual in history, philosophy and science, Cambridge 1988.
[5] Vgl. *Keller* et al., Embryonenschutzgesetz und Kommentar (s. Anm. 2).

viele Sorgen machen. Indem man die entwicklungsfähige befruchtete Eizelle *per definitionem* sämtlicher sozialer Kontexte entkleidet, macht man sie auch für das moralische Empfinden unkenntlich. Warum soll ich mich um etwas sorgen, dessen Wesen sich gerade dadurch definiert, dass von all seinen sozialen Bezügen – außer ggf. von dem einen, „Träger" von Menschenwürde zu sein – abstrahiert wird? Um es einmal pointiert auszudrücken: Eine solche Welt ist von lauter Menschenwürdeträgern in den Kühlschränken der Fortpflanzungsmedizin bevölkert, Wesen, die keine Eltern haben und weder Kinder sind, noch Geschwister haben, noch anderweitig sozial verankert sind. So wichtig die staatsbürgerliche Perspektive auf den Menschen für die Ordnung unseres Gemeinwesens ist – dies ist wohl dennoch eine von vielen Menschen in unserer Gesellschaft als unsinnig empfundene Konsequenz eines kontextunabhängigen Embryonenschutzes.

II. Medizin und die Ethik des Fremden

Die Hauptströmungen der philosophischen Ethik leisteten bisher der kontextunabhängigen Betrachtung des Menschen Vorschub. Diese Präferenz hat historische Gründe, denn das philosophische Inventar der in den letzten Jahrhunderten entwickelten ethischen Theorien entstammt zu überwiegenden Teilen den Auseinandersetzungen um die menschliche Freiheit und die moralischen Grundlagen bürgerlicher Gesellschaften. Diese Ethik versucht, das Zusammenleben großer Gruppen von gleichen, aber einander fremden oder nicht besonders miteinander verbundenen Menschen möglichst konfliktfrei zu regeln, ohne den einzelnen in seiner Freiheit zu weit einzuschränken. Die klassischen Themen dieser Ethik sind die Rechtfertigung bürgerlicher Freiheiten und Rechte wie Meinungs- und Religionsfreiheit, Wahlrecht, Recht auf die Verfolgung privater Interessen, Recht auf soziale Versorgung etc. Man kann sie als Ethik des Fremden bezeichnen, da sie die Bedingungen der Freiheit des Menschen in einem Gemeinwesen beschreibt, das selbst dann noch funktionieren sollte, wenn man sein Gegenüber nicht kennt, ihm nie begegnen und nichts über dessen konkreten Nöte und Bedürfnisse erfahren wird und dennoch dessen moralische Belange berücksichtigen soll.

Die moderne Medizin wird aber von einer Klasse ethischer Konflikte ganz anderer Dimension begleitet. In der Fortpflanzungsmedizin, der Neonatologie, der Transplantationsmedizin oder aber auch der Intensivmedizin geht es um Menschen, die in einer ganz besonderen, nahen, oft sogar leiblichen Beziehung zu anderen Menschen stehen und deren ethische Konflikte gerade aus dieser besonderen Nähe der Beteiligten zueinander erwachsen.[6] Schon die Arzt-Patient-Beziehung entspricht nicht der klassischen Beziehung von einander fremden, gleichen und freien Bürgern in bürgerlichen Gesellschaften, da sie zum einen durch ein besonderes Vertrauen, zum anderen aber auch eine Abhängigkeit zwischen Arzt und Patient charakterisiert ist. Viele ethische Konflikte in der Medizin betreffen überdies Menschen in besonders engen Beziehungen wie Eltern und Kinder oder Ehepartner. In der Neonatologie stellt sich zum Beispiel die Frage, welche Entscheidungen über den Abbruch kurativer Maßnahmen Eltern überlassen werden können oder sollen, bei der Lebensspende, welche Beziehung von Spender und Empfänger als problematisch anzusehen ist, in der Intensivmedizin, welche Rolle die Angehörigen bei medizinischen Entscheidungen übernehmen sollen.

Die Fortpflanzungsmedizin kann gar prototypisch für diese Kategorie ethischer Konflikte stehen, weil es immer um Eltern und ihre Kinder geht. Stets sind Menschen betroffen, die in der denkbar engsten und persönlichsten Beziehung zu einem ganz bestimmten, für sie höchst bedeutungsvollen Gegenüber stehen. Probleme, die sich hier stellen, betreffen ein enges, von persönlicher Verantwortung und Liebe geprägtes, auf Lebenszeit angelegtes gemeinsames Verhältnis. Diese Charakterisierung von Elternschaft zeigt, warum die Anwendung einer Ethik des Fremden Probleme bei der Lösung von Konflikten erzeugen muss. Denn diese fordert von allen Beteiligten – und damit auch von Eltern – lediglich jenes ethische Minimum, das auch von einander Fremden verlangt werden kann. Dies sind in der Regel die Prinzipien des Respekts vor Personen und der Nicht-Einmischung. Elternschaft ist aber in wesentlichen Aspekten das Gegenteil dieser Konzeption: Sie unterscheidet sich von der Beziehung zwischen Fremden durch die Dauer, das Ausmaß und die Intensität des Verhältnisses zum Kind sowie die fundamentale Abhängigkeit des Kindes von den Eltern. Das ethische Minimum in der Elternschaft ist nicht Respekt vor Personen und Nicht-Einmischung, sondern die Bereitschaft zu liebevoller Zuwendung und lebenslanger Verantwortung.

Man hat dennoch versucht, die ethischen Konflikte der Fortpflanzungsmedizin mit dem Inventar der Ethik des Fremden zu lösen. Dies läuft auf eine Analyse und Abwägung der Rechte oder

---

[6] *Wiesemann, Claudia*, Von der Verantwortung, ein Kind zu bekommen. Eine Ethik der Elternschaft, München 2006.

Interessen der beteiligten Personen als je für sich stehender Individuen hinaus.[7] So wird z. B. im Schwangerschaftskonflikt das Recht der Frau auf körperliche Integrität und Selbstbestimmung gegen das Recht des Fötus auf Leben abgewogen. Beide Parteien stehen einander bei dieser Analyse unbeteiligt gegenüber, ins Gewicht fallen immer nur die jeweiligen Einzelinteressen. Das Ergebnis der Analyse hängt dann davon ab, ob die Rechte oder Interessen des Fötus wie die anderer, geborener Menschen gewichtet werden. Ist dies der Fall, führt dies dazu, dass die Eigeninteressen oder -rechte der Frau zurückzustehen haben gegen das in der Regel als höher gewertete Recht oder Interesse des Fötus auf Leben.

Dass eine solche Analyse ganz an der Lebenswirklichkeit von Frauen vorbei geht, ist offensichtlich, erlaubt sie es den Frauen doch nur, ihre Bedürfnisse als individuelle, auf sie selbst bezogene Interessen zu artikulieren. Die schwangere Frau erhält in diesem ethischen Diskurs weder das Recht noch überhaupt die Möglichkeit, für den Fötus bzw. für ihre beiderseitige Beziehung zu sprechen, während sie dies in der Lebenswirklichkeit Tag für Tag tut. Denn das Ethos der Elternschaft fordert gerade von ihr, für zwei zu denken und zu handeln. Das ist im höchsten Maße widersprüchlich.

Wenn sich eine Frau als Mutter versteht, dann impliziert das ihre umfassende Sorge und Verantwortung für jenes andere Lebewesen, das ihr Kind sein soll. Von Anfang an wird sie also ihre Entscheidungen im Lichte dieser gewichtigen Beziehung treffen. Sie wird sich fragen, welches Leben das Kind erwartet und ob sie und ihr Partner der Verantwortung gerecht werden können. Die Ethik des Fremden hingegen verlangt als ethisches Minimum von ihr nichts anderes als Respekt und Nicht-Einmischung nach dem Motto: „Ich lasse Dich mein Leben leben, und Du lässt mich mein Leben leben."; ihrem Kind gebührte somit nur das, was jedem anderen fremden Menschen zukommt. Eine solche Haltung ist jedoch absurd im Hinblick auf alles das, was Elternschaft bedeutet, denn eine Entscheidung für das Kind impliziert nicht nur eine nahezu lebenslange Verantwortung für das Kind, sondern auch für die Bedingungen, unter denen es aufwächst.[8] Das ethische Minimum der Nicht-Einmischung der Ethik des Fremden kommt

---

[7] *Damschen, Gregor, Schönecker, Dietmar*, In dubio pro embryone. Neue Argumente zum moralischen Status menschlicher Embryonen, in: *dies.* (Hrsg.), Der moralische Status menschlicher Embryonen. Pro und contra Spezies-, Kontinuums-, Identitäts- und Potentialitätsargument, Berlin 2002, 187–268.

[8] *Brandt Bolton, Martha*, Responsible Women and Abortion Decisions, in: *Onora O'Neill, William Ruddick* (Hrsg.), Having Children. Philosophical and Legal Reflections on Parenthood, New York 1979, 40–51.

in der Eltern-Kind-Beziehung einem schweren Beziehungsversagen gleich. Eine empirische Bestätigung findet diese These in der großen Zurückhaltung ungewollt schwangerer Frauen, ihr Kind für eine Adoption freizugeben.[9] In der Logik der Ethik des Fremden ist die Freigabe zur Adoption völlig im Einklang mit der Forderung nach Respekt vor Personen und Nicht-Einmischung. Die Adoption wird deshalb oft von Vertretern eines frühen Lebensschutzes als moralisch angemessener Ausweg aus dem Schwangerschaftskonflikt empfohlen. Aus der moralischen Perspektive von Elternschaft kommt die Adoption einem Versagen vor der elterlichen Verantwortung gleich. Diese Verantwortung kann nicht für neun Monate übernommen und dann umstandslos an andere wieder abgegeben werden.

III. Das Ethos der Elternschaft

Dieses Beispiel zeigt uns, dass die Fortpflanzungsmedizin andere, beziehungsorientierte ethische Konzepte benötigt, um die ihr inhärenten Probleme überhaupt angemessen zur Sprache zu bringen. Bislang wurden Elterninteressen kaum als solche wahrgenommen. Die Eltern wurden im ethischen Diskurs nur als Individuen berücksichtigt, die wie alle anderen Beteiligten lediglich für sich sprechen dürfen. Ihre besonderen Elterninteressen werden – wenn überhaupt – zumeist als Konsumenteninteressen gewertet. Dies trifft vor allen Dingen auf jene Menschen zu, die mit Hilfe der Möglichkeiten der künstlichen Befruchtung Eltern werden wollen. Wenn von „Designer Babys" oder „Fortpflanzungstourismus" gesprochen wird, wie dies – nicht nur in der Presse – häufig geschieht, werden elterliche Entscheidungen in den Bereich alltäglichen Konsumverhaltens gerückt. Setzen sich Fortpflanzungsmediziner für ihre Patienten ein, wird das infolgedessen nicht selten als besonders geschickte Verkaufstrategie gewertet. Zum Missverständnis von Elterninteressen als Konsumenteninteressen trägt auch bei, dass über die Erstattungsfähig-

---

[9] *Wittland-Mittag, Angelika*, Adoption und Adoptionsvermittlung – Selbstverständnis von Adoptionsvermittlern und -vermittlerinnen, Essen 1992; *Wils, Jean-Pierre*, Adoption statt Abtreibung. Eine ethische Perspektive? Fundamentalethische Thesen, in: *Walter Bechinger, Bernd Wacker* (Hrsg.), Adoption und Schwangerschaftskonflikt: wider die einfachen Lösungen, Idstein 1994, 27–31; *Westermann, Arnim*, Schwangerschaftskonflikte und Adoptionsvermittlung. Zur Tätigkeit der Adoptions- und Pflegekindervermittlungsstelle des Caritasverbandes für die Diözese Hildesheim, in: *Walter Bechinger, Bernd Wacker* (Hrsg.), Adoption und Schwangerschaftskonflikt: wider die einfachen Lösungen, Idstein 1994, 82–90.

keit vieler Leistungen der Fortpflanzungsmedizin im Rahmen der gesetzlichen Krankenversicherung mal so, mal so entschieden wird.

Nehmen wir die besondere Beziehung zwischen (potentiellen) Eltern und ihren (potentiellen) Kindern nicht wahr, entgeht uns ein für die Ethik wesentlicher Aspekt. Diese spezifische Dimension der ethischen Konflikte in der Fortpflanzungsmedizin lässt sich nur vor dem Hintergrund des Ethos der Elternschaft angemessen beschreiben und verstehen. Eine Definition des Embryos, die bezweckt, von den Kontextbedingungen, und insbesondere von der sozialen Beziehung des Embryos zu seinen Eltern abzusehen, hat schon eine wesentliche Entscheidung über die anzuwendende Theorie und damit auch über die berücksichtigungsfähigen Argumente vorweg genommen. Das ist der wichtigste Grund, weshalb Definitionen wie diejenige des Embryonenschutzgesetzes mit Sorge betrachtet werden müssen.

Einige Ethiker haben Bedenken geäußert, den moralischen Umgang mit dem Embryo abhängig von seinen Beziehungen zu anderen Menschen zu machen.[10] Tatsächlich kann es nicht darum gehen, Entscheidungen über das, was zulässig ist oder nicht, der Willkür einzelner Personen anheim zu geben. Das käme in der Tat einem moralischen Versagen auf ganzer Linie gleich. Aber diese berechtigte Sorge sollte nicht dazu verleiten, die Beziehung als solche und das Ideal der Elternschaft, dem wohl die allermeisten Paare, die sich Kinder wünschen, zu genügen versuchen, als irrelevant für moralische Konflikte in und vor der Schwangerschaft anzusehen.

Die wichtigsten Prinzipien einer solchen Ethik der Elternschaft sollen im Folgenden skizziert werden: Kennzeichnend für das moralische Ideal der Elternschaft ist die lebenslange, von Verantwortung getragene Beziehung zu einem Kind. Die Beziehung wird in vielen Kulturen als unauflöslich angesehen und unterscheidet sich dadurch von den meisten anderen sozialen Beziehungen. Man bleibt immer Mutter oder Vater eines Kindes, selbst wenn man von ihm getrennt wird oder es gar im Stich lässt. Man kann die Beziehung also nicht aus eigenem Entschluss wie z. B. eine Freund-

[10] *Schöne-Seifert, Bettina*, Abtreibung ja – Forschung nein? Hat der Embryo in-utero einen anderen moralischen Status als in-vitro?, in: *Gisela Bockenheimer-Lucius* (Hrsg.), Forschung an embryonalen Stammzellen. Ethische und rechtliche Aspekte, Köln 2002, 95–105, *Maio, Giovanni*, Zur Begründung der Schutzwürdigkeit des Embryos e contrario, in: *Giovanni Maio, Hansjörg Just* (Hrsg.), Die Forschung an embryonalen Stammzellen in ethischer und rechtlicher Perspektive, Baden-Baden 2003, 168–77.

schaft aufkündigen, es bleibt ein Rest an Verantwortung, selbst wenn das Kind von anderen Menschen umsorgt wird.[11] Zudem ist die Beziehung von Liebe und Zuneigung geprägt, sie ist Fürsorge für einen anderen, jedoch weder aus Professionalität noch aus Mitleid, sondern um des anderen willen. Schließlich ist Elternschaft keine reziproke Beziehung, denn Verantwortung und Fürsorge werden dem Kind anfänglich geschenkt, ohne eine Gegengabe zu erwarten, damit einher geht eine fundamentale Abhängigkeit des Kindes von den Eltern.

Elternschaft ist somit einerseits ein von der Natur gestiftetes Verhältnis, andererseits aber durch Verhaltensweisen wie Verantwortungsübernahme und Liebe gekennzeichnet, welche einem bewussten Akt entspringen. Dieser zweite Aspekt ist aus moralischer Sicht bisher wenig thematisiert worden, weil man Elternschaft entweder als angeborenen Reflex oder als Übernahme einer sozialen Pflicht interpretiert hat. Damit trivialisierte man den Prozess des Eltern-Werdens, so als sei er ein Resultat von Instinktverhalten oder sozialem Gehorsam. Tatsächlich muss die soziale wie die moralische Dimension der Elternschaft jedoch in einem bewussten Akt anerkannt werden. Verantwortung und Liebe für ein Kind werden übernommen, sie ereignen sich nicht, sondern basieren auf einem freien Entschluss, der zwar durch Instinkte – wie z. B. die menschliche Reaktion auf das „Kindchenschema" – gebahnt wird, sich darin aber keinesfalls erschöpft.

Bedenkt man das Gewicht der Verantwortung für das Leben eines anderen Menschen, so handelt es sich bei dieser Entscheidung keinesfalls um eine Routineangelegenheit oder einen Automatismus. Die Eltern übernehmen Verantwortung für einen Menschen und einen außerordentlich langen Zeitraum. Sie tragen zudem Verantwortung für die Familie, die sie gründen und die aus mehreren Personen und ggf. auch mehreren Kindern besteht. Damit übernehmen sie auch Verantwortung für sich selbst; Sorge für andere und Selbstsorge sollen dem gleichen Ziel dienen: dem Erhalt der Familie. Dies impliziert einen Spielraum für jene Entscheidungen, die (potentielle) Eltern vorausschauend für sich und andere treffen müssen.[12] Entscheidungen gegen die Implantation einer befruchte-

---

[11] Die Idee der unkündbaren leiblichen Elternschaft liegt auch der wachsenden Gegnerschaft gegen die anonyme Keimzellspende zu Grunde. Dem Kind soll zumindest das Wissen um seine genetischen Eltern erhalten bleiben. Die Möglichkeiten der genetischen Diagnostik vergrößern die Bedeutung dieser Regel.

[12] *Geisthövel, Franz, Beier, Henning M.*, Eine am aktuellen wissenschaftlichen Kenntnisstand und an europäischen Standards orientierte Auslegung des Embryonenschutzgesetzes. Briefwechsel zwischen dem DVR und dem Bundesministerium für Gesund-

ten Eizelle oder gegen die Fortsetzung einer Schwangerschaft treffen Eltern unter Umständen aus Verantwortung für die Familie.[13]

Aufgabe einer Fortpflanzungsmedizin, die sich an der Ethik der Elternschaft orientiert, ist es, die (potentiellen) Eltern in diesen Situationen angemessen zu unterstützen. Die Erörterung moralischer Konflikte der Fortpflanzungsmedizin muss die soziale Lebenswelt zum Ausgangspunkt nehmen; Kriterien angemessenen moralischen Verhaltens müssen dem besonderen leiblichen und sozialen Kontext von Elternschaft gerecht werden.[14] Die Ethik des Fremden ist dazu nicht in der Lage, sie dient vielmehr dem Ziel, einem als natürlich angenommenen Egoismus von Individuen angemessene Beschränkungen entgegen zu setzen.[15] Während dies für ein Zusammenleben von einander gleichberechtigten, aber fremden Bürgern in einem Gemeinwesen angemessen sein kann, verfehlt eine solche Konzeption des moralischen Minimums in menschlichen Nahbeziehungen ihr Ziel. Aus diesem Grund darf es uns nicht gleichgültig sein, auf welche Definition des menschlichen Embryos sich ethische Theorien stützen. Nur solche Theorien, welche die besondere leibliche und soziale Dimension der Entstehung eines Menschen berücksichtigen, sind in der Lage, die moralischen Konflikte von Elternschaft angemessen abzubilden.

Es dürfte deutlich geworden sein, dass sich die Fragen nach dem richtigen Umgang mit der befruchteten menschlichen Eizelle oder

---

heit und Soziale Sicherung, in: Journal für Reproduktionsmedizin und Endokrinologie 2 (2005) 203–209; *Frommel, Monika*, Deutscher Mittelweg in der Anwendung des Embryonenschutzgesetzes (ESchG) mit einer an dem aktuellen wissenschaftlichen Kenntnisstand orientierten Auslegung der für die Reproduktionsmedizin zentralen Vorschrift des § 1, Abs. 1, Nr. 5 ESchG unter Berücksichtigung der Entstehungsgeschichte des ESchG, in: Journal für Reproduktionsmedizin und Endokrinologie 4 (2007) 27–33.

[13] Zur Ethik der Familie s. *Schoeman, Ferdinand*, Rights of Children, Rights of Parents, and the Moral Basis of the Family, in: Ethics 91 (1980) 6–19; *Blustein, Jeffrey*, Parents and Children: The Ethics of the Family, New York 1982; *Smith, Patricia*, Family Responsibility and the Nature of Obligation, in: *Diana Tietjens Meyers, Kenneth Kipnis, Cornelius F. Murphy* (Hrsg.), Kindred Matters. Rethinking the Philosophy of the Family, Ithaca, London 1993, 41–58. Unter den in der angelsächsischen Welt üblichen Bezeichnungen „ethics of reproductive choice" bzw. „reproductive autonomy" werden diese Aspekte übrigens nur unzureichend abgebildet.

[14] *Krones, Tanja, Richter, Gerd*, Kontextsensitive Ethik am Rubikon, in: *Marcus Düwell, Klaus Steigleder* (Hrsg.), Bioethik. Eine Einführung, Frankfurt a.M. 2003, 238–45.

[15] Nach Anton Leist muss sich Ethik grundsätzlich stärker an den sozialen Beziehungen zwischen Menschen ausrichten, weil Moral „eine Qualität der menschlichen sozialen Beziehungen" und kein „Selbstbegrenzungsprogramm für Egoisten" sei. *Leist, Anton*, Ethik der Beziehungen. Versuche über eine postkantianische Moralphilosophie, in: Deutsche Zeitschrift für Philosophie, Sonderband 10 (2005) 89, 121.

mit dem Embryo in der Schwangerschaft anders stellen, wenn sie aus der Perspektive von Eltern und ihrer lebenslangen Verantwortung betrachtet werden. Jedenfalls stellt sich der ethische Konflikt nicht mehr als ein Abwägen von Interessen oder Lebensrechten einzelner Individuen dar, wie uns die ethische Debatte bisher weismachen wollte, sondern als eine Frage nach dem notwendigen und rechtfertigbaren Entscheidungsspielraum bei der Ausübung elterlicher Verantwortung.

Schutzrhetorik und faktische Instrumentalisierung des Embryos?

Eine Kritik der Inkonsistenz in der biopolitischen Debatte

von Giovanni Maio

Die moderne Medizin ist verführbar. Sie ist verführbar durch eine ihr geradezu inhärente Logik der Machbarkeit, innerhalb derer ihr jedwede Veränderbarkeit als Wert an sich erscheint; sie ist zugleich verführbar durch die hohen Erwartungen, die an sie gestellt werden. Die Erwartungen an die Medizin werden einerseits vom modernen Zeitgeist diktiert, der gegenwärtig einen boomenden Gesundheitskult hervorgebracht hat; sie werden aber zugleich auch von der Medizin selbst generiert, vor allem dann, wenn sich die moderne Medizin zu Verheißungen hingibt, die zuweilen einen Heilscharakter erhalten und damit weit über das hinausreichen, was Medizin überhaupt zu leisten vermag. Dieses Zusammenkommen einer auf Leistungsfähigkeit und Fitness ausgerichteten modernen Gesellschaft und einer zunehmend kompetitiv sich verstehenden Medizin, die stets um neue „Märkte" buhlen muss, ist verhängnisvoll, da auf diese Weise die Medizin dazu verführt wird, den Wunsch der breiten Masse als Selbstzweck zu nehmen und alle nur erdenklichen Mittel zur Erfüllung dieser Wünsche für probat zu halten.

Genau diese beschriebene Verführbarkeit ist für den Kontext der Stammzellforschung besonders virulent. So lässt sich die Medizin gerade im Kontext der Stammzelldebatte immer wieder zum verheißungsvollen Versprechen verleiten, schon auf dem Weg zu neuen Therapien zu sein; damit erweckt sie den Eindruck, als sei allein das anvisierte Ziel hinreichend für die Legitimierung ihrer Methoden, sprich der Verwendung von Embryonen zum Zwecke der Forschung. Kritikwürdig ist hierbei nicht allein der utopische Gehalt der medizinischen Verheißungen, hiergegen ließe sich ja einwenden, dass wenn nicht schon heute, so doch sicher morgen diese Utopie realistisch sein könnte. Kritikwürdig ist der viel grundlegendere Ansatz, diese Utopie mit Mitteln erreichen zu wollen, die von sich aus problematisch sind. Dass überhaupt die Vernichtung von Embryonen als eine Option in Erwägung gezogen wurde, ist der eigentliche Kern des ethischen Problems, der eben darin besteht, dass die Naturwissenschaft und Medizin von ihrem Grundansatz her geradezu blind nach Methoden greifen, allein weil sie sich technisch realisieren lassen oder allein weil sie dem Ziel, die Verheißungen Realität werden zu lassen, förderlich sind. Dass die Öffentlichkeit überhaupt mit der Option konfrontiert worden ist, für das eigene Wohl das Leben von Embryonen zu opfern, ist in ihrer grundsätzlichen Problematik bislang nur wenig beachtet worden. So zeugt doch allein das Entfalten dieser Option bereits von einer problematischen Glorifizierung der Machbarkeit, die keine andere Grenze als nur die der Realisierbarkeit zu kennen scheint. Genauso wie es bestimmte Fragen gibt, die man einem Gegenüber ganz gleich in welcher Situation einfach nicht stellt, weil sie eine Zumutung wären, so müsste es auch in der Forschung bestimmte Methoden geben, die man einfach nicht wählt, weil sie in jedem Fall die Gefühle allzu vieler Menschen verletzen und deswegen unzumutbar erscheinen müssten. Das Grundproblem, vor dem die Forschung mit Embryonen steht, ist demzufolge nur entstanden, weil von vornherein die Wahl der Forschungsmethoden blind erfolgte und nicht schon von Anfang an Rücksicht darauf genommen wurde, dass für viele Menschen allein das Ansinnen, Embryonen zu opfern, eine Zumutung darstellt.

Doch damit nicht genug – die Kritiker der Embryonenforschung werden mit dem Hinweis abgetan, dass man nur die verwaisten Embryonen für die Forschung verwenden würde, Embryonen also, die man ohnehin nicht retten könne. Auch diese Argumentation ist nur möglich innerhalb einer bestimmten Vorannahme, die man nicht weiter expliziert und begründet. Eine solche Argumentation blendet nämlich aus, dass es die Medizin selbst mit ihren Methoden gewesen ist, die das Zustandekommen von sogenannt „verwaisten" oder (begrifflich noch irreführender) sogenannt „überzähligen" Embryonen zu verantworten hat. Dass Embryonen übrig bleiben, ist das Resultat einer Grundhaltung, die „überzählige" Embryonen im Interesse einer Steigerung der Schwangerschaftsrate in Kauf nimmt. Die Existenz sogenannt „überzähliger" Embryonen ist nicht Resultat einer schicksalhaften Fügung, gegen die der Mensch sich nicht wehren kann, sondern sie ist das Resultat eines rationalen Kalküls, bei dem genauso bewusst wie verbrämt das Lebensrecht des Embryos dem Interesse an wissenschaftlichem Erkenntnisfortschritt untergeordnet wird. Allein schon der Begriff des Überzähligen ist insofern verräterisch, als er suggeriert, dass diese Embryonen keinen Zweck in sich hätten, sondern lediglich als Mittel zur Erreichung einer Schwangerschaft dienen; ab dem Moment, da die Erreichung der Schwangerschaft nicht möglich ist, haben nach dieser Terminologie die Embryonen ihren Wert verloren und können deswegen „überzählig" werden. Wenn in der Debatte um die Forschung mit embryonalen Stammzellen immer wieder auf die ohnehin verwaisten Embryonen verwiesen wird, so lenkt dies vom Grundproblem ab, dass nicht das Verwaistsein die moralische Rechtfertigung liefert. Umgekehrt ging doch vielmehr die moralische Bewertung des Embryos als reines Verfügungsobjekt dem Verwaistsein voraus, d. h. verwaiste Embryonen gibt es nur, weil man vorher vorausgesetzt hat, dass der Embryo keinen intrinsischen Wert hat und weil man darauf aufbauend akzeptiert hat, dass der Erkenntnisfortschritt wichtiger ist als der Schutz des Lebens eines von Grund auf instrumentalisierbaren Embryos. Diese Logik ist verständlich innerhalb eines Denkrahmens, in dem der Fortschritt als Wert an sich gesehen wird und in dem die Machbarkeit allein schon hinreichende Bedingung für den Handlungsversuch ist. Diese Logik ist auch verständlich vor dem Hintergrund, dass die moderne Reproduktionsmedizin immer kommerzieller ausgerichtet ist und es ihr immer mehr um die Erschließung neuer (Absatz-)Märkte geht und nicht mehr nur um die medizinische Heilbehandlung.

Wer heute über die Problematik der Forschung mit Embryonen spricht, kann diesen Kontext der Reproduktionsmedizin als Hauptlieferantin von „verwaisten" Embryonen nicht unberücksichtigt lassen. Die Reproduktionsmedizin in den Blick zu nehmen, ist umso notwendiger, als diese sich gerade in einem grundlegenden Wandel befindet, der für den Schutz embryonalen Lebens von erheblicher Bedeutung ist. So ergibt sich für die moderne Reproduktionsmedizin aus ihrer zunehmenden kommerziellen Ausrichtung und der daraus resultierenden Auslagerung aus den öffentlichen Kliniken in private Reproduktionskliniken als globale Serviceunternehmen zwangsläufig eine geradezu ausschließliche Fokussierung auf die Wünsche der Eltern, die – verständlicherweise – eine hohe Erfolgsrate erwarten. Wenn das moderne Serviceunternehmen Reproduktionsmedizin sein Augenmerk auf die Steigerung der Schwangerschaftsrate richtet, mag dies zunächst sachlich adäquat sein, besteht doch der eigentliche Sinn der Reproduktionsmedizin gerade darin, den Elternwunsch so schnell es irgend geht zu erfüllen. Bedenklich wird diese Fokussierung auf die Schwangerschaftsrate allerdings dann, wenn dieses Ziel – in Ermangelung ergänzender Blickwinkel – so verabsolutiert wird, dass ihm alle anderen Aspekte untergeordnet werden. Ein Beispiel: Seit wenigen Jahren wird im Ausland mit dem soge-

nannten „single embryo transfer" eine neue Methode der Embryo-
nenauswahl verwendet, mit der die Schwangerschaftsrate deutlich
gesteigert werden kann (Diedrich u. Griesinger 2006). Bei dieser
Embryonenselektion geht es darum, die künstlich befruchteten Eizellen länger zu kultivieren, um sie nach rein morphologischen
Gesichtspunkten in verschiedene „Güteklassen" einzuteilen.
Durch diese morphologische Klassifizierung soll erreicht werden,
dass die potentiell entwicklungsfähigsten Embryonen tatsächlich
transferiert werden und die weniger „aussichtsrcichen" Embryonen demzufolge vom Transfer ausgeschlossen und verworfen werden. In Deutschland wird neuerdings vor allem innerhalb der Reproduktionsmedizin und unterstützt durch die betroffenen Paare,
mehr oder weniger vehement dafür plädiert, diese Selektionstech-
nik auch hier zu ermöglichen, und zwar mit der Begründung, dass
man den kinderlosen Paaren die bisherige – unselektierte – Technik nicht mehr mit gutem Gewissen anbieten könne. Da die Er-
folgsaussichten mit den neuen Selektionsmethoden nachweislich
höher seien, erscheint vielen deutschen Reproduktionsmedizinern
das Festhalten an der „alten" Technik nicht vertretbar. Kaum erwähnt wird in dieser Diskussion, dass der Single Embryo Transfer
geradezu unausweichlich mit dem Entstehen zusätzlicher „verwaister" Embryonen einhergeht. Im Zuge einer Verabsolutierung
des Elternwunsches nach hohen Schwangerschaftsraten wird die
Lebensbedrohung für menschliche Embryonen nicht nur billigend
in Kauf genommen, sondern bewusst herbeigeführt, indem mehr
Embryonen gezeugt werden als transferiert werden können. Dies
stellt nichts anderes dar als eine vorsätzliche bewusste Opferung
von Embryonen im Interesse der Erfolgsraten. Wir haben festgehalten, dass die Entstehung „überzähliger" Embryonen nur auf
das Konto der Reproduktionsmedizin geht. Daher wäre es nur
schlüssig, alles daran zu setzen, dass dies in der Zukunft noch ef-
fektiver vermieden wird. Stattdessen geht die Reproduktionsmedizin einen Schritt weiter und macht Reklame für neue Verfahren,
die das Zustandekommen überzähliger Embryonen nunmehr geradezu systematisch einkalkuliert und dies in einem Ausmaß, der
die bisherige Praxis, die das Zustandekommen „verwaister" Embryonen nicht verhindern konnte, deutlich in den Schatten stellt.
    Was folgt daraus? Die Debatte um die Forschung mit embryo-
nalen Stammzellen wird kurzsichtig geführt. Sie ist kurzsichtig,
weil sie sowohl die geltende Forschungspraxis als auch die geltende Reproduktionspraxis als gegeben hinnimmt und die dieser Praxis zugrunde liegenden Vorannahmen nicht kritisch hinterfragt.
Wenn man eine Forschung für probat hält, die ihre Methoden

ganz unabhängig von ethischen Implikationen in den Raum stellen darf und wenn man eine Reproduktionsmedizin für probat hält, die unweigerlich nicht nur mit einem Verschleiß an Embryonen und Feten (Stichwort einkalkulierte Mehrlingsschwangerschaften) einhergeht, sondern die das „Verwaisen" von Embryonen ohne großes Aufheben in Kauf nimmt und sogar für neue Techniken wirbt, die die Zahl verwaister Embryonen um ein Vielfaches steigern würde, so kann innerhalb einer solchen herrschenden Praxis keine Rede davon sein, dass man Embryonen in ihrem Lebensrecht schützen wolle. Solange diese geltende Praxis von ihren Grundlagen her nicht kritisch in den Blick genommen, sondern stillschweigend akzeptiert wird, erscheint die Rede vom Schutz des Embryos eine vornehmlich rhetorische Hülse, die nicht mehr ist als die Verschleierung einer ethischen Resignation oder – was noch schlimmer wäre – einer impliziten Gleichgültigkeit dem Embryo gegenüber. Eine solche Diskrepanz zwischen Wortwahl und tatsächlicher Grundhaltung ist nicht gerade untypisch für biopolitische Fragen. In ethischer Hinsicht ist eine solche Situation allerdings nicht tolerabel. Wenn wir die Reproduktionsmedizin in ihrer inneren Logik für akzeptabel halten, müssten wir die Totalinstrumentalisierung des Embryos auch für akzeptabel halten. Angesichts der zahlreichen Argumente für einen Lebens- und Würdeschutz des Embryos (s. Maio 2003, Maio 2007) wird letzteres nicht begründbar sein. Daher erscheint es notwendig, die ethische Debatte um den Embryonenschutz um eine Debatte über die Vertretbarkeit der Methoden der Reproduktionsmedizin anzureichern. Nur so kann die Problematik in ihrer Breite und Tiefe erfasst werden.

Literaturverzeichnis

Diedrich, Klaus, Griesinger, Georg, Deutschland braucht ein Fortpflanzungsmedizingesetz. Geburtshilfe und Frauenheilkunde 2006, 66; 345–348.

Maio, Giovanni, Zur Begründung der Schutzwürdigkeit des Embryos e contrario, in: *Giovanni Maio, Hanjörg Just* (Hrsg.), Die Forschung an embryonalen Stammzellen in ethischer und rechtlicher Perspektive. Baden-Baden 2003, 168–177.

Maio, Giovanni (Hrsg.), Der Status des extrakorporalen Embryos. Perspektiven eines interdisziplinären Umgangs, Stuttgart 2007.

Nachwort

Ein paradigmatischer Konflikt?

Kein abschließendes Wort, sondern Versuch einer Zwischenbilanz

von Konrad Hilpert

Für die Debatte über die Forschung mit embryonalen Stammzellen vom Menschen sind drei Dinge bezeichnend:

1. Stammzellforschung ist ein völlig neues Handlungsfeld. Auch wenn sich manche Einschätzungen und Erwartungen als überzogen erweisen könnten, hat sie schon heute – nur zehn Jahre nach dem erstmaligen Nachweis von embryonalen Stammzellen beim Menschen! – eine Fülle wichtiger Erkenntnisse, die der medizinischen Forschung mit adulten Zellen zugute kommen, und greifbare Fortschritte in der Entwicklung von präventiven und therapeutischen Verfahren erbracht.[1] Im Blick auf die Gewinnung des Materials, an dem und mit dem geforscht wird, ist die Notwendigkeit einer ethischen bzw. rechtlichen Normierung evident und wird auch von so gut wie niemandem bestritten.[2] Es hängt mit der Neuheit des Handlungsfeldes zusammen, dass die Normierung nicht schon in der ethischen und rechtlichen Überlieferung bereit liegt, sondern erst generiert werden muss.

2. Die Stammzellforschung mit humanen ES-Zellen ist innerhalb der letzten Jahre von einer Frage unter vielen, die die jüngere Biomedizin aufwirft, zum Paradigma der Debatte um „die Zukunft der menschlichen Natur"[3], um den Lebensschutz, um die „Menschenwürde in der säkularen Verfassungsordnung"[4] und um die sogenannte Biopolitik avanciert – und das nicht nur in Deutschland, sondern auch weltweit (jedenfalls soweit die Voraussetzungen für solche Forschung vorhanden sind, was nicht überall der Fall ist).

---

[1] S. hierzu den Beitrag von *Müller, Albrecht* u. a., Möglichkeiten und Chancen der Stammzellenforschung: Stammzellen für Alle? in diesem Band.

[2] S. hierzu den Beitrag von *Schockenhoff, Eberhard*, Ethische Probleme der Stammzellforschung in diesem Band.

[3] So der Titel des viel beachteten Buchs von *Jürgen Habermas* (Frankfurt a.M. 2001).

[4] So der Titel eines von *Petra Bahr* und *Hans M. Heinig* herausgegebenen Bandes der Forschungsstätte der Evangelischen Studiengemeinschaft Heidelberg (Tübingen 2006).

3. In dieser Debatte besteht ein hoher Grad an Dissens bis hin zu polemischer Konfrontation.[5] Die Ausgestaltung der Regeln für die Stammzellforschung ist teils Anlass, teils Folge und in jedem Fall Austragungsplatz des Streits. Dieser wird von den Gegnern einer solchen Forschung nicht selten so dargestellt, dass die Forschenden und ihre Lobbys, getrieben durch eine übertriebene Vorstellung von Gesundheit, Prestigegewinn und ökonomische Interessen, bestehende Grenzlinien und geschützte Areale preisgeben wollten. Doch ist das eine polemische Sicht, die jedenfalls aufs Ganze gesehen weder den verfolgten Zielen noch den Motiven gerecht wird. Offensichtlich ist freilich ein Dissens darin, was jeweils als erlaubt angesehen wird und was nicht. Doch ist das nur die Oberfläche. Der wirkliche Dissens reicht meistens tiefer und ist tendenziell vielschichtiger. Er kann nämlich auch folgende Ebenen betreffen:
– die genaue Bestimmung des Sachverhalts (naturwissenschaftlich und anthropologisch),
– das Verhältnis von relevanten Prinzipien und konkreten Normen,
– die Folgen für die Lebensführung und das Zusammenleben in der Zukunft,
– die Zuordnung von Moral und Recht sowie
– den Horizont von Deutung und umfassendem Sinn (Religion, Spiritualität).
Dazu kommt als weitere „Ebene" die Selbstpositionierung zu einer Pluralität, die, auch was moralische Beurteilungen betrifft, als Faktum bereits vorgefunden wird – in den Stellungnahmen der Überzeugungsgruppen[6] und politischen Parteien[7], im internationalen Nebeneinander unterschiedlicher rechtlicher Regelungen und eben auch in der Auseinandersetzung zwischen Vertretern unterschiedlicher theologischer Ansätze und Traditionen.[8]

Es gehört zur Komplexität der Debatte über die Stammzellforschung – und auch darin ist sie paradigmatisch –, dass die Unterschiede zwischen den Positionen auf den genannten Ebenen nicht parallel auftreten. Umso wichtiger ist es, ethische Diskussio-

---

[5] S. hierzu die Beiträge von *Hilpert, Konrad*, Der Streit um die Stammzellforschung. Ein kritischer Rückblick, und *Autiero, Antonio*, Als Theologe in einer staatlichen Ethikkommission. Chancen und Konflikte in diesem Band.

[6] S. hierzu den Beitrag von *Steinhoff, Gustav*, Die Debatte um die Novellierung des Stammzellgesetzes – aus der Perspektive des Mediziners in diesem Band.

[7] S. hierzu den Beitrag von *Schavan, Annette*, Ein ethisches Dilemma in diesem Band.

[8] S. hierzu den Beitrag von *Schlögel, Herbert, Hoffmann, Monika*, Lebensschutz: Annäherungen und Entfremdungen im Feld ökumenischer Nachbarschaft in diesem Band.

nen, wie sie durch die rasante biomedizinische Entwicklung immer wieder provoziert werden, differenziert zu führen und Schein-Eindeutigkeiten zu vermeiden. Das gilt es im Folgenden im Blick auf die angesprochenen „Ebenen" unter Bezugnahme auf die Stammzell-Diskussion zu umreißen.

Pluralität als Faktum

Dass es nicht nur in den religiös-weltanschaulichen Orientierungen und politischen Ordnungsvorstellungen Pluralität gibt, sondern auch in den moralischen Überzeugungen, ist eine vergleichsweise neue Situation. Zwar gab es schon früher unterschiedliche Positionen in Fragen der individuellen Lebensführung ebenso wie in den Ansichten darüber, was gerecht ist, doch ließ sich das von einigen wenigen Ausnahmen abgesehen (z. B. § 218) entweder der Sphäre des Privaten oder der der parteipolitischen Pragmatik zuweisen. Mit dieser Zuordnung war die Sprengkraft der moralischen Differenzen kanalisiert. Wenn heute für neue Fragen wie die der Stammzellforschung rechtliche Regelungen gefunden werden müssen, im Zusammenhang damit aber sehr heterogene ethische Standpunkte zur Geltung gebracht werden, dann geht es dennoch um Verbindlichkeit für alle. Das ist zunächst ein politisches Problem, das aber über die Frage der Legitimation sehr rasch bei den ethischen Grundlagen ankommt und die Konsenssuche erschwert. Die Erwartung, dass die Ethik die auseinander strebende moralische Vielstimmigkeit in neuen Fragen fokussieren könnte, ist wahrscheinlich der wichtigste Grund für den Ethikboom seit den 1970er Jahren. Da die Ethik diese Erwartung nicht erfüllt hat, wurden Ethikräte als Instrumente der Politikberatung in der Hoffnung etabliert, dass sich wenigstens unter den Experten der verschiedenen Fachrichtungen Übereinstimmung bezüglich der Regelungen herausstellt. Entscheidend für das Finden tragfähiger Normen ist, wie die einzelnen Standpunkte und Überzeugungsgruppen, die sich in diesen Prozess einbringen, zur existierenden Pluralität verhalten. Begreifen sie die Pluralität im Sinne eines Relativismus und möchten sie diesen möglichst beschneiden, indem sie etwa versuchen, ihre Sicht als die einzig verantwortbare vorzuschreiben und die anderen sämtlich als irrig? Oder finden sie sich bereit, die verschiedenen Vorschläge unter dem Gesichtswinkel ihrer Eignung, ein gemeinsames Ziel (z. B. ungeborenes Leben zu schützen oder neue Möglichkeiten zu Heilung und Linderung von Krankheiten zu erschließen) umzusetzen, zu erörtern?

Dass auch Christen in konkreten Fragen legitimerweise unterschiedlicher Ansicht sein können, hat das Zweite Vatikanum an einer viel zitierten Stelle der Pastoralkonstitution[9] grundsätzlich festgestellt. Damit ist auch gesagt, dass eine Mehrheit von gewissenhaft zustande gekommenen und für Korrekturen offenen Positionen nicht automatisch bedauerlich ist, weil sie die Einheitlichkeit und politische Durchsetzbarkeit „der" katholischen Position mindern würde.

Dass bei und trotz der Differenzen in konkreten Lösungsvorstellungen und -vorschlägen Gemeinsamkeiten im Grundsätzlichen bestehen können (bezüglich der Stammzellforschung etwa über die Freiheit der Forschung, das Recht auf Gesundheitsschutz und -förderung, die Achtung der Menschenwürde, den Schutzanspruch befruchteter Eizellen vom Menschen u. a. m.[10]), darf im Zuge der Abwehr von Leichtfertigkeit und der Sorge vor uferlosem Relativismus nicht übersehen, in Zweifel gezogen oder gar beschädigt werden – auch wenn der Wunsch, die ethische Pluralität zu begrenzen (durch Verbote, abschätzige Urteile, Bestreitung der Kompetenz) verständlich ist, weil es anstrengend ist, Pluralität, die den eigenen Standpunkt nicht relativistisch aufgibt, auszuhalten.

Im Übrigen ist die Suche nach Regeln der Verantwortbarkeit von neuen Handlungsmöglichkeiten unter den Bedingungen des moralischen Pluralismus, auch wenn sie organisiert und institutionalisiert geschieht, nicht der Ort, wo Ethik und Normen allererst generiert werden, sondern eine Form, die Vielstimmigkeit der ethischen Perspektiven zu „managen", ohne sie von vornherein alle für gleich gültig zu erklären. Die gemeinsam herausgefundenen Meinungen und Vorschläge sind nicht einfach das Minimum an vorhandener Gemeinsamkeit, sondern das, was sich nach gründlicher Information, eingehender Beratung und Erörterung so begründen lässt, dass es von vielen oder den meisten unterstützt werden kann. Wenn aber diese Vorschläge mit dem eigenen Selbstverständnis überhaupt nicht vereinbar erscheinen, bleibt für die Mitglieder von bestimmten Überzeugungsgruppen immer noch, sich der eigenen Mitwirkung zu enthalten und sich diese Möglichkeit durch Gewissensschutzklauseln (oder Minderheitenschutzbestimmungen) sichern zu lassen.

---

[9] Gaudium et spes nr. 43.
[10] Genaueres bei *Hilpert, Konrad*, Nachwort: Quaestione disputata disputanda quaestio, in: *ders., Dietmar Mieth* (Hrsg.), Kriterien biomedizinischer Ethik. Theologische Beiträge zum gesellschaftlichen Diskurs, Freiburg, Basel, Wien 2006, 429–441 sowie *Hilpert, Konrad*, Fünf Jahre deutsches Stammzellgesetz, in: Stimmen der Zeit 226 (2008) 15–25.

Der zentrale Punkt der Diskussion, über den unterschiedliche Meinungen bestehen, ist, ob totipotente Stammzellen (nach der Definition des Embryonenschutzgesetzes: Embryonen) denselben Status haben wie eine menschliche Person. Für die Begründung berufen sich die Befürworter dieser Position und auch die kirchlichen Dokumente regelmäßig auf die Erkenntnisse der neueren Embryologie, die eindeutig in diese Richtung verweisen würden, und auf das schon seit der Gametenverschmelzung vorhandene individualspezifische Genom.

Offenbar gibt es jedoch kein genuin theologisches Argument dafür, die Gewinnung von humanen ES-Zellen unter das allgemeine Tötungsverbot als der eigentlichen Bezugsgröße in der biblischen Offenbarung zu subsumieren. Positiv ausgedrückt ist das moralische Urteil also angewiesen auf und in gewisser Weise sogar abhängig von naturwissenschaftlichem Spezialwissen. Das ist bei neuen Fragen der sogenannten Angewandten Ethik typischerweise der Fall.[11]

Genauer besehen setzt sich das Sachverhaltselement des moralischen Urteils aus zwei Komponenten zusammen, nämlich aus der Beschreibung der frühesten Stadien der menschlichen Entwicklung und des Entwicklungspotenzials auf einen Menschen hin sowie aus einer über die biologischen Fakten hinausgehenden Interpretation des Inhalts, dass humane Embryonen vom ersten Augenblick ihrer Entstehung an Menschen seien und dass sich diese Qualität auch auf jene Embryonen erstrecke, die sich nicht zu einem Menschen entwickeln können. Im moralischen Verbot der Handlungsmöglichkeit Stammzellforschung werden dieses interpretative Element und das deskriptive Element mit dem normativen Element Tötungsverbot synthetisiert.

Wenn das moralische Urteil aber einerseits stark von der naturwissenschaftlichen Sachlage und deren Interpretation abhängt und dafür andererseits nicht über ein eigenständiges theologisches Argument in der Bibel und in der traditionellen Rekonstruktion der frühen Entwicklung (Beseelungslehre)[12] verfügt, dann korreliert die Sicherheit des theologisch-ethischen Urteils mit dem jeweiligen Stand des naturwissenschaftlichen Wissens über die frühe Ent-

---

[11] S. hierzu den Beitrag von *Sautermeister, Jochen*, Angewandte Ethik und Allgemeine Ethik. Moraltheologie unter den Herausforderungen bereichsspezifischen Normierungsbedarfs in diesem Band.
[12] S. hierzu den Beitrag von *Merks, Karl-Wilhelm*, Die Theorien der Sukzessivbeseelung und der Simultanbeseelung als Denkmodi in diesem Band.

wicklung. Letzteres befindet sich aber nicht jenseits jeder Diskussion.[13] Z. B. erschüttern jüngste Befunde der genetischen Forschung die für die Argumentation der Befürworter (SKIP) tragende Annahme, dass sich die biologische Identität des Individuums am Genom als dem von der ersten Zelle an festgelegten Bauplan festmachen lasse.[14] Offensichtlich können auch materielle und soziale Außenfaktoren die Genfunktionen verändern, so dass das Genom in beständigem Wandel begriffen zu sein scheint. Auch der Totipotenz-Begriff erscheint angesichts neuer Erkenntnisse als revisionsbedürftig.

Man kann von der Ethik und denen, die deren Postulate in der Öffentlichkeit vertreten, nicht erwarten, dass sie ihre Beurteilungen täglich nach den allerneuesten Erkenntnissen überprüfen. Aber sie sollten gerade dort, wo es um sehr spezielle und komplizierte Fragen geht, begrifflich präzis und argumentativ kohärent sprechen.[15] Und sie müssen sich laufend mit den fortschreitenden Erkenntnissen in den relevanten Naturwissenschaften auseinandersetzen.[16] Dies schließt die Möglichkeit der Bestärkung von bisherigen Positionen genauso ein wie die von Selbstkorrektur und ergänzender Weiterentwicklung. Dazu gehört auch die Bereitschaft, sich umfassend zu informieren und nicht nur die Erkenntnisse zu berücksichtigen, die die eigene Position stützen. Mit allzu raschen und eindeutigen Positionierungen sollte sie deshalb eher zögerlich sein.

Der programmatische Wille, sich mit den naturwissenschaftlichen Befunden auseinanderzusetzen, wird heute gerne mit dem Stichwort „transdisziplinär" chiffriert. Im Bild gesprochen geht es hierbei um die Platzierung um einen runden Tisch, an dem alle relevanten Disziplinen versammelt sind und gleichberechtigt beraten, um dem Wahren bzw. Richtigen näher zu kommen. Die Erklärung in der „Einführung" der Instruktion Donum vitae, dass „das

---

[13] S. hierzu den Beitrag von *Seidel, Johannes*, Embryonale Entwicklung und anthropologische Deutung. Neun „Katechismusfragen" zum ontologischen Status des Vorgeburtlichen in diesem Band.

[14] S. hierzu die Reportage von *Bahnsen, Ulrich*, Genetik: Erbgut in Auflösung, in: Die Zeit 63 (2008), 12.06.2008, Nr. 25, 33f.

[15] S. hierzu die Beiträge von *Beckmann, Jan*, Zur Frage begrifflicher Klarheit und praxisbezogener Kohärenz in der gegenwärtigen Stammzelldebatte, *Autiero, Antonio*, Als Theologe in einer staatlichen Ethikkommission. Chancen und Konflikte und *Steinhoff, Gustav*, Die Debatte um die Novellierung des Stammzellgesetzes – aus der Perspektive des Mediziners in diesem Band.

[16] S. hierzu den Beitrag von *Kummer, Christian*, Induzierte pluripotente Stammzellen und Totipotenz. Die Bedeutung der Reprogrammierbarkeit von Körperzellen für die Potentialitätsproblematik in der Stammzellforschung in diesem Band.

Lehramt der Kirche [...] nicht im Namen einer besonderen Kompetenz im Bereich der Naturwissenschaften auf[tritt], sondern [...], nach Kenntnisnahme der Daten der Forschung und Technik, ihrem vom Evangelium kommenden Auftrag und ihrer apostolischen Pflicht gemäß die Morallehre vorlegen"[17] will, betont wohl den Willen zur Selbstbeschränkung und zum Kenntnisnehmen, äußert sich aber weder über die Offenheit für neue Aspekte noch über die Möglichkeit der Spannung, des Konflikts, der Mehrdeutigkeit und der Dominanz.

Prinzipien und Normen

Manche der Diskutanden und Kreise, die engagiert an der Debatte teilnehmen, stellen den Streit so dar, als ob es im Kern um die Geltung des allgemeinen Tötungsverbots gehe. Gleich ob dieses unmittelbar und unverklausuliert aus dem fünften Gebot des Dekalogs entnommen[18] oder in neuzeitlicher Wendung als Kehrseite des Grund- und Menschenrechts auf Leben und als substanzielle Voraussetzung der Achtbarkeit der Würde formuliert wird, wird die Unbedingtheit und Ausnahmslosigkeit dieses Prinzips betont und in der Logik des Gleichbehandlungsprinzips auf alle Ungeborenen bezogen. Die für die Forschung an humanen ES-Zellen unvermeidliche Zerstörung von erst wenige Tage alten Embryonen erscheint als neue Form der Tötung eines unschuldigen menschlichen Lebewesens, die zu der bisher im Brennpunkt der Aufmerksamkeit stehenden Form der Abtreibung hinzugekommen ist.[19]

Dieser umstandslose deduktive Durchgriff ist – darauf machen Vertreter der entgegengesetzten Positionen, die aber gerade nicht dem Prinzip Tötungsverbot widersprechen, aufmerksam – voraussetzungsreich.[20] Denn er setzt als Tatsache voraus, dass menschliche Embryonen vom ersten Moment ihrer Entstehung an Menschen in vollem Sinn sind. Der Erweis, dass dieses zutrifft, ist aber selbst Gegenstand einer intensiven und kontroversen Diskussion. Im Zusammenhang damit stellt sich auch die Frage, ob die Ge- und Verbote für konkrete Handlungsfelder nur durch logische

---

[17] Donum vitae, Einführung. Darauf anspielend: Dignitas personae nr. 5. Eine Bekräftigung erhält die Aussage in Dignitas personae nr. 10.

[18] S. Evangelium vitae nr. 48–53.

[19] S. hierzu den Beitrag von *Hilpert, Konrad*, Kirchliche Stellungnahmen zum Embryonenschutz. Ein Beitrag zur Hermeneutik in diesem Band.

[20] S. hierzu den Beitrag von *Siep, Ludwig*, Das Menschenwürdeargument in der ethischen Debatte über die Stammzellforschung in diesem Band.

Ableitung aus allgemeinen Prinzipien und unter methodischer Absehung von Zielen, jeweils gegebenen Umständen und lebensweltlichen Bedingungen, Motiven und konkurrierenden Gütern gewonnen werden können. Dass neue Handlungsmöglichkeiten der Biomedizin wie die Stammzellforschung ethische Fragen aufwerfen, ist wie erwähnt unbestritten. Aber der Weg zu konkreten Urteilen ist komplexer und schließt die praktischen und institutionellen Kontexte ein, in denen diese Techniken und Forschungen stehen, also etwa das immer wieder vorkommende Leiden an Unfruchtbarkeit, die Anwendung reproduktionsmedizinischer Verfahren als Form ärztlicher Hilfe zur Linderung dieses Leidens, die Erzeugung von Embryonen im Zuge dieser Behandlung, die nicht in einen Mutterleib übertragen werden.

Ein vergleichbarer Fall: Niemand käme auf die Idee, den Rekurs auf das absolut verstandene allgemeine Tötungsverbot als Grundlage für eine Friedensethik für ausreichend zu halten. Und doch gilt selbstverständlich auch hier dieser Maßstab. Nur war seit den Zeiten von Augustinus klar, dass dieses Prinzip nicht unmittelbar angewendet werden kann, sondern dass auch die Gründe erwogen, die Güter und Risiken abgewogen usw. werden müssen, so dass die Lehre vom gerechtfertigten Krieg, die daraus entstanden ist, das allgemeine Prinzip ergänzt, interpretiert, konkretisiert und insofern überhaupt erst anwendungsfähig macht. In den moraltheologischen Erneuerungskonzepten, die im 20. Jahrhundert im deutschen Sprachraum entwickelt wurden und seit dem Zweiten Vatikanum für das Fach prägend sind, wurde immer wieder darauf hingewiesen, dass bereits Thomas von Aquin neben der Ableitung durch logische Schlussfolgerung (conclusio) einen weiteren Modus der Bestimmung der angewandten Ethik kannte, der im Gegensatz zum analytisch-schlussfolgernden synthetisch-konstruktiv ist, nämlich das positive Bestimmen und Festlegen des Allgemeinen (determinatio). Mit dieser zweiten Möglichkeit kann der Notwendigkeit Rechnung getragen werden, die abstrakten ethischen Prinzipien und Normen mit den spezifischen Gegebenheiten und Gesetzmäßigkeiten des betreffenden Sachbereichs, den gesellschaftlich oder kulturell plausiblen Sichtweisen, den gesetzlichen Rahmenbedingungen und nicht zuletzt der biografischen Disponiertheit der Subjekte zusammenzubringen bzw. ihnen gerechter zu werden, als es eine bloß deduktive Prinzipienanwendung je kann.

Diesem zweiten der von Thomas beschriebenen Typen von Zuordnung zwischen ethischer Theorie und Prinzipien auf der einen Seite und verbindlichen, begründeten und fallgruppenbezogenen

Handlungsorientierungen auf der anderen Seite lassen sich viele der jüngeren Überlegungen aus dem Kreis der Moraltheologen zuordnen, die darauf abzielen, normative Konkretionen zu gewinnen, die mit den prinzipiellen Ausrichtungen und Werte-Standards der christlichen Tradition kompatibel sind und bleiben, aber auch der veränderten Lebenswirklichkeit, der Kontextuierung der Handlungen in Gesellschaft und Kultur, dem Stand der wissenschaftlichen Erkenntnis sowie den Bedürfnislagen der Menschen gerecht werden. Anders als die Vorschläge der so genannten Situationsethik, die in ihren verschiedenen Spielarten darauf hinausliefen, nur an obersten Prinzipien festzuhalten und die davon inspirierten oder erhellten Einzelfallbeurteilungen des Subjekts als unhinterfragbare, weil existenziell authentische Positionierungen zu respektieren – eine Sichtweise, die jedoch in der katholischen Moraltheologie so nie vertreten, aber mit der man sich als Kontrastfolie zu einer ausschließlich auf die Objektivität achtenden Theorie und Praxis stark auseinandersetzte[21] –, nehmen sie Bezug auf die „Erfahrung". „Erfahrung" fungiert in diesen Zusammenhängen als Chiffre für die nicht abstreifbare Situiertheit des konkreten menschlichen Handelns in geschichtlich-gesellschaftlich geprägter und biografisch und situativ einmaliger Erfahrungswelt und möchte diesen Aspekt gegenüber Verbindlichkeitsgründen, die ausschließlich aus der Tradition geschöpft sind und von Kontextualitäten in ihrer Entstehungs- und Wirkungsgeschichte „gereinigt" wurden, also abstrakt und allgemeingültig formuliert sind, als sittlich relevant betonen. Folgerichtig ist ihnen bewusster als den vorwiegend am deduktiven Weg interessierten Ansätzen, dass moralische Normen auch Produkte menschlichen Entwerfens und Begründens und insofern Artefakte sind, was aber keineswegs bedeutet, dass sie willkürlich oder beliebig wären. Ebenso nehmen diese Entwürfe in Kauf, dass nicht alle Einzelfälle und Handlungskonflikte, die in der Fülle der Wirklichkeit vorkommen und moralisch relevant sind, erfasst und gleichsam auf Vorrat in all ihren Dimensionierungen erörtert werden können. Ferner rechnen sie damit, dass die „Lösungen" nicht immer restlos und problemfrei aufgehen, sondern unter Umständen auch annäherungshaft oder gar im problematischen oder tentativen Status verbleiben.

---

[21] *Rahner, Karl*, Prinzipien und Imperative, in: *ders.*, Sämtliche Werke, Bd. 10, Freiburg 2003, 326–343; *ders.*, Objektive und subjektive Moral (Gespräch mit Anita Röper), in: *ders.*, Sämtliche Werke, Bd. 23, Freiburg 2006, 491–549; *Fuchs, Josef*, Situation und Entscheidung. Grundfragen christlicher Situationsethik, Frankfurt a.M. 1952; *Böckle, Franz*, Art. Existenzialethik, in: Lexikon für Theologie und Kirche[2] II (1959) 1301–1304.

Eine schlicht deduktiv verfahrende ethische Urteilsbildung führt zwar zu eindeutigen und absoluten Handlungsverboten, begibt sich aber unvermeidlich in die Gefahr, abstrakt und damit unkonkret und infolge davon wirkungslos zu werden oder aber in eine Rigorosität zu führen, die entweder zu lebenspraktischen Inkonsequenzen nötigt oder von den Menschen als unrealistisch beiseite geschoben wird.

Die zukünftigen Folgen für das Ethos

Die biomedizinische Forschung ist im Kontext medizinisch-ärztlicher Praxis entstanden. Doch gibt es keine Garantie, dass sie sich nicht eines Tages verselbständigen könnte[22] – gegenüber der Medizin oder innerhalb dieser gegenüber der ärztlichen Praxis. Dies ist wohl der Grund dafür, dass in der Auseinandersetzung um die biomedizinische Forschung der Hinweis auf die künftigen Folgen für die Lebensführung der einzelnen Menschen, ihrer Beziehungen und Generationenverhältnisse und noch mehr für das öffentliche Ethos insgesamt eine wichtige Rolle spielt. Er begegnet sowohl in einer optimistischen (Ankündigung der Besiegung der großen Volkskrankheiten) als auch in einer pessimistischen Variante (Dammbruch). Beide Varianten unterstellen eine Zwangsläufigkeit der prognostizierten Folgen und über- bzw. unterschätzen damit die Steuerbarkeit der Forschungsentwicklung. Zu wünschen und ethisch anzuzielen ist jedenfalls, dass die Forschung auch in der Zukunft in personale, familiale, soziale und kulturelle Kontexte eingebunden bleibt, die dem Menschen dienen.[23]

Insofern die theologische Ethik als Disziplin der Theologie auch immer wieder die bleibende Endlichkeit, die durch keine Technik aufhebbare Verletzlichkeit und die Möglichkeit der Schuld zu thematisieren hat, muss sie Sorgen über mögliche Fehlentscheidungen ernstnehmen. Sie kann sie als Aufforderung zur Abwehr von Gefährdungen durch Errichtung von Schranken verstehen. Andererseits hat sie kein Recht, die biomedizinische Entwicklung als ganze menschenfeindlicher Intentionen oder der Entfesselung wissenschaftlicher Neugier um jeden Preis oder gar des Strebens nach Abschaffung der conditio humana zu verdächtigen. Zweifellos gab und

---

[22] S. hierzu den Beitrag von *Maio, Giovanni*, Schutzrhetorik und faktische Instrumentalisierung des Embryos? Eine Kritik der Inkonsistenzen in der biopolitischen Debatte in diesem Band.

[23] S. hierzu den Beitrag von *Wiesemann, Claudia*, Der Embryo in kontextueller Perspektive. Zur leiblichen und sozialen Dimension der Entstehung eines Menschen in diesem Band.

gibt es immer wieder Fälle von unmoralischem Verhalten um der Erkenntnisgewinnung willen, auch und gerade im Feld der Biologie und Medizin. Diese Fälle berechtigen aber nicht dazu, in kulturkritischer Manier alles wissenschaftliche Erkennenwollen unter Verdacht zu stellen und die zahllosen segensreichen Bemühungen um die Heilbarkeit von Krankheiten und die Erträglichkeit von Leiden zu übersehen, statt sich aktiv an der Entwicklung und Implementierung ethischer Standards und Verfahren zu beteiligen, die unethisches Verhalten unwahrscheinlich machen und dort, wo es dennoch geschieht, sanktionieren. Das ständige Warnen vor Fehlentwicklungen und das Klagen über den Zeitgeist erzeugen demgegenüber die Gefahr, sich bloß ohnmächtig zurückzuziehen und auf die Möglichkeiten der Mitgestaltung zu verzichten.[24] Verantwortung fällt einem aber in jedem Fall zu, für die genutzten Chancen ebenso wie für die unterlassenen Möglichkeiten.[25]

Unzulänglichkeit als Dimension des Menschseins

In der Debatte um die Stammzellforschung geht es wie in allen Auseinandersetzungen um die Einführung medizinischer Techniken, Behandlungs- und Entscheidungsverfahren oder letztlich auch der Gesundheitspolitik immer auch um die Frage, was der Mensch eigentlich ist, bzw. genauer um die Bedeutung von Krankheit, Gesundheit, Alter, Sterblichkeit und die Einstellungen hierzu. Die entsprechenden Fragen lassen sich nicht naturwissenschaftlich beantworten, so wie sich auch ihre Beantwortungen durch philosophische Reflexionen, religiöse Glaubensüberzeugungen und kulturell tradierte Vorstellungen nicht einfach den konkreten Handlungsanweisungen entnehmen lassen, was getan werden darf und was zu lassen ist. Hier eröffnet nur das transdisziplinäre Gespräch von Medizinern, Philosophen, Theologen und Ethikern weiterführende Perspektiven.

Für die gegenwärtige Debatte über die Stammzellforschung sind es typischerweise zwei Extreme, wie diese Auseinandersetzung über das Menschenbild geführt wird: nämlich entweder auf höchster Abstraktionsebene als Streit um die „Menschenwürde"[26]

---

[24] S. hierzu den Beitrag von *Autiero, Antonio*, Als Theologe in einer staatlichen Ethikkommission. Chancen und Konflikte in diesem Band.

[25] S. hierzu den Beitrag von *Ernst, Stephan*, Mitschuld am Embryonenverbrauch? Das moraltheologische Prinzip der Mitwirkung und die Bewertung der Stichtagsverschiebung in diesem Band.

[26] S. hierzu den Beitrag von *Siep, Ludwig*, Das Menschenwürdeargument in der ethischen Debatte über die Stammzellforschung in diesem Band.

oder aber mit Beschränkung auf die biologische und genetische Ausstattung und die medizinischen Machbarkeiten. Bei der ersten Art der Auseinandersetzung besteht die Gefahr, dass die greifbaren und existenziell über das Recht auf Leben hinausreichenden Inhalte entschwinden, bei der zweiten, dass die Vorstellung vom Menschen stark verkürzt und die Medizin mit Heilserwartungen „aufgeladen" wird.

Demgegenüber ist es für eine ethische Urteilsbildung, die sich nicht damit begnügen möchte, nur pragmatische Regelungsvorschläge zu machen, wichtig und hilfreich, dass sie auf Überlegungen zurückgreifen kann, die sich (etwa mit Hilfe von Erfahrungen aus der ärztlichen, der psychosozialen, der sozialarbeiterischen oder der seelsorgerlichen Praxis) der „pathischen" Dimension des menschlichen Daseins[27] versichert haben. Krankheit und Leiden und die damit verbundenen Erfahrungen des Nichtkönnens und des Angewiesenseins auf Hilfe sind nämlich – entsprechendes gilt auch für die Gesundheit – nicht einfach nur temporäre Situationen der Schwäche und der Nichtleistung, sondern auch grundlegende Erfahrungen des gestörten Selbstverhältnisses, die erlitten werden, die sich der Vernünftigkeit widersetzen und die das Nichtdürfen, Nichtkönnen bzw. das Möchten in Gang setzen. Sie machen ähnlich wie übrigens auch das Altern dem Betroffenen selber, aber auch den Angehörigen die grundlegende Unzulänglichkeit, Unfertigkeit und Abhängigkeit vom Leib, die zwar immer bestehen, aber nur bei Störungen wahrgenommen werden, offenbar.[28]

Die Auseinandersetzung damit – theologisch in den Begriffen Endlichkeit, Beschränktheit als Teil der Geschöpflichkeit, Verletzbarkeit u. a. codiert – gehört zur Menschlichkeit des Menschen und kann weder durch die Aussicht auf die Abschaffung des Krankseins- und Sicherschöpfenkönnens noch des Altern- und schließlich Sterbenmüssens wirklich überflüssig gemacht werden.

---

[27] S. beispielsweise *Tödt, Heinz E.*, Das christliche Verständnis vom Menschen im gegenwärtigen sozialen Umbruch, in: Zeitschrift für evangelische Ethik 12 (1968) 333–348 und *Weizsäcker, Viktor von*, Pathosophie, Göttingen 1967. Zu letzterem s. u. a. *Kostka, Ulrike*, Der Mensch in Krankheit, Heilung und Gesundheit im Spiegel der modernen Medizin. Eine biblische und theologisch-ethische Reflexion, Münster 2000, 217ff., *Rieger, Hans-Martin*, Der ewig unfertige Mensch. Medizinische und theologische Anthropologie im Gespräch, in: Berliner Theologische Zeitschrift 24 (2007) 319–342. Das hier beschriebene Anliegen begegnet neuerdings auch in der Redeweise vom „Recht auf Unvollkommenheit" oder Imperfektibilität (*Stiftung Deutsches Hygiene Museum u. a.*, Der (im)perfekte Mensch, Ostfildern 2001) und im Begriff der Liminalität (*Zirfas, Jörg*, Pädagogik und Anthropologie. Eine Einführung, Stuttgart 2004, 39ff.).

[28] Vgl. dazu *Rieger*, Der ewig unfertige Mensch (s. Anm. 24), bes. 326–339.

Eine stärkere Beachtung dieses anthropologischen Elements könnte in der weiteren Debatte deshalb von großer Bedeutung sein, weil sie auf Seiten der Skeptiker das Vertrauen stärkt, dass die Ziele der biomedizinischen Forschung nicht ins Hybride wachsen[29], während sie auf Seiten der Befürworter die Bereitschaft stärkt, hinter fortschrittskritischer Zurückhaltung und Appellen zur kontrollierten Entwicklung nicht ausschließlich Fortschrittsfeindlichkeit zu vermuten, sondern auch mit der Sorge für die Erhaltung der Menschlichkeit als Motiv zu rechnen.

Eine Differenz von rechtlichen und moralischen Normen

Es gehört zu den Auffälligkeiten der Debatte um die Stammzellforschung, dass vielfach zwischen Recht und Ethik kaum oder überhaupt nicht unterschieden wird. Vielmehr kann man weitgehend den Eindruck haben, dass dem Recht oder genauer dem Strafrecht die Aufgabe zugedacht wird, für notwendig erachtete moralische Normen in Gestalt rechtlicher Verbote durchzusetzen bzw. – was aber auf dasselbe hinausläuft – Probleme der ethischen Orientierung mithilfe gesetzlicher Normen zu regulieren. Dabei steht die Erwartung Pate, dass die Gesetzgebung vor allem die Aufgabe hat, das Wertfundament des Staates, der Verfassung und der Grundrechte zu stärken.

Adressat vieler Stellungnahmen und Interventionen zur Frage der ethischen Erlaubtheit der Stammzellforschung sind nicht zuerst die Bürger oder die Forscher, sondern der Gesetzgeber, die Abgeordneten des Parlaments, die Regierung, die Parteien oder auch die Medien. Es passt zu diesem Gesamtbild, dass auch viele der kirchenamtlichen Texte ungleich ausführlicher die Rolle der Gläubigen als Staatsbürger und als Mandatsträger thematisieren denn als Glieder des Volkes Gottes. Schon die Instruktion Donum vitae enthält einen ganzen Teil über „Moral und staatliche Gesetzgebung"[30], der das Eingreifen der politischen Autoritäten und des Gesetzgebers verlangt, weil „der Verweis auf das Gewissen jedes einzelnen und auf die Selbstbeschränkung der Forscher […] nicht ausreichen [kann], um die personalen Rechte und die öffentliche Ordnung zu wahren".

„Wenn das positive Gesetz und die politischen Autoritäten den Tech-

---

[29] Man denke an die Szenarien bei *Sloterdijk, Peter*, Regeln für den Menschenpark, Frankfurt a.M. 1999.
[30] Donum vitae III.

niken künstlicher Übertragung und den damit verbundenen Experimenten Anerkennung gewähren würden, würden sie die von der Legalisierung der Abtreibung geschlagene Bresche noch weiter aufreißen.

Als Folge der Achtung und des Schutzes, die man dem Ungeborenen vom Augenblick seiner Empfängnis an zusichern muss, muss das Gesetz die geeigneten Strafmaßnahmen für jede gewollte Verletzung seiner Rechte vorsehen. Das Gesetz darf nicht dulden – im Gegenteil, es muss ausdrücklich verbieten –, daß menschliche Wesen, und seien sie auch im embryonalen Stadium, als Versuchsobjekte behandelt, verstümmelt oder zerstört werden mit dem Vorwand, sie seien überflüssig oder unfähig, sich normal zu entwickeln.“[31]

Auch ziviler Widerstand gegenüber Gesetzen, die solches regeln und erlauben, wird angeregt. Eine noch ausführlichere und kritischere Darlegung über „Staatliches Gesetz und Sittengesetz“ enthält die Enzyklika Evangelium vitae[32]. Sie macht die Berechtigung und den Wert der Demokratie an der Anerkennung des objektiven Sittengesetzes fest in vehementer Abhebung von der Legitimation durch Mehrheitsbeschlüsse. Ohne die Entsprechung zum Sittengesetz und zur Wahrheit habe das Gesetz keine Geltung, was diejenigen, die den Unrechtsgehalt erkennen, zu Widerstand verpflichte.[33]

Man darf annehmen, dass sich hinter diesen Darlegungen auch ein Kompetenzanspruch verbirgt: Die öffentliche Moral und das Wertebewusstsein werden als ureigenes Zuständigkeitsgebiet der Kirche und ihres Lehramts gesehen.[34] Entsprechend stammen die meisten Äußerungen von Amtsträgern, von beauftragten Sprechern, von kirchlichen Gremien bis hin zu den Verbänden. Eher im Hintergrund bleiben hingegen die reflektierenden Theologen und erst recht die Gläubigen, an die sich die Überzeugungskraft der Moralverkündigung doch in erster Linie richten müsste.

Es gibt zweifellos eine Berechtigung und Notwendigkeit, die christliche Perspektive in die öffentliche Meinungs- und Willensbildung einzubringen und aus der besonderen Vertrautheit mit Benachteiligten und Schwachen heraus anwaltschaftlich aufzutreten, indem deren Rechte und Belange öffentlich geltend gemacht werden. Es müsste aber viel stärker bedacht werden, dass moralische Gesichtspunkte nicht ohne weiteres in Inhalte strafrechtlicher Forderungen überführt werden dürfen. Auch ist eine wesentliche Auf-

---

[31] Ebd.
[32] Evangelium vitae nr. 68–74.
[33] So auch – aber mit weniger Nachdruck und einer Differenzierung der Verantwortlichkeiten – die Instruktion Dignitas personae nr. 35.
[34] S. hierzu den Beitrag von *Böttigheimer, Christoph*, Kirchliches Lehren im sittlichen Bereich. Regelungskompetenz des kirchlichen Lehramts in moralischen Fragen in diesem Band.

gabe des Rechts im modernen Staat die Friedensfunktion, d. h. eine zentrale Aufgabe des Rechts besteht gerade darin, Regelungen zu finden, denen unterschiedliche, aber gut begründete moralische Positionen zustimmen können. Solche Regelungen enthalten aber immer auch Momente von Abwägung.[35] Nicht jeder politische Kompromiss, der rechtsstaatlich zustande gekommen ist, ist schon als solcher ein Verrat an den Prinzipien.[36]

Spiritualität der Sorge für das Leben

Angesichts des Streits um die Stammzellforschung besteht ein spezifischer Beitrag von Theologie und Glaube darin, bewusst zu machen: Das Leben ist geschenkt. Das meint der christliche Glaube, wenn er Gott als den Schöpfer allen Lebens bekennt. Und in der Reihe der Schöpfungswerke spielt der Mensch eine besondere Rolle; er ist durch ein Verhältnis der Nähe ausgezeichnetes „Bild" Gottes und in Jesus Christus zur Teilnahme an der Fülle Gottes und Liebe berufen. Weil in der Konsequenz dessen die Gestaltung seiner Lebenssphäre in seine eigenen Hände gelegt ist, trägt der Mensch Verantwortung für sich und für andere. Das Verbot, anderen das Leben zu rauben, ist Ausdruck dieser Verantwortung und zugleich des Schutzes vor Willkür der Anderen. Das ist so elementar, dass das Tötungsverbot unter den Geboten des Dekalogs auftaucht, also unter der Reihe von prominenten Geboten, die in der biblischen Überlieferung als von Gott selbst als Wege und Existenzgarantien dargestellt werden.

Von daher ist ein durch Achtung, Sorgfalt und Dankbarkeit geprägter Umgang mit Leben eine Grundform christlicher Spiritualität. Ihre besonderen Einsatzstellen sind Zeugung und Begleitung neuer Menschen, Pflege der Kranken, Schwachen und Alten, Zuwendung zu den Behinderten, Sorge für ein lebensförderliches Miteinander. Vieles davon ist im Lauf der Zeit auch in das rollenspezifische Ethos bestimmter Berufe eingegangen. Neu entdeckt wurde in den letzten Jahren zusätzlich das Bemühen um die Erhaltung der Lebensgrundlagen für spätere Generationen. Die Sorge reicht sogar über den Kreis der Menschen hinaus auf andere Lebewesen.

Die neuen Möglichkeiten und Techniken der Reproduktions-

---

[35] S. hierzu den Beitrag von *Goertz, Stephan*, Über die Würde des Kompromisses. Ein moraltheologisches Plädoyer in diesem Band.
[36] S. hierzu den Beitrag von *Schavan, Annette*, Ein ethisches Dilemma in diesem Band.

medizin stellen eine erhebliche Zäsur dar, weil sie den Verfügungsbereich des Menschen erheblich erweitert haben. Etwas, was bislang schicksalhafte Grenze war, erscheint plötzlich als überwindbar. Freilich ersetzen auch diese Techniken nicht einfach die Natur, sondern sind Versuche, die gewonnenen Erkenntnisse dazu zu nutzen, bestimmte Vorgänge zu steuern. Verändert hat sich aber, dass das, was bislang als Grenze des Handelns und Entscheidens hingenommen werden musste, nicht mehr mit der tatsächlichen Grenze des Könnens übereinstimmt. Dies macht neue Überlegungen notwendig, sofern es nicht nur bei der Möglichkeit bleiben soll, den bisherigen Grenzen durch den freiwilligen Verzicht auf die neuen Möglichkeiten Achtung zu zollen.

Für die Theologie ergibt sich daraus das spezielle Problem, dass sie die Rede von Gott als Schöpfer auch jedes individuellen Lebens angesichts der Reproduktionsmedizin reformulieren muss, damit auch das in vitro erzeugte Kind als von Gott gewollt und bejaht verstanden werden kann. Die Schwierigkeit hierbei ist, dass die Wahrnehmung des Settings (Klinik, Arzt, Gewinnung der Keimzellen, Befruchtung und Kultivierung außerhalb des Körpers) und die Vorstellung vom göttlichen Akteur, der die unsichtbaren Vorgänge im Leib der Frau steuert, nicht mehr zusammenpassen, jedenfalls nicht ohne weiteres. Darauf weisen die kirchlichen Texte kritisch hin. Aber die Prima-facie-Kongruenz zwischen Alltagswahrnehmung und der Vorstellung eines Gottes, der neben den beteiligten Menschen und wie einer von ihnen wirkt und eingreift, ist auch an anderen Stellen längst zerbrochen, etwa beim Sterben im intensivmedizinischen Kontext oder beim Anruf des Gewissens. Der bedeutende Moraltheologe Josef Fuchs hat deshalb schon vor Jahren auf die Frage, wie sich Christen dann in den heutigen Fragen über mögliches menschliches Eingreifen verhalten sollen, die Antwort gegeben:

„Sie sollen sich vor allem [...] dessen bewußt bleiben, daß der Mensch und sein Leben [...] zu jener Wirklichkeit gehören, die wir der Schöpfung und der Erlösung in Jesus Christus verdanken. Gott hat uns dadurch in unsere gottebenbildliche Freiheit entlassen, auf daß wir die Schöpfung und uns selbst in angemessener Ehrfurcht vor dem Schöpfer und Erlöser in unsere Hand nehmen und gestalten. Tun wir das, dann setzen wir uns nicht an die Stelle des Schöpfers und Erlösers, sondern suchen die der Schöpferweisheit entsprechende eigene menschliche „Verfügung" über menschliches Leben in der heutigen immensen Problematik – in Gemeinschaft mit den übrigen Menschen – zu ergründen."[37]

---

[37] *Fuchs, Josef,* Für eine menschliche Moral. Grundfragen der theologischen Ethik, Bd. IV, Freiburg i.Ue., Freiburg i.Br. 1997, 181f.

Anhang

1. Gesetzestexte

1.1. Gesetz zur Sicherstellung des Embryonenschutzes im Zusammenhang mit Einfuhr und Verwendung menschlicher embryonaler Stammzellen (Stammzellgesetz = StZG) vom 28.06.2002

(Quelle: http://www.bmbf.de/pub/stammzellgesetz.pdf, Stand: 15.01.2009; Bundesgesetzblatt Jahrgang 2002 Teil I Nr. 42, S. 2277 vom 29.06.2002, zuletzt geändert am 25.11.2003, durch Bundesgesetzblatt Jahrgang 2003 Teil I Nr. 56, S. 2304 vom 27.11.2003)

§ 1 Zweck des Gesetzes

Zweck dieses Gesetzes ist es, im Hinblick auf die staatliche Verpflichtung, die Menschenwürde und das Recht auf Leben zu achten und zu schützen und die Freiheit der Forschung zu gewährleisten,

1. die Einfuhr und die Verwendung embryonaler Stammzellen grundsätzlich zu verbieten,

2. zu vermeiden, dass von Deutschland aus eine Gewinnung embryonaler Stammzellen oder eine Erzeugung von Embryonen zur Gewinnung embryonaler Stammzellen veranlasst wird, und

3. die Voraussetzungen zu bestimmen, unter denen die Einfuhr und die Verwendung embryonaler Stammzellen ausnahmsweise zu Forschungszwecken zugelassen sind.

§ 2 Anwendungsbereich

Dieses Gesetz gilt für die Einfuhr und die Verwendung embryonaler Stammzellen.

§ 3 Begriffsbestimmungen

Im Sinne dieses Gesetzes

1. sind Stammzellen alle menschlichen Zellen, die die Fähigkeit besitzen, in entsprechender Umgebung sich selbst durch Zellteilung zu vermehren, und die sich selbst oder deren Tochterzellen sich unter geeigneten Bedingungen zu Zellen unterschiedlicher Spezialisierung, jedoch nicht zu einem Individuum zu entwickeln vermögen (pluripotente Stammzellen),

2. sind embryonale Stammzellen alle aus Embryonen, die extrakorporal erzeugt und nicht zur Herbeiführung einer Schwangerschaft verwendet worden sind oder einer Frau vor Abschluss ihrer Einnistung in der Gebärmutter entnommen wurden, gewonnenen pluripotenten Stammzellen,

3. sind embryonale Stammzell-Linien alle embryonalen Stammzellen, die in Kultur gehalten werden oder im Anschluss daran kryokonserviert gelagert werden,

4. ist Embryo bereits jede menschliche totipotente Zelle, die sich bei Vorliegen der dafür erforderlichen weiteren Voraussetzungen zu teilen und zu einem Individuum zu entwickeln vermag,

5. ist Einfuhr das Verbringen embryonaler Stammzellen in den Geltungsbereich dieses Gesetzes.

§ 4 Einfuhr und Verwendung embryonaler Stammzellen

(1) Die Einfuhr und die Verwendung embryonaler Stammzellen ist verboten.

(2) Abweichend von Absatz 1 sind die Einfuhr und die Verwendung embryonaler Stammzellen zu Forschungszwecken unter den in § 6 genannten Voraussetzungen zulässig, wenn

1. zur Überzeugung der Genehmigungsbehörde feststeht, dass

a) die embryonalen Stammzellen in Übereinstimmung mit der Rechtslage im Herkunftsland dort vor dem 1. Januar 2002 gewonnen wurden und in Kultur gehalten werden oder im Anschluss daran kryokonserviert gelagert werden (embryonale Stammzell-Linie),

b) die Embryonen, aus denen sie gewonnen wurden, im Wege der medizinisch unterstützten extrakorporalen Befruchtung zum Zwecke der Herbeiführung einer Schwangerschaft erzeugt worden sind, sie endgültig nicht mehr für diesen Zweck verwendet wurden und keine Anhaltspunkte dafür vorliegen, dass dies aus Gründen erfolgte, die an den Embryonen selbst liegen,

c) für die Überlassung der Embryonen zur Stammzellgewinnung kein Entgelt oder sonstiger geldwerter Vorteil gewährt oder versprochen wurde und

2. der Einfuhr oder Verwendung der embryonalen Stammzellen sonstige gesetzliche Vorschriften, insbesondere solche des Embryonenschutzgesetzes, nicht entgegenstehen.

(3) Die Genehmigung ist zu versagen, wenn die Gewinnung der embryonalen Stammzellen offensichtlich im Widerspruch zu tragenden Grundsätzen der deutschen Rechtsordnung erfolgt ist. Die Versagung kann nicht damit begründet werden, dass die Stammzellen aus menschlichen Embryonen gewonnen wurden.

§ 5 Forschung an embryonalen Stammzellen

Forschungsarbeiten an embryonalen Stammzellen dürfen nur durchgeführt werden, wenn wissenschaftlich begründet dargelegt ist, dass

1. sie hochrangigen Forschungszielen für den wissenschaftlichen Erkenntnisgewinn im Rahmen der Grundlagenforschung oder für die Erweiterung medizinischer Kenntnisse bei der Entwicklung diagnostischer, präventiver oder therapeutischer Verfahren zur Anwendung bei Menschen dienen und

2. nach dem anerkannten Stand von Wissenschaft und Technik

a) die im Forschungsvorhaben vorgesehenen Fragestellungen so weit wie möglich bereits in In-vitro-Modellen mit tierischen Zellen oder in Tierversuchen vorgeklärt worden sind und

b) der mit dem Forschungsvorhaben angestrebte wissenschaftliche Erkenntnisgewinn sich voraussichtlich nur mit embryonalen Stammzellen erreichen lässt.

§ 6 Genehmigung

(1) Jede Einfuhr und jede Verwendung embryonaler Stammzellen bedarf der Genehmigung durch die zuständige Behörde.

(2) Der Antrag auf Genehmigung bedarf der Schriftform. Der Antragsteller hat in den Antragsunterlagen insbesondere folgende Angaben zu machen:

1. den Namen und die berufliche Anschrift der für das Forschungsvorhaben verantwortlichen Person,

2. eine Beschreibung des Forschungsvorhabens einschließlich einer wissenschaftlich begründeten Darlegung, dass das Forschungsvorhaben den Anforderungen nach § 5 entspricht,

3. eine Dokumentation der für die Einfuhr oder Verwendung vorgesehenen embryonalen Stammzellen darüber, dass die Voraussetzungen nach § 4 Abs. 2 Nr. 1 erfüllt sind; der Dokumentation steht ein Nachweis gleich, der belegt, dass

a) die vorgesehenen embryonalen Stammzellen mit denjenigen identisch sind, die in einem wissenschaftlich anerkannten, öffentlich zugänglichen und durch staatliche oder staatlich autorisierte Stellen geführten Register eingetragen sind, und

b) durch diese Eintragung die Voraussetzungen nach § 4 Abs. 2 Nr. 1 erfüllt sind.

(3) Die zuständige Behörde hat dem Antragsteller den Eingang des Antrags und der beigefügten Unterlagen unverzüglich schriftlich zu bestätigen. Sie holt zugleich die Stellungnahme der Zentralen Ethik-Kommission für Stammzellenforschung ein. Nach Eingang der Stellungnahme teilt sie dem Antragsteller die Stellungnahme und den Zeitpunkt der Beschlussfassung der Zentralen Ethik-Kommission für Stammzellenforschung mit.

(4) Die Genehmigung ist zu erteilen, wenn

1. die Voraussetzungen nach § 4 Abs. 2 erfüllt sind,

2. die Voraussetzungen nach § 5 erfüllt sind und das Forschungsvorhaben in diesem Sinne ethisch vertretbar ist und

3. eine Stellungnahme der Zentralen Ethik-Kommission für Stammzellenforschung nach Beteiligung durch die zuständige Behörde vorliegt.

(5) Liegen die vollständigen Antragsunterlagen sowie eine Stellungnahme der Zentralen Ethik-Kommission für Stammzellenforschung vor, so hat die Behörde über den Antrag innerhalb von zwei Monaten schriftlich zu entscheiden. Die Behörde hat bei ihrer Entscheidung die Stellungnahme der Zentralen Ethik-Kommission für Stammzellenforschung zu berücksichtigen. Weicht die zuständige Behörde bei ihrer Entscheidung von der Stellungnahme der Zentralen Ethik-Kommission für Stammzellenforschung ab, so hat sie die Gründe hierfür schriftlich darzulegen.

(6) Die Genehmigung kann unter Auflagen und Bedingungen erteilt und befristet werden, soweit dies zur Erfüllung oder fortlaufenden Einhaltung der Genehmigungsvoraussetzungen nach Absatz 4 erforderlich ist. Treten nach Erteilung der Genehmigung Tatsachen ein, die der Genehmigung entgegenstehen, kann die Genehmigung mit Wirkung für die Zukunft ganz oder teilweise widerrufen oder von der Erfüllung von Auflagen abhängig gemacht oder befristet werden, soweit dies zur Erfüllung oder fortlaufenden Einhaltung der Genehmigungsvoraussetzungen nach Absatz 4 erforderlich ist. Widerspruch und Anfechtungsklage gegen die Rücknahme oder den Widerruf der Genehmigung haben keine aufschiebende Wirkung.

§ 7 Zuständige Behörde

(1) Zuständige Behörde ist eine durch Rechtsverordnung des Bundesministeriums für Gesundheit und soziale Sicherung zu bestimmende Behörde aus seinem Geschäftsbereich. Sie führt die ihr nach diesem Gesetz übertragenen Aufgaben als Verwaltungsaufgaben des Bundes durch und untersteht der Fachaufsicht des Bundesministeriums für Gesundheit und soziale Sicherung.

(2) Für Amtshandlungen nach diesem Gesetz sind Kosten (Gebühren und Auslagen) zu erheben. Das Verwaltungskostengesetz findet Anwendung. Von der Zahlung von Gebühren sind außer den in § 8 Abs. 1 des Verwaltungskostengesetzes bezeichneten Rechtsträgern die als gemeinnützig anerkannten Forschungseinrichtungen befreit.

(3) Das Bundesministerium für Gesundheit und soziale Sicherung wird ermächtigt, im Einvernehmen mit dem Bundesministerium für Bildung und Forschung durch Rechtsverordnung die gebührenpflichtigen Tatbestände zu bestimmen

und dabei feste Sätze oder Rahmensätze vorzusehen. Dabei ist die Bedeutung, der wirtschaftliche Wert oder der sonstige Nutzen für die Gebührenschuldner angemessen zu berücksichtigen. In der Rechtsverordnung kann bestimmt werden, dass eine Gebühr auch für eine Amtshandlung erhoben werden kann, die nicht zu Ende geführt worden ist, wenn die Gründe hierfür von demjenigen zu vertreten sind, der die Amtshandlung veranlasst hat.

(4) Die bei der Erfüllung von Auskunftspflichten im Rahmen des Genehmigungsverfahrens entstehenden eigenen Aufwendungen des Antragstellers sind nicht zu erstatten.

§ 8 Zentrale Ethik-Kommission für Stammzellenforschung

(1) Bei der zuständigen Behörde wird eine interdisziplinär zusammengesetzte, unabhängige Zentrale Ethik-Kommission für Stammzellenforschung eingerichtet, die sich aus neun Sachverständigen der Fachrichtungen Biologie, Ethik, Medizin und Theologie zusammensetzt. Vier der Sachverständigen werden aus den Fachrichtungen Ethik und Theologie, fünf der Sachverständigen aus den Fachrichtungen Biologie und Medizin berufen. Die Kommission wählt aus ihrer Mitte Vorsitz und Stellvertretung.

(2) Die Mitglieder der Zentralen Ethik-Kommission für Stammzellenforschung werden von der Bundesregierung für die Dauer von drei Jahren berufen. Die Wiederberufung ist zulässig.
Für jedes Mitglied wird in der Regel ein stellvertretendes Mitglied bestellt.

(3) Die Mitglieder und die stellvertretenden Mitglieder sind unabhängig und an Weisungen nicht gebunden. Sie sind zur Verschwiegenheit verpflichtet. Die §§ 20 und 21 des Verwaltungsverfahrensgesetzes gelten entsprechend.

(4) Die Bundesregierung wird ermächtigt, durch Rechtsverordnung das Nähere über die Berufung und das Verfahren der Zentralen Ethik-Kommission für Stammzellenforschung, die Heranziehung externer Sachverständiger sowie die Zusammenarbeit mit der zuständigen Behörde einschließlich der Fristen zu regeln.

§ 9 Aufgaben der Zentralen Ethik-Kommission für Stammzellenforschung
Die Zentrale Ethik-Kommission für Stammzellenforschung prüft und bewertet anhand der eingereichten Unterlagen, ob die Voraussetzungen nach § 5 erfüllt sind und das Forschungsvorhaben in diesem Sinne ethisch vertretbar ist.

§ 10 Vertraulichkeit von Angaben
(1) Die Antragsunterlagen nach § 6 sind vertraulich zu behandeln.

(2) Abweichend von Absatz 1 können für die Aufnahme in das Register nach § 11 verwendet werden
1. die Angaben über die embryonalen Stammzellen nach § 4 Abs. 2 Nr. 1,
2. der Name und die berufliche Anschrift der für das Forschungsvorhaben verantwortlichen Person,
3. die Grunddaten des Forschungsvorhabens, insbesondere eine zusammenfassende Darstellung der geplanten Forschungsarbeiten einschließlich der maßgeblichen Gründe für ihre Hochrangigkeit, die Institution, in der sie durchgeführt werden sollen, und ihre voraussichtliche Dauer.

(3) Wird der Antrag vor der Entscheidung über die Genehmigung zurückgezogen, hat die zuständige Behörde die über die Antragsunterlagen gespeicherten Daten zu löschen und die Antragsunterlagen zurückzugeben.

§ 11 Register

Die Angaben über die embryonalen Stammzellen und die Grunddaten der genehmigten Forschungsvorhaben werden durch die zuständige Behörde in einem öffentlich zugänglichen Register geführt.

§ 12 Anzeigepflicht

Die für das Forschungsvorhaben verantwortliche Person hat wesentliche nachträglich eingetretene Änderungen, die die Zulässigkeit der Einfuhr oder der Verwendung der embryonalen Stammzellen betreffen, unverzüglich der zuständigen Behörde anzuzeigen. § 6 bleibt unberührt.

§ 13 Strafvorschriften

(1) Mit Freiheitsstrafe bis zu drei Jahren oder mit Geldstrafe wird bestraft, wer ohne Genehmigung nach § 6 Abs. 1 embryonale Stammzellen einführt oder verwendet. Ohne Genehmigung im Sinne des Satzes 1 handelt auch, wer auf Grund einer durch vorsätzlich falsche Angaben erschlichenen Genehmigung handelt. Der Versuch ist strafbar.

(2) Mit Freiheitsstrafe bis zu einem Jahr oder mit Geldstrafe wird bestraft, wer einer vollziehbaren Auflage nach § 6 Abs. 6 Satz 1 oder 2 zuwiderhandelt.

§ 14 Bußgeldvorschriften

(1) Ordnungswidrig handelt, wer

1. entgegen § 6 Abs. 2 Satz 2 eine dort genannte Angabe nicht richtig oder nicht vollständig macht oder

2. entgegen § 12 Satz 1 eine Anzeige nicht, nicht richtig, nicht vollständig oder nicht rechtzeitig erstattet.

(2) Die Ordnungswidrigkeit kann mit einer Geldbuße bis zu fünfzigtausend Euro geahndet werden.

§ 15 Bericht

Die Bundesregierung übermittelt dem Deutschen Bundestag im Abstand von zwei Jahren, erstmals zum Ablauf des Jahres 2003, einen Erfahrungsbericht über die Durchführung des Gesetzes. Der Bericht stellt auch die Ergebnisse der Forschung an anderen Formen menschlicher Stammzellen dar.

§ 16 Inkrafttreten

Dieses Gesetz tritt am ersten Tag des auf die Verkündung folgenden Monats in Kraft.

1.2. Gesetz zur Änderung des Stammzellgesetzes vom 14.08.2008

(Quelle: http://www.bgblportal.de/BGBL/bgbl1f/bgbl108s1708.pdf, Stand: 15.01. 2009; Bundesgesetzblatt Jahrgang 2008 Teil I Nr. 37, ausgegeben zu Bonn am 20.08.2008)

Der Bundestag hat das folgende Gesetz beschlossen:

Artikel 1

Änderung des Stammzellgesetzes

Das Stammzellgesetz vom 28. Juni 2002 (BGBl. 1 S. 2277), zuletzt geändert durch Artikel 37 der Verordnung vom 31. Oktober 2006 (BGBl. 1 S. 2407), wird wie folgt geändert:

1. § 2 wird wie folgt gefasst:

„§ 2 Anwendungsbereich

Dieses Gesetz gilt für die Einfuhr von embryonalen Stammzellen und für die Verwendung von embryonalen Stammzellen, die sich im Inland befinden."

2. In § 4 Abs. 2 Nr. 1 Buchstabe a wird die Angabe „1. Januar 2002" durch die Angabe „1. Mai 2007" ersetzt.

3. § 13 Abs. 1 Satz 1 wird wie folgt gefasst:

„Mit Freiheitsstrafe bis zu drei Jahren oder mit Geldstrafe wird bestraft, wer ohne Genehmigung nach § 6 Abs. 1

1. embryonale Stammzellen einführt oder
2. embryonale Stammzellen, die sich im Inland befinden, verwendet."

Artikel 2

Inkrafttreten

Dieses Gesetz tritt am Tag nach der Verkündigung in Kraft.

2. Voten staatlicher Kommissionen

2.1. Deutsche Forschungsgemeinschaft

(Stammzellforschung in Deutschland – Möglichkeiten und Perspektiven, Stellungnahme der DFG Oktober 2006, Standpunkte. Stem Cell Research in Germany – Possibilities and Perspectives, Memorandum by the DFG October 2006, Positions, Weinheim 2007)

2.2. Nationaler Ethikrat

Zum Import menschlicher embryonaler Stammzellen, Stellungnahme vom Dezember 2001

(Quelle: http://www.ethikrat.org/stellungnahmen/pdf/Stellungnahme_Stammzellimport.pdf, Stand: 22.01.2009)

Zur Frage einer Änderung des Stammzellgesetzes, Stellungnahme 2007

(Quelle: http://www.ethikrat.org/stellungnahmen/pdf/Stn_Stammzellgesetz.pdf, Stand: 22.01.2009)

V. Empfehlungen

Die nachstehenden Empfehlungen zielen auf eine tragfähige politische Lösung. Deshalb beschränken sie sich darauf, die Kompromisslinie des Stammzellgesetzes fortzuschreiben.

(1) Das Schutzziel des § 1 Nr. 2 StZG, nämlich zu vermeiden, dass von Deutschland aus eine Gewinnung embryonaler Stammzellen veranlasst wird, sollte in Zukunft durch eine praktikable und zuverlässige Einzelfallprüfung im Verfahren zur Genehmigung des Imports und der Verwendung embryonaler Stammzellen gewährleistet werden. Dabei muss zur Überzeugung der durch das Stammzellgesetz eingesetzten zentralen Genehmigungsbehörde feststehen, dass die Herstellung der betreffenden Zelllinien weder vom Antragsteller selbst veranlasst noch sonst von Deutschland aus bewirkt wurde. Die Einzelfallprüfung sollte an die Stelle der Stichtagsregelung treten.

(2) Um auszuschließen, dass schon die Perspektive einer möglichen Nachfrage aus Deutschland als Anreiz für die Herstellung embryonaler Stammzellen im

379

Ausland wirksam werden kann, sollten grundsätzlich nur embryonale Stammzellen importiert und verwendet werden dürfen, die von allgemein zugänglichen Stammzellbanken ohne Absicht der Gewinnerzielung abgegeben werden. Die Verwendung embryonaler Stammzellen, die zu kommerziellen Zwecken hergestellt worden sind, sollte ausgeschlossen sein.

(3) Die Strafvorschriften des Stammzellgesetzes sollten entfallen. Jede von Deutschland aus erfolgende Beteiligung am Verbrauch extrakorporal erzeugter Embryonen im Ausland ist ohnehin nach dem Embryonenschutzgesetz strafbar. Das Stammzellgesetz sollte lediglich regeln, wie Verstöße gegen die Genehmigungsvoraussetzungen zu ahnden sind; dafür ist das Ordnungswidrigkeitenrecht das angemessene Mittel.

(4) Import und Verwendung embryonaler Stammzellen sollten nicht nur für die Forschung, sondern auch zum Zweck der Diagnose und Behandlung von Krankheiten zulässig sein.

Wolfgang van den Daele, Horst Dreier, Detlev Ganten, Volker Gerhardt, Martin J. Lohse, Christiane Nüsslein-Volhard, Peter Propping, Jens Reich, Jürgen Schmude, Bettina Schöne-Seifert, Richard Schröder, Jochen Taupitz, Kristiane Weber-Hassemer, Christiane Woopen

2.3. Bioethik-Kommission Bayern Dezember 2007

Novellierung des Stammzellgesetzes (StZG) aus ethischer Sicht, Stellungnahme der Bioethik-Kommission Bayern vom 18. Dezember 2007: Die Bioethik-Kommission hat sich auf Bitten der Staatsregierung in vier Sitzungen mit den seit geraumer Zeit erhobenen Forderungen und politischen Aktivitäten zur Novellierung des geltenden deutschen Stammzellgesetzes befasst. Sie hat sich zu diesem Zweck über die weltweiten Entwicklungen auf dem Feld der Stammzellforschung informiert und die wissenschaftlichen Stellungnahmen aus Deutschland, die die Notwendigkeit einer Novellierung zum Inhalt haben, analysiert. Ferner hat sie die derzeitige Gesetzeslage im europäischen Ausland zur Kenntnis genommen und sich intensiv mit den diesbezüglichen Stellungnahmen aus dem Raum der Kirchen und der Glaubensgemeinschaften befasst.

Ihre jetzigen Überlegungen traf die Bioethik-Kommission auf der Basis des 2002 gefundenen Kompromisses und verzichtete darauf, die grundsätzliche Frage, die diesem Kompromiss zugrunde lag, nämlich die Vertretbarkeit von Stammzellforschung überhaupt und insbesondere die weiterhin umstrittene Frage des moralischen Status des extrakorporal entstandenen Embryos, erneut aufzurollen.

(1) Zur Intention des Gesetzes

Das geltende Stammzellgesetz (StZG) versteht sich als Ausdruck und Konkretisierung der staatlichen Verpflichtung, „die Menschenwürde und das Recht auf Leben zu achten und zu schützen und die Freiheit der Forschung zu gewährleisten" (§ 1). Es will dieser Verpflichtung gegenüber den drei genannten verfassungsrechtlichen Gehalten und zugleich ethischen Normen dadurch Rechnung tragen, dass es die Verwendung und Einfuhr von humanen ES-Zellen grundsätzlich verbietet (§ 1 Nr. 1), aber zugleich enge Bedingungen für eine Einfuhr und Verwendung zu Forschungszwecken in Ausnahmefällen definiert (§ 1 Nr. 3). Dabei liegt dem Gesetzgeber daran, zu vermeiden, dass die Absicht, humane ES-Zellen zu Forschungszwecken nach Deutschland zu importieren, die Tötung oder Erzeugung von Embryonen im Ausland veranlasst (§ 1 Nr. 2).

Ferner dürfen der Gewinnung der Stammzellen keine Handlungen vorausgegangen sein, die in den ergänzenden Bestimmungen des StZG (§ 4) missbilligt oder sogar als verwerflich qualifiziert werden. Insbesondere dürfen nur Stammzellen importiert werden, die aus so genannten überzähligen Embryonen stammen. Ihre Verwerfung darf ihren Grund nicht in ihrer Beschaffenheit haben. Und für die Überlassung dieser Embryonen darf weder Geld gezahlt noch ein geldwerter Vorteil gewährt worden sein.

Einfuhr und Verwendung humaner ES-Zellen zu Forschungszwecken können außerdem nur dann genehmigt werden, wenn das konkrete Forschungsvorhaben durch die Zentrale Ethikkommission für Stammzellenforschung (ZES) gemäß den Kriterien der Hochrangigkeit, der hinreichenden Vorklärung des Projekts und der Unumgänglichkeit der Verwendung humaner ES-Zellen geprüft und als ethisch vertretbar beurteilt worden ist (§ 9 in Verbindung mit § 5 StZG). Die Intention des StZG ist also nicht ein Verbot der Forschung mit humanen ES-Zellen. Seine Absicht liegt vielmehr darin, diese gerade – freilich unter kontrollierbaren Bedingungen – zu ermöglichen, ohne den hohen Standard des Lebensschutzes in Deutschland preiszugeben.

Wenn man an diesem grundlegenden Anliegen festhalten möchte, kann und muss dennoch von Zeit zu Zeit überprüft werden, ob das Gesetz die in ihm selbst formulierte Zielsetzung angesichts der inzwischen u. U. erheblich veränderten Außenbedingungen zu erreichen erlaubt. Dies ist ja offensichtlich einer der Gründe für die im StZG selbst enthaltene Berichtspflicht (§ 15). Falls sich im Zuge dieser Überprüfung herausstellen sollte, dass das nicht mehr der Fall ist, dass also im Gesetz festgelegte Einschränkungen de facto wie oder ähnlich wie ein generelles Verbot wirken, besteht Novellierungsbedarf.

(2) Zur Diskussion um die Stichtagsregelung

Die Stichtagsregelung ist nach der Logik des geltenden StZG das wichtigste Instrument zur Erreichung des erklärten Ziels, dass von Deutschland aus keine Tötung von Embryonen zum Zweck der Ableitung von ES-Zelllinien im Ausland veranlasst werden soll. Sie ist jüngst vor allem deshalb in die Kritik geraten, weil die vor dem Stichtag hergestellten Zelllinien sämtlich verunreinigt sind (also für eine klinisch-therapeutische Anwendung bzw. Erprobung nicht mehr in Frage kommen), weil sich die Anzahl der zugänglichen Linien stark vermindert hat (von ursprünglich 78 auf derzeit 21) und weil mittlerweile weltweit eine Fülle neuer, teils standardisierter Linien zu Verfügung stehen (ca. 500), auf die deutsche Forscher nicht zurückgreifen dürfen, woraus sich binnen kurzem voraussichtlich auch ein Nachteil bei der Gewinnung wissenschaftlicher Erkenntnisse im Vergleich zu den Forschungsmöglichkeiten in anderen Ländern auf diesem Feld ergeben wird.

Es ist also keine Frage, dass sich einige relevante Außenbedingungen, unter denen Stammzellforschung in Deutschland betrieben werden kann, verändert haben. Von daher ist es unsachgemäß, wenn alle Vorschläge, die auf eine Änderung der derzeitigen Regelung zielen, pauschal und von vornherein als „Aufweichung" oder „Lockerung" klassifiziert bzw. diskreditiert werden. Vielmehr sind diese Vorschläge für eine Novellierung auch darauf hin zu überprüfen, ob und inwieweit sie der im Gesetz ausgesprochenen Zielsetzung förderlich wären.

In der aktuellen Diskussion werden vor allem drei Vorschläge gemacht, nämlich 1. die Verschiebung des Stichtags auf ein zeitnahes festes Datum, 2. die Einführung eines flexibilisierten, oft als „nachlaufend" charakterisierten Stichtags sowie 3 die ersatzlose Streichung des Stichtags.

Gegen die Festlegung eines neuen festen Stichtags wird zu Recht das Bedenken geäußert, dass eine solche Festlegung zwangsläufig willkürlich wäre. Außerdem ließe sich eine derartige Verschiebung in Zukunft beliebig oft wiederholen; für die Einmaligkeit einer Verschiebung könne niemand glaubhaft garantieren.

Für die Einführung eines so genannten nachlaufenden Stichtags (es dürfen Einfuhr und Verwendung nur solcher humaner ES-Zellen beantragt werden, die zum Zeitpunkt der Antragstellung bereits eine bestimmte Zeit lang vorliegen) spricht, dass der Zugriff auf die Zelllinien kontrollierbar bliebe und eine direkte Kausalität zwischen Forschungsprojekt und Zerstörung von Embryonen im Ausland in den meisten Fällen nicht zwingend gegeben und daher höchst unwahrscheinlich wäre. Doch könnte nicht ausgeschlossen werden, dass ein Forschungsprojekt auf den Zeitpunkt der Etablierung bzw. der Verfügbarkeit ganz bestimmter Linien abgestimmt wird und damit das Schutzziel des Gesetzes faktisch unterlaufen würde. Zumindest müsste eine ergänzende Bestimmung gefunden werden, dass die beantragten Linien schon für andere Forschungen im Ausland benutzt worden sind, damit eine monokausale Verbindung ausgeschlossen werden kann.

Die Plausibilität des Vorschlags, auf einen Stichtag ganz zu verzichten, ergibt sich zum einen aus der Problematik der beiden erstgenannten Vorschläge. Zum anderen wird er damit begründet, dass die unausgesprochene Annahme des StZG, wonach ohne eine Stichtagsbegrenzung für den Forschungsbedarf in Deutschland zusätzliche Embryonen verbraucht würden, nicht beweisbar ist. Weltweit stehen nämlich längst ausreichend viele Linien zur Verfügung. Als Vorteil eines Verzichts wird die unbeschränkte Zugänglichkeit zu allen diesen im Ausland abgeleiteten ES-Zelllinien gesehen. Allerdings wäre bei einer solchen Regelung der Ausschluss einer Beteiligung an der Zerstörung von Embryonen von Deutschland aus letztlich Vertrauenssache; dieses Vertrauen ist allerdings durch die hohe Unwahrscheinlichkeit eines Missbrauchs begründet. Bei Realisierung dieses Vorschlags kann eine weitergehende Diskussion, weshalb die Zelllinien nur importiert und nicht auch im eigenen Land hergestellt werden dürfen, nicht ausgeschlossen werden.

Die in der jüngsten Diskussion mit viel Nachdruck vertretene Empfehlung, wegen all dieser Probleme am bisherigen Stichtag festzuhalten, kommt angesichts der veränderten Außenbedingungen nur dann in Frage, wenn man die Verhinderung und Einteilung der humanen ES-Zellforschung in Deutschland für hinnehmbar oder sogar für erwünscht hält. Dem stehen jedoch nicht nur wissenschaftspolitische und ökonomische Gesichtspunkte im Wege, sondern auch die Intention des Gesetzgebers, humane ES-Zellforschung – wenn auch unter einschränkenden Bedingungen – zu ermöglichen, sowie das Grundrecht auf Forschungsfreiheit und das medizinische Potenzial, das mit dieser Forschung verbunden ist.

(3) Zum Strafbarkeitsrisiko

Das deutsche StZG droht in § 13 für Einfuhr und Verwendung von humanen ES-Zellen ohne vorherige Genehmigung eine „Freiheitsstrafe bis zu drei Jahren oder … Geldstrafe" und für Zuwiderhandlungen gegen eine oder mehrere der in § 6 genannten Auflagen eine „Freiheitsstrafe bis zu einem Jahr oder … Geldstrafe" an. In Verbindung mit den allgemeinen Bestimmungen über die Strafbarkeit wegen Mittäterschaft und mittelbarer Täterschaft (§ 9 StGB) gelten diese Strafandrohungen möglicherweise auch für eine von Deutschland aus erfolgte Teilnahme an einer Verwendung embryonaler Stammzellen im Ausland, die dem deutschen StZG nicht entspricht. Auch wenn diese Position unter Juristen umstritten ist (Anmerkung in Fußzeile), stellt bereits das Risiko als solches ein erhebliches, möglicherweise sogar verbotsgleiches Hindernis für deutsche Forscher dar, sich an international vernetzten Forschungsprojekten zu beteiligen, innerhalb derer wegen der anderen Gesetzeslage in den betreffenden Staaten ganz selbstverständlich mit neueren, nicht stichtagsgerechten Linien gearbeitet wird – auch und gerade innerhalb der Europäischen Union. Insofern besteht dringender Handlungsbedarf, um die derzeit bestehende Rechtsunsicherheit zu beseitigen.

Im Sinne der Intention des StZG, die Forschung mit humanen ES-Zellen unter Aufrechterhaltung eines hohen Schutzniveaus in engen Grenzen zu ermöglichen, sollte diese Klärung so ausfallen, dass die Strafvorschriften des StZG ausdrücklich nur für Forschungen im Inland gelten.

(4) Zur Förderung der Forschung an anderen Formen menschlicher Stammzellen

Das StZG verpflichtet sowohl im Zuge des Genehmigungsverfahrens (§ 5) als auch im Rahmen der Berichtspflicht der Bundesregierung (§ 15) zur Wahrnehmung der Potenziale und Ergebnisse der Forschung an anderen Formen menschlicher Stammzellen. Forschung mit embryonalen Stammzellen vom Menschen soll mit anderen Worten nur insoweit stattfinden, wie Alternativen nicht gegeben sind. Insofern ist es verständlich und konsequent, wenn die Stammzellforschung mit den ethisch ungleich weniger problematischen adulten Stammzellen von politischer Seite mit besonderer Aufmerksamkeit begleitet und ihr Ausbau nachdrücklich gefördert wird.

Freilich kann die Grundlage dafür, was „für den wissenschaftlichen Erkenntnisgewinn im Rahmen der Grundlagenforschung oder für die Erweiterung medizinischer Kenntnisse bei der Entwicklung diagnostischer, präventiver oder therapeutischer Verfahren zur Anwendung bei Menschen dienen" kann und sich „nur mit entsprechenden Stammzellen erreichen lässt" (§ 5), immer nur der „anerkannte Stand von Wissenschaft und Technik" oder anders ausgedrückt: der jeweilige wissenschaftliche Erkenntnisstand sein.

Insofern ist die Forschung mit humanen ES-Zellen gegen Versuche, diese in der aktuellen Diskussion von nichtwissenschaftlicher Seite als überflüssig und ergebnislos zu diskreditieren, in Schutz zu nehmen. Insbesondere sollte ihr, soweit sie in Deutschland stattfindet, nicht das Fehlen von therapeutischen Zielsetzungen zum Vorwurf gemacht werden. Wenn solche wirklich gewollt sind, müsste das Stammzellgesetz dahingehend geändert werden, dass die bestehende Begrenzung auf Forschungszwecke geöffnet wird. In der internationalen Forschung gibt es tatsächlich begründete Anzeichen für bevorstehende diagnostische und therapeutische Erfolge. Unter den Experten besteht weitgehend Einigkeit darüber, dass die Forschungen mit adulten Stammzellen aus den Erkenntnissen, die durch Forschungen mit embryonalen Stammzellen gewonnen wurden, großen Nutzen ziehen.

Außerdem sollte nicht übersehen werden, dass weltweit Bemühungen im Gang sind, Verfahren zu erschließen, um pluripotente Zellen zu gewinnen, ohne dafür auf Embryonen zurückgreifen zu müssen (vielversprechend sind vor allem die Experimente zur Reprogrammierung von Körperzellen). An diesen sind Forscher, die mit embryonalen Stammzellen arbeiten, maßgeblich beteiligt.

(5) Empfehlungen

Stichtagsregelung

Die geltende Stichtagsregelung (§ 4 Abs. 2 Nr. 1. Buchst. a StZG) kann aus den dargelegten Gründen (s. Nr. (1) und (2) dieser Stellungnahme) nicht beibehalten werden.

Empfehlenswert ist es, auf eine Stichtagsregelung ganz zu verzichten. An ihre Stelle sollte eine Prüfung im Einzelfall treten, dass die Herstellung der betreffenden Zelllinien weder vom Antragsteller veranlasst noch sonst von Deutschland aus bewirkt wurde.

Sollte jedoch der Verzicht auf eine Stichtagsregelung nicht durchsetzbar sein, würde sich der Übergang zu einer nachlaufenden Stichtagsregelung empfehlen.

Die bloße Verschiebung des Stichtags auf einen zeitlich näher gerückten, aber in der Vergangenheit liegenden Zeitpunkt wäre hilfsweise zu akzeptieren, weil sie geeignet wäre, die Beeinträchtigung der Forschung in Deutschland durch die geltende Stichtagsregelung zumindest zeitweise wesentlich zu verringern.

Strafvorschrift

Es sollte durch den Gesetzgeber ausdrücklich klargestellt werden, dass die Strafvorschrift des § 13 Abs. 1 StZG eine Beteiligung deutscher Forscher an der Verwendung von embryonalen Stammzellen zu Forschungszwecken im Ausland, die nach dort geltendem Recht rechtmäßig ist, nicht erfasst.

Öffnung des StZG auch für diagnostische, therapeutische und präventive Zwecke

Im Blick auf künftige Entwicklungen sollte der Import und die Verwendung embryonaler Stammzellen auch zu Zwecken der Diagnose und Behandlung sowie Prävention von Krankheiten ermöglicht werden.

(6) Nachbemerkung in eigener Sache

In ihrer früheren Stellungnahme zum „Import von und Forschung mit humanen embryonalen Stammzelllinien" aus dem Jahr 2002 vertrat die Bayerische Ethikkommission mehrheitlich den Standpunkt: „Eine zeitlich befristete Zulässigkeit des Imports von bereits bestehenden, zertifizierten hES-Zelllinien ist tolerabel." Dieser Beschluss wurde damals mit der festen Erwartung verbunden, dass eine gesetzliche Regelung, wie sie seinerzeit vorbereitet wurde, im Abstand von einigen Jahren auf der Grundlage der damit gemachten Erfahrungen überprüft werden solle. Insofern versteht sich das heutige Votum der Kommission nicht als Aufhebung der früher vertretenen Position, sondern als deren Fortschreibung unter den veränderten Bedingungen.

Anmerkung zu 3) S. dazu die Darstellungen bei Jochen Taupitz, Erfahrungen mit dem Stammzellgesetz, in: Juristenzeitung 3/2007, S. 113–122, und Jan P. Beckmann, Zur gegenwärtigen Diskussion um eine Novellierung des Stammzellgesetzes aus ethischer Sicht, in: Jahrbuch für Wissenschaft und Ethik 12 (2007), S. 191–216.

3. Kirchliche Stellungnahmen aus Deutschland

3.1. Erklärung des Ständigen Rats der Deutschen Bischofskonferenz zu den Beratungen über das Stammzellgesetz vom 23.04.2002

(Quelle: http://dbk.de/aktuell/meldungen/2952/index.html, Stand: 15.01.2009; Pressemitteilung der Deutschen Bischofskonferenz vom 23.04.2002)

Die deutschen Bischöfe haben sich am 22. April im Ständigen Rat mit dem gegenwärtigen Stand des Gesetzgebungsverfahrens zum Import menschlicher embryonaler Stammzellen befasst. Wir bekräftigen unsere strikte Ablehnung der Einfuhr menschlicher embryonaler Stammzellen, zu deren Gewinnung die Tötung embryonaler Menschen billigend in Kauf genommen wird. Das ist unvereinbar mit dem Lebensrecht und dem uneingeschränkten Lebensschutz, die dem Menschen vom Zeitpunkt der Befruchtung an zukommen.

Die Diskussionen der vergangenen Wochen haben gezeigt, dass die ursprünglich beschlossene Regelung „Import unter strengen Auflagen" nicht ausreichend ist. Zu groß sind hier offenbar die ökonomischen Interessen und der Druck, mit dem die geplanten Beschränkungen aufgeweicht werden sollen, so dass – bildlich gesprochen – die bereits einen Spalt breit geöffnete Tür immer weiter aufgestoßen werden wird. Im Gegensatz zu dem Beschluss vom 30. Januar sieht der jetzt vorliegende Gesetzentwurf zum Beispiel weitgehende Straffreiheit bei Beteiligung an Forschungsarbeiten im Ausland, die gegen das Stammzellgesetz verstoßen, vor. Der Zielsetzung des Stammzellgesetzes, Anreize zur Tötung von menschlichen Embryonen zu vermeiden, werden solche Regelungen keineswegs gerecht.

Die Bundestagsabstimmung am 30. Januar hat gezeigt, dass die Gruppe der Abgeordneten, die sich für ein totales Importverbot einsetzen, größer ist als von vielen vermutet. Dies bestätigt auch die ablehnende Haltung des Rechtsausschusses des Deutschen Bundestages. Umfrageergebnisse haben in den vergangenen Wochen gezeigt, dass ein umfassender Embryonenschutz auch in der Bevölkerung breiten Rückhalt findet.

Deshalb begrüßen die Bischöfe die neuerliche Initiative derer, die im Bundestag ein klares Importverbot erreichen wollen. Dies wäre ein deutliches Zeichen für den Schutz des Lebens in unserem Land.

3.2. Stellungnahme der Deutschen Bischofskonferenz zur aktuellen Stammzelldebatte vom 14.02.2008

(Quelle: http://dbk.de/aktuell/meldungen/01618/index.html#II, Stand: 15.01.2009; Pressemitteilung der Deutschen Bischofskonferenz vom 14.02.2008)

Heute, am 14. Februar, hat sich der Deutsche Bundestag in Erster Lesung mit den vier Gruppenanträgen zum „Gesetz zur Sicherstellung des Embryonenschutzes im Zusammenhang mit Einfuhr und Verwendung menschlicher embryonaler Stammzellen", dem Stammzellgesetz aus dem Jahr 2002, befasst. Die Diskussion der letzten Wochen über die angebliche Notwendigkeit einer Embryonen verbrauchenden Forschung, über eine so genannte Ethik des Heilens und über mögliche Gefahren für den Wissenschaftsstandort Deutschland, verstellt den Blick auf den eigentlichen Kern: die Wahrung der Menschenwürde von Anfang an und das Lebensrecht des Embryos.

Entscheidend sind nicht die Ziele und möglichen Ergebnisse einer Forschung an Stammzelllinien, entscheidend ist, dass zur Herstellung dieser Zelllinien Embryonen getötet, „verbraucht" werden müssen. Dies ist immer eine grundlegende Verletzung der Integrität des Embryos und seines Lebensrechts. Menschliches Leben ist nicht verfügbar, es ist kein Verbrauchsgut, das einer Güterabwägung unterliegt.

Bei der aktuellen Diskussion um die Verschiebung des Stichtages im Rahmen des Stammzellgesetzes geht es folglich nicht um eine Terminfrage, es geht um die Grundsatzentscheidung, ob man menschliches Leben zu Forschungszwecken töten darf.

Wir Bischöfe haben in den letzten Jahren, Monaten und Wochen diese Überzeugung immer wieder öffentlich zur Sprache gebracht.

Wenn wir als katholische Kirche im oben erwähnten Sinn ein entschiedenes und klares Nein zur Stichtagsverschiebung sagen, darf dies nicht als therapiefeindlich eingestuft werden, wie es oft geschieht. Schließlich geht es um die Sensibilität für das Leben, seine Würde und sein Recht, vor allem um die Rettung des menschlichen Lebens schon am Anfang. Die Tötung embryonaler Menschen kann und darf nicht Mittel und Voraussetzung für eine mögliche Therapie anderer Menschen sein!

Wir freuen uns, wenn wir auf anderen Wegen der Forschung, insbesondere im Bereich der adulten Stammzellforschung und der ganz neuen Ansätze der Reprogrammierung von Körperzellen durch Retroviren, zu neuen und hilfreichen Einsichten kommen. Die letzten Wochen haben einige sehr aufschlussreiche Ergebnisse an den Tag gebracht, die Folgen für die zukünftige Forschungsförderung haben sollten. Die Frage der Integrität embryonaler Menschen darf jedoch bei all diesen Fortschritten in keinem Fall übergangen, verdrängt oder relativiert werden. Dies bleibt unsere Aufgabe.

3.3. Beschluss der 10. Synode der EKD auf ihrer 6. Tagung 04.–07.11.2007

(Quelle: http://ekd.de/synode2007/beschluesse/beschluss_stammzellenforschung. html, Stand: 10.01.2009; Barbara Rinke, Die Präses der Synode der Evangelischen Kirche in Deutschland vom 07.11.2007, Dresden)

Die Synode der EKD bekräftigt, dass die EKD die Zerstörung von Embryonen zur Gewinnung von Stammzelllinien für die Forschung ablehnt.

Die gesetzliche Regelung in Deutschland verbindet das Bemühen, Anreize für diese Zerstörung auszuschließen, mit der Bereitschaft, Grundlagenforschung mit bereits existierenden Stammzelllinien zuzulassen, auch um die dabei gewonnenen Forschungsergebnisse für die ethisch unbedenkliche Forschung mit adulten Stammzellen zu nutzen.

Die Verunreinigung der vor dem gesetzlichen Stichtag (1. Januar 2002) gewonnenen Stammzelllinien hat zu Forderungen nach einer Aufhebung jeder Stichtagsregelung zugunsten einer Einzelfallprüfung bzw. nach einer Verschiebung des Stichtages geführt.

Die EKD-Synode hält eine Verschiebung des Stichtages nur dann für zulässig,
– wenn die derzeitige Grundlagenforschung aufgrund der Verunreinigung der Stammzelllinien nicht fortgesetzt werden kann und
– wenn es sich um eine einmalige Stichtagsverschiebung auf einen bereits zurückliegenden Stichtag handelt.

Zudem sollten die Mittel für die Forschung an adulten Stammzellen deutlich erhöht werden.

Dresden, 07. November 2007
Die Präses der Synode der Evangelischen Kirche in Deutschland Barbara Rinke

4. Vatikanische Dokumente

4.1. Instruktion der Kongregation für die Glaubenslehre über die Achtung vor dem beginnenden Leben und die Würde der Fortpflanzung vom 10.03.1987

(Quelle: http://dbk.de/imperia/md/content/schriften/dbk2.vas/ve_074.pdf, Stand: 15.01.2009; Kongregation für die Glaubenslehre: Instruktion über die Achtung vor dem beginnenden menschlichen Leben und die Würde der Fortpflanzung. Antworten auf einige aktuelle Fragen (10.03.1987), Verlautbarungen des Apostolischen Stuhls 74, 5., redaktionell überarbeitete Auflage, hrsg. vom Sekretariat der Deutschen Bischofskonferenz, Bonn 2000.)

1. Welche Achtung schuldet man dem menschlichen Embryo aufgrund seiner Natur und seiner Identität?

Jedes menschliche Wesen muß – als Person – vom ersten Augenblick seines Daseins an geachtet werden.

Die Einführung von Verfahren der künstlichen Befruchtung hat verschiedenartige Eingriffe an menschlichen Embryonen und Föten möglich gemacht. Die verfolgten Ziele sind verschiedener Natur, nämlich diagnostischer und therapeutischer, wissenschaftlicher und kommerzieller Art. Aus alldem entstehen schwerwiegende Probleme. Kann man von einem Recht sprechen, Experimente an menschlichen Embryonen zu wissenschaftlichen Forschungszwecken vorzunehmen? Welche Normen oder welche Gesetzgebung müssen für diese Materie erarbeitet werden? Die Antwort auf solche Probleme setzt eine vertiefte Reflexion über die Natur und die wahre Identität – man spricht vom „Status" – des menschlichen Embryos voraus.

Die Kirche hat ihrerseits auf dem II. Vatikanischen Konzil dem heutigen Menschen von neuem ihre gleichbleibende und sichere Lehre vorgelegt, wonach das „menschliche Leben von der Empfängnis an mit höchster Sorgfalt zu schützen ist. Abtreibung und Tötung des Kindes sind verabscheuungswürdige Verbrechen."[1] Jüngst erklärte die vom Hl. Stuhl veröffentlichte Charta der Familienrechte: „Menschliches Leben muß vom Augenblick der Empfängnis an absolut geachtet und geschützt werden."[2] Diese Kongregation weiß um die aktuellen Diskussionen über den Beginn des menschlichen Lebens, über die Individualität von menschlichen Wesen und über die Identität der menschlichen Person. Sie erinnert an die Lehren, die in der Erklärung zur vorsätzlichen Abtreibung enthalten sind: „Von dem Augenblick an, in dem die Eizelle befruchtet wird, beginnt ein neues Leben, welches weder das des Vaters noch das der Mutter ist, sondern das eines neuen menschlichen Wesens, das sich eigenständig entwickelt. Es würde niemals menschlich werden, wenn es das nicht schon von diesem Augenblick an gewesen wäre. Die neuere Genetik bestätigt diesen Sachverhalt, der immer eindeutig war ..., in eindrucksvoller Weise. Sie hat gezeigt, daß schon vom ersten Augenblick an eine feste Struktur dieses Lebewesens vorliegt: eines Menschen nämlich, und zwar dieses konkreten menschlichen Individuums, das schon mit all seinen genau umschriebenen charakteristischen Merkmalen ausgestattet ist. Mit der Befruchtung beginnt das Abenteuer des menschlichen Lebens, dessen einzelne bedeutende Anlagen Zeit brauchen, um richtig entfaltet und zum Handeln bereit zu werden."[3] Diese Lehre bleibt gültig und wird außerdem, wenn dies noch notwendig wäre, von neueren Forschungsergebnissen der Humanbiologie bestätigt, die anerkennt, daß in der aus der Befruchtung hervorgehenden Zygote[4] sich die biologische Identität eines neuen menschlichen Individuums bereits konstituiert hat.

Sicherlich kann kein experimentelles Ergebnis für sich genommen ausreichen, um eine Geistseele erkennen zu lassen; dennoch liefern die Ergebnisse der Em-

---

[1] Pastoralkonst. Gaudium et Spes, 51.

[2] Hl. Stuhl, Charta der Familienrechte, 4: L'Osservatore Romano, 25. November 1983.

[3] Hl. Kongregation für die Glaubenslehre, Erklärung zur vorsätzlichen Abtreibung, 12–13: AAS 66 (1974) 738.

[4] Die Zygote ist die Zelle, die durch die Vereinigung der beiden Gameten entsteht. (Red. Anm.: Gameten sind die befruchtungsfähige Eizelle und die befruchtungsfähige Samenzelle.)

bryologie einen wertvollen Hinweis, um mit der Vernunft eine personale Gegenwart schon von diesem ersten Erscheinen eines menschlichen Wesens an wahrzunehmen: Wie sollte ein menschliches Individuum nicht eine menschliche Person sein? Das Lehramt hat sich nicht ausdrücklich auf Aussagen philosophischer Natur festgelegt, bekräftigt aber beständig die moralische Verurteilung einer jeden vorsätzlichen Abtreibung. Diese Lehre hat sich nicht geändert und ist unveränderlich.[5] Deshalb erfordert die Frucht der menschlichen Zeugung vom ersten Augenblick ihrer Existenz an, also von der Bildung der Zygote an, jene unbedingte Achtung, die man dem menschlichen Wesen in seiner leiblichen und geistigen Ganzheit sittlich schuldet. Ein menschliches Wesen muß vom Augenblick seiner Empfängnis an als Person geachtet und behandelt werden, und infolgedessen muß man ihm von diesem selben Augenblick an die Rechte der Person zuerkennen und darunter vor allem das unverletzliche Recht jedes unschuldigen menschlichen Wesens auf Leben.

Dieser Verweis auf die kirchliche Lehre liefert das grundlegende Kriterium für die Lösung der verschiedenen Probleme, die durch die Entwicklung der biomedizinischen Wissenschaften auf diesem Gebiet entstanden sind: Da er als Person behandelt werden muß, muß der Embryo im Maß des Möglichen wie jedes andere menschliche Wesen im Rahmen der medizinischen Betreuung auch in seiner Integrität verteidigt, versorgt und geheilt werden.
[...]

5. Wie ist die Benutzung der durch In-vitro-Befruchtung erlangten Embryonen zu Forschungszwecken moralisch zu bewerten?

Die in vitro gezeugten Embryonen sind menschliche Wesen und Rechtssubjekte: Ihre Würde und ihr Recht auf Leben müssen schon vom ersten Augenblick ihrer Existenz an geachtet werden. *Es ist unmoralisch, menschliche Embryonen zum Zweck der Verwertung als frei verfügbares „biologisches Material" herzustellen.*

In der üblichen Praxis der In-vitro-Befruchtung werden nicht alle Embryonen in den Mutterleib übertragen; einige werden zerstört. So wie sie die vorsätzliche Abtreibung verurteilt, verbietet die Kirche auch jeden Anschlag auf das Leben dieser menschlichen Wesen. *Es ist nötig, auf die besondere Schwere der freiwilligen Zerstörung der menschlichen Embryonen hinzuweisen, die nur zum Zweck der Forschung – sei es mittels künstlicher Befruchtung, sei es mittels „Zwillingsspaltung" – in vitro hergestellt worden sind.* Der Forscher, der so handelt, setzt sich an die Stelle Gottes und macht sich, auch wenn er sich dessen nicht bewußt ist, zum Herrn des Geschicks anderer, insofern er sowohl nach Belieben auswählt, wen er leben läßt und wen er zum Tod verurteilt, als auch insofern er wehrlose Menschen umbringt.

Aus demselben Grund sind Beobachtungs- und Versuchsmethoden, die in vitro gewonnenen Embryonen Schaden zufügen oder sie schwerwiegenden und unverhältnismäßigen Risiken aussetzen, moralisch unerlaubt. Jedes menschliche Wesen muß um seiner selbst willen geachtet werden und darf nicht auf den bloßen und einfachen Wert eines Mittels zum Vorteil anderer herabgewürdigt werden. *Es entspricht deshalb nicht der Moral, in vitro hervorgebrachte menschliche Embryonen bewußt dem Tod auszusetzen.* Infolge der Tatsache, daß sie *in vitro* hergestellt wurden, bleiben diese nicht in den Mutterleib übertragenen und als „überzählig" bezeichneten Embryonen einem absurden Schicksal ausgesetzt,

---

[5] Vgl. Paul VI., Ansprache an die Teilnehmer des XXIII. Nationalen Kongresses der Katholischen Juristen Italiens, *9. Dezember 1972:* AAS *64 (1972)* 777.

ohne Möglichkeit, ihnen sichere und moralisch einwandfreie Überlebensmöglichkeiten bieten zu können.

4.2. Instruktion der Kongregation für die Glaubenslehre Dignitas Personae über einige Fragen der Bioethik vom 08.09.2008

(Quelle: http://dbk.de/imperia/md/content/schriften/dbk2.vas/ve_183.pdf, Stand: 15.01.2009; Kongregation für die Glaubenlehre: Instruktion Dignitas Personae über einige Fragen der Bioethik (08.09.2008), Verlautbarungen des Apostolischen Stuhls 183, hrsg. vom Sekretariat der Deutschen Bischofskonferenz, Bonn 2008.)

19. Im Zusammenhang mit der großen Anzahl von schon bestehenden eingefrorenen Embryonen stellt sich die Frage: Was soll man mit ihnen machen? Einige stellen sich diese Frage, ohne ihren ethischen Charakter zu erfassen; sie werden nur von der gesetzlich auferlegten Notwendigkeit getrieben, nach einer bestimmten Zeit die Kryobanken zu leeren, um sie dann von neuem auffüllen zu lassen. Andere hingegen sind sich bewusst, dass eine schwere Ungerechtigkeit begangen worden ist, und fragen sich, wie man der Pflicht zur Wiedergutmachung nachkommen kann.

Klar unannehmbar sind die Vorschläge, diese Embryonen für die Forschung zu verwenden oder für therapeutische Zwecke einzusetzen; ein solches Vorgehen behandelt die Embryonen wie bloßes „biologisches Material" und führt zu ihrer Vernichtung. Unzulässig ist auch der Vorschlag, diese Embryonen aufzutauen und, ohne sie zu aktivieren, für die Forschung zu verwenden, als ob es sich um gewöhnliche Leichen handelte.[6]

Auch der Vorschlag, sie unfruchtbaren Paaren als „Therapie der Unfruchtbarkeit" zur Verfügung zu stellen, ist ethisch nicht akzeptabel, und zwar aus denselben Gründen, welche die heterologe künstliche Befruchtung sowie jede Form der Leihmutterschaft unerlaubt machen.[7] Diese Praxis würde zudem diverse andere Probleme medizinischer, psychologischer und rechtlicher Art mit sich bringen.

Erwogen wurde außerdem der Vorschlag einer Art „pränatalen Adoption" mit dem ausschließlichen Ziel, Menschen eine Gelegenheit zur Geburt zu bieten, die ansonsten zur Vernichtung verurteilt sind. Dieser Vorschlag ist lobenswert in seiner Absicht, menschliches Leben zu achten und zu schützen, enthält jedoch verschiedene Probleme, die den oben aufgezählten nicht unähnlich sind.

Alles in allem muss man festhalten, dass die Embryonen, die zu Tausenden verlassen worden sind, eine faktisch irreparable Situation der Ungerechtigkeit schaffen. Deshalb richtete Johannes Paul II. einen „Appell an das Gewissen der Verantwortlichen in der Welt der Wissenschaft und in besonderer Weise an die Ärzte, dass die Produktion menschlicher Embryonen eingestellt werde, denn man sieht keinen moralisch erlaubten Ausweg für das menschliche Los tausender und tausender ‚eingefrorener' Embryonen, die doch immer Träger der Grundrechte sind und bleiben und deshalb rechtlich wie menschliche Personen zu schützen sind".[8]

[...]

---

[6] Vgl. die Nummern 34–35 dieser Instruktion.

[7] Vgl. Kongregation für die Glaubenslehre, Instruktion *Donum vitae,* II, A, 1–3: *AAS* 80 (1988), 87–89.

[8] Johannes Paul II., Ansprache an die Teilnehmer des Symposiums „*Evangelium vitae* und Recht" und des XI. internationalen romanistischen Kanonistenkolloquiums (24. Mai 1996), 6: *AAS* 88 (1996), 943–944.

31. Stammzellen sind undifferenzierte Zellen, die zwei grundlegende Merkmale aufweisen: a) die Fähigkeit, sich lange zu vermehren, ohne sich zu differenzieren; b) die Fähigkeit, Vorläuferzellen hervorzubringen, aus denen sich hoch differenzierte Zellen, wie etwa Nerven-, Muskel- oder Blutzellen, entwickeln.

Seit man experimentell festgestellt hat, dass Stammzellen, die in ein beschädigtes Gewebe eingefügt werden, die Zellwiederbevölkerung und die Regeneration dieses Gewebes begünstigen, haben sich für die regenerative Medizin neue Perspektiven eröffnet, die unter den Forschern in aller Welt großes Interesse geweckt haben.

Im Menschen sind bisher folgende Quellen für Stammzellen entdeckt worden: der Embryo in den ersten Stadien seiner Entwicklung, der Fötus, das Nabelschnurblut, verschiedene Gewebe des Erwachsenen (Knochenmark, Nabelschnur, Gehirn, embryonales Bindegewebe verschiedener Organe, usw.) und das Fruchtwasser. Anfangs konzentrierten sich die Studien auf die embryonalen Stammzellen, weil man meinte, dass nur diese eine große Fähigkeit zur Vermehrung und zur Differenzierung besäßen. Zahlreiche Untersuchungen haben aber gezeigt, dass die adulten Stammzellen ebenfalls vielfältige Möglichkeiten bieten. Auch wenn es scheint, dass diese Zellen nicht dieselbe Erneuerungsfähigkeit und Plastizität wie die Stammzellen embryonalen Ursprungs haben, bescheinigen Studien und Experimente von hohem wissenschaftlichem Niveau diesen Zellen positivere Ergebnisse als den embryonalen Stammzellen. Die gegenwärtig angewandten therapeutischen Protokolle sehen die Verwendung von adulten Stammzellen vor. In diesem Bereich gibt es bereits viele Forschungslinien, die neue und vielversprechende Horizonte eröffnen.

32. Für die ethische Bewertung muss man die Methoden der Entnahme der Stammzellen sowie die Risiken ihrer klinischen und experimentellen Verwendung in Betracht ziehen.

Was die Methoden für die Gewinnung der Stammzellen betrifft, ist auf ihren Ursprung zu achten. Als erlaubt sind die Methoden anzusehen, die dem Menschen, dem die Stammzellen entnommen werden, keinen schweren Schaden zufügen. Dies ist gewöhnlich der Fall bei der Entnahme: a) aus Geweben des erwachsenen Organismus; b) aus dem Nabelschnurblut bei der Geburt; c) aus Geweben von Föten, die eines natürlichen Todes gestorben sind. Die Entnahme von Stammzellen aus dem lebendigen menschlichen Embryo führt hingegen unvermeidlich zu seiner Vernichtung und ist deshalb in schwerwiegender Weise unerlaubt. In diesem Fall „stellt sich die Forschung, abgesehen von den therapeutisch nützlichen Ergebnissen, nicht wirklich in den Dienst der Menschheit. Sie beschreitet nämlich einen Weg über die Vernichtung menschlicher Lebewesen, die dieselbe Würde besitzen wie die anderen Menschen und die Forscher selbst. Die Geschichte hat in der Vergangenheit eine derartige Wissenschaft verurteilt, und sie wird sie auch in Zukunft verurteilen – nicht nur, weil sie des Lichtes Gottes entbehrt, sondern auch, weil sie der Menschlichkeit entbehrt".[9]

Die Verwendung von embryonalen Stammzellen oder daraus entwickelten differenzierten Zellen, die nach der Vernichtung der Embryonen möglicherweise von

---

[9] *Benedikt XVI.,* Ansprache an die Teilnehmer des von der Päpstlichen Akademie für das Leben veranstalteten Internationalen Kongresses zum Thema „Welche Zukunft haben die Stammzellen für die Therapie?" (16. September 2006): *AAS* 98 (2006), 694.

anderen Forschern geliefert werden oder im Handel erhältlich sind, ist sehr problematisch: Sie bedeutet eine Mitwirkung am Bösen und ruft Ärgernis hervor.[10] Bezüglich der klinischen Verwendung von Stammzellen, die auf erlaubten Wegen gewonnen worden sind, gibt es keine sittlichen Einwände. Es sind jedoch die gewöhnlichen Kriterien ärztlicher Ethik zu beachten. Dabei muss man mit großer Strenge und Klugheit vorgehen, eventuelle Risiken für die Patienten auf ein Minimum reduzieren, den Austausch unter den Wissenschaftlern fördern und der großen Öffentlichkeit eine vollständige Information bieten.

Die Aufnahme und die Unterstützung der Forschung mit adulten Stammzellen ist zu unterstützen, weil sie keine ethischen Probleme mit sich bringt.[11]

---

[10] Vgl. die Nummern 34–35 dieser Instruktion.
[11] Vgl. *Benedikt XVI.*, Ansprache an die Teilnehmer des von der Päpstlichen Akademie für das Leben veranstalteten Internationalen Kongresses zum Thema „Welche Zukunft haben die Stammzellen für die Therapie?" (16. September 2006): *AAS* 98 (2006), 693–695.

Autorenverzeichnis

Antonio Autiero, Prof. Dr. theol. Dr. phil., geb. 1948 in Neapel, Studium der Philosophie und Theologie in Neapel und Rom. Seit 1991 Professor für Moraltheologie an der Universität Münster. Mitglied der Zentralen Ethik-Kommission für Stammzellenforschung und der Bioethik-Arbeitsgruppe der Comece (Kommission der Bischofskonferenzen der Europäischen Gemeinschaft) in Brüssel.

Jan P. Beckmann, Prof. Dr. phil., geb. 1937 in Bielefeld, Studium der Philosophie sowie der Sprach- und Literaturwissenschaften in Bonn, München und Stellenbosch. Seit 1979 Professor für Philosophie an der FernUniversität Hagen. Mitglied der Zentralen Ethik-Kommission für Stammzellenforschung sowie des Direktoriums des Instituts für Wissenschaft und Ethik der Universität Bonn.

Christoph Böttigheimer, Prof. Dr. theol., geb. 1960 in Schwäbisch Gmünd, Studium der Katholischen Theologie in Tübingen, Innsbruck und München. Seit 2002 Ordinarius für Fundamentaltheologie an der Katholischen Universität Eichstätt-Ingolstadt.

Stephan Ernst, Prof. Dr. theol., geb. 1956 in Frankfurt am Main, Studium der Katholischen Theologie, Philosophie, Pädagogik und Musikwissenschaft in Frankfurt am Main und Münster. Seit 1999 Professor für Moraltheologie an der Katholisch-Theologischen Fakultät der Universität Würzburg.

Stephan Goertz, Prof. Dr. theol., geb. 1964 in Oberhausen, Studium der Katholischen Theologie in Münster und Bochum. Seit 2004 Professor für Sozialethik/Praktische Theologie am Institut für Katholische Theologie der Universität des Saarlandes.

Konrad Hilpert, Prof. Dr. theol., geb. 1947 in Bad Säckingen, Studium der Katholischen Theologie, Philosophie und Germanistik in Freiburg im Breisgau und München. Seit 2001 Professor für Moraltheologie an der Katholisch-Theologischen Fakultät der Ludwig-Maximilians-Universität München, davor Professor für Praktische Theologie und Sozialethik an der Universität des Saarlandes. Mitglied der Bioethikkommission der Bayerischen Staatsregierung (seit 2001) sowie der Zentralen Ethik-Kommission für Stammzellenforschung (seit 2002). Vorsitzender der Arbeitsgemeinschaft der deutschen Moraltheologen.

Monika Hoffmann, Dr. theol., geb. 1972 in Landshut, Studium der Katholischen Theologie in Regensburg und München. Seit 2001 Pastoralreferentin in der Pfarrei St. Nikola in Landshut.

Christian Kummer SJ, Prof. Dr. phil., geb. 1945 in Eging, Studium der Theologie, Biologie und Philosophie in Pullach/Isartal, Frankfurt am Main und München. Seit 1983 Professor für Naturphilosophie an der Hochschule für Philosophie München. Mitglied der Bioethikkommission der Bayerischen Staatsregierung sowie des Novartis Ethical Advisory Boards in Basel.

Giovanni Maio, Prof. Dr. med., geb. 1964 in San Fele/Italien, Studium der Medizin und Philosophie in Freiburg im Breisgau, Straßburg und Hagen. Seit 2005 Professor für Bioethik an der Universität Freiburg sowie Geschäftsführender Direktor des Interdisziplinären Ethik-Zentrums Freiburg im Breisgau. Mitglied des Ausschusses der Bundesärztekammer für ethische und rechtliche Grundsatzfragen, der Zentralen Ethik-Kommission für Stammzellenforschung sowie der Ethikkommission der Landesärztekammer Baden-Württemberg.

Karl-Wilhelm Merks, Prof. Dr. theol., geb. 1939 in Willich, Studium der Klassischen Sprachen, Philosophie und Theologie in Bonn, Fribourg und Toulouse. Von 1981 bis 2004 Professor für Moraltheologie an der Theologischen Fakultät Tilburg in den Niederlanden.

Albrecht M. Müller, Prof. Dr. rer. nat., geb. 1959 in Dernbach, Studium der Molekularbiologie in Heidelberg. Seit 1999 Leiter der Arbeitsgruppe Stammzellenbiologie an der Universität Würzburg. Mitglied der Bioethikkommission der Bayerischen Staatsregierung sowie der International Society of Stem Cell Research.

Jochen Sautermeister, Dr. rer. soc. Dipl.-Psych. Dipl.-theol., M.A., geb. 1975 in Weinheim, Studium der Katholischen Theologie, Psychologie und Philosophie in Tübingen und Jerusalem. Seit Oktober 2004 Wissenschaftlicher Mitarbeiter am Lehrstuhl für Moraltheologie an der Katholisch-Theologischen Fakultät der Ludwig-Maximilians-Universität München.

Annette Schavan, Dr. phil., geb. 1955 in Jüchen, Studium der Katholischen Theologie, Philosophie und Erziehungswissenschaften in Bonn und Düsseldorf. Seit 2005 Bundesministerin für Bildung und Forschung sowie Mitglied des Deutschen Bundestages. Von 1995 bis 2005 Ministerin für Kultus, Jugend und Sport in Baden-Württemberg und seit 1998 stellvertretende Vorsitzende der CDU Deutschlands.

Herbert Schlögel, Prof. Dr. theol., geb. 1949 in Nürnberg, Studium der Katholischen Theologie in Bornheim-Walberberg, Bonn und Würzburg. Seit 1994 Professor für Moraltheologie an der Universität Regensburg. Mitglied der Arbeitsgruppe „Woche für das Leben" der Deutschen Bischofskonferenz und des Rates der Evangelischen Kirche in Deutschland (2001 bis 2007).

Eberhard Schockenhoff, Prof. Dr. theol., geb. 1953 in Stuttgart, Studium der Philosophie und Katholischen Theologie in Tübingen und Rom. Seit 1990 Professor für Moraltheologie an der Theologischen Fakultät der Universität Freiburg im Breisgau. Mitglied des Deutschen Ethikrates und dessen stellvertretender Vorsitzender.

Johannes Seidel SJ, Dr. theol. Dr. rer. nat., geb. 1953 in Göttingen, Studium der Philosophie und Erwachsenenpädagogik in München, Theologie in Rom und München (Promotion 2007), Biologie in Göttingen und Regensburg (Promotion 1994). Seit 1997 Dozent für Naturphilosophie, biologische Grenzfragen zur Philosophie und Wissenschaftstheorie an der Hochschule für Philosophie München.

Ludwig Siep, Prof. Dr. phil., geb. 1942 in Solingen, Studium der Philosophie, Germanistik, Geschichte und politischen Wissenschaft in Köln und Freiburg im Breisgau. Seit 1986 Professor für Philosophie an der Universität Münster. Vorsitzender der Zentralen Ethikkommission für Stammzellenforschung seit 2002, Mitglied des Ethik-Beirates beim Bundesministerium für Gesundheit von 1999 bis 2002 sowie der Zentralen Ethikkommission bei der Bundesärztekammer von 1995 bis 2004.

Gustav Steinhoff, Prof. Dr. med., geb. 1958 in Kleve, Studium der Medizin in Rotterdam, Houston und Hannover. Seit 2000 Professor für Herzchirurgie und Direktor der Klinik und Poliklinik für Herzchirurgie an der Medizinische Fakultät der Universität Rostock, davor seit 1998 außerplanmäßiger Professor für Chirurgie/ Herz-Thoraxchirurgie an der Medizinischen Hochschule Hannover, seit 1999 Leiter der Klinik für Thorax-, Herz- und Gefäß- und Allgemein-chirurgie, Oststadtkrankenhaus an der Medizinischen Hochschule Hannover. Mitglied der Zentralen Ethik-Kommission für Stammzellenforschung seit 2006.

Claudia Wiesemann, Prof. Dr. med., geb. 1958 in Herford, Studium der Humanmedizin, Philosophie und Medizingeschichte in Münster. Seit 1998 Direktorin der Abteilung Ethik und Geschichte der Medizin der Universitätsmedizin Göttingen. Mitglied der Zentralen Ethik-Kommission für Stammzellenforschung, Präsidentin der Akademie für Ethik in der Medizin.

Stichwortverzeichnis

(Nicht erfasst sind die Texte des Anhangs.)